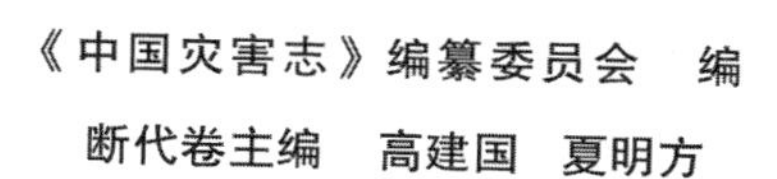
《中国灾害志》编纂委员会 编
断代卷主编 高建国 夏明方

中国灾害志·断代卷

明代卷

本卷主编 / 张崇旺

中国社会出版社
国家一级出版社·全国百佳图书出版单位

前　言

中国社会出版社本套丛书的责任编辑嘱我为此书写前言，我想采用问答方式来完成这一任务。

一是为什么要编纂出版灾害志？

不少学术论文回顾过去发生的自然灾害，往往以“新中国成立以来”或“建国以来”作开场白。我国有五千年历史，持续灾害记录有三千年。为什么不利用更早一些时间的自然灾害作研究呢？几千年的灾情弃之不用，实在可惜。

我国灾害文字记录最早在约公元前822年，离现在已有2840年。新中国成立至今已经69年，如果69年是1的话，2840年为41。不读史，不用史，只知道有1，不知道还有40。

2017年12月13日，习近平总书记在出席南京大屠杀死难者国家公祭仪式时强调：“要擦清历史的镜子，走好未来的路。”以历史为镜子，擦清了，才能看清。寻找灾害史的“根”，寻叶找枝，由枝到干，再从干到根。“根”在，灾害史这棵大树才立得住。

为什么会不利用灾害史呢？我认为，可能与灾害史的科普工作没有做好有关。2004年我创办中国灾害防御协会灾害史专业委员会，每年召开一次学术研讨会，参加的专家有全国各相关大学、研究所的灾害史教授、博士、硕士，整理中国灾害史资料，研究中国灾害史的规律，做出很好的成果。但是由于在科研考核上没有将科普作为必考成绩，因此对灾害史科普工作还不够重视。

自1949年起，我国采用现代科学标准的自然资料。但历史灾害记录大多用文言文，对于灾情的表达与当代不同，其中的地名也多与当代不一样，又缺乏灾情分布图，难以掌握灾情全貌。所用这些，对理科毕业的灾害研究者都是很大的障碍。因此，在话语系统上存在着不小差距。

近70年来，我国科学家对灾害史资料关注最多的是地震学、气象学、水利学，也取得了很好的成绩。《中国历史地震图集》反映历史上大地震分布情况；《中国近五百年旱涝分布图集》反映气象要素的历史变迁；《中国历史大洪水调查资料汇编》《中国大洪水》集中展现了历史时期各场次重大水灾的情景。这些专著在出版之初有着明显的服务于工农业生产的目的，出版后发现可以为当代灾害学研究服务，极大开拓了灾害研究的时空。

灾害志的编纂，是简要地、重点地、采用通俗语言来总结、反映中华民族的灾害史和防灾、抗灾、救灾史，目的在于利用历史资料，重演灾害发生场景，揭示中华民族与灾害斗争的智慧，促进人类更好地与自然相处。今日尤其要注意，历史上的诸多巨灾，在当代尚未出现，叙述这些巨灾，对于今天更有警示作用。

二是何为灾？

邓拓说："灾荒者，乃以人与人社会关系之失调为基调，而引起人对于自然条件控制之失败所招致之物质生活上之损害与破坏也。"（邓拓：《中国救荒史》，北京出版社，1988年，序言。）其实，灾的定义还有很多种说法。

我的理解是："灾害是人类没有认识的自然界对人类的危害。"此处特别强调"没有认识"，是因为不知道便无从应对。2003年举世瞩目的SARS（"非典"）传入中国，一时间到处空巷，大街上没有汽车行驶，行人也很少，上下班、上下学的人也都是行色匆匆。政府采取了两条措施，一是从南方出差回来的人，先自我"禁闭"一周或十天；二是车站、商店对每人强行测量体温，凡是超过38摄氏度者，都属于"危险人物"，需要"特别关照"。过了半年，风头过去了，据统计全中国因SARS死亡的也就300多人，不能算是特别严重的灾害。为什么对SARS如此恐惧？就是因为"没有认识"。此事件已过去15年了，若再发生SARS，就没有那么害怕了。日本每年发生数百次有感地震，每次地震来临时，没有见到慌张的场面，因为人们习以为常了。中国沿海地区每当热带气旋光临时，也是应对有序，对正常的生产生活造成的影响不太大。

三是灾害统计有数无量吗？

数和量是一体的，不可分开。但史书记载往往只有数，缺少量，如中国自古经常饱受天灾、旱灾、水灾、瘟疫袭扰。邓拓说过："中国历史上水、旱、蝗、雹、风、疫、地震、霜、雪等灾害，自商汤十八年（前1766年）至纪元后年止，计3703年间，共达5258次，平均约每6个月强便有灾荒一次。"（邓拓：《中国救荒史》，北京出版社，1988年，38页。）陈达在《人口问题》中统计，自汉初到1936年的2142年间，水灾年份达1031年，旱灾年份达1060年。这些统计，继承了《史记》及其他正史《五行志》的传统。

这种方法简单、明确，但实用性不强。世上历来是"人以群分，物以类聚"，古代记录灾害也是有等级划分的，有"旱"，也有"大旱"；有"水"，也有"大水"；有"饥"，也有"大饥"；有"疫"，也有"大疫"；有"震"，也有"大震"。一个"大"字，已将灾害划分得清清楚楚。后人使用时，恰把这个"大"字忽略了，将"灾""大灾"归于一类，作一起处理，只有"数"，没有"量"了。李约瑟作统计时，已注意到了这个"大"字。据其统计，在过去的2100多年间，中国共有1600多次大水灾和1300多次大旱灾。

不分高下强弱，没有顾及到灾害的千差万别。同样一场旱灾，可以推翻一个朝代，或后果仅是粮食减产；一次地震死亡万人，一次仅是地震而已，两者是无法等同处理的。按照实际效果前者一次，后者即使发生百次，综合的后果可能还不如前者。将这两个性质完全不同的灾害加在一次，计算发生次数，是没有意义的。

由此说明灾害统计并非有数无量，有数有量的才有用。正是量化了史料，中国科学家得到了三千年长的《中国地震目录》、五百年长的《中国近五百年旱涝分布图集》、上千年长的《中国历史大洪水调查资料汇编》《中国大洪水》等重量级专著，使得历史大灾、巨灾更好地得以展示。

四是历史上无时不灾吗？

中国历史上灾害之严重，常引用邓拓所言，即："我国自有文献记载以来的四千余年间，几乎无年不灾，也几乎无年不荒”（邓拓:《中国救荒史》，北京出版社，1988 年，第 7 页），来说明。

既然中国自然环境连续四千年都这样的差，怎么理解历史上的盛世？汉朝的文景盛世（公元前 179 年—公元前 141 年）、汉武盛世（公元前 141 年—公元前 87 年），唐朝的贞观之治（627—649 年）、唐玄宗的开元盛世（713—741 年），北宋的仁宗盛治（1022—1063 年），明初的三大盛世时期分别是：朱元璋时期的洪武之治（1368—1398 年）、永乐帝时期的永乐盛世（1398—1424 年）、明仁宗和明宣宗时期的仁宣之治（1424—1435 年），此外还有清代的康乾盛世（1681—1796 年）等。对于文景盛世，司马迁在《史记·平准书》中记载说：“非遇水旱之灾，民则人给家足，都鄙廪庾皆满，而府库余货财。京师之钱累巨万，贯朽而不可校；太仓之粟，陈陈相因，充溢露积于外，至腐败不可食。”可见，文景时期政治清明、经济发展，人民生活安定，确实称得上是太平盛世，也可算为古代的“美丽中国”。

从微观上看，古代官吏做了好事，善良的百姓，为了永远记得他们，往往将官吏主持的工程以官吏姓氏相称。

唐会昌四年（844 年），刺史韦庸治理水患，凿河道 10 里，筑堤堰引水造湖灌田。民称其湖为会昌湖，堤为韦公堤（据温州博物馆）。北宋天圣二年（1024 年），范仲淹主持修建了从启东县吕四镇至阜宁市长达 290 公里的捍海堰，俗称范公堤。南宋淳祐元年（1241 年），县令家坤翁于落马桥筑堤，人称“家公堤”（诸暨县地方志编纂委员会. 诸暨县志·大事记. 杭州：浙江人民出版社. 1993.5）。清康熙初年（约 1662 年），永宁府同知往北胜州，李成才率众疏通程海南部河口，民间颂为“李公河”（云南省永胜县志编纂委员会. 永胜县志·大事记. 昆明：云南人民出版社. 1989.11）。清康熙二十八年（1689 年），北胜知州申奇猷捐银兴修程海闸（即今程海南岸河口街东部），民间颂曰“申公闸”（云南省永胜县志编纂委员会. 永胜县志·大事记. 昆明：云南人民出版社. 1989.11）。清乾隆二十四年（1759 年），秦州知州费廷珍规划修成城南防河大堤，人称“费公堤”；光绪初年知州陶模重修，州人又名之为“陶公堤”（天水市地方志编纂委员会. 天水市志（上卷）·大事记. 北京：方志出版社，2004）。清嘉庆十年（1805年），云南路南知州会礼倡修西河，疏通水道，城西北田地免除水患，后人感其惠，将西河改称“会公河”以示怀念（昆明市路南彝族自治县志编纂委员会. 路南彝族自治县志·大事记. 昆明：云南民族出版社. 1996.14）。清咸丰五年（1855年），云南路南知州冯祖绳倡修城东巴江河堤300丈（即东山河堤）防巴江水溢，后人称之为“冯公堤”（昆明市路南彝族自治县志编纂委员会. 路南彝族自治县志·大事记. 昆明：云南民族出版社. 1996.14）。

在农业是“决定性的生产部门”的中国封建社会，仓储被视为“天下之大命”。粮食仓储关系国计民生，对治国安邦起到很大作用。由于粮食是一种特殊商品，保障人民生活，满足国民经济发展的需要，是重要的战略物资，历来受到政府的高度重视。通过广设仓窖储存粮食以“备岁不足”，提高了自然灾害防范与救助能力。我国自古就有重视仓储的传统。曾参所作《礼记》指出，“国无九年之蓄，曰不足；无六年之蓄，曰急；无三年之蓄，曰国非其国也。”史载，县官重视仓储，政声大起，皆称“清官”“善人”。宋康定元年（1040年），包拯由扬州天长县调任为端州知州。任期三年，在县城建丰济仓（粮仓），开井利民，筑渠引水，功绩卓著（高要县地方志编纂委员会. 高要县志·大事记. 广州：广东人民出版社. 1996）。倪之字司城，清雍正七年（1729年）贡生，调任赣州龙南知县，后补上杭知县。在任期间，建社仓，兴书院，济灾民，人称之“清官”。刘岩字春山，清乾隆间国子监生。他乐善好施，乾隆五十年（1785年）大荒，他开仓出谷，救济饥民，人称“善人”（枞阳县地方志编纂委员会. 枞阳县志·十九　人物·第二十六章　人物. 合肥：黄山书社. 1998）。中国人口众多，季风气候导致粮食减产，形成大灾、巨灾之际，皆中央政府“库储一空如洗”、省“库储万分竭蹶，又无闲款可筹”的同时，民间亦“仓谷亦无一粒之存”。此问题新中国成立后依然存在。1972年12月10日，中共中央在转发国务院11月24日《关于粮食问题的报告》时，传达了毛泽东主席“深挖洞，广积粮，不称霸”的指示。

联合国救灾署规定，死亡100人以上的灾害为大灾。史料中死亡人数定量资料少，定性资料多，有的只写死亡“无算”。何为“无算”？死亡二三十人为有算，死亡四五十可辩清数十人，但死亡上百人，数不清了，记为“无算”。“无数”亦同理。案例：明嘉靖二十年（1541 年）夏六月夜，自东北降至东关草店，山水聚涌涨溢，民舍冲塌，溺死者不可胜计（嘉靖《归州志》卷四灾异）。这是定性资料。但也可找到同条定量资料：嘉靖二十年（1541 年）六月初十日，天宇明霁，至夜云气四塞，猛风拔木，雨雹如澍，须臾水集数丈，漂流民居一百余家，死者三百余人，一家无孑遗者有之（嘉靖《归州全志》卷上灾异）。这是“不可胜计”有几百人的佐证。

我经过 30 余年灾害史资料的收集整理，发现中国历史上灾害程度最为密集、灾情最严重的阶段，是自清光绪三年（1877 年），经过民国时期，到 1976 年止，刚好是一个世纪。称之为“世纪灾荒”时期。“世纪灾荒”期间，发生的大灾数量是近三千年的 40.4%，几乎是无年不灾，无年不荒，一阵接一阵，一波连一波，灾情密度之高，程度之频，巨灾之烈，死人之多，是中国历史上其他时间从没有发生过的，也是世界上极为罕见的时期。同样的严重程度，时间长度仅有邓拓先生统计的 1/40。

五是何为减灾？

现在称减灾，是减轻自然灾害危害的简称。其内容是灾前预防预测，灾时紧急救援，灾后恢复重建。这是近 42 年来的减灾内容。其实新中国的减灾史，要分前 28 年（1949—1976 年）和后 42 年（1977—2018 年），前 28 年的减灾史与后 42 年是不同的。

经过大数据统计，基于省（自治区、直辖市）单位在一年时间内死亡万人、十万人、百万人、千万人的等级进行划分，其中酷暑、寒冷造成死亡的一般在万人上下，风暴潮最多不超过十万人，地震、洪水最多不超过百万人，饥荒以及瘟疫最多不超过千万人。

这些灾种有两个特色：

第一，饥荒和瘟疫人文因素参与较多，更容易将其控制好。地震、洪水、台风、风暴潮、酷暑、寒冷自然因素参与较多，人为难以控制。

第二，从成灾角度看，造成这个结果是由灾种决定的。地震在 10^{-3} 日完成，地质灾害在 10^{-1} 日完成，风暴潮在 10^{-1} 日完成，洪涝在 10^{0}

日完成，严寒、酷暑在 10^1 日完成，瘟疫在 10^2 日完成，饥荒在 10^3 日完成，人们应对饥荒、瘟疫灾害，可以有充分时间进行干预。这就是要害所在。

新中国，人民政府和广大人民群众针对重大灾害采用了四大法宝：

法宝之一："一定要把淮河修好""一定要根治海河"。

法宝之二：以防为主，防抗救相结合。

法宝之三："不饿死一个人。"

法宝之四：早发现，早诊断，早隔离，早治疗。

经过了 28 年艰苦卓绝的奋斗，成千上万死亡的悲剧一去不复返了。1977 年以后，中国进入了少死人时期（2008 年为特例），为改革开放提供了最好的发展时机。

高建国

2018 年 12 月 14 日

凡　例

一、《中国灾害志·断代卷》包括《总论》暨《先秦卷》《秦汉魏晋南北朝卷》《隋唐五代卷》《宋元卷》《明代卷》《清代卷》《民国卷》以及《当代卷》8个分卷，系以中华人民共和国当代疆域范围为参考，按历史顺序，依志书体例，分阶段叙述先秦以降（截至2018年）中国历代灾害状况以及相应的救灾、防灾技术、制度与实践等方面的演变历程，从整体上全面、系统地呈现五千年中华文明史上，中华民族与自然灾害进行长期不懈之艰苦斗争的伟大业绩。

二、除《总论》之外，《中国灾害志·断代卷》各分卷主体内容按“概述”“大事记”“灾情”“救灾”“防灾”等编依次排列，另置与救灾、防灾有关的“人物”和“文献”或“书目”，作为附录。其中：

1. 概述。列于各编之前，用简练的语言，对各分卷所涉历史时期自然灾害的总体面貌、主要特点、时空分布规律，以及历朝重大救灾、防灾的技术、制度、活动及其沿革、变动进行总结性述评，突出时代特色及其历史地位。

2. 大事记。着重记述对国计民生有较大影响的重大灾害，比较重要的救灾防灾事件、制度、组织机构、工程、著述以及具有创新意义的技术、理念等，一事一条，按时间排列，所叙内容和各编章内容交叉而不重复，要言不烦。同一事件跨年度发生，按同一条记入始发年。同一年代的不同事件，分别列条，条前加“△”符号。

3. 灾情编。主要记录历代发生的旱灾、水灾、蝗灾、疫灾、震灾、风灾、雹灾、雪灾等各类自然灾害，以及非人为原因导致的火灾，不涉及兵灾、“匪祸”和生产事故等，但出于人为因素却以自然灾害的形式造成危害的事件，如1938年黄河花园口决堤，则一并列入。各灾种依所在朝代，按时间顺序记述，主要涉及时间、地点、范围、程度、伤亡人数、经济损失、社会影响等。

4. 救灾编。分官赈、民赈二章（部分断代卷分卷因内容较多，将二者分立为编）。官赈主要记述包括中央政权、地方政权在内的官方救灾的程序、法规、制度、章程、组织、机构以及重要事例，突出各时代的特点、典型事例。民赈记述官方之外的，以士绅、宗族、宗教或其他民间力量为主体的救灾活动；国际性救灾，无论是对其他政权灾害的救援，还是接受其他政权援助，可根据实际情况记入官赈或民赈。

5. 防灾编。主要包括与防灾救灾直接相关的仓储、农事、水利以及区域规划或城市建设等内容，重点记述各防灾机构、制度、措施、技术、工程及其效用等，勾勒各时期的变化与发展。尤其是民国、中华人民共和国各卷，因时制宜，突出科技、教育的发展对防灾救灾所起的作用。

6. 人物。作为附录之一，选择历代对救灾、防灾和灾害研究有重要作用的代表性人物，除姓名（别名、字、号）、生卒时间、籍贯以及主要经历之外，重点介绍其与防灾救灾有关的事迹、思想、工程、技术及其影响。属少数民族者，注明民族；外国人则注明国籍、外文姓名，如李提摩太（Timothy Richard，英，1845—1919）。

7. 文献或书目。作为附录之二，着重介绍历代比较重要的有关灾情、救灾、防灾的代表性文献（如荒政书），以及对当时及后世有重大影响的救灾法规、章程等，概括其内容，说明其影响，按时间顺序排列。

三、作为一部全面、系统、完整、准确地反映中国历史时期自然灾害总体灾情及防灾救灾的综合性志书，《中国灾害志·断代卷》的撰写始终以尽可能广泛地占有现有史料作为基础工作，其文献采集范围，既包括《二十五史》《资治通鉴》等正史，也包括历代编纂的荒政书、水利文献以及相关的官书、文集等，同时注重发掘和使用自古迄今极为丰富的地方志资料，尤其是中华人民共和国成立以来各地新编的省志、市志、县志和水利志，并重视搜集笔记、书信、碑刻、墓志、通讯报道、口述资料、遗址遗物资料等民间资料。除文字材料之外，也注意搜集具有珍贵历史价值的图片资料，包括地图、示意图、照片，以及记述灾害和救灾的图画等。为保证历史记载的准确性，对所选资料努力核实考证，去伪存真，去粗取精，特别是涉及重大史实、重要数据、重要人物，均已认真鉴别，力求避免失误。凡有争议的文献，根据各类文献本身及国内外学术界的现有研究，采用具共识性的内容，并做注说明不同意见。所有采用的文献，在撰写阶段一律按规范注明出处；出版时则根据志书体例要求，作为参考文献，置于各分卷卷末。

四、《中国灾害志·断代卷》的行文，总体上按照《〈中国灾害志〉行文规范》（中国灾害志编纂委员会 2012 年 5 月）执行。

1. 使用规范的现代语体文，以第三人称角度记述。除少量特别重要的内容须引用原文外，一般把文言文译为白话文，并在不损害文献原意的基础上，用朴实、严谨、简洁、流畅的语言予以概述。同时改变原资料不符合志体的文字特点，注意与议论文、教科书、总结报告、文学作品、新闻报道等文体相区别。有关专门术语作出解释说明。对于文言文中的通假字，因摘自史书，直接引用时保留原貌，否则改之。

2. 时间记述。本志各断代卷在记述相关内容时，其先秦至清代各卷，先写历史纪年或王朝纪年，后加括号标注公元纪年，如康熙十八年（1679 年）。所载事项涉及同一时期不同政权的不同历史纪年时，以事项所在地的历史纪年为主。各年事项所涉月日等具体时间，则以历史资料为准，一律不做更改。农历记述年月用汉字，如洪武二年三月，公历记述年月用数字，如 1930 年 8 月。《民国卷》《当代卷》一律用公历纪年、纪月、纪日。

3. 地点记述。各卷古地名，首次出现时，须括注今地名，如“晋阳（今山西太原）”。现代地名中，省字省略，县名为二字时省略县字，县字为一字时保留县字。如“山西平遥”“河北磁县”。

4. 表格使用。表随文出，内容准确，不与正文简单重复或自相矛盾。表格分为统计表、一览表，前者含有数据、运算，后者为文字表。其要素为：标题，表序号，表芯。标题包括时间、内容及性质，如：“清代水灾伤亡人数统计表”。表序号分为两部分：如表 2-7，第一个数据为编的序号，第二个数据为本编的表大排行的序号。表序号位于表格左上肩。一律不写为“附表”。表芯为三线表（顶线、分栏线、底线），为开敞式。统计表的数据均注明单位，使用文献记载所用原单位，如“亩”“市斤”等单位。

目 录

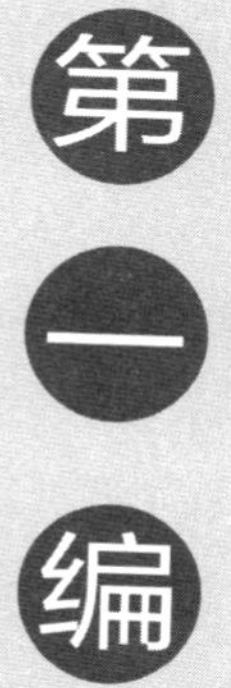

概　述

明代自然灾害数量之多，史所罕见。据《明实录》《明史》《古今图书集成·庶征典·历象汇编》等资料，对明代的水灾、旱灾、蝗灾、疫灾、地震、风沙、雹灾、霜雪八种主要自然灾害数量做一统计，总数为5614次。这个数字即使扣除统计中存在的重复部分，其绝对数字也是非常大的。明代灾害种类多，从发生的频次看，主要以水灾、旱灾、地震为主。就局部地区而言，有些地方自然灾害的发生也是相当频繁的。据《明史·五行志》统计，正统年间，湖广（今湖北、湖南）连续遭遇旱灾，14年中有8个年份出现旱灾，分别为正统二年（1437年）、五年、六年、七年、十年、十一年、十二年、十三年。其中正统五年到七年（1440—1442年）持续3年旱灾，十年到十三年（1445—1448年）持续4年旱灾。显然，正统年间湖广旱灾发生频率是非常高的。再如，河南在崇祯八年（1635年）七月、十年六月、十一年六月、十三年五月、十四年六月，连续发生严重蝗灾。与河南毗邻的山东，也在崇祯十年六月、十一年六月、十三年五月、十四年六月发生蝗灾。

明代自然灾害前期轻、后期重，呈递增的发展趋势。最严重的灾害多发生在明后期，不仅波及范围广，而且持续时间长，危害非常大。以旱灾为例，在15—19世纪的近600年间共出现15次百年一遇的旱灾，明代占了9次，其中有6次发生在明后期，分别为万历十三年至十五年（1585—1587年），十六年至十八年（1588—1590年），二十七年至二十九年（1599—1601年），三十九年（1611年），四十三年至四十五年（1615—1617年）；崇祯元年至十四年（1628—1641年）。崇祯末年大旱灾的旱期之长、旱区之广、旱情之重在历史上亦属罕见。特别是崇祯十三年（1640年）北方地区的特大旱灾，该年旱灾是1800年一遇，是中国汉代以来最严重的干旱事件。与严重旱灾相伴随的是蝗灾大规模暴发。崇祯八年（1635年）七月，河南蝗。十年（1637年）六月，山东、河南蝗。十一年（1638年）六月，两京、山东、河南大旱蝗。十三年（1640年）五月，两京、山东、河南、山西、陕西（相当于今陕西、甘肃、宁夏全境，以及新疆、青海、内蒙古的部分区域）大旱蝗。十四年（1641年）六月，两京、山东、河南、浙江大旱蝗。黄河、长江两大流域中下游及整个华北地区都是蝗灾区，禾稼尽伤，人相食。除了大旱灾和大蝗灾之外，明后期还暴发了大规模瘟疫。万历十年（1582年）四月，京师疫。十五年（1587年）五月又疫。十六年（1588年）五月，山东、陕西、山西、浙江俱大旱疫。崇祯年间，大规模瘟疫又在北方流行。崇祯十六年（1643年）二月至九月，京师大疫。明代后期尤其是崇祯年间旱、蝗、疫三位一体，肆虐无忌，是明前、中期所没有出现过的，灾害之严重史无前例。

明代自然灾害不仅地域分布广，几乎无省不灾，而且还存在地域不平衡分布的特点。明代一级行政区分为两京（京师即北直隶、南京即南直隶）、十三布政司（山西、陕西、山东、河南、湖广、江西、广东、广西、浙江、福建、四川、贵州、云南）。从主要灾害地域分布来看，北直隶（大致包括今北京、天津两市，河北省大部和河南、山东的小部地区）、山东、南直隶（相当于今江苏、安徽、上海两省一市）、山西、河南的灾害较重，广西、贵州、云南三省的灾害较轻。北方灾害以北直隶、山东、山西、河南为重，南方以南直隶、湖广、江西和浙江的灾害为多。之所以出现这种差异，除了气候条件之外，地理位置、经济发展水平、人口稠密程度、在国家政治经济生活中的地位等都是重要的因素。南北直隶、山东、山西、河南、浙江、江西、湖广的经济发展水平较高，人口稠密，一旦有灾极易成害。

明代频繁而严重的自然灾害，既与地域广阔和气候、地质、地貌、地形、水系等复杂多样的自然环境有关，也与人类活动加剧引起的自然界变化有关。从气候条件来说，整个明代都处在较为寒冷的气候环境之中。1400—1900年属于气候寒冷、干旱期，称为方志期或“明清宇宙期”“明清小冰期”，为低温多灾的时期。明中、后期的绝大部分时间都处在这一时期范围之内，因而不可避免会对明代的气候，进而对明代的自然灾害状况产生重要影响。从人为因素来看，明初为恢复和发展残破的经济，采取大规模屯垦政策，以及为营建大型工程、皇室享用、烧炭、冶铁以及民间奢侈所需等消耗大量林木，玉米、甘薯等作物的引进和推广等，都加剧了森林植被的锐减。森林植被的大量减少，减弱了其调节气候的能力，增加了水、旱等灾害发生的频度。同时，也容易引发和加重土地沙漠化和水土流失，不仅增加风沙灾害的频率，也会使河流淤塞，大大降低河流调节洪水和防洪的能力，致使河决、河溢等事件频频发生。明中期以后，随着人口增长，人们对农田的需求迅速增加，两湖地区、汉江流域、长江下游的皖江及太湖流域、珠江三角洲等地的围水造田屡屡举行。围水造田不仅使原先的水生态环境失去了蓄洪、防涝、抗旱的功用，也往往使区域温度与干旱程度增大，引起气候异常，从而引起自然灾害。

明代频发的自然灾害对经济社会发展产生了重大影响。一是造成人口的大量死亡，促成人口大规模的迁徙。明代灾害中人口损失数量是惊人的，文献中经常有“死者无算”“死者甚众”“死者遍野”“死者相望”“死者无数”“死者枕藉”之类的描述，也有诸如陕西华县大地震死亡 83 万人之类的精确死亡数的记载。有明一代，北方连续出现多个大旱期，严重的旱荒导致明代大规模的人口流动，流徙的人口或成饿殍，或成群迁往新的地区谋生，或为匪为盗，造成社会震荡，甚而有铤而走险，揭竿而起。大槐树下移民故事的叙说，以及明代中叶荆襄流民大起义就是明显的例子。明后期惨绝人寰的灾荒，尤其是明末旱、蝗、疫灾三位一体的打击，饥民、流民更是汇成一股历史大洪流，使得明朝整个政治局面越发不可控制，农民起义的烽火燃遍了陕北大地，进而蔓延到几乎整个中国。在明末严重灾害的持续推动下，加上清朝的强大及清军的压力，牵制了明王朝的军事力量，农民起义军日渐壮大，最终推翻了明王朝的统治。二是多发的自然灾害对农业生产造成巨大的破坏。主要表现为冲毁农田、毁损禾稼，导致农业歉收或者绝收，从而引起粮食短缺，形成严重饥荒。严重的自然灾害也导致了大量房屋的损毁和大批牲畜的死亡，而大批牲畜的死亡则使灾后农业的生产和恢复缺乏必要的畜力保障。三是造成一些多灾地区久而久之形成了民不聊生、听天由命、精神不振、只顾眼前、不事积藏、逃荒成习的消极民间风习。明代中州地区就因屡经战乱、灾荒，闾阎不蓄积，乐岁则尽数粜卖以饰裘马，凶年则持筐箧携妻子逃徙趁食。凤阳地区则由于水旱灾害多发，非旱即涝，灾荒频仍，很多荒地无人耕种，人们却惯于外出乞食，逐渐形成了逃荒的习俗。

面对严重的自然灾害，明王朝对救灾、防灾工作十分重视，形成了一整套救灾、防灾制度和措施。明代的救灾工作，一般遵循急赈、报灾、勘灾、决策、审户、赈济等既定程序。急赈是指突发性灾害发生后实施的紧急赈济，主要包括赈粮、赈钱、施粥等措施。报灾是指灾害发生后地方官向上报告灾情。明代的报灾制度已经相当完善，无论是报灾时限还是报灾程序，都有明确的规定。报灾之法，洪武时不拘时限。万历九年（1581 年），又依据距离的远近，对报灾的时限作出调整，考虑到地理遥远，将沿边地区报灾期限后挪两三个月。报灾则多是由地方官向朝廷奏报。府、州、县官奏报灾伤须先申呈巡抚官，然后再由巡抚官上报朝廷。勘灾指官员深入实地查看灾情以确定受灾情况。明初主要由地方官勘灾，再由户部遣官覆勘，后来抚、按官逐渐参与进来，并在勘灾过程中起到主导作用。勘灾既是为了核实灾伤情况，防止地方报灾官员弄虚作假、欺瞒隐蔽，也是为了确定受灾分数，为灾害救济提供参考依据。明代受灾分数，大致分为七个级别，即成灾四、五、六、七、八、九、十分，明后期更是将被灾分数精确到“厘”的程度。朝廷在接到灾情奏报之后，皇帝有时会直接作出决策，下旨赈济。有时则户部议定赈灾意见后，报请皇帝定夺。还有召开廷臣会议形成救灾意见，上报皇帝裁决。审户是指核实灾民户口，划分灾民等级，以备赈济之用。赈济则是通过官建仓储、劝富民捐借、犯罪赎银、截留漕粮等方式筹措救灾钱粮，然后根据灾民类别，将赈粮或赈银分别发放到不同类别的灾民手中。当然，不是所有的灾害都要走完这一整套的救灾程序，往往会因地因时甚至因灾种灾情的不同而出现差异。

明代赈灾有官赈和民赈，官赈措施主要有蠲免、改折、平粜、赈贷、赈粮、赈粥、工赈、疗救、养恤、禳灾等。灾蠲政策从明初的无定制，逐渐向制度化发展。蠲免赋税中除当年应交部分，即存留和起运外，还包括往年因故拖欠的税粮。改折是指将民户应上缴的税粮折成银钱或其他物品，因灾改折可以免除民户运输税粮的损耗、减轻灾民输纳税粮的负担，对救灾有着明显的作用。平粜粮食或来源于京通仓、水次仓，或来源于地方仓，也有出自民间富室，更有来自其他市场，来源于多种途径。赈粮和赈钱，有些时候是单独使用，有些时候是综合运用，视具体灾情和地方粮食储备、流通情况而定。赈贷是指官府在灾后对灾民贷放生产资料以助其生产自救，包括贷粮、贷种子、贷牛、贷农具等。嘉靖以后，灾年设立粥厂，施粥济民，日趋普遍化。工赈是指在受灾地区由官府出资雇用灾民兴办工役，以解决灾民生计，从而达到救灾的目的。工赈与直接赈粮、赈钱完全不同，它属于间接赈济，也是一种有偿赈济，所兴工役，或是农田水利设施，或是公用设施。灾年官府对灾民进行安辑、宽刑、施医散药、赎还妻子、收养遗弃、掩埋遗体等措施也日益常态化。受灾异天谴观念的影响，明代皇帝和官员修德禳灾和祈神禳灾也十分盛行。当严重的灾害危机发生后，皇帝往往会采取下诏求言、赈灾、避殿、减膳、恤刑、祭神等措施，以减轻灾害的破坏性或者预防灾害的再次发生。大臣们也很重视灾害，并利用这一特殊时机上疏言事以达到各种政治目的，或对皇帝提出建议，或对朝政提出批评，或对朝臣进行攻讦，或借灾害以自劾，涉及方面很多。旱涝之年，“祷雨旸辄应”的祈雨求晴之禳灾现象也很普遍，祈祷的对象主要是风云雷雨山川、龙王、城隍神等。明代这种比较完善的官府救灾制度和政策措施，对于降低灾害的危害程度无疑具有非常重要的作用，但因官赈制度本身还存有一些漏洞，报灾、勘灾、赈灾环节无可避免地存在诸如匿灾不报、报灾延时、虚报灾情、勘灾不实、坐视不赈、赈灾迟缓、上蠲下征、蠲而复征、侵尅贪污、重城市轻乡村等之类的荒政弊端。

官赈不足而有民赈。明代的民赈主要包括捐粮捐钱、赈米施粥、平粜转贷、收养救赎、施药掩骼等救灾活动。为了更好地激发民间富户乡绅参与救灾积极性，明代官府采取了官员捐俸以倡、给予捐输助赈的士民以“义民”称号、立坊旌表、冠带荣身、捐纳为官、输粟入学、输粟赎罪、免除徭役、发放免罪帖等一系列激励奖励政策。民间富户乡绅正是在官府这种劝分政策的感召下，纷纷投入到救灾实践中。每逢大灾之年，地方富户乡绅往往依据灾地和个人实际，采取多种形式助力官赈或在地方官府指导下独立展开救灾活动。有的捐米输谷助官府赈济灾民，有的则直接散钱给灾民或出钱购买粮食散给灾民，有的办理粥厂赈济灾民，有的出钱而让灾民出力兴修灾地农田水利以实行工赈，有的出资转运粮食到灾地以实行民粜；有的贷给灾民耕牛、种子，以恢复灾区农业生产。还有的出资收养因灾被遗弃的小孩，帮助灾民赎回被卖的妻儿，给灾民施医散药，掩埋因灾死亡的尸骸，等等。明代中期以后，随着官府财政危机、吏治腐败的加剧，官赈式微，民赈越来越发挥着重要作用。如崇祯末年，以居家乡绅张陛、祁彪佳为代表的民间力量就成功地办理了赈米施粥、转贷平粜、施医给药、掩埋骸骨等一系列救灾活动。

明代防灾措施主要包括仓储备灾、水利救荒、农事防灾。明代继承前代仓储防灾的传统，积极进行预备仓、济农仓、常平仓、义仓和社仓的建设。预备仓是明代出现的独特仓储形式。预备仓址的选择以便于散聚为目的，于县的东、南、西、北四个方向各设一处，并且选择乡村辐辏之处，市籴储之，以备岁荒赈济。济农仓则是宣德年间巡抚江南的周忱创设于苏州、松江、常州等地。其规定是：除去用于赈贷贫民耕作食用之外，凡陂塘堰圩之役，计口而给食者，于是取之；江河之运不幸遭风涛亡失者，得以假借。于是在其任内，“江南数大郡，小民不知凶荒”。嘉靖、万历年间，随着预备仓的衰败，常平仓在全国得以推广。社仓和义仓也开始逐渐担负起基层灾荒救济任务，成为仓储建设的主体。社仓多设于乡村，且因仓本来源不同、地域不同等原因而存在诸多差异，甚至连名称也存在很大不同，有称乡会仓、保赤仓，等等。义仓则多设于州县，仓本多由富民捐谷，由官府管理。

水利建设是备荒之先策。明代前中期的太祖、英宗、宪宗、孝宗时期，都非常重视水利建设，不仅多次谕令各地开浚河道、兴修堤防、修复陂塘沟渠等，还设专官负责各地水利的兴修，同时制定了许多保护水利工程的法令制度。不仅如此，还派人到各地督促水利兴修事务，并将水利兴修的实绩纳入地方官考成之中。在官府的倡导下，明代前中期水利兴修取得了很大成就。据《明太祖洪武实录》记载，到洪武二十八年（1395 年），在前后不到两年的时间里，就在全国范围内开塘堰 40987 处，疏浚河道 4162 处，修建堤岸 5048 处。明中期以后，为“保漕”和“护陵”，明王朝加强了对黄河和运河的治理，但对民生关注不够，不仅没有有效地减少灾害，还因政策的失当而助长灾害的发生。

明代农事防灾工作取得了一定的成效。甘肃一带干旱地区砂田的创造，滨海滨河地区盐碱地的改造，翻车、筒车、风车等动力灌溉技术以及轮耕、深耕技术的运用，玉米、番薯等救荒作物的引进与推广，防治病虫害技术的改进，护林、造林等水土保持工作的开展，农候占验对灾害的预测，都对防灾减灾产生了积极作用。

第二编

大事记

洪武元年（1368 年）

△明太祖下令，有了水旱灾害，不拘时限，从实踏勘，免除税粮。

△闰七月二十五日，因为水灾免苏州府吴江州受灾田 1237 顷，共免税粮 49500 石。又因旱灾免广德、太平、宁国三府及和州、滁州税粮 76630 石。

洪武四年（1371 年）

△明太祖令修复兴安灵渠（今广西兴安县西 10 里），修成陡渠 36 条，渠水引自海阳山，灌田。

△陕西荐饥。明太祖朱元璋命陕西参政班用吉、监察御史赵术、奉御徐德等发粟赈济，总计 25000 余户。

洪武七年（1374 年）

△正月初四日，赈济南直隶（明代南直隶亦称南京，领府十四：应天、凤阳、苏州、松江、常州、镇江、扬州、淮安、庐州、安庆、太平、宁国、池州、徽州；州三：广德、和、滁）松江府遭遇水灾的灾民 8299 户，每户各赐给钱五千。

△五月，命户部遣官赈济苏州府诸县饥民，共计 298699 户，给米、麦、谷 392100 余石。

洪武八年（1375 年）

△秋七月初二日夜，浙江遭遇暴雨风暴潮，潮高 3 丈，平阳九都、十都、十一都等处死亡 2000 余人，防倭官军及船只多漂流没溺。

△命耿炳文疏浚泾阳（今陕西泾阳县）洪渠堰，灌溉泾阳、三原、醴泉、高陵、临潼田 200 余里。

洪武十七年（1384 年）

△八月初一日，黄河在开封决口，肆意横流数十里。

洪武十八年（1385 年）

△明太祖下令，凡是发生灾荒的地方，如果地方官不报，允许当地百姓联名诉，对于隐瞒不报的官吏要“极刑不饶”。

△明太祖下令，天下各地方官府，只要遇到饥荒，可以先开仓赈济，事后再禀报上奏。

洪武二十三年（1390 年）

△七月，南直隶、浙江沿海地区发生大风暴潮，海堤圮坏，损毁禾苗、庄稼。海潮涌袭沿海城市，漂没官舍民屋，人民漂溺甚多，扬州府沿海就溺死灶丁 3 万余人，淞南一带有 1700 家尽葬鱼腹。

△调集民夫 25 万人，修崇明、海门潮灾决堤 23900 余丈。

△明太祖下令，除十恶罪以及杀人者论死之外，其余死罪都可以通过输米到北边而获减刑。

洪武二十四年（1391 年）

△修浙江宁海、奉化海堤 4300 余丈，筑上虞海堤 4000 丈，改建石闸。

洪武二十五年（1392 年）

△五月初一日，诏令赈济河南陈州、原武等县遭水灾贫民 74600 口，发放赈米总计 42900 余石。

△调集民夫 359000 人，开凿南直隶应天府溧阳银墅东坝河道，自十字港起，至沙子河胭脂坝止，长 4300 余丈。

洪武二十六年（1393 年）

△明太祖定救灾踏勘之法，令遇有水旱灾伤，地方官踏勘明白，具实奏闻。户部立案，再遣人重新勘验，查明灾害缘由，并将受灾人姓名、受灾土地数以及应交的税粮数造册上报。

洪武二十七年（1394 年）

△明太祖制定赈粮发放的具体标准：赈灾，大人六斗，小孩三斗，五岁以下小孩不给。

△明太祖朱元璋派遣国子生及人才到天下各郡县，督修水利，谕令凡是可以抗旱、防霖潦的陂、塘、湖、堰，都要因其地势，进行修治。

洪武二十八年（1395 年）

△从洪武二十七年到二十八年，前后不到两年，全国范围内已开塘堰 40987 处，疏浚河道 4162 处，修建堤岸 5048 处。

洪武三十年（1397 年）

△五月，明廷重新颁布修订过的《大明律》，规定：凡毁伐树木、稼穑者，以计赃准盗论处。

永乐元年（1403 年）

△明成祖制定捕蝗法规，令吏部发文，要求春初派人各地巡视，遇到有蝗虫初生，就要设法扑捕，而且一定要捕尽杀绝。如果坐视蝗虫蔓延的，治罪。如果布政司和按察司的官员不能严督部下，巡视捕蝗，也要定罪。每年九月下文，到十一月再下文。军卫由兵部下文，督令各地及时灭蝗，并将此永为定例。

永乐二年（1404 年）

△七月初二日，南直隶金山县风雨大作，海潮泛溢，漂溺 1000 余家，濒海之田为咸潮所浸，禾苗皆枯。

△明成祖再定赈灾粮食发放标准，这次标准只是针对苏、松等处水灾地区。其标准为：成年人每人米 1 斗，6 岁到 14 岁，米 6 升，5 岁以下不给。如果户有 10 名以上的成年人，最多给 1 石。又定借米规则：1 人借米 1 斗，2 至 5 人借米 2 斗，6 至 8 人借米 3 斗，9 口以上人借米 4 斗，到秋收以后归还官府。

永乐三年（1405 年）

△八月，浙江杭州府属县多水灾，淹死 400 余人。

△明成祖定各种罪名赎粮数额：死罪纳米 110 石；流罪 80 石；徒罪三年 60 石；徒罪二年 50 石；徒罪一年半 35 石；徒罪一年 30 石；杖九十可以输 135 石粮抵消；而笞刑可以输 10 石粮抵罪。

永乐四年（1406 年）

△八月十三日，明成祖下令赈山东蝗灾，京师（今北京和河北）旱灾，诏户部发粟 48600 石，给 24600 户。

永乐六年（1408 年）

△正月，江西建昌、抚州两府，以及福建建宁、邵武两府，自永乐五年至是月，因瘟疫而死的就有 78400 余人。

△七月，江西广信府玉山、永丰二县疫死 1790 余人。

△十月，广信府上饶县疫死 3350 余户。

永乐八年（1410 年）

△自正月至六月，山东登州府、浙江宁海诸州县疫死 6000 余人。福建邵武府连年发生大疫灾，至是年冬，死绝 12000 户。

△七月，皇太子命户部赈济直隶安庆、徽州、镇江、凤阳等郡县饥民6700余户，发放稻谷16120石。

△秋，黄河在开封决口，坏城200余丈，被水灾民14000余户，淹没田亩7500余顷。

△明成祖下令，受灾地区如果有人卖儿鬻女，由官府出资赎回。

永乐九年（1411年）

△六月，北直隶（亦称京师，所领八府：顺天、保定、河间、真定、顺德、广平、大名、永平；直隶州二：延庆、保安）广平府磁州、武安等县发生疫灾，3050余户居民染疫而死，1038余顷田地遭遇荒芜。

△七月，浙江海宁大潮决堤，淹没赭山道司，漂没庐舍，毁坏城垣、长安等坝，漂流6700余户。

永乐十年（1412年）

△七月，卢沟河大洪水，冲毁大桥及堤岸，人畜溺死甚多。直隶保定县河岸决堤54处。

永乐十一年（1413年）

△七月，浙江宁波府鄞、慈溪、奉化、定海、象山五县民众染疫，死亡9500余人。

永乐十二年（1414年）

△闰九月十七日，太仓直隶州、崇明遭遇风暴潮，漂没民居5800余家，溺死民人甚众。

永乐十三年（1415年）

△六月，京师、河南、山东淫雨成灾，河水泛溢，冲毁房屋，淹没庄稼，而以山东东昌府临清县灾情最重，灾民达99200多户。

永乐十四年（1416年）

△江西南昌、广信、饶州府，浙江衢州、金华府，福建福宁、延平、邵武府，皆雨水成灾，江河泛涨，冲坏庐舍，淹没庄稼，溺死人民和牲畜甚众。

永乐十八年（1420年）

△夏秋，浙江仁和、海宁潮灾，漂没民房，毁坏仓粮，淹死160余人。仁和、海宁长降等坝被冲毁1500余丈，9100余户居民逃徙。

△山东青州、莱州二府大饥。时皇太子赴京师，过邹县，命亟发官粟以赈。十一月，赈山东青、莱、平度等府、州、县被水饥民，总计153734户。

永乐二十年（1422年）

△五月初三日，广东诸府飓风暴雨，海水泛溢，淹没房屋1200间，冲毁仓粮25300余石，淹死360余人。

永乐二十二年（1424年）

△明成祖完善勘灾法令，要求地方受灾，由按察司遣官，直隶由御史委官，共同参与勘灾。

永乐二十二年（1424年）

△七月，浙江黄岩飓风大作，海潮大上，漂没7843户居民，溺死800余人，淹没官民田地256余顷。

宣德三年（1428年）

△七月，直隶顺天府属州县以及以南的河间、真定、保定、大名、广平、永平等府自农历五月开始，霖雨连旬，直至六月底，致使浑河、北运河水系大小河流一起泛滥，农田淹没，房屋倒塌，人畜溺死。

△山西旱荒民饥，流移到河南南阳诸郡的人口不下10余万，有司、军卫各派人追捕、驱逐，流民死亡甚多。此年正是洪洞大槐树下迁民高潮之年。

宣德九年（1434年）

△明宣宗遣给事中、御史、锦衣卫官前往山东、河南打捕蝗虫。

正统二年（1437年）

正月，明廷谕令秋成时将修筑圩岸、疏浚陂塘等农田水利建设的实效纳入地方官的考成（一定期限内考核官吏的政绩），并备文分条陈述上报，等考满（对每一位任职到期的官员进行考核，办法是三年一考，三考为满）结束后，以决定是否升降。

正统四年（1439年）

△五月，京师大水，毁坏官舍民居3390区，造成21人死亡。顺天、真定、保定三府、州、县及开封、卫辉、彰德三府俱大水。京城内外乞丐成群，城市人家生计亦多艰难，加上连日严寒，倒毙街头者颇多。

△八月，直隶苏州、常州、镇江各府及江宁府属五县俱大水，溺死民人甚多。

△九月十六日，明英宗令赈济饥民，都御史张纯奏，赈过霸州（今河北霸州）饥民12336户，32753人；招回流民2120余户，共5680口人。动用官粮11890余石。

正统五年（1440年）

△十月初一，庄浪卫（今甘肃永登）发生地震，震坏城堡以及官民庐舍，压死200余人，马、骡、牛、羊死亡800余匹。

△十一月，诏令免除直隶苏州、松江、常州、镇江，浙江嘉兴、湖州诸府，直隶太仓、镇海、苏州三卫，以及浙江嘉兴守御千户所水灾地粮1346550余石、草48万余包。

△明英宗诏准：各处预备仓，凡民人纳粮1500石，奖为“义民”，免本户差役。纳粮300石以上，刻石题名，免本户杂泛差役二年。

正统七年（1442年）

△正月，山西广昌伐木厂发生森林大火，焚烧松木8800余株。

△明英宗下令，各地赃罚入官的财物全部在年底变卖，到秋收时节买成粮食，作为赈灾粮储备。

△明英宗令福建布政司：预备仓粮借给饥民，每借1斗米，秋收之时还2石5斗稻谷。

正统八年（1443年）

△江阴平民朱熊的《救荒活民补遗书》刊行，是为现存明代最早的救荒著作。

正统九年（1444年）

△七月十七日，直隶南汇、金山、崇明、江阴等县以及高明、巫山、马驮等沙发生风暴潮，有全村人被冲决入海的。扬子江沙洲潮涨高一丈五六尺，淹死1000人。上海、崇明之地烈风暴雨，冲坏民居1000余所，淹死167人，牛、马牲畜漂没无算。

△冬，浙江绍兴、宁波、台州瘟疫大作，延及次年，死亡3万余人。

正统十二年（1447年）

△六月，江西瑞金连续下雨，城内水深丈余，漂没仓库，淹死200

余人。

正统十三年（1448年）

△四月初三，因为旱灾和蝗灾，明英宗同意江西部分起运南京的税粮折银交纳，户部议定，每石粮折银二钱五分。

△六月，大名河决堤，淹没300余里，冲毁房屋2万间，死亡1000多人。

△秋，黄河在河南新乡境内八柳树口地方决口，淹曹州、濮州，抵东昌，冲张秋，溃寿张沙湾，坏运道，东入海。数十万顷田地遭洪水淹没，开封府境内遭灾最为严重。

△夏秋，陕西淫雨成灾，通渭、平凉、华亭三县山崩，压死军民80余人。

△九月十一日，江西建昌府新城县报告去冬今春，疫气大作，染疫而死的民众达4000余人。

景泰三年（1452年）

△二月，江西宜黄县发生瘟疫，民众死亡4600余人。

景泰四年（1453年）

△冬十一月十六日至次年孟春，山东、河南、浙江、直隶淮、徐大雪，雪深数尺，淮东沿海海冰绵延40余里，冻死牲畜以万计。

△冬，江西建昌府属县瘟疫流行，死亡8008人。

△山东、河南、南北直隶等大片地区灾荒，明景帝诏准，让缺粮州县允许罪犯纳米赈济，并根据不同的罪名定下不同的纳米标准：杂犯死罪，60石；流徒三年，40石；徒二年半，35石；徒二年，30石；徒一年半，25石；徒一年，20石；杖罪，每一十，1石；笞罪，每一十，5斗。

景泰五年（1454年）

△正月，江南诸府遭遇连续四旬的大雪，苏州、常州冻死、饿死的人不计其数。是春，河南罗山县境内天寒地冻，竹、树、鱼、蚌皆冻死。湖广衡州府雨雪连绵，伤人甚多，冻死牛畜36000蹄。

△二月，湖广武昌、汉阳二府疫病流行，死亡10000余人。

△六月二十七日，吏部尚书王文奏南直隶多处受灾，赈灾共放支粮

970273石，赈济六府饥民共1035270户，共3621536口。

景泰六年（1455年）

△五月初六，直隶苏州地震，并常州、镇江、松江四府发生瘟疫，死亡77000余人。

景泰七年（1456年）

△五月，广西桂林瘟疫流行，死亡2万余人。

△春夏，湖广黄梅县境内瘟疫大作，有一家39人全部染疫而死，县境总计死亡3400余人，全家死绝的有700余户。

△夏，两畿（京师和南京）、江西、河南、浙江、山东、山西、湖广共30府，恒雨成灾，洪水淹没大量农田。灾民流徙，逃往河南、湖广荆襄等处的流民甚多，河南地区仅山东、陕西两地的流民就达20多万人。

天顺二年（1458年）

△直隶南汇、华亭及浙江嘉兴府、乍浦、平湖等地发生风暴潮，漂没18000余人。

天顺三年（1459年）

△浙江嘉兴风暴潮大作，淹死10000余人。

天顺五年（1461年）

△七月五日夜，嘉定、昆山、上海、崇明滨海之地风雨大作，海潮漂没大量房屋，淹死民众12500余人。两浙都转运盐史司所辖下砂等4场风暴潮灾甚重，损毁官舍民房3250余间，冲没牛280余头，淹死2310余人。

天顺六年（1462年）

△七月，直隶淮安府滨海地区大水，海潮泛涨，淹死盐丁1300余人。

成化二年（1466年）

△七月六日，两淮地区沿海发生风暴潮灾，海潮决开捍海堰69处，淹死盐丁247人。

△秋七月，顺天、保定、河南开封、山东青州四府大水。是月，山东兖州府东阿、峄二县久雨水涨，坏民居790余所，溺死111人，牛驴

等牲畜540余头。

△明宪宗诏准，今后如有侵占赈济钱粮，或者把官府银掺假发给灾民，此类贪赃者一律押解到京师发落。

成化六年（1470年）

△八月，汉江流域大水，汉江涨溢高达数丈，城郭居民俱遭淹没。

△明宪宗诏准：凡应选吏典，只要纳米50石，就可以免其考试。已经选拔的吏典，尚未取得办事身份，只要纳米就可以免其考试。

成化七年（1471年）

△闰九月，山东青州府、无棣、黄县及浙江杭州、嘉兴、湖州、绍兴四府俱大风雨，海潮泛滥，冲没禾稼、田宅、人畜难以计数，余姚淹死700余人。

△监察御史等官周源等奉敕赈济顺天府大兴等四县饥民219800余口；吏部员外郎王玺、刑部员外郎邢瑾赈济真定府所属州县158270口；礼部员外郎曹隆、兵部署员外郎张瑾、大理寺正刘瀚共赈济河间府所属州县398710口。

成化八年（1472年）

△七月，浙江大风雨，海水暴溢，淹死28400余人。

△秋九月，直隶青浦县风雨大作，海潮暴上，漂没死亡10000余人。

成化十年（1474年）

△九月初三日，因水灾诏令免除直隶苏州、松江、常州、镇江四府所属吴江等14县并苏州卫秋粮子粒434600石、马草169890余包。

成化十七年（1481年）

△二月十三日，因旱灾而免除直隶凤阳等3府、徐州等38州县并中都留守司等23卫所、两淮盐运司等30盐课司去年大小麦219500余石、丝19800余两、草950余包。

△冬十月，奉旨赈济河南被灾饥民，总计612800户、1425170口。

成化十八年（1482年）

△夏秋，沁河、伊河、洛河发生大洪水，河南怀庆诸府大水冲塌城垣1180余丈，冲毁公署、坛庙、民舍314000余间，淹死11800余人。

成化十九年（1483 年）

△五月，赈济京师大名、广平、保定、河间、真定、顺德六府饥民 83 万多人。

成化二十一年（1485 年）

△三月初八夜，广东番禺、南海风雷大作，冰雹交下，损坏民居 10000 余间，造成 1000 多人死亡。

△三月至闰四月，福建大雨不止，福州、延平、建宁、泉州、邵武、汀州六郡俱大水，延平尤为严重，城中往来皆行舟。

成化二十三年（1487 年）

△七月二十二日，陕西临潼、咸阳发生地震，山多崩塌，屋舍毁坏，死亡 1900 余人。

弘治元年（1488 年）

△四月，浙江临海县大风雨，海潮泛滥，死者不知其数。

△五月，直隶扬州发生风暴潮，漂没民居 400 余家；靖江县淹死 2951 人，冲没民房 1543 间。

弘治三年（1490 年）

△明孝宗议准受灾蠲免粮草法则：将灾害划分为十等，根据不同等级的灾害，免除不同比例的粮草。全灾免七分粮草；九分灾免六分粮草；八分灾免五分粮草；七分灾免四分粮草；六分灾免三分粮草；五分灾免二分粮草；四分灾免一分粮草。所免的只限于在留存地方的税粮划拨，起运的粮草（即运送到国库中的粮草）不在免除范围内。

△明孝宗定下全国预备仓积粮标准：十里以下，积粮 15000 石；军卫每千户所，积粮 15000 石；每百户所，积粮 300 石。每三年一次清查，如果积粮不合标准，少三成者，官员罚俸半年；少五成者，罚俸一年；少六成者，降职。军卫预备仓达不到标准，也一样对主管官员停发俸禄。

弘治九年（1496 年）

△六月十五日，浙江山阴、萧山二县大雨，山崩水涌，漂没房舍 2000 间，死亡 300 余人。

弘治十一年（1498年）

△明孝宗再次完善勘灾法令，明确勘灾时限，夏灾不得过六月，秋灾不得过九月，要及时派官踏勘。如果报灾与勘灾不及时，以及隐瞒不报，或勘灾不实，一概追究责任。

弘治十三年（1500年）

△秋七月初八，直隶顺天府昌平州永宁卫燕尾山至居庸关石纵山发生森林火灾，东西40余里，南北70余里，延烧七昼夜，林木焚毁殆尽。

△明廷颁令天下，凡是大同、山西、宣府、延绥、宁夏、辽东、蓟州、紫荆、密云等处分守、守备、备御并府、州、县官员，务必对所管旗军、民人等立下禁约，不许擅自将应禁林木砍伐贩卖。如有违反此项规定的，发配南方烟瘴卫所充军。

弘治十四年（1501年）

△正月初一，陕西朝邑发生地震，震摇倒塌官署民房5485间，压死170人，震伤94人，牲畜死亡891头。

△五月，南直隶贵池大水，淹死260余人。

△自闰七月二十七日至二十九日，四川乌撒军民府可渡河巡检司大雷雨不止，洪水泛滥，山崩地裂，决坏桥梁、庐舍甚多，压死人口、牲畜甚众。

弘治十五年（1502年）

△九月十七日，山东濮州（今河南濮阳市范县濮城镇）发生地震，直隶大名、顺德二府，徐州以及山东济南、东昌、兖州等府，同日地震有声如雷，震坏城垣、民舍，濮州压死100多人。

弘治十七年（1504年）

△五月二十三日，河南南阳县猛风迅雷暴雨，河水泛滥，淹没军民房屋300余间，淹死90人。

△六月，江西庐山大风雨，平地水深丈余，淹死不少星子、德安二县的民人，漂没民居甚众。

△直隶苏州、松江等地受灾，粮食无法北运，在京各衙门官员月粮无从筹措，明孝宗下令改折银两给在京官员发工资。在京官员月粮折银

每石八钱，而南京官员月粮每石折七钱。

正德二年（1507年）

△七月二十七日，福建长泰县连续三昼夜大风雨，平地水深2丈，漂没民居800余家，损伤500余顷庄稼，淹死50余人。

△自七月至十二月，湖广靖州等处疫病流行，死亡4000余人。福建建宁、邵武二府自八月开始亦遭大疫，死亡甚众，并叠加旱涝、蝗虫灾害肆虐。

△明武宗定：罪犯纳料，每石折合谷一石五斗，全部交入预备仓备赈。

正德三年（1508年）

△夏五月至十二月，浙江金华府各县滴雨未下，早晚禾、豆、粟皆旱干无收，蕨根、树皮被饥民采食无遗，饿死的人甚多。

正德五年（1510年）

△九月，直隶安庆、宁国、太平三府大水，淹死23000余人。十一月，苏州、松江、常州三府大水。

正德六年（1511年）

△六月，汜水暴涨，淹死176人，冲毁城垣170余堵。

△八月，辽东都司所属定辽左等25个卫暴发大瘟疫，死亡8100余人，数万牲畜亦染疫而死。

正德七年（1512年）

△三月十四日，山东峄县大火，大风助长火势，烧毁官民房屋1000余间，城外山丘地带林木亦遭延烧。

△七月十八日，直隶通州等处大风雨，海潮泛溢，漂没房屋，淹死3000余人。

△秋七月，两淮地区飓风潮涌，冲毁不少民房，淹死1000余人。浙江会稽、宁波、绍兴濒海地区飓风大作，海潮大上，冲决海堤，漂溺居民动以万计。

正德十年（1515年）

△五月初六，云南鹤庆地震，震坏城垣、官廨、民居不可胜计，死亡数千人，受伤的比死亡的人多一倍。

嘉靖元年（1522 年）

△七月二十三日，直隶靖江县风雨潮涨，民房被漂没，死亡数万人。二十五日，上海、崇明、扬州、东台等地飓风潮灾，扬州淹死 1745 人，大量灶舍、盐丁被漂没。

△七月，南京暴风雨，郊社、陵寝、宫阙、城垣吻脊栏楯皆坏，10000 余株大树被毁，江船漂没甚众。庐州、凤阳、淮安、扬州四府同日大风雨雹，河水泛滥，淹死民人和牲畜无数。

嘉靖二年（1523 年）

△六月，南北两京、山东、河南、湖广、江西及嘉兴、大同、成都等所属府、州、县皆干旱，赤地千里，殍馑载道。

△七月，南京大疫，军民死亡甚众。扬州、江都人相食且疫病流行。滁州直隶州所属全椒县民饥，疫病而死甚多，积尸满野。安庆、庐州诸府大旱且瘟疫流行，庐州府有一家死亡十多人的，少的有三五人，甚至出现了举家染病，无人生火做饭，阖门等死，无人殡葬的惨状。

△十二月初八，南京兵部侍郎席书上奏赈灾一事：一年来旱涝频繁，大江南北受灾严重。奏请在 42 个受灾县广泛设粥厂，赈济饥民。大县设 16 所，中县设 10 所，小县设 8 所，凡是来粥厂饥民，不问是否本县人，一概给食。

嘉靖三年（1524 年）

△明世宗下令，各处的监察官要督促府、州、县官在秋收之时多方增加预备仓粮的收储，每季将备荒仓储积粮数报送上级，以积粮多少考核政绩。如果在任内数年预备仓没有蓄积的官员，要送到刑部问罪。

嘉靖四年（1525 年）

△九月，山东瘟疫流行，死亡 4128 人。

嘉靖五年（1526 年）

△明世宗下令，对直隶凤阳等受灾地方应上供的物料，暂且停征。

嘉靖六年（1527 年）

△六月，陕西平凉府平凉县（今甘肃平凉）浚谷水暴涨，漂没城东民居房屋，淹死居民数万人。

嘉靖七年（1528 年）

△太行山以西的河套地区、关中平原及河南等地、大旱、蝗灾，疫病流行，饿殍遍野，骨肉相食。京师、山东、河南、山西、湖广、南京等地，蝗飞蔽天，食禾苗、草木殆尽。多地大饥，人相食。

△河南灾荒，明世宗谕巡抚官督令府、州、县官，先用现有的仓粮赈济，如果不够，将各项官银用于购粮。又令，灾区能收养小儿的，每天给米一升。能够埋一具尸体，给银四分。还下令，邻近的州县不得关闭粮食市场。又下令赈济流民，成年人每人给粮二三斗，小儿每人给一二斗，并要求流民尽快返回原籍。

嘉靖八年（1529 年）

△明世宗下令，受灾地区的监察官告知当地富户，量力助赈。出谷 20 石、银 20 两，给予冠带；30 石、30 两者，授九品散官；40 石、40 两者，授正八品；50 两、50 石者，授正七品。所有这些富户还可以获得免除官府差役的优惠。如有出资达 500 石粮加 500 两银者，除给予冠带外，还要在家门口立牌坊，表彰尚义之风。

△明世宗要求各地方设义仓，其规则：每二三十家组成一会，每会推举一名家道富裕且品行可靠的人当社首，再选一处事公道的人为社正，还需要会书写与计算的人当社副。将会内人家分成等级，上等之家出米四斗，中等二斗，下等一斗，每斗加耗五合入仓。上等之家主管仓粮。遇到荒年、上户只能从仓中借贷，丰年照数还仓。中下户酌量赈给，不必还粮。各府、州、县造册送抚按查考，一年查算仓米一次。若储粮不足，即罚会首出一年之米。

△明世宗诏准各级州县积粮标准：十里以下积粮 15000 石；二十里以下 20000 石；三十里以下 25000 石；五十里以下 30000 石；百里以下 50000 石；二百里以下 70000 万石；三百里以下 90000 万石；四百里以下 110000 万石；五百里以下 130000 万石；六百里以下 150000 万石；七百里以下 180000 万石；八百里以下 190000 万石。三年之内必须积够一年所用的仓粮。积谷够上这个标准，守令为称职。超过标准或倍增，会得到表彰，并能升迁。而积谷不及数者，如果少三成，罚俸半年。少五成者，罚俸一年。少六成以上者为不称职，降职使

用。军卫三年之内，每个百户所各积谷 300 石。超额者奖励，不及数者，罚俸。

△广东按察佥事林希元上《荒政丛言疏》，提出救荒“二难、三便、六急、三权、六禁、三戒”，此疏后来被整理成为明代重要的荒政文献。

嘉靖十五年（1536 年）

△二月二十八日，四川建昌卫（今西昌）地震，行都司并建昌卫、建昌前卫大小衙门、官厅宅舍、监房仓库、内外军民房舍、墙垣、门壁、城楼、垛口、城门、神祠、寺庙俱倒塌，死伤官吏、军民、客商人等不计其数（一说官吏、军夷死数近万）。

△江南沿海风暴潮灾，海涨 2 丈余，淹死民灶 20090 余人。

嘉靖十七年（1538 年）

△运使郑漳请于御史吴悌而创设避潮墩于各团，两淮诸盐灶赖以复业。

嘉靖十八年（1539 年）

△六月十八日，直隶扬州府兴化县大风，禾黍倒偃，海潮涨溢，高二三丈余，漂没诸盐场及盐城庐舍堂产、人口，不可胜计。田地咸卤，十多年都不能种稻。

△闰七月三日，上海、崇明暴风潮灾，庐舍漂没几尽，淹死数百人。两淮地区大水漂没盐场数十处，淹死民人难以计算。如皋淹死民灶数千人，通州淹死民灶 29000 余人，阜宁淹死万余人，漂没官民庐舍、畜产，不可胜计。

△七月，福建福州府飓风大作，坏屋折木，塘岸崩塌，覆舟溺死无算。

嘉靖二十一年（1542 年）

△浙江水利佥事黄光升于海盐主持修建海塘三四百丈。海塘为重型直立式石塘，迎水面条石逐层微微内收，一层压着一层，呈有规则的鱼鳞状，俗称“鱼鳞石塘”。

嘉靖二十三年（1544 年）

△八月初五，明世宗准允，漕粮 400 万石中七分照旧征运粮米，三

分折征银两。正兑米折银七钱，改兑米折银六钱。

嘉靖二十六年（1547年）

△黄河在曹县决口，城池被漂没，淹死民人甚众。

嘉靖二十八年（1549年）

△七月三日，陕西庆阳府（今甘肃庆阳）大水，漂没南关及夹河两岸200余里，店屋货市尽成砂碛，淹死1000余人。

嘉靖三十二年（1553年）

△四月至六月，淮河流域的洪汝、沙颍、涡河水系，长江流域的唐白河水系，黄河流域的伊洛、沁河水系，汾河水系，海河流域之南运河、子牙河、大清河、永定河、滏阳河水系大水，河南西部、京师大部灾情最重，民居、官舍冲毁殆尽，人畜、禾稼漂没不可胜计。

嘉靖三十三年（1554年）

△六月，京师顺天、保定、河间等府大雨，平地水深数尺，卢沟河、浑河、潮白河、北运河等河流泛滥，漂没墙垣、庐舍与秋禾，淹毙人畜甚多。

嘉靖三十四年（1555年）

△十二月十二日，陕西华县发生大地震，陕西、山西、河南等95府、州、县遭受不同程度破坏，波及陕西、山西、京师、山东、河南、南京、湖广等7省所辖130余府、州、县。地震压死有名有姓者83万人，不知姓名而未经奏报的死亡人数不可胜计。

嘉靖三十九年（1560年）

△四川、湖广、江西、南畿（南京）等大水成灾。长江上游三江水泛滥，沿江诸郡县荡没殆尽。洞庭湖泛涨，坏田无数，人畜多溺死，尸体漂满湖中，大水侵入长沙城郭。湖广巴东、秭归、宜昌、枝江、松滋、江陵一带，堤防溃决，民舍、禾稼漂没无存。

△山西、京师、山东发生大旱灾，飞蝗四起，食禾几尽，米价腾贵，瘟疫流行。

嘉靖四十年（1561年）

△六月十四日，陕西广武营、红寺堡地震，太原、大同、陕西榆林、宁夏卫、固原卫的城垣、墩台、府（房）屋皆摇塌。地裂涌出黑黄

沙水，压死军人无数。震毁广武、红寺等城。

隆庆二年（1568 年）

△七月二十九日，浙江台州飓风，海潮大涨，挟天台山诸水灌入台州城，3 日里淹死 3 万余人，冲没农田 15 万亩，毁坏庐舍 5 万区。

隆庆三年（1569 年）

△六月，山东诸泉及凤、泗山水大发，合河与淮，水高一丈五六尺，由通济闸建瓴入淮安城，覆舟倾屋，人畜流尸相枕。

△闰六月，南直隶靖江县潮涨为洋，漂民居无算，淹死民人万余口。浙江钱塘县怪风震涛，钱塘江岸坍塌数千余丈，漂没官兵船千余只，溺死的人不可数计。上海、崇明风潮大作，平地水深丈余，居民十存三四。

△七月十一日，黄河于沛县决口，自考城、虞城、曹、单、丰、沛抵徐州俱受其害。

△九月，淮水涨溢，自清河至通济闸及淮安城西，落淤 30 里，决二坝入海。莒县、临沂、郯城之水又泛滥于邳州，淹死民人甚众。

隆庆六年（1572 年）

△十二月初七，陕西巩昌府（今甘肃陇西）发生地震，岷州（今甘肃岷县）尤甚，城墙、楼台、官民房屋十倒八九，塌死人畜不计其数。

△五月，浙江杭州府飓风大作，潮灾淹死民众 100 余人，漂没房屋 200 余间，咸水涌入内河，毁坏田地 8 万余亩。

△七月二十二日，广东万州（今广东省乐会县）飓风大作，拔木坏屋，州厅倒塌，压死 10 余人。海水涨溢，溺死民人不可胜数。

万历二年（1574 年）

△六月，福建永定大水，淹死 700 余人。

△六月二十七日，淮安、扬州、徐州河溢，损伤禾稼。黄河于砀山及邵家口、曹家庄、韩登家口向北决堤，淮河亦于高家堰决口向东，徐州、邳州、淮南北漂没千里。自此淮、扬多水患。

△崇明县大风雨，溺死万人。

万历三年（1575 年）

△五月二十九日，海昌县（今浙江省海宁县）潮溢，毁坏海塘

2000余丈，淹死100余人，损失8万余亩禾稼。

△六月初一（很多地方文献原文误记为五月三十日，经查万历三年五月为小月，应为六月初一），浙江、直隶、闽、广濒海郡县潮灾，而以浙江最重，淹死2000余人，境内县河皆成咸流，田亩不能灌溉，海塘则尽崩。

万历四年（1576年）

△黄河于韦家楼决口，又决开沛县缕水堤以及丰、曹二县长堤，丰、沛、徐州、睢宁、金乡、鱼台、单、曹诸州县田庐漂没无算，河流啮宿迁城。

万历六年（1578年）

△河臣潘季驯主持修建高家堰大堤，堤长60余里，大坝断面顶宽3~9米，底宽9~50米，坝高4~5米。

万历八年（1580年）

△山西太原府太原县、太谷县、忻州、岢岚州、平定州以及大同府、辽州直隶州发生疫灾。大同府瘟疫大作，十室九病，传染者接踵而亡。太原府保德州大疫流行，出城的灵柩相接不断。

万历九年（1581年）

△五月，广东从化、增城、龙门溪壑泛涨，田禾尽没，淹死民人无算。南直隶扬州府泰兴、海门、如皋大水，塘圩坡埂尽决，淹死民人甚众。

△明神宗再次将救灾程序完善化，要求受灾地区，州、县官地亲临受灾现场勘明，报呈巡按御史。而巡按御史立即向皇帝奏报，且不必等候户部回复，即可展开救灾。规定报灾时间：内地夏灾限五月，秋灾限七月；而边远地区夏灾限七月，秋灾限十月，不得延误。对于报灾不及时、匿灾不报、勘灾不实等，一概追究责任。

万历十年（1582年）

△正月，淮、扬海水泛涨，淹浸丰利等30处盐场，淹死2600余人。

△七月，苏州、松江等6州、县海潮大溢，坏田禾10万顷，淹死2万人。

万历十一年（1583年）

△四月，汉江河水暴涨，漂没民庐、人畜无算。陕西汉中府所属

金州（今陕西安康）城被汉江洪水覆没，水高出城碑1丈有余，淹死5000余人，全家溺死不可考的更多。是年七月，徙金州治于城南2里。八月，改金州名为兴安州。湖广郧阳府水溢冲决城垣，寺庙沦没，沔阳州景陵（今湖北天门）城仅三版未被淹没。

万历十二年（1584年）

△明神宗准允，地方受灾，对于灾民，不论有田没田，一概给予关心。有田的可以免其税粮，没有田的可以免其差役，让穷人和富人共同受益。

万历十四年（1586年）

△夏，江南、浙江、江西、湖广、广东、福建、云南、辽东大水。广东三水县九冈堤决，水毁庄稼，漂荡民居，延及百余里，凡数万家。高明县、德庆县、四会县、高要县、南雄县，总计冲毁房屋29507间，田地14837顷，淹死238人，高要县江水堤决90余处。

万历十五年（1587年）

△六月二十日，京师疫病灾害，礼部奉明神宗令施药救济，共救济男女10699人，用银641两9钱4分，钱106990文。太医院也参与救人，共医过男女病人109590人，用药14618斤8两。

万历十六年（1588年）

△十二月十六日，礼部奏灾异，直隶滦州，山东乐陵、武定，河南叶县，浙江嘉兴府，辽东金州卫、盖州卫、广宁卫及陕西宁夏卫，云南卫府、州、县10余处俱地震，山裂石飞，毁屋杀人，倒塌城楼铺舍、城垣、衙宇、民居，压死100余人，牛畜无算。

△山西临晋、平陆、荣河、稷山大疫，死者甚众，二麦虽然丰收，却无人收割。

万历十七年（1589年）

△六月初九，浙江萧山飓风大作，海溢卤潮，灌没沿江一带田禾万余亩，大风拔木，漂没庐舍。杭州、嘉兴、宁波、绍兴、台州各属县廨宇多圮坏，官民船及战舸圮坏，死亡200余人。

△七月，直隶松江府海溢，漂没庐舍数十家，男女万余口，六畜无算。

△七月十四日，福建福宁州地震，引发莲池上境童宅火灾，延烧州治，救火兵又误以认为火药库为银库，去瓦而火箭四注，毁坏学宫及民舍数千，州城为之半空。

万历十八年（1590年）

△潘季驯著成《河防一览》，总结治河的经验，对后世的黄河治理具有指导作用。

万历十九年（1591年）

△六月，直隶苏州、松江两府大水，淹死数万人。

△七月十六日至十九日，苏州府太仓州属崇明县飓风3日，海潮暴溢，漂没民居，溺死无算。十八日，松江府上海自一团至九团止几百里，漂没庐舍1000家，死亡2万余人，六畜无算。

△淮河、洪泽湖大涨，江都淳家湾石堤、邵伯南坝、高邮中堤、朱家墩、清水潭皆发生决口。淮水侵袭泗州，城中积水长期不泄，民居十分之九被淹没，大水还浸及祖陵。

万历二十一年（1593年）

△五月以来，黄河决单县黄堌口，高邮、宝应湖堤决口无算，漕河溃济宁及淮河诸堤岸。徐州至扬州间，方数千里，滔天大水，鱼游城关，舟行树梢，公署、庙宇、民舍倾圮，人多溺死，禾稼漂没，米珠薪桂，民食草根、树皮，人相食。

万历二十二年（1594年）

△河南大荒，刑科给事中杨东明上《饥民图》，请求赈济。明神宗遣钟化民以河南道监察御史前往主持赈灾。

万历二十八年（1600年）

△八月二十三日，广东南澳县大地震，城垣、衙署、民舍倾圮殆尽，压死民人无算。波及江西南安府、宁都直隶州、吉安府、饶州府，福建汀州、延平、建宁、福宁州、福州、兴化、泉州、漳州诸州府。

万历二十九年（1601年）

△京师真定府阜平县（今河北阜平）饥，有食其幼子者。直隶苏州府饥，民殴杀税使7人。

万历三十一年（1603 年）

△八月，福建同安县飓风海涨，坏积善、嘉禾等里庐舍，溺人无算。初五未时，飓风又作，海溢堤岸，浸没漳浦、长泰、海澄、龙溪民舍数千余家，人畜死亡不可胜计，有大番船漂入石美镇城内，压坏民舍。泉州诸府因大飓风而导致海水暴涨，溺死万余人。

万历三十二年（1604 年）

△十一月初九夜，福建泉州近海发生大地震，泉州府城池、楼铺、雉堞倾圮殆尽，覆舟甚多，乡间倾倒房屋无数，不少人受伤。福建近海及浙江、江西部分府、县均遭破坏，波及福建、江西、广东、广西、湖广、南京、浙江等 7 省所辖 90 余府、州、县。

万历三十三年（1605 年）

△五月二十八日，广东琼山发生地震，压死数千人，长牵、后乐圩岸田沉，新溪港沉陷数十村庄。文昌南五图有村平地忽陷成海，澄迈震死数百人。广东临高、安定、会同、万州、新宁、石城，广西博白、岑溪、陆川等州、县均遭破坏，波及广东、广西、湖广等地。

万历三十四年（1606 年）

△十一月一日，云南临安地震，倾倒城垣、梵宇、官府、民舍无数，居民露宿街头，燔柴措火，地震中不少人受伤，呻吟、哭泣、哀恸之声，日夜不绝。死而不知名者数千人。

万历三十五年（1607 年）

△六月二十四日，京师突降暴雨，持续至七月中旬，京城全被水浸，官民庐舍倾塌及民人淹溺，不可数计。通州平地水涌，城墙被水冲坏 1200 余丈，运粮船被冲走、冲毁 23 只，损失米 8363 石，并有 26 名运船士兵被淹死，漂没沿河民户不可考者甚多。

△左光斗任御史，条上三因十四议，曰因天之时，因地之利，因人之情；曰议浚川，议疏渠，议引流，议设坝，议建闸，议设陂，议相地，议筑塘，议招徕，议择人，议择将，议兵屯，议力田设科，议富民拜爵。诏令准行，天津到山海关一带屯田水利大兴。

△俞汝为的《荒政要览》刊行，是为明代内容十分丰富的救荒著作。

万历三十六年（1608年）

△刘世教著成《荒箸略》，是为明代一重要救荒著作。

万历三十七年（1609年）

△五月二十三日，福建建宁等四府大水，丁口失者逮十万。江西南昌等八府同日水灾。

△六月十二日子时，陕西行都指挥使司肃州卫（今甘肃酒泉）红崖、清水堡南发生地震。城垣、衙舍毁坏无算，边墩摇损凡870里（一说倒边墙1100余丈），压死军民840余人。东关地裂，南山一带山崩，讨来河等绝流数日。以后七八年，每年犹震一二次未息。

万历三十九年（1611年）

△夏，广东南海县大水，倾颓房屋22570间，漂流161人，淹没禾稼4612.35顷。三水县倾颓房屋150间，淹没禾稼3175.84顷。肇庆民间庐舍尽没水底，民人露宿山栖，浮沉屋脊，呼号待援，孳畜一空，灾情之重，200年来所未有。

万历四十一年（1613年）

△七月，山东蓬莱、福山、文登等县异风暴作，大雨如注，经三昼夜，庐舍倾圮，老树皆拔，禾稼一空。蓬莱海啸入城，沿海居民溺死无算。

万历四十三年（1615年）

△四月初五，京师顺天府昌平州黄花镇柳沟发生森林火灾，延烧数十里。

万历四十六年（1618年）

△四月二十一日，陕西大雨雪，冻死羸橐驼2000蹄。

△八月，广东潮州府海阳、揭阳、饶平、惠来、普宁、澄海等县飓风大作，潮灾淹死12530余人，倒塌房屋31869间，漂没田庐、盐埕1000余顷，冲决堤岸1270余丈，其余各都庐舍、城垣、衙署全化为乌有，漂没人民尤不可胜计。

泰昌元年（1620年）

△十二月初八，四川都指挥使司松潘卫西林莽中起火，延烧数十里，雪水俱化。

天启二年（1622 年）

△九月二十一日，陕西固原州（今宁夏固原）发生地震。震塌城垣 7900 余丈、房屋 151800 余间，压死 16000 余只牲畜、12000 余人。

△太仆卿董应举管天津至山海关屯田，规划数年，开田 18 万亩，积谷无算。

天启六年（1626 年）

△五月初六，蓟县地震。蓟州城东角震坍，毁坏房屋数百间。京师一带地震活动还引发京师王恭厂火药厂爆炸，倒塌房屋 10930 间，压死 537 人。

△六月初五，山西灵丘地震，天津三卫、宣府、大同俱数十震，灵丘城关尽塌，衙舍民房俱倒，压死 5200 人，大同府蔚州属广昌县压死数万人。地震破坏面积纵约 480 公里，波及山西、山东、河南省部分州、县。

崇祯元年（1628 年）

△七月，浙江风雨暴潮，杭州、嘉兴、绍兴三府海啸，冲毁民居数万间，漂溺数万人。海宁、萧山灾情尤重。海宁县近 4000 家被海水漂没，死人无算。萧山县飓风大作，海水骤溢，从白洋瓜涌入，漂没庐舍田禾，共淹死 17200 余人，老稚妇女还不在数内。

崇祯四年（1631 年）

△正月二十二日，明思宗因为陕西受灾，停征部分地区的辽饷。

△六月，黄河、淮水交涨，海口壅塞，黄河在建义诸口决堤，下灌兴化、盐城，水深 2 丈，村落漂没殆尽。

△七月，湖广常德府发生地震，倒塌荣府宫殿及城垣房屋无数，压死 60 人。波及湖广、江西许多州、县，湖广靖州直隶州天柱县（今贵州天柱）和直隶庐州府无为州同时有震。

崇祯五年（1632 年）

△夏五月至秋八月，长江、淮河、黄河各流域皆大雨，河决孟津口，横浸数百里，河南东部多县受其害。河南西、东、北部灾情尤甚，平地行舟，水坏民舍，田禾淹没殆尽，漂没人畜无算。

崇祯十年（1637 年）

△四月初五，蓟州雷电引发森林火灾，火焚东山 20 余里。

崇祯十二年（1639 年）

△徐光启的《农政全书》付梓刊刻。《农政全书》是古代农学集大成之作，其中有大量篇幅在讨论救荒，不少救荒内容还是其亲身调查研究的结果。

崇祯十三年（1640 年）

△两畿（京师和南京）、山东、河南、山西、陕西旱蝗，人相食。河南禾草皆枯，洛水深不盈尺，人多饥死。陕西绝粜罢市，父子夫妇相剖啖，十亡八九。山西秋无禾，汾、浍、漳河及伍姓湖俱竭，人相食。陕西、山东大旱饥，人相食。

崇祯十四年（1641 年）

△四月初七，蓟州西北因雷电引发火灾，焚及赵家谷，延烧 20 余里。

△延续多年的急性传染病大流行至此年为最烈，不少地方家家遭瘟，甚至出现有地无人，有人无牛，地遂荒芜的惨状。

崇祯十五年（1642 年）

△六月，汴水决。九月十五日，河决开封城北朱家寨（今开封黑岗口）。十六日，开封城圮，溺死士民数十万。

△陈龙正的《救荒策会》付梓刊刻。《救荒策会》多数内容是辑录别人著作，但也有一部分内容是作者自己的研究成果。

崇祯十六年（1643 年）

△二月至九月，京师疫病流行，死亡枕藉，十室九空，甚至户丁尽绝，九扇城门抬出的死者有 20 余万人。

第三编

灾 情

明代自然灾害主要有水灾、旱灾、虫灾、疫灾、地震、风灾等。水灾是因为久雨、暴雨或山洪暴发、河水泛滥而使人民生命财产、农作物等遭受破坏或损失的灾害。明代水灾共计1875次[①]，年均发生水灾6.77次。水灾发生的频次之高，可谓明代的第一大灾害。明代水灾主要集中于前、中期，后期涝灾偏少。明代水灾多发生在夏、秋两季，尤其集中于秋季。南、北直隶是明代水灾最为严重的两个地区。河南、山东、浙江、湖广、江西是明代水灾次严重的区域。湖广、江西位于长江的中下游，特别是在湖广境内的荆江段，九曲回肠，是水灾的多发区域之一。浙江、福建、广东则多受夏秋季节台风的影响，多发洪涝灾害。陕西位于西北内陆，虽然年均降水较少，但位于季风区域内，个别年份受强季风的影响容易形成大量降水形成洪涝灾害。山西、四川、广西、云南和贵州则是明代水灾较轻的区域。

旱灾是一种因长期无雨或少雨，使土壤水分不足、农作物水分平衡遭到破坏而导致减产或绝收的一种灾害。明代旱灾共计946余次[②]，年均3.42次。与水灾相对应，明代前期、中期水灾多但旱灾则偏少，后期涝灾偏少旱灾却频繁而严重。明代的旱灾以夏季、秋季为多，特别是在四至七月间。当夏季风进退规律出现反常时，容易形成南北方旱灾分布的明显反差。若夏季风强或来得早，北涝南旱；夏季风弱或来得迟，南涝北旱。明代北方的旱灾要比南方严重得多，北方以北直隶、山东、山西、河南、陕西的旱灾最剧，南方则以湖广、江西、南直隶为重。福建、广西、云南、贵州、广东等省的旱灾相对较少。

明代虫灾总数可达百种，但以蝗灾为主。明代蝗灾323次，多与旱灾并发，先旱后蝗、久旱必蝗、旱蝗相继、旱蝗同年的情况比较普遍。明代蝗灾前、中期多发，后期则特大蝗灾较多，灾情甚重。明代蝗灾最盛于夏秋之间，正值百谷长养成熟之时，故为害最广。明代蝗灾发生的范围大致是“幽、涿以南，长、淮以北，青、兖以西，梁、宋以东，都

---

① 由于使用资料和统计口径不同，明代水灾数量还存有其他说法，如竺可桢统计108次，邓云特统计196次，桂慕文统计278次，陈高傭统计496次，邱云飞等统计1034次，等等。

② 明代旱灾数量其他说法还有：邓云特统计174次，桂慕文统计274次，竺可桢统计304次，陈高傭统计434次，邱云飞等统计728次，等等。

郡之地”，蝗灾高发区主要在南、北直隶、山东、河南；其次是山西、陕西。广东、广西、贵州、云南、四川等省由于地处南方，缺乏有利于蝗虫产卵、发育的地理条件和气候条件，蝗灾较少见。

疫灾是和水旱、地震、兵燹相伴生的常见灾害之一。明代疫病多喉痹，相比于前代，明代疫灾发生的频度更高，共计170次[①]，年均0.61次。明代疫灾，前期较轻，中、后期逐渐加重。明代疫灾的分布区域非常广泛，两京十三省皆有疫灾，北达到辽东，南至今海南琼山县。就整体而言，疫灾分布并不平衡，主要集中在北方的北直隶、山西、陕西、山东以及南方的湖广、南直隶、浙江、福建、江西、云南；北方的河南以及南方的四川、贵州、广西、广东，疫灾相对较少。

明代属于我国地震的活跃期，共计发生地震1491次[②]，年均近5.38次。明代前期地震平静，中后期地震高发。明代地震，北方居多，其中陕西最多，山西次之，北直隶、山东、河南再次之。南方的南直隶、云南、四川、福建、湖广、浙江、广东、广西地震频次也较高，而江西、贵州地震数量最少，地震分布呈现出北多南少的局面。在发生的所有地震中，有的震级较高，破坏较大；有的震级较低，影响较轻微，甚至可以忽略不计。在明代所有地震中，以嘉靖三十四年（1555年）十二月十二日陕西华县大地震最为著名，这次空前剧烈的地震造成80多万人死亡，是我国历史上死亡人数最多的一次地震，也是迄今人类历史记载中死亡人数最多的一次地震。

明代风灾主要集中在北方地区和东南沿海地区。北方的北直隶、山西、陕西、山东、河南的风灾多发生在冬春季节。在这个季节强大的西伯利亚寒流经常南下，途经我国北方地区，故而这一区域的风灾最多。东南沿海地区包括南直隶、浙江、福建、广东四省的风灾多发生于夏秋季节，主要受东南季风的影响而形成，而来自东南海洋上的飓风更是威力无比，所形成的大风暴潮，经常给沿海地区人民生命财产造成巨大损

---

① 明代疫灾其他说法还有：桂慕文统计37次，邓云特统计64次，陈高傭统计69次，邱云飞等统计187次，等等。

② 明代地震数量其他说法还有：陈高傭统计40次，桂慕文统计54次，邓云特统计165次，邱云飞等统计1159次，等等。

失。其他地区如湖广、江西、广西、云南、四川、贵州等地位居内陆，受北方的寒流和东南沿海台风影响很小，故而风灾较少。

其他霜、雪、风雹、自然火灾等，无论发生频次和规模，还是造成的灾情严重程度来说，都不及水、旱、蝗、疫、地震、风等灾害，但它还是给明代的农业生产、人民生活带来了很大的威胁。明代山西多雪灾和低温冻害，而水土流失以四川为最多，沙尘暴以陕西最多。雹灾以北直隶、山西、陕西居多，南直隶、山东、湖广、河南、云南、福建、广东、江西、广西雹灾也不少，而浙江、贵州、四川则相对较少。各灾种的分布情况还可参见下面两个明代主要自然灾害情况统计表（见表3-1，表3-2）。

表3-1 明代各朝主要自然灾害情况统计表

王朝 灾种	明前期						明中期							明后期				合计
	洪武	建文	永乐	洪熙	宣德	正统	景泰	天顺	成化	弘治	正德	嘉靖	隆庆	万历	泰昌	天启	崇祯	
水灾	114	2	227	24	134	163	71	41	170	152	100	244	59	290	2	31	51	1875
旱灾	38	0	13	0	84	84	43	20	146	116	68	150	16	123	2	12	31	946
蝗灾	21	4	18	0	20	51	9	3	16	11	15	62	4	53	0	3	33	323
疫灾	3	0	16	1	2	13	9	3	15	7	15	27	1	39	1	5	13	170
地震	60	3	13	36	27	14	6	3	137	241	226	259	39	285	1	63	78	1491
风沙	19	1	3	0	2	6	5	6	28	26	27	41	12	57	1	17	22	273
霜雪	6	0	1	0	3	5	14	1	11	10	8	7	0	17	1	1	5	90
雹灾	18	0	12	1	1	11	2	3	29	62	56	91	26	104	0	7	23	446
合计	279	10	303	62	273	347	159	80	552	625	515	881	157	968	8	139	256	5614
	1274						2969							1371				

资料来源：《明实录》《明史·五行志》《古今图书集成·庶征典·历象汇编》。据鞠明库《灾害与明代政治》第28~63页中的表格统计资料改编而成。

表 3-2　明代一级行政区主要自然灾害情况统计表

地区 灾种	北直隶	山西	山东	陕西	河南	南直隶	湖广	浙江	江西	福建	广东	广西	云南	四川	贵州	合计
水灾	392	97	184	63	176	411	161	218	58	59	68	44	59	27	12	2029
旱灾	183	139	97	118	63	155	119	76	37	30	11	20	20	26	9	1103
蝗灾	89	41	76	16	49	50	25	24	1	2	6	1	1	1	7	389
疫灾	19	23	10	12	5	8	26	21	16	22	2	5	9	5	7	190
地震	190	242	171	285	44	147	66	54	22	77	62	41	121	113	23	1658
风沙	104	34	15	14	10	54	4	10	2	19	5	4	6	3	0	284
霜雪	13	31	7	14	5	6	3	3	2	1	1	0	5	2	2	95
雹灾	102	100	31	59	17	22	18	8	18	12	16	14	19	6	9	451
合计	1092	707	591	581	369	853	422	414	156	222	171	129	240	183	69	6199

资料来源:《明实录》《明史·五行志》《古今图书集成·庶征典·历象汇编》。据鞠明库《灾害与明代政治》第 67 页中的表格统计资料改编而成。

说明：表 3-1 中明代 8 种自然灾害按朝代统计的总数是 5614 次，表 3-2 中明代 8 种自然灾害按照一级行政区划统计的总数是 6199 次，造成后者高于前者 585 次的原因是由于有相当多的灾害跨两个或多个省份，以两京十三省为单位进行分省统计自然会有部分重复，所得结果肯定比按朝代统计有所扩大，但明代灾害区域分布的基本面貌不会改变。

第一章　水灾

明代水灾尽管全国各地都有，但主要还是以各大江大河流域的水灾频次最高，灾情也最严重。黄河流域是明代水灾频发的区域，其中以黄河决溢最为严重，这也是明代最重要的洪水灾害。据统计，洪武至弘治年间有决溢记载的年份有 59 年，正德至崇祯年间有决溢记载的年份有 53 年。明代 277 年间，黄河决口和改道达 456 次，平均约每 7 个月 1 次，其中大改道 7 次。明代黄河下游共决口 312 次，平均不到 1 年就决口 1 次。在弘治十八年（1505 年）以前，黄河决溢多发生在河南境内，主要集中在荥泽、郑州、开封、兰阳、仪封一线，仅在开封（包括祥符）决溢的就有 24 个年头。从正德元年（1506 年）以后，明代黄河决口多集中在曹县、单县、沛县和徐州等地，而河南境内的决口出现较少。明代黄河决溢情况，还可见本章文后附表3-3。淮河流域水灾也非常严重，据统计，明代淮河共发生洪涝灾害77次，平均3.6年出现1次，远远超过前代。明代淮河水灾的加剧，除了流域内气象、地理等因素之外，主要是受黄河决溢的影响。在77次水灾中，由黄河决口、南侵造成的洪水灾害有43次，占半数以上。淮河流域本身产生的洪涝灾害34次，每8年发生1次大的水灾。其他水系的水灾要轻于黄河、淮河水系。据统计，明代长江水系水灾为66次，其中汉江占11次，平均4年多就有1次大水灾。长江流域洪水灾害的重灾区有洞庭湖区、鄱阳湖区、荆江、汉江中下游和皖北沿江一带。珠江水系共有水灾272次，其中云南47次，贵州17次，广西71次，广东137次。海滦河流域水灾也多有发生，仅载于《明史·五行志》中的水灾就有17次，其中永定河大的决溢达27次，平均10年1次。辽河水系从永乐十四年（1416年）至万历四十一年（1613年）的198年中，发生了14次大水灾，每14年发生1次。明代各大江河流域皆频繁暴发水灾，但全国较大范围多流域同时发生大水灾或特大水灾的年份，主要有洪武八年（1375年）、永乐二年（1404年）、永乐十四年（1416年）、洪熙元年（1425年）、宣德元年（1426年）、宣德三年（1428年）、正统四年（1439年）、正统十三年（1448年）、景泰七年（1456年）、天顺四年（1460年）、成化十四年（1478年）、成化十八年（1482年）、成化二十一年（1485年）、正德十五年（1520年）、嘉靖二年（1523年）、嘉靖十六年（1537年）、嘉靖三十二年（1553年）、嘉靖三十九年（1560年）、隆庆三年（1569年）、万历十一年（1583年）、万历十五年（1587年）、万历二十一年（1593年）、万历三十一年（1603年）、万历三十五年（1607年）至万历三十七年（1609年）、万历三十九年（1611年）、万历四十一年（1613年）、崇祯四年（1631年）至崇祯五年（1632年）等。

洪武元年（1368年）五月，江西永新州大风雨，山洪暴发，江水入城，水深八尺，居民荡析，男女多溺死者。洪武三年（1370年）六月，溧水县江溢，漂民居。洪武四年（1371年）六月二十六日夜，绍兴府诸暨县大风雨，水漂民舍，人多溺死；同年七月，南宁府江溢，坏城垣。衢州府龙游县大雨，水漂民庐，男女溺死。洪武五年（1372年）八月，浙江绍兴府嵊县、金华府义乌县、杭州府余杭县大风，山谷水涌，漂流庐舍、人民、孳畜，溺死者众。洪武六年（1373年）七月，嘉定府龙游县洋、雅二江涨水，第二天南溪县江涨，俱漂公廨民居。洪武七年（1374年）五月二十四日，沣州及沣阳、慈利、石门三县久雨，山水涨溢，漂没民舍，坏城垣；同年六月初三日，开封府陈留、兰阳二县骤雨，黄河涨溢，伤禾稼；同年，山东青州府胶州高密县自六月至八月淫雨，胶河溢，损伤禾稼。

洪武八年（1375年），黄淮流域、长江流域大水灾。从洪武七年六月以来，黄河流域一直淫雨不断，黄河频出险情。至洪武八年正月二十七日，黄河在开封储大黄寺决堤百余丈。淮安府盐城县自四月至五月雨潦，浸没下田。开封府祥符、杞、陈留、封丘、睢州、商水、西华、兰阳等八个州、县，因为六月积雨，黄河水溢，损伤麦禾。七月，淮安、河南、山东大水，甚至北平也发生了洪涝灾害。长江流域也是洪灾严重，直隶苏州、湖州、嘉兴、松江、常州、太平、宁国，浙江杭州俱水。

洪武九年（1376年），直隶、苏州、湖州、嘉兴、松江、常州、太平、宁国、浙江、杭州、湖广、荆州、黄州诸府水灾。洪武十年（1377年）四月，长沙府善化、长沙二县大水。宜兴、钱塘、仁和、余杭四县被水灾民有2000余户；同年五月，永州大水。六月，永平滦、漆二水没民庐舍。七月，北平八府大水，坏城垣。洪武十一年（1378年）十月十七日，黄河在兰阳决口，伤稼。洪武十二年（1379年）五月，青田山水没县治；同年五月，严州府大雨三日，溪水暴涨，坏官民廨舍，有溺死者。洪武十三年（1380年）八月，黄河决开封，开封城三面受水。洪武十四年（1381年）八月二十八日，河决原武。洪武十五年（1382年）二月初二日，河南黄河决口。是岁，北平大水。洪武十七年（1384年）八月初一日，河决开封，横流数十里。是岁，河南、北平俱水。洪武十八年（1385年），河南又水。是年，江浦、大名水；同年五月，应天府及黄州、荆州、常德三府皆大水；同年十月，湖广常德府奏言：今岁大水，涝伤塘田1350顷，损失田租100115石。洪武二十三年（1390

年）正月二十六日，河决归德。七月初三日，河决开封，漂没民居。襄阳、沔阳、安阳水；同年十一月，山东29个州、县久雨，伤麦禾。此年，湖广黄州、汉阳、武昌、沔阳四府及郴州饥，总计饥民29793户。

洪武二十四年（1391年），黄河决于原武之黑洋山，东经开封城北五里，又南行至项城，经颍州颍上，东至寿州正阳镇，入于淮，而故道遂淤，这是入明以来第一次严重的黄河南下全面夺淮事件。河决还漫过安山湖，而造成运河淤塞。此年，北平、河间二府也遭遇大水。洪武二十五年（1392年），河决阳武，开封11个州、县俱水。洪武二十六年（1393年）十一月，青州、兖州、济宁三府水。洪武二十七年（1394年）三月，宁阳汶河决。洪武二十八年（1395年）八月，德州大水，坏城垣。洪武三十年（1397年）八月初八日，黄河决，开封城三面受水，水将及府之军储仓、巨勇库。

永乐元年（1403年）三月，京师淫雨，坏城西南隅50余丈。五月，章丘漯河决岸，伤稼。七月，建宁卫淫雨坏城。八月，安丘县红河决。同年，北畿（京师）、山东、河南及凤阳、淮安、徐州、上海饥。

永乐二年（1404年），长江中下游发生大洪水，黄河于开封决口。五月二十八日，工部言：太平府当涂县慈湖等处上通宣城、歙县，东抵丹阳湖，西接芜湖，地多濒江，比雨水浸淫及海潮涨溢，决堤伤稼。六月，苏州、松江、嘉兴、湖州四府俱水。湖广、江西水。九月，河决开封，坏城。无为州此年大水，平地丈余。此年因水灾造成的饥荒，以江南为重，时人王宾作《永乐赈济记》说道：永乐二年（1404年）五月大雨，田禾尽没。邑中农民忍饥车救。腹着车木行，足踏车轴，眼望天哭。儿女辈呼父母索食，绕车而哭。男女壮者相率以糠杂菱、芰、藻、荇食之。老幼入城行乞，不能得，多投于河。六月，有诏赈济，民始少苏。同年十一月二十日，以苏、松、嘉、湖、杭等府，蠲免其当年上缴粮605900余石。

永乐三年（1405年）三月二十三日，河南温县水决驮坞村堤堰40余丈，济、涝二河水溢，淹民田10多里；同年八月初五日，浙江、杭州等府，仁和等县水淹民田74.46顷，漂庐舍1182间，淹死441人。永乐四年（1406年）闰七月二十九日，河间府静海县淫雨，伤稼。永乐五年（1407年）八月，通州、真定、永平等府淫雨，伤毁庄稼。永乐六年（1408年）七月，思明淫雨坏城。永乐七年（1409年）五月，安陆州江溢，决渲马滩圩岸1600余丈。永乐八年（1410年）五月，平度州潍水及浮糠河决，淹浸113所；同年秋，河决开封，坏城200余丈，受灾14000余户，淹没农田7500余顷。永乐九年（1411年）正月，高邮甓社等九湖及天长诸水暴涨；六月，扬州属5个州县江潮涨四日，漂人畜甚众；同年，漳河决西南张固村河口，与滏阳河合流，下田不可耕。永乐十年（1412年）七月，卢沟河水涨，坏桥及堤岸，溺死人畜。保定县决河岸54处。十一月，吴桥、东光、兴济、交河、天津决堤伤稼。十二月，安州水决直亭等河口89处。永乐十二年（1414年）八月十一日，黄河涨溢，坏河南土城200余丈；同年十月，临晋涑河逆流，决姚暹渠堰，流入硝池，淹没民田，将及盐池。永乐十三年（1415年），北畿（京师）、河南、山东水溢，坏庐舍，没田禾，临清尤甚。滏、漳二水漂磁州民舍。同年六月，北京、河南、山东淫雨，河水泛溢，坏庐舍，没田稼，而东昌府临清县尤甚，民被害者99200多户。此年的山东、河南、北京、顺天、浙江桐庐县、陕西西安县、江西瑞昌县及四川永川、射洪、巴三县，广东海阳、潮阳、揭阳等县民饥。北京、山东、河南的饥民达到999380户。

永乐十四年（1416年），遭遇了全国范围的大洪水。是年春，先是长江、黄河、海河流域淫雨绵绵，洪涝不断。至夏七月，北方的黄河、辽河流域暴雨成灾，黄河、辽河水溢堤决；南方的江西、浙江、福建更是山洪暴发，大水冲城。五月二十九日，江西南昌等府言：自四月至五月淫雨，江水泛涨，坏庐舍，没田稼。六月，北京蓟州、玉田、通州、漷县及山东济南、商河诸州、县雨水伤稼。七月，山东邹县淫雨，水暴至，212户居民房屋被毁。山东沾化县暴雨伤禾稼。河南开封等府州、县淫雨，黄河决堤岸，没民居、田稼。福宁、延平、邵武、广信、饶州、衢州、金华七府，俱溪水暴涨，坏城垣房舍，溺死人畜甚众；辽东辽河、代子河水溢，浸没城垣屯堡。福建闽江上游地区连续降雨一月，至七月十五、十六日，上游三支流同时山洪暴发，整个上游地区的建宁、将乐、光泽、邵武、顺昌、松溪、建阳、建瓯、南平、沙县十县都成汪洋一片，人民溺死以万计。松溪县七月大水。建阳县七月十六日夜大水，城内外三坊官房民舍漂流几尽，三官堂、延祐道院、万寿宫被水漂流，宝山庵被洪水漂流后移建于山麓。建瓯县七月十五日大水，入城坏穿廓，漂庐舍，民溺死者甚众。建宁县秋七月大水。将乐县秋大水冒城而入，漂荡庐舍。邵武、光泽二县秋七月大水，冲毁城垣，漂没庐舍，溺死万余人，八月大疫。南平县夏淫雨不止，七月既望大水冒城郭，城中地势唯灵祐庙最高，水没其正殿，仅余鸱吻，势如滔天，民居物产荡析一空，溺死人数不可胜计。顺昌县七月淫雨不止，既望大水泛涌，两岸居民漂溺，唯县治高，得免。沙县夏大水。

永乐二十年（1422 年）正月，信丰雨水坏城，瞿城卫如之。同年六月，户部言：应天府溧阳县、扬州府宝应县、徐州萧县、济南府新城县、青州储莒州及诸城、寿光二县、莱州府胶州、登州府蓬莱、黄县、开封府中牟、原武、祥符、荥泽四县、大名府长垣县、顺天府蓟州及玉田县、永平府滦州淫雨，伤稼。永乐二十一年（1423 年）二月，六安卫淫雨坏城。是岁，建昌守御所，淮安、怀来等卫，皆淫雨坏城。永乐二十二年（1424 年）二月，寿州卫雨水坏城。三月，赣州、赈武二卫雨水坏城。四月，淫雨坏密云及蓟州城。同年，南、北畿（京师）、山东州县，淫雨伤麦禾甚众。同年十月初七日，水没蓟州平峪等州、县农田 5530 顷，徐州、萧、沛等州、县农田 7290 顷。

洪熙元年（1425 年），也是个多涝年份。六月，骤雨，白河溢，冲决河西务、白浮、宋家等口堤岸。临漳漳、滏二河决堤岸 24 处。七月，容城白沟河涨，伤禾稼，浑河决卢沟桥东狼窝口，顺天、河间、保定、滦州俱水。同年闰七月，京师大雨，坏正阳、齐化、顺成等门城垣。同年夏，苏州、松江、嘉兴、湖州积雨伤稼。浙江乌程县知县黄启奏，此年五月开始苦雨，下田尽伤，至七、八月间雨潦尤甚，淹没田稼 1611.9 顷。此年因淫雨绵绵，滹沱河水大涨，晋、定、深三州，藁城、无极、饶阳、新乐、宁晋五县，低田尽没，而滹沱河遂久淤。八月初五，行在户部奏：镇江府金坛县水灾，官民田 2800.82 顷皆无收成。九月初十，山东登州府奏：莱阳县秋雨伤稼 1219 多顷。九月十二日，左通政岳福奏：苏州、松江、嘉兴、湖州诸郡春、夏多雨，禾稼伤损。山西布政司奏：乐平、介休二县及辽州，夏初多雨，没官、民田稼 209 顷，桑 1330 株。此年，北畿（京师）、山东、河南、湖广及南畿（南京）34 个县饥。

宣德元年（1426 年），汉江、黄淮流域大水。六、七月，江水大涨，漂没襄阳、谷城、均州、郧县的大半缘江民居。黄河、汝河二水涨溢，淹没开封十州县及南阳汝州、河南嵩县。七月二十八日，河南布政司奏：六月至七月连雨不止，黄河、汝河二河涨溢，开封府之郑州及阳武、中牟、祥符、兰阳、荥泽、陈留、封丘、鄢陵、原武九县，南阳府之汝州、河南府之嵩县，多漂流庐舍，淹没田稼。九月二十三日，巡按湖广监察御史刘鼎贯奏：襄阳府之襄阳、谷城二县及均州郧县，六、七月以来霖雨不止，江水泛涨，缘江民居、田稼多被漂没，命行在户部遣人抚视。

宣德三年（1428 年），长江、黄河中下游、海河流域久雨，洪涝严重。五月十五日，湖广宝庆府邵阳县及武岗州、长沙府湘乡县，皆暴风雨七昼夜，山水骤涨，平地水深六七尺，淹没庐舍田稼，漂溺人民。五月，湖广永宁卫大水，坏城 400 丈。湖广潜江县蚌湖、阳湖皆临襄河，去年水涨，冲决圩岸，荆州三卫、荆门、江陵等州、县官民屯田多被其害，今当筑堤 2000 余丈，以捍水灾。同年五月以来，香河等县天雨连旬，河水泛涨，淹没屯地 268 顷，禾稼无收。湖广常德府龙阳、武陵县霖雨不止，湖水涨漫，冲决堤岸，漂流民居，淹没田苗。苏州府吴江、常熟等县，松江府华亭县久雨，山水冲决圩岸，淹没田苗。河南开封之郑州祥符、陈留、荥阳、荥泽、阳武、临颍、鄢陵、杞、中牟、洧川十县，湖广沔阳州及监利县各奏：是年七月、八月久雨，江水泛溢，低田悉淹没，无收。五月，霖雨连旬，直至六月底，浑河、北运河泛滥。浑河决卢沟桥段凌水所堤岸 100 余丈，北运河决河西务（今武清县东北角）、耍儿渡（今香河南、武清县东北角）等堤闸多处，通惠河、潮、白等河水涨漫堤。通州、良乡、顺义、宛平、大兴等地田地淹没，官民屋宇亦多被冲塌。通州水及城墙，深 1 丈余，坏城墙 130 余丈。运河决耍儿渡，正河浅涩，舟行不便，漕运受阻。密云、怀柔、昌平、平谷、房山及隆庆州等地，山水泛涨，冲决堤埂，淹没田稼。蓟州、密云等处城池，喜峰口等关隘、卫所遭冲塌。

宣德五年（1430 年）七月初旬，河南南阳骤雨连日，山水泛涨，冲决河岸，漂流人畜庐舍，淹没农田，粟谷皆以无收。宣德六年（1431 年），直隶扬州府兴化县、徐州萧、砀山二县自五月中至六月积雨，水涨，淹没田稼。六月以来，顺天府涿州、蓟州二州的良乡、永清二县，霸州大城、文安、保定三县，直隶河间府静海、献二县，真定府定州及曲阳县，保定府定兴、新城二县，大名府开州长垣县潦水，淹没禾稼。七月，黄河暴溢，淹没河南开封府所属祥符、中牟、阳武、通许、荥泽、尉氏、原武、陈留八县民居、田稼。据次年六月巡抚侍郎于谦奏报，河南开封府所属八县总计淹没官民田 5225 余顷。宣德七年（1432 年）太原府霖雨，汾河水溢，决堤防，伤禾稼。

宣德八年（1433 年）六月，江西濒江八府江涨，漂没民田，溺死男女无算。七月十四日，江西广信府大雨连日，洪水怒溢，坛场、廨宇、军民庐舍，漂溺男女无算，低田苗稼淹没。当日骤雨，竟日山水暴涨，淹没民居及缘河苗稼、桥梁俱漂决，人民溺死不可胜计。次年四月初十日，巡按江西监察御史尹镗奏：南昌、临江、广信诸属县，因去年雨潦，田禾不收，人民缺食，多有逃窜，存者无种粮耕种，采给度日，不能自存，甚至擅取大户所积谷，因而聚集不散。

宣德九年（1434 年）正月，雷电大雨。沁乡沁水涨，决马曲湾，经获嘉、新乡，平地成河。六月，浑河决东岸，自狼河口至小屯厂，顺天、顺德、河间俱水。七月初十日，顺天府通州宛平、遵化、大城、文安、保定、香河六县，保定府安州清苑、高阳、新安、新城、雄完六县，河间府任丘县、广平府清河县并镇朔、东胜右、忠义中、涿鹿左四卫各奏：五月、六月连雨，河水泛溢，淹没军民田谷。八月十八日，辽东都司奏报，六、七月大雨，水潦淹没田苗。

正统元年（1436 年）闰六月，顺天、真定、保定、济南、开封、彰德六府俱大水。七月，顺天、山东、河南、广东淫雨伤稼。同年，漳、滏并溢，坏临漳杜村西南堤。滹沱河溢献县，决大郭鼋窝口堤。正统二年（1437 年），凤阳、淮安、扬州诸府，徐州、和州、滁州，河南开封，四五月河、淮泛涨，漂居民禾稼。九月，河决阳武、原武、荥泽。湖广沿江六县大水决江堤。同年六月二十二日，命行在都察院右副都御史贾谅等赈济饥民。时直隶凤阳、淮安、扬州诸府、徐、和、滁诸州、河南开封府各奏：自四月至五月阴雨连绵，河淮泛涨，民居、禾稼多致漂没，人不聊生，势将流徙。正统三年（1438年），开封府阳武县黄河决，怀庆府武陟沁决，直隶广平、顺德漳河决，俱伤禾稼。同年八月，直隶淮安府邳州河决，田禾伤损，山东鱼台、望乡、嘉祥三县尤甚。

正统四年（1439年），暴雨引发长江下游、黄河中下游、海河流域大洪灾。五月，京师大水，坏官舍民居3390区。顺天、真定、保定三府、州、县及开封、卫辉、彰德三府俱大水。七月，滹沱、沁、漳三水俱决，坏饶阳、献县、卫辉、彰德堤岸。八月，白沟、浑河二水溢，决保定安州堤。苏州、常州、镇江三府及江宁五县俱水，溺死男女甚众。九月，滹沱复决深州，淹百余里。此年夏天，居庸关及定州卫淫雨坏城。同年五月中旬以后，突降大雨，白昏达旦，连绵至六月中旬，浑河在小屯厂（今丰台区小屯附近）一带冲决西堤漫流，淹及宛平、房山、良乡等县。北运河自通州至直沽（今天津）有31处堤闸为水冲决，沿河民舍田稼被淹没。京城中大小沟渠涨溢，冲坏官舍民居3390区，溺死21人。英宗皇帝诏令：择京城中高敞之地或腾出一些公房来安置灾民，并遣官祈晴。德胜门等城墙被雨冲塌，居庸关一带山口城垣90余处、桥梁12座皆被水冲坏。水灾造成京畿地区秋后严重饥荒，至冬，倒毙街头者甚多。次年春，通州、漷县、房山等地的饥民依然滞集京城，迫使官府开设粥铺等，供给饥民饭食。

正统五年（1440年）二月，南京大风雨，坏北上门脊，覆官民舟。五月至七月，江西江溢，河南河溢。正统六年（1441年）五月，泗州水溢丈余，漂庐舍。七月，白河决武清、漷县堤22处。八月，宁夏久雨，水泛，坏屯堡墩台甚众。正统七年（1442年），济南、青州、莱州、淮安、凤阳、徐州，五月至六月淫雨伤稼。正统九年（1444年）七月，扬子江沙洲潮水溢涨，高一丈五六尺，溺男女千余人。闰七月，北畿（京师）七府及应天、济南、岳州、嘉兴、湖州、台州俱大水。河南山水灌卫河，没卫辉、开封、怀庆、彰德民舍，坏卫所城。正统十年（1445年）三月，洪洞汾水堤决，移置普润驿以远其害。夏，福建大水，坏延平府卫城，没三县田禾民舍，人畜漂流无算。河南州县多大水。七月，延安卫大水，坏护城河堤。九月，广东卫所多大水。十月，河决山东金龙口阳谷堤。正统十一年（1446年）春，江西七府十六县淫雨，田禾淹没。两畿（京师和南京）、浙江、河南俱连月大雨水。正统十二年（1447年）春，赣州、临江大水。五月，吉安江涨淹田。同年六月，瑞金淫雨，市水深丈余，漂仓库，溺死200余人。

正统十三年（1448年），全国多地大雨成灾，尤为严重的是黄河频繁决堤，灾情至大。四月，雨水坏顺天古北口边仓。五月至六月，凤阳、徽州久雨伤稼。六月，大名河决，淹没300余里，坏庐舍20000区，死亡1000多人。河南、济南、青州、兖州、东昌府亦俱河决。七月，宁夏大水。河决汉、唐二坝。河南八树口决堤，漫淹曹、濮二州，抵东昌，坏沙湾等堤。陕西夏秋淫雨，通渭、平凉、华亭三县山倾，压死军民80余人。九月，宁都大雨坏城郭庐舍，溺死甚众。是年，黄河发生了严重改道，黄河南下夺淮日趋严重。黄河在陈留水夏涨，决金村堤及黑潭南岸。筑垂竣，复决。其秋，新乡八柳树口亦决，没曹、濮，抵东昌，冲张秋，溃寿张沙湾，坏运道，东入海。黄河改流为二：一自新乡八柳树，由故道东经延津、封丘入沙弯；一决荥泽，漫流原武，抵开封、祥符、扶沟、通许、洧川、尉氏、临颍、郾城、陈州、商水、西华、项城、太康。淹没农田数十万顷，而开封患特甚。虽尝筑大小堤于城西，皆30余里，然沙土易坏；随筑随决，小堤已没，大堤复坏其半。正是河溢荥泽顺流而下，东至开封城西南，自是开封已然在河北。正统十四年（1449年）四月，吉安、南昌临江俱水，坏坛庙廨舍。

景泰元年（1450年）五月二十八日，南京雷、电、大雨，水淹没通济门外军储仓米14340余石、中和桥草场草171360余包，并漂没芦席、竹木各十数万。七月，应天府大水，没上元、江宁、句容、溧水、溧阳、江浦、六合七县官亭、民舍。直隶江都、仪真二县水灾。江西吉安府庐陵等四县被水灾伤田地1270余顷。在滁州全椒县，同年也是淫雨连旬，潦水暴涨，民居淹没者十之八九，桥之损坏殆半。景泰三年（1452年）六月，河决沙湾白马头70余丈，掣运河之水以东旁近田地悉皆淹没。徐州、济宁间，平地水深一丈，民居尽圮。南畿（南京）、河南、山东、陕西、吉安、袁州俱大水。景泰四年（1453年），南畿（南京）、河南、山东10个府1个州，自五月至八月淫雨伤稼。景泰五年（1454年），苏州、松江、淮安、扬州、庐州、凤阳六府大水。八月，东昌、兖州、济南三府大水，河涨淹田。六月，杭州、嘉兴、湖州大雨伤苗，六旬不止。同年六月，扬州潮决高邮、宝应堤岸。九月十六日，四川都司奏：七月大雨，洪水泛滥入东城水关，决城垣300余丈，坏驷马、万里二桥。欲同布、按二司一起调集附近府卫军夫备料修理。景泰六年（1455年）六月初九，河决开封。开封、保定俱大水。闰六月，顺天大水，滦河泛溢，坏城垣民舍。河间、永平水患尤甚。武昌诸府江溢伤稼。

景泰七年（1456年）夏秋，黄河中下游、海河流域大雨洪水。其年夏，河南大雨，河决开封、河南、彰德。其秋，畿辅、山东大雨，诸水并溢，高地丈余，堤岸多冲决。两畿（京师和南京）、江西、河南、浙江、山东、山西、湖广共30个府，恒雨淹田。九月，左佥都御史徐有员奏：京畿及山东自七月大雨至八月，诸河水溢，虽高阜亦丈余，堤岸冲决，民田庐舍淹没，商舟船漂溺者无算。此年，山东的济南、兖州、东昌三府水灾更为严重，蒲台一县之民，尽逃他州。齐东县40余里，人户止余9里。其他颠连无告，饥死沟壑，尤不可胜数。当时，逃往河南、湖广荆襄等处的山东流民相当多，河南地区仅山东、陕西两地的流民就有20多万人。

天顺元年（1457年）夏，淮安、徐州、怀庆、卫辉俱大水。天顺二年（1458年）五月，广州、肇庆二府雨水冲决沿海堤岸，水浸七八尺，平畴禾苗尽淹，人皆依丘陵以居，弥月未退。同年五月，江西淫雨连旬，南昌等府县大水冲决民居，淹损禾稼。天顺三年（1459年）五六月间，山东武定州并济阳、邹平县，直隶广平府肥乡县，顺德府平乡县，河南开封、怀庆、汝宁府所属陈州尉氏等11个州县，并山东青州左卫，直隶武定千户所，皆骤雨，淹没田禾，秋粮无征。

天顺四年（1460年），长江中下游、黄淮流域发生大雨成灾。自四月至六月，武昌、黄州、汉阳、襄阳、德安、辰州、常德、荆州诸府卫阴雨连绵，江水泛溢，淹没麦禾，民多流徙。顺天府香河县、直隶深、赵、徐、通、六安等州，肥乡、隆平、武强、桃源、含山、当涂、芜湖、繁昌、宣城、泰兴、仪真、全椒、怀宁、桐城、潜山、太湖、宿松、贵池、上海、华亭、宜兴、嘉定、浙江秀水、嘉善、湖广景陵、桃源、武陵、龙阳、沅江、公安、宜城、嘉鱼、京山、监利、南漳、江陵等县、河南钧裕、邓磁等州，太康、襄城、柘城、鹿邑、阳武、新郑、舞阳、鲁山、内乡、镇平、南阳、新野、泌阳、临漳、汤阴、河内、修武、温安、阳孟、登封等县，并南京羽林、旗手、虎贲、金吾、鹰扬、应天、龙骧、和阳府军留守，龙江、武德、天巢、沈阳、中都留守司，凤阳、直隶建阳、镇江、寿州、徐州、安庆、扬州、河南颍州、南阳、湖广沔阳、安陆等卫，俱大水伤稼，秋粮子粒无征。安庆、南阳雨，自五月至七月，淹没禾苗。大雨自五月至七月不止，淮水决，没军民田庐。天顺五年（1461 年）七月，黄河决汴梁土城，又决砖城，城中水深丈余，坏官民舍过半，军民溺死无算。

成化元年（1465 年）六月，畿东大雨，水坏山海关、永平、蓟州、遵化城堡。八月，通州大雨，坏城及运仓。八月二十九日，南北直隶及河南、山西、湖广、江西、浙江所属郡县 140 余处各奏水患。成化二年（1466 年），定州积雨，坏城垣及 173 个墩台垛口。秋七月，顺天、保定、河南开封、山东青州四府大水。是月，山东兖州府东阿、峄二县久雨水涨，坏民居 790 余所，溺死 111 人，牛驴等牲畜 540 余头。成化三年（1467 年）六月，江夏水决江口堤岸，迄汉阳，长 850 多丈。成化五年（1469 年），湖广大水。山西汾水伤稼。

成化六年（1470 年）六月，顺天、河间、永平等府大水。京畿地区自六月以来，淫雨浃旬，河水骤溢，又发生了严重水灾，仅通州至武清县蔡家口（在武清县南部北运河西）一段的运河就有 19 处决口。通州张家湾附近 2660 多户居民遭洪水冲击，6490 多座房屋被水冲塌。潮河、白河沿岸的城垣村庄亦遭冲毁。驻守北部山区古北口、居庸关、龙王峪等地的卫所有报告称：山水泛涨，平地水深二三丈许，冲倒城垣壕堑堤坝以万计，坍塌仓廒、铺舍、民居并人畜、田禾、军器等项难以数计。京城内外军民之家，冲倒房舍、损伤人命不知其数。在长江中游汉江流域，同年八月大水，汉江涨溢高数丈，城郭居民俱淹没。

成化九年（1473年）六月，畿南五府及怀庆俱大水。八月，山东大水。成化十一年（1475年）五月，湖广大水。成化十二年（1476年）八月，浙江风潮大水。淮安、凤阳、扬州、徐州亦俱大水。成化十三年（1477年）二月初五日，安庆大雪，次日大雨，江水暴涨。闰二月，河南大水。九月，淮水溢，坏淮安州县官舍民屋，淹没人畜甚众。

成化十四年（1478年），黄淮海地区洪涝灾害灾情重、范围大。四月，襄阳江溢，坏城郭。五月，陕州大水，人多淹死。七月，北畿（京师）、山东水。凤阳大雨，没城内民居以千计。徐州、凤阳府尤甚。九月初五，黄河水溢，冲决开封府护城堤50丈，居民被灾者500余家。南北直隶、山东、河南等处，五月以后骤雨连绵，河水泛滥，平陆成川，禾稼漂没，人畜漂流，死者不可胜计。灾后人心惊惶，皆谓数十年未尝有此。七月，户部以山东水灾，奏请敕遣本部官司，勘实赈济。

成化十八年（1482年），黄河、海河流域暴发特大洪水。七月，昌平大水，决居庸关49座水门，冲坏102处城垣、铺楼、墩台。八月，卫河、漳河、滹沱河并溢，自清平抵平津。此年的异常大水以晋东南地区为最严重。山西沁河九女台最高洪水位比光绪二十一年（1895年）大洪水（近百年来最大洪水）尚高10米左右，洪峰流量达14000立方米每秒，为近500年来最大的一场洪水。洛河洪水大涨，漳河、卫河、滹沱河亦同时发生大洪水。丹河上游高平县夏六月初十日大水，城郭几为荡没；漳河上游秋潞州（今长治）大雨连旬，高河水溢，漂流民舍，溺死人畜甚众。伊河、洛河、沁河下游灾情更甚，淹死万余人。怀庆府城决堤毁城，摧房垣，漂人畜不可胜记。河南（今济阳）塌城垣，荡公署、坛庙、民舍无算，淹死军民皆以万计。河南怀庆诸府，夏秋淫雨三月，塌城垣1180余丈，漂公署、坛庙、民舍310040余间，淹死11800余人，漂流马、骡等畜185000余头。在沁河流域还有四处当年最高洪水位的刻题，并有“大水围困九女台四十多天”的传说。沁河河头村渡口有一洪水碑，碑文为“大明成化十八年六月十八日大水至此”，碑左位置高出河底27米。阳城县润城镇的沁河弯道上，有一长约45米，宽约30米，高约30米的石质平台，上建古庙九女祠。庙内的两个小和尚因断炊而饿死。大水退后，老和尚在九女祠大门口处的迎面天然石壁上，刻下“成化十八年河水至此”的题刻（见图 3-1），还给两个小和尚塑了泥像。经实测，确定该洪水题刻高程为 464.78 米（大沽基面）。

图 3-1 成化十八年（1482 年）九女台洪水题刻图

图片来源：史辅成、易元俊、慕平编著：《黄河历史洪水调查、考证和研究》，郑州：黄河水利出版社，2002 年，第 47 页。

是年水灾之重，还可以从当时减免赋税情况予以佐证。因水灾免山西潞州及孝义等 12 个州、县共粮 68190 余石，草 136380 余束。泽州（晋城）及曲沃等 16 个州、县、卫、所粮 36400 余石、草 67960 余束内免十之七。河南税粮子粒 660000 余石内免十分之八。

成化二十一年（1485 年），闽江、长江、珠江流域发生特大洪水。四月福建大水，自三月雨不止，至于闰四月，福州、延平、建宁、泉州、邵武、汀州六郡俱大水，延平尤甚，舟舶由城上往来。福州府自三月雨不止，至闰四月，溪溢入市，闽、侯官、古田、连江、罗源、闽清、永福八县俱灾。继覆大疫，死者相枕藉。泉州府自春徂夏积雨连月，晋、南、德、同、永五县田庐、禾稼多坏。建宁府夏淫雨，山水骤溢，建安、瓯宁、建阳三县乡市民居多坏，濒溪聚落屋宇夷荡尤甚，田苗淤沙，人畜有溺死者。延平府自三月雨至闰四月，终不止，溪水泛涌高十余丈，舟楫县城上往来，害田伤稼，坏公私屋宇，濒溪民居漂荡尤甚，溺人畜不可胜计，所辖诸县皆然。汀州府夏淫雨，山水骤溢，长汀、清流、归化、宁化、上杭、永定、连城七县乡市民居多为所坏，濒溪聚落屋宇夷荡尤甚，田苗淤沙，人畜有溺死者。邵武府夏淫雨，山水溢。漳州府春淫雨，龙溪、漳浦、龙岩、南靖、漳平五县田庐、禾稼多坏。福宁州淫雨连旬，洪潦泛溢，州境及福安县田稼多为所伤。莆田县自春徂夏，大雨连月，田庐、禾稼多为所坏。松溪县夏久雨，聚落濒溪者荡没无遗。顺昌县三月至闰四月淫雨不止，溪水暴涨，高十余丈，经旬方退。五月复涨倍前，漂屋害稼。将乐县夏大水，淫雨浃旬，溪水暴涨，襄城郭舟行入市，桥梁崩圮，庐室垫坏，损田稼、物产不可胜计。福鼎县夏大水。同年的长江中游江西、湖南等地也发生大水，江西南昌府属县、临江府、抚州府、吉安府、赣州府等十几个县受灾，灾情严重。四月，吉水县大水，冲垮城墙房屋甚多。闰四月到五月初，万安县大水，城被水浸泡十余天，田地崩塌，房屋漂没无算，大水退去过后，又生瘟疫，人口死亡不可胜计。五月，南昌、临江、吉安等地大水，南昌府民居漂没，堤坝冲决，人畜死亡。吉安府洪水高十余丈，房屋漂没受损甚多，淹死无数生灵。湖南的沅江、安化大水，漂庐害稼。益阳县治水深五尺。五月，珠江流域的广西梧州发生大水，漂流民居数万间，全城几乎被淹没。

弘治二年（1489 年）七月，刑部尚书何乔新言：六月以来，淫雨为灾。京城内外房屋多有倾颓，通州、张家湾、卢沟桥一带被害尤甚。弘治三年（1490 年）七月，南京骤雨，坏午门西城垣。弘治四年（1491 年），苏州、松江、浙江水。弘治五年（1492 年）夏秋，南畿（南京）、浙江、山东水；同年，广东番禺、广州、顺德、南海、高要、封开、翁源、乐昌、曲江、英德、东莞、饶平、揭阳、潮安、潮阳等县水灾；南海基围振溃，禾稼荡尽，流民 10000 余人。饶平县夏六月，大雨，水溢，禾稼淹没，害连千家，东里巷可乘舟。弘治七年（1494 年）自五月至八月，义州等卫连雨害稼。弘治八年（1495 年）五月，南京阴雨逾月，坏朝阳门北城堵。弘治九年（1496 年）六月十五日，浙江山阴、萧山二县同日大雨，山崩水涌，漂屋舍 2000 间，死亡 300 余人。同年，浙江兰溪在六月十五日夜，纯孝乡三峰砚坦两源山崩，甘溪水暴涨高数丈，淹没田庐，人多溺死。

弘治十四年（1501 年）五月，贵池水涨，山洪暴发，淹死 260 余人，附近 12 个州县皆大水。六月，辽东义、锦二州及广宁等处，大雨坏城垣、墩堡、仓库、桥梁，民多压死者。四川乌撒军民府可渡河巡检司自闰七月二十七日大雷雨不止至二十九日，水涨山崩地裂，是日雨稍止，然水势益大，山鸣如牛吼，地裂而陷涌出清泉数十派，前后决坏桥梁、庐舍，压死人口、牲畜甚众。又本府阿都等地方自八月以来亦连日烈风暴雷淫雨，震动山川，淹没田禾 300 余处，民死者 360 余人，房屋、牲畜漂流者无算。八月，安庆、宁国、池州、太平四府大水，山洪暴发，漂流房屋。秋，贵州威宁大雷雨不止，水涨山崩地裂，山鸣如牛嗥，地陷涌出清泉数十，冲坏庐舍桥梁及压死人口牲畜无算。阿都地方田土淹没 200 余处，淹死 300 余人。

弘治十五年（1502 年）六月一日以后，南京一直淫雨浃旬，平地皆水，至七月三日猛风急雨，震荡掀翻天地、山川等坛、神东观及历代帝王等十三庙、太庙、社稷、孝陵禁山所，拔损树木无算。皇城各门、内府、监局、京城内外城门关隘处所并诸司衙门、墙垣、屋宇多被飘淋震撼损塌。加以江潮汹涌，江东诸门之外浩如波湖，水浸入城五尺有余，军民房屋倒塌者千余间，男妇有压溺死者。新江口中下二新河等处官民船漂没，人多溺死。各处屯粮军民田土冲漫淹没，秋成难望。

弘治十六年（1503 年）五月，榆林大风雨，毁子城垣，移垣洞于其南 50 步。弘治十七年（1504 年）五月二十三日，河南南阳县猛风迅雷暴雨，河水泛滥，淹没军民房屋 300 余间，溺死 90 人。六月二十五日，江西庐山鸣如雷，次日大风雨，平地水深丈余，溺死星子、德安二县人口，及漂流没民居甚众。弘治十八年（1505 年）五月，建宁府及延安、瓯宁、崇安等县大水，坏城垣官舍及田庐甚众，人有死者。同年六月至八月，京畿连雨。

正德元年（1506 年）七月，凤阳诸府大雨，平地水深一丈五尺，没居民 500 余家。正德二年（1507 年）六月，陕西固原卫地方骤雨河涨，平地水深 4 尺，坏城垣庐舍，人畜有溺死者。七月二十七日，福建长泰县大风雨，连三日夜，平地水深 2 丈，文庙堂庑门齐颓损，漂民居 800 余家，伤禾稼 500 余顷，溺死 50 余人，牲畜、财物甚众；同年秋七月二十九日，福建南靖县连三日风雨不止，水深丈余，漂没民居及禾稼甚众。正德三年（1508 年）九月，延绥、庆阳大水。正德五年（1510 年）九月，安庆、宁国、太平三府大水，溺死 23000 余人；同年，英山淫雨横流泛溢，山石崩裂，田畴覆压，房屋漂流，人畜溺死甚众。正德六年（1511 年）六月，汜水暴涨，溺死 176 人，毁城垣 170 余堵。

正德十一年（1516 年），广东番禺、新会、高明、高要、四会、阳春、阳江等县大水，四会县大雨水，潦暴涨，庐坏山崩，早稼不登，晚禾失种。阳江县六月，大水，积雨旬日，壬戌夜潮潦暴涨，坏公私房屋数千间，城崩殆尽，冲陷民田无数。时二熟不登，民大饥困，有饥民以牛易粟，比得升斗回家，而妻子已饿死，其人即疯；又饥民有采草根而食者，一家十余口遇毒。此年湖广也大水灾，时任湖广巡抚秦金《救荒奏疏》描述，水灾波及湖广布政司所辖十四府四州中的十府二州，分别是武昌府、汉阳府、黄州府、德安府、荆州府、岳州府、襄阳府、宝庆府、辰州府、常德府、沔阳州、靖州等十府二州，波及范围广，损失严重，在明代湖广灾害史上是空前的。从湖广景陵县等地水灾之惨状也可见一斑："沔阳州并所属景陵县及荆州左卫、沔武等卫所地方，边临川、汉二江、洞庭等湖，势俱低下……今岁五月以来，淫水不止，山河冲激，江汉泛溢，下地深及数丈，旷衍之处，俱成大湖。八月将终，未见消退，居民人口孳产漂流浸没。有一户全没者，有一门半存者。巢居舟游，数月未已。验其灾数，重者奚止十分，轻者亦有八九。"

正德十二年（1517 年），顺天、河间、保定、真定大水，凤阳、淮安、苏、松、常、镇、嘉、湖诸府皆大水，荆、襄江水大涨。此年农历四五月间，顺天、河间、真定、保定等府骤雨，通州张家湾一带弥望皆水，冲坏粮船，漂流皇木（即修建北京宫殿之木材），不知其几。其他如顺义、大兴等县奏称：淫雨连旬，山水泛涨，所在城郭坍损，民居倾坏，田禾淹没，所存无几。时人有言：此次水灾为数十年以来所未有者。

正德十三年（1518 年），应天、苏州、松江、常州、镇江、扬州大雨弥月，漂室庐人畜无算。九月十六日，南京守臣奏：应天、扬州、苏州、松江、常州、镇江等处大雨弥月，平地水深丈余，漂溺室庐人畜不可胜计。民间往往质鬻男女及拆卖瓦木以给食者。十一月十五日，巡抚直隶监察御史陈杰奏：凤阳、庐州、扬州、淮安等府，滁、徐等州大水，人民溺毙不知其数。访之父老，皆云自昔所无。正德十四年（1519 年）五月，江西大水。

正德十五年（1520 年），岷江、嘉陵江、长江干流发生较大洪水灾害。长江上游，七月十五日，叙州府李庄东岳庙玉皇楼石梯皆没，上至平台。江津县水溢县城，舟入官署，官民露宿南门外石子山，三日乃消。重庆府、巴县、北碚皆大水。四川宜宾、纳溪、泸州、合江至今还保存有四块正德十五年的洪水碑记。

其一，光绪三十二年（1906 年）三月初八日刊立的《涨水碑记》，原位于宜宾市李庄镇的一所中学（原东岳庙）内，现存重庆市博物馆。内容为光绪三十一年（1905 年），岁次乙巳，七月初九日，涨大水，淹至庙内玉皇楼下左右石梯。涨水后，得见庙内岱宗殿右边壁内一古碑，系大明正德十五年，庚辰岁中元节（即农历七月十五日），亦涨大水，较此高三尺。参见图 3-2。

其二，纳溪县高洞乡高洞桥头的岩石，上刻有：“正德庚辰年（即正德十五年，1520 年），七月十五日，大水安（淹）上洞一丈计吉。”参见图 3-3。

其三，泸县奎丰乡沟头村花朝门偏岩凼的石滩上刻有：“正德十三年（这是后代补刻所误，三应为五），庚辰岁，七月十五日，水淹到此，书为记。”参见图 3-4。

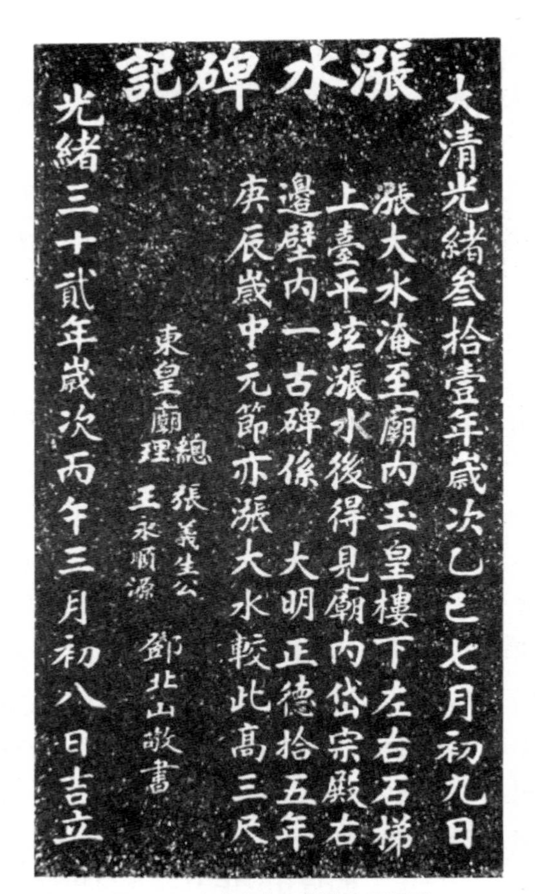

图 3–2 宜宾市李庄镇涨水碑记图

图片来源：水利部长江水利委员会等编:《四川两千年洪灾史料汇编》，北京：文物出版社，1993 年，第 529 页。

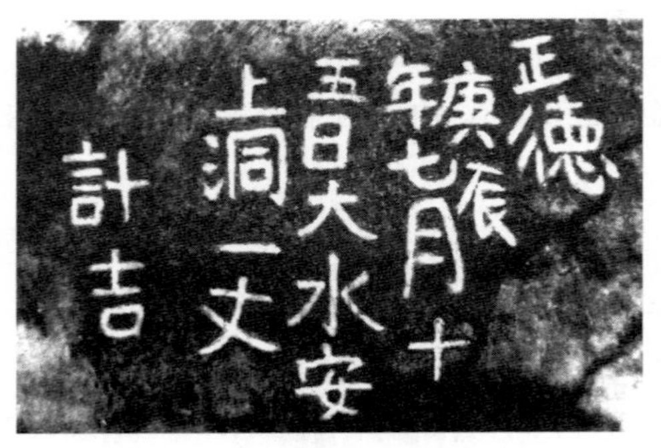

图 3–3 纳溪县高洞乡洪水题刻图

图片来源：水利部长江水利委员会等编:《四川两千年洪灾史料汇编》，北京：文物出版社，1993 年，第 529 页。

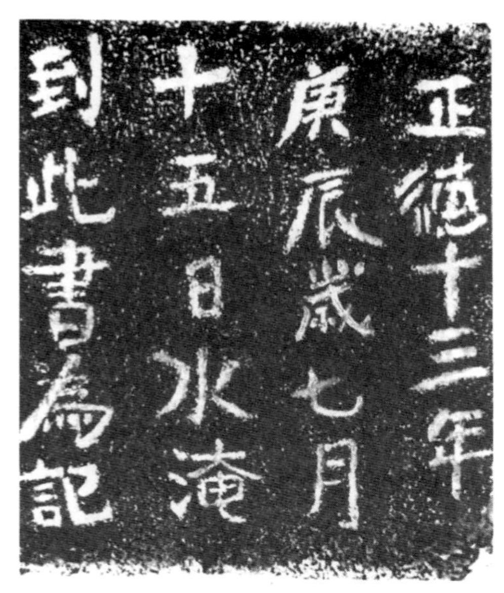

图 3–4　泸县奎丰乡洪水题刻图

图片来源：水利部长江水利委员会等编：《四川两千年洪灾史料汇编》，北京：文物出版社，1993 年，第 530 页。

其四，合江县榕山镇香炉石大石包，上刻有：“正德十五年，七月十五日，大水淹此。”参见图 3–5。

正德十五年的长江中、下游地区洪水灾情亦甚重。宜昌“江、汉水合”，武昌夏大水，至冬不涸。五月十五日，都御史王守仁奏：江西诸郡大水，千里为壑，舟行于闾巷，民栖于木梢，室庐漂荡，烟火断绝。询诸父老，皆为数十年所未有者。江西“丰城大水决敖家垱”，应天府六合县、镇江府、溧阳县皆大水。

嘉靖元年（1522 年），安庆府的怀宁、宿松、望江、桐城则风雨暴至，江水泛溢，大水害稼。六月，风雨暴至，望江江段江水泛溢。七月，南京暴风雨，江水涌溢，郊社、陵寝、宫阙、城垣吻脊栏楯皆坏。拔树万余株，江船漂没甚众。庐州、凤阳、淮安、扬州四府大风雨雹，河水泛涨，溺死人畜无算。扬州七月大风雨雹，河水泛涨，溺死人畜无算。通州、如皋七月大风雨江海暴溢，民居荡析，死亡数千人。同年，江西大水灾，弋阳、武宁、进贤三县城被淹。星子、鄱阳、安义、建昌等县“舟行入市”。丰城县决堤 1000 多丈，房屋被淹，禾苗冲坏。

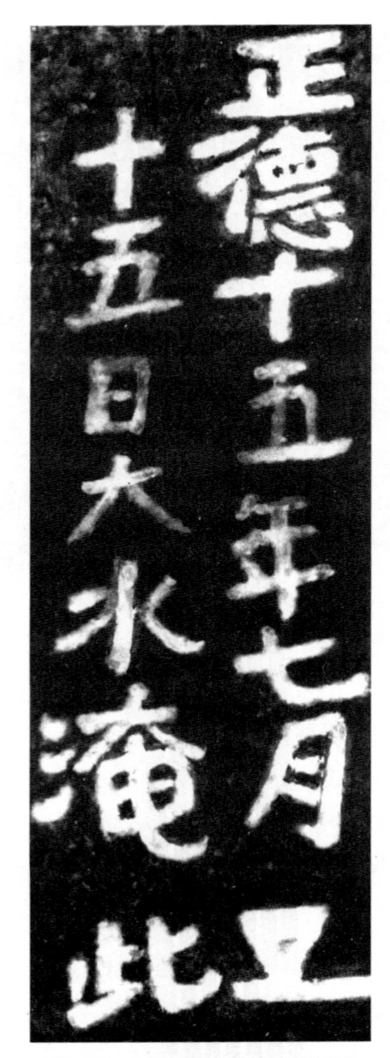

图 3–5　合江县榕山镇洪水题刻图

图片来源：水利部长江水利委员会等编:《四川两千年洪灾史料汇编》，北京：文物出版社，1993 年，第 530 页。

嘉靖二年（1523 年），黄淮、江淮流域大水。七月，扬州、徐州复大水。夏秋间，山东州县俱大水。八月，苏州、松江、常州、镇江四府大水，开封亦如之。山东沂州郯县城大水，溺死 100 余人，漂没牛畜 600 余头。淮安、徐州、扬州等州县大水，漂房屋 600 家，溺死 80 余人。庐州府属的舒城、无为州秋淫雨大饥，人相食；在来安，七月至九月大雨潦，岁大祲，人相食；六安州、霍邱、凤阳府、天长等地，秋大淫雨三月，淮河泛溢，槁禾尽腐，大饥。淮安府、兴化、高邮州河堤决，大水。

嘉靖十四年（1535年），广州、南海、番禺、中山、三水、恩平、高明、新会、顺德、四会、德庆、新兴、高要、封开、怀集、始兴、南雄、乳源、翁源、英德、佛冈、清远、阳江、阳春、潮阳、饶平等地均发大水，南海、广州、番禺、顺德五月大水，饥，斗谷百钱，百年所未有。德庆县夏五月大水，平地水深逾丈，坏民居禾稼。六月大水，城内水深一丈三尺余，民饥。怀集县夏五月大水，漂没庐舍千余间，没城郭，田庐荡坏，是年饥。乳源县大水，坏乳源城楼十间，五月复坏民间田庐不可胜计。同年六月，陕西临洮府河州（今甘肃临夏）大雨洪水，河溢十余丈，自西抵东六十里，没溺房屋田苗数千家，人口数百，畜类无算。

嘉靖十六年（1537年），江淮、黄淮海流域大水。其年秋，两畿（京师和南京）、山东、河南、陕西、浙江各被水灾，湖广尤甚。嘉靖二十五年（1546年）八月，京师大雨，坏九门城垣。嘉靖二十六年（1547年），曹县河决，城池漂没，溺死者甚众。同年，陕西千阳城遭遇特大洪水。千阳县城位于陕西省关中西部，曾于至治二年（1322年）南迁，迁至千河、晖水（冯坊河）的交汇处，原以为“阻塞尚多，二水俱为小溪，未闻有涉水之患”，结果于嘉靖二十六年（1547年）夏六月二十五日再次遭受洪水袭击，“大水冲城，人遭陷溺”，“及是夜半，雷声震惊，雨势滂沱，电光灼耀中见有红黄气，绕聚晖河，象若相敌。少焉，北城一隅为水所倾，自西而南，俱倾溺矣。维时县尹张公中伤竟毙，儒学教谕张公相一家八口俱没，其乡士夫致仕李公罍、生员蒲子嘉宾等，悉与其害，漂没无存。惟东南一角，水势缓弱，尚存孑遗。人有凭依大树全活者、有漂去桴水复来者、有居室未坏而幸存者，时皆寄居毗卢寺，身无完衣，痛哭载道。”嘉靖二十七年（1548年）正月，千阳城又遭洪水没城之劫。

嘉靖三十二年（1553年），黄河、淮河、海河流域大洪水。六七月间，河南西部伊、洛、汝并涨溢，洛阳夏六月大雨，伊、洛涨溢入城，水深丈余，漂没公廨民舍殆尽，民水栖，有不得食者七日，人畜死者甚重。巩县六月霖雨连旬，山水汇聚，伊、洛泛涨，民居、官舍、公廨、官厅，尽行冲空，荡然无存，漂没人畜不可胜数，百姓逃亡，死者枕藉，无人掩埋，昼夜号泣，哀声四起，惨不忍闻。鲁山黑云蔽天，倾雨如注，平地水深丈余。河南东部地区夏淫雨弥月，岁大水。淮阳五月十八日大风雨弥月，拔木无算，民舍尽坏，禾稼淹没，民大饥。兰考河水并霖雨，禾稼尽淹，民大饥。河南北部地区在入夏后淫雨至七月不止，暴雨如注，河水决溢，民大饥。林县夏五月乃雨，此后暴雨大作无虚日，六月二十二夜大雷雨中有声如燕乱鸣，腥气逼人。汲县大水，大饥，斗米百余钱。延津六月暴雨如注，大水如河汉，漫流弥月，民苦。阳武六月河溢，平地水深丈余。河南南部地区的唐白河流域，南召夏大水，川溢岸崩，没溺甚众。方城于五月十一日暴雨异常，众流汇聚，千江河水横溢，势高数丈，龙泉寺冲没，仅余佛殿，漂溺僧众，荡析离居。淮南、正阳、汝南、息县夏淫雨自四月至七月不止，大水坏民田庐。滏阳河、滹沱河、大清河均发生大雨洪水。汾河上游太原六月大雨，汾水溢，高数丈。静乐碾水大涨，冲决静乐县南城垣。燕山山区潮白河流域的怀柔大水，平地水深丈余，禾稼漂失殆尽，西北水与潘家庄观音堂山齐，数日始退。运河、浑河陆续泛滥，通州、张家湾、曲店等处堤岸遭冲决，田野村庄被淹。卢沟河下游的固安、霸州、文安、保定等州县（今属河北省）大堤冲决，平地水深丈余，四门用土屯，人皆上城，登舟。顺天、保定、真定、河间四府几乎全淹。隆庆州永宁县等地“大水坏城”。大水使民居、官舍、公廨、官厅冲圮殆尽，人畜漂没不可胜计。同时，造成严重饥荒，米价腾贵，流民如蚁，京师大饥，人相食。邢台、饶阳、定州、雄县等州县亦大饥，人相食。

嘉靖三十三年（1554 年）六七月，京师大水灾。六月，京师大雨，平地水深数尺，水涨卢沟桥，海子墙颓，浩渺无涯，直至城下，漂没墙垣庐舍，致使秋禾尽没，米价十倍，男女疫之过半。密云县大雨浃旬，潮、白二河涨，冲塌城东南、西北之角，鱼鳖居人以千数。浑河、通惠河决，通州禾稼尽没，米贵，大疫。隆庆州大水，坏屋伤稼，杀人畜甚多，居庸关、崩石寨等关口，行者不能取道。怀柔大水，漂没森林木材不可胜数，低下村庄全被淹没。保定、河间、顺天府所属州县被灾甚重，不仅当年田地绝收，瘟疫流行，村庄变为废墟，而且饥荒延续到次年不止，永宁、密云、怀柔大饥，米价增十倍，民多饿死者。

嘉靖三十九年（1560 年），长江流域发生特大洪水。上游金沙江洪水甚大，在屏山县城较高的文庙，《屏山县志》有“嘉靖三十九年，大水淹至文庙门，涨痕镌有字记”的字样。三江水泛异常，沿江诸郡县荡没殆尽，旧堤有者十无二三。蜀江大溢，合川、巴郡之间，望巨郡而邑独巍然无恙。清人陈在宽留下了“嘉靖迄兹凡两见，异灾三百有余年”的诗句。在重庆涪陵、忠县等地有嘉靖三十九年（1560 年）大水淹此或大水到此的石刻。忠县的石刻测得其高程为仅次于同治九年（1870 年）及宝庆三年（1227 年）洪水。涪陵区南沱乡联合诊所屋后的题刻刻文为“加（嘉）靖三十九年庚申年水安（淹）在此处”。参见图 3-6。

重庆市忠县的题刻有两块，一块位于忠县东云乡北门，刻文为“大明庚申加（嘉）靖卅九年七月廿三日大水到此”。参见图 3-7。

图 3-6　嘉靖三十九年（1560 年）长江洪水题刻图（一）

图片来源：骆承政主编：《中国历史大洪水调查资料汇编》，北京：中国书店，2006 年，第 561 页。

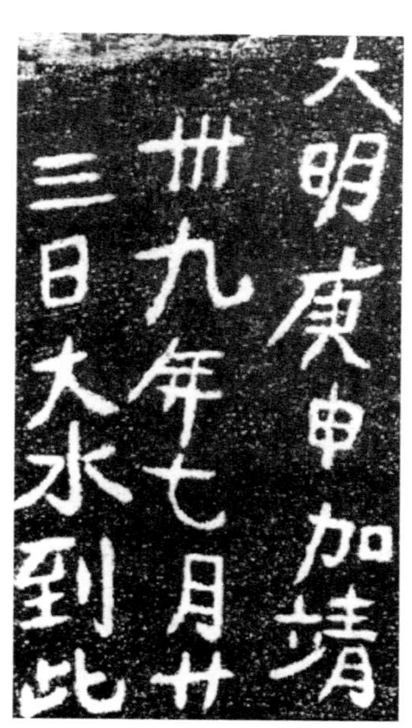

图 3-7　嘉靖三十九年（1560 年）长江洪水题刻图（二）

图片来源：骆承政主编：《中国历史大洪水调查资料汇编》，北京：中国书店，2006 年，第 562 页。

另一块洪水题刻位于忠县石宝乡和平村江口，刻文为“加（嘉）靖三十九年七月二十三日水迹”。参见图 3-8。

图 3-8　嘉靖三十九年（1560 年）长江洪水题刻图（三）

图片来源：骆承政主编:《中国历史大洪水调查资料汇编》，北京：中国书店，2006 年，第 562 页。

嘉靖三十九年的长江中游洞庭湖流域，亦是暴雨洪水成灾。夏，岳州府淫雨不止，山水内冲，江水外涨，洞庭湖泛滥如海，伤坏农田无数。水发迅速，老幼多溺死者，尸满湖中，漂流畜产，所在皆是。有连人、连房浮沉水上，犹局户未开者。盖是岁之潦，为古今所仅见。长沙大水侵入城郭，辰溪南城冲陷，邵阳庐舍漂没甚多。湖广荆州府归州巴东、秭归一带，秋七月，大水异常，沿江民舍漂流殆尽，禾稼漂没无存。荆州府枝江、松滋、江陵诸县，水害更盛，多处堤防溃决，大水灌城，民舍尽没。洪水决堤无数，有十处是极为要害的地方，枝江之百里州，松滋之朝英口，枝陵之虎渡河、黄潭镇，公安之摇头铺、艾家堰，石首之藕池诸堤，皆冲塌深广。沔阳、武昌秋七月大水，人畜溺死。德安府孝感大水，舟入市，八月至冬乃退。下游南直隶贵池、铜陵、巢县以及南京等地亦发大水，巢县城四门俱行舟。南京七月江水涨至三山门，秦淮民居有深数尺者，至九月始退，漫及六合、高淳。

隆庆三年（1569 年），江淮流域、黄河及海河流域发生特大水灾。

此年水患极重，河决、淮溢、海潮都集中于夏秋季发生，各灾种交叉叠加，灾情严重。闰六月，真定、保定、淮安、济南、浙江、江南俱大水。七月十一日，河决沛县。乙酉，诏天下有司实修积谷备荒之政。壬辰，遣使赈沿河被灾州县。七月，黄河于沛县决口，自考城、虞城、曹县、单县、丰县、沛县抵徐州，皆受其害。八月二十六日，赈南畿（南京）、浙江、山东水灾。九月，淮水溢，自清河至通济闸及淮安城西，淤三十里，决二坝入海。莒县、沂水、郯城之水又泛滥出邳州，溺人民甚众。此年滁州来安，秋潦，暴风，禾稼摇落。霍山，秋大雨，山水暴发，水溢入城市，人作筏以备，漂溺无算，水退，积尸盈野。凤阳府、凤阳县、怀远、盱眙皆夏旱秋大雨，大水，平地行舟。九月，还因淮水涨溢，高家堰大溃，淮水东趋。山东夏秋大水，全省 104 个州县有 88 个成灾。闰六月，卫运河决馆陶，溺死人畜无算。七月，东昌（今聊城）、长山（今邹平）、乐安（今广饶）、新城（今桓台）、蒲台、诸城、掖县、平度、胶县、昌邑、潍县、郯城、莒州、日照、安丘、金乡大水，没禾漂庐舍。安丘县平地水深三尺，没居民舍殆半，死者千余人，牲畜不胜计，哭泣之声日夜不绝。卫运河决，德州平地水深丈余，大清河水溢，利津县城被浸。秋，泰安府新泰、肥城淫雨害稼，东平山水泛涨，决护城堤，禾稼俱浮，民乃饥。八月，赈济南府水灾，冬免税粮。沂水、沭水大溢，民多溺死。在淮安，《山阳志遗》收载胡效谟的《淮安大水记略》说：淮安自嘉靖二十九年（1550 年）以来，比年大水，至隆庆三年（1569 年）为最大。其年六月，山东诸泉及凤阳、泗州山水大发，合河与淮，水高一丈五六尺，由通济闸建瓴而入。因为河、淮不归于海，山阳、安东入海故道缩为一线，海口将闭，高堰遂坏。故淮安西桥、通津桥数处水亦涌起，高于街四五尺，悬注以入。凡所经，沟渠皆淤为洲；所过街市房廊，两旁堆沙三四尺，晚闭晓塞。乡聚低矮房屋遭水淹，其屋檐高的门未没仅尺许，人皆穴屋栖梁上，或乘桴偃卧出入，稍不戒，随浪旋没。后六月七日立秋，大风雨不止，惊浪动天，覆舟倾屋，人畜流尸相枕。自山阳、桃源（今泗阳县）、清河、安东、沭阳、邳州、海州、赣榆、宿迁、睢宁，旁及泗州、虹县，幅员千里，所没田地七万余顷，湖荡还没有统计在内。时淮安两城水关皆闭，城内坚筑土坝，外水固不得入城中，雨水积已5尺余。城外水高于城内屋脊，夜静水声汹汹在梁栋间。八月十八日，大雷电，一夜城中水深7尺，烟火尽绝。扬州此年秋大水，海潮溢，舟行城市，溺死无算。通州风雨暴至，如皋大水，海溢，高2丈余，城市行舟，溺人无算。高邮，秋，淮水大涨，高两丈余，漂荡庐舍，溺死人畜不可胜计，民无所居食。宝应田庐漂荡无有孑遗，人畜溺死者无数，城中平地行百斛舟，湖堤决15处。父老相传自有宝应以来，未有水患若此，可谓创巨非常之变矣。兴化因黄淮水溢，灾变异常。阜宁海溢，河淮并涨，庙湾大水。七月，淮水溢，盐城四望数百里，浩渺如大洋，民多饥死。

隆庆四年（1570年），广东顺德、南海、三水、怀集、清远、始兴、曲江、英德、惠阳、河源、龙川、大埔、兴宁、澄海等地大水，顺德县夏四至五月大水，田庐倾没甚多，决坏基围。始兴县夏五月大水，冲陷始兴田6000余亩。英德县夏大水，县堂水深5尺，城垣倒塌，城外居民漂没不可胜计。是年饥，斗米银一钱。河源县于五月河水一日夜忽长3丈，冲圮房舍，溺人甚多，有全家覆没者。龙川县于五月大水，比嘉靖十六年（1537年）涨增3尺，城内土屋溃尽，东坝一带民居漂没无余，山崩过半，诸乡山谷有全崩者。七月，沙、薛、汶、泗诸水骤溢，决仲家浅等漕堤。陕西大水，河决邳州。同年，黄河又决郑州，自曲头集至王家口新堤多坏。是岁，山东、河南大水。

隆庆五年（1571年）五月，广西大水，漂没民居，太平府城淹颓300余丈，坏公署民舍。思明府城隍庙淹3尺许，神像皆仆。平乐、贺县城东门不没者，仅3尺许。此年广西凭祥县在五月下旬，大雨滂沱，东街水深5尺余，郊区禾苗被淹，玉米棒霉烂计约400多亩，损失1800多担。贺县于五月大水，城东门不没者，仅3尺许，民人俱依丘陵栖宿一昼夜，漂流禾苗、六畜、货物无数。崇左县是年夏五月，大水漂没民舍，城淹颓3丈余，没公署民舍。宁明夏五月大水，漂没民舍，城隍庙，淹3尺许，神像皆仆。融县、来宾县、永淳（今横县）皆大水。

万历元年（1573年）荆州、承天大水。是年秋，淮、河并溢。河决房村，筑堤洼子头至秦沟口。万历二年（1574年）六月，福建永定大水，溺死 700 余人。淮安、扬州、徐州河溢伤稼。同年，黄河决砀山及邵家口、曹家庄、韩登家口而北，淮亦决高家堰而东，徐、邳、淮南北漂没千里。自此桃源、清河上下河道淤塞，漕艘梗阻者数年，淮安、扬州多水患矣。万历三年（1575 年）三月，高家堰决口，高邮、宝应、兴化、盐城为巨浸。四月，淮安、徐州大水。五月初三，淮安、扬州、凤阳、徐州四府州大水。八月，河决高邮、砀山及邵家口、曹家庄。九月，苏州、松江、常州、镇江四府俱水。万历四年（1576 年），正月，高邮清水堤决。九月，河决丰县、沛县、曹县、单县。是秋，河决崔镇。十一月，淮、黄交溢。河决韦家楼，又决沛县缕水堤，丰、曹二县长堤，丰、沛、徐州、睢宁、金乡、鱼台、单、曹田庐漂溺无算，河流啮宿迁城。万历五年（1577 年）八月，河复决崔镇，宿迁、沛县、清河、桃源两岸多坏，黄河日淤垫，淮水为河所迫，徙而南。闰八月，徐州河淤，淮河南徙，决高邮、宝应诸湖堤。万历六年（1578 年）六月，清河水溢。万历七年（1579 年）五月，苏州、松江、凤阳、徐州大水。八月，又水。是岁，浙江大水。万历八年（1580 年），雨涝，淮河淹浸泗州城，且大水淹至祖陵墀中。万历九年（1581 年）五月，从化、增城、龙门溪壑泛涨，田禾尽没，淹死男女无算。泰兴、海门、如皋大水，塘圩陂埂尽决，溺死者甚众。七月，福安洪水逾城，漂没庐舍殆尽。

万历十一年（1583 年），汉江流域发生特大洪水。四月，承天府（治钟祥县，今湖北钟祥市）江水暴涨，漂没民庐人畜无算。汉江沿江两岸的石泉、安康等县因“汉水溢涨”，水高出城碑丈余，溺死 5000 余人，阖门全溺死无考者无算。郧阳县水溢冲决城垣，寺尽沦没。汉江下游钟祥县，汉水暴涨，漂没民庐人畜无算。天门县城未没者仅三版。据陕西省旬阳县蜀河口镇河岸的崖石上所刻的“万历十一年水至此高三尺，四月二十三起”字样，测算得此年洪水位比清咸丰二年（1852 年）、同治六年（1867 年）的洪水位高出 2 米多。参见图 3-9。

万历十四年（1586 年）夏，江南、浙江、江西、湖广、广东、福建、云南、辽东大水。六月，河淮涨，漫决蒋家口，奔盐城，禾稼、屋庐尽没。时年十月才新上任的盐城知县柴大桐即赴府陈盐民苦，请赈蠲

图 3–9　万历十一年（1583 年）汉江洪水题刻图

图片来源：骆承政主编:《中国历史大洪水调查资料汇编》，北京：中国书店，2006 年，第 563 页。

征。时都御史杨一魁星驰具奏，因奉明旨，发帀金，盐城独分 3500 两赈下。次年正月，时当雨雪，救活饥民 50000 多人。万历十四年，广东南海、顺德、中山、三水、高明、广州、番禺、恩平、四会、高要、德庆、封开、郁南、怀集、南雄、潮安等县水患，三水县复大水，九冈堤决，害稼，荡民居，延及百余里，凡数万家。高明县，秋七月大水，自春徂夏淫雨不绝，七月西潦大至，江水泛滥，坏民居 4128 区，溺死 9 人，坏禾田 1962 顷。德庆县，秋七月，大水，毙 10 人，坏庐舍 243 区，田稼 428 顷。四会县，七月大水，坏民居 2500 余区，溺死 23 人，坏禾田 3700 余顷。高要县，秋七月大水，是岁自春徂夏淫雨不绝，七月十八日地震，有声如雷，西潦大至，江水泛滥，堤决 90 余处，府城几陷，坏民居 21759 区，溺死 31 人，坏田禾 8662 顷。南雄县，夏四月十九日，大水，先夜大雨如注，洪崖山崩，巨潦暴涨，府城倾圮者数十丈，沿河水域尽被冲陷，太平桥荡析殆尽，万年石桥冲去三墩，民田成河及沙丘者 85 顷，城市乡村民屋漂流者 873 间，公廨馆驿倒塌 4 所，溺死165人，浮尸江流，异常灾变。广西柳州、平乐、梧州、苍梧、藤县、北流、横州、兴安、隆安、博白等州县皆大水，梧州和苍梧于秋七月大水，南门外水高1丈5尺，漂民816家，田禾尽没。藤县城内水高1丈5尺，漂没240家。隆安则水灾严重，洪痕高度28丈1尺7分，县城学宫被洪水冲毁。

万历十五年（1587年），江淮流域、黄河及海河流域大雨成灾。五月，浙江大水。开封及陕州、灵宝河决。月终，飓风大作，环数百里，一望成湖。是岁，杭州、嘉兴、湖州、应天、太平五府江湖泛溢，平地水深丈余。直隶应天等府自五月以来淫雨连绵，田庐没为巨浸。七月终旬，飓风大作，涨浸滋甚，环灵百里之地，一望成湖，太平地势最低，被祸更烈。五月至七月，苏州、松江诸府淫雨，禾麦俱伤。五月二十九日，霍山山洪暴发，水流如雷，视前尤甚。六月，京城城墙崩塌多处，官舍民居被雨水冲坏，人员溺死，屋塌伤人。通州、顺义、密云、昌平、蓟州等地“大水”“大雨，溺人民无算”，道路桥梁冲塌，漕粮8000多石被冲走。

万历十九年（1591年），淮河、洪泽湖大涨，江都淳家湾石堤、邵伯南坝、高邮中堤，朱家墩、清水潭皆决口。山阳堤亦圮。淮水溢泗州，高于城壕，城中积水不泄，居民十九淹没，浸及祖陵。次年五月二十八日，勘河给事中张贞观奏：臣展谒祖陵，淮水一望无际，泗城如水上浮盂，而盂中之水复满，气象愁惨，不忍闻睹。浙江嘉兴、湖州二府于万历十九年（1591年）也是淫雨浃旬，洪水灾伤。三吴地带四、五月间，淫雨连绵，低田尽没，至七月淫雨几昼夜，有村落尽洗不留一家者，有举家流溺不遗一人者。据巡按直隶御史甘士价题本言，五、六月间，苏州、松江二府霖雨水灾异常，溺死人数万。

万历二十一年（1593年），淮河流域发生特大洪水。五月大雨，河决单县黄堌口，邳城陷水中。高邮、宝应湖堤决口无算。因恒雨，漕河泛溢，溃济宁及淮河诸堤岸。五月既望以来，大雨倾注，河流涨溢，黄、淮两河先后决口，黄河决于山东单县黄堌口，淮河决于洪泽湖东岸高家埝之高良涧、周家桥等22口。河南西部鲁山大霖雨四至八月，平地为渊，夏秋禾不登。临汝淫雨害稼，自夏徂秋，平地水高丈余，人多溺死。在唐白河流域，方城五至七月大雨，禾稼尽伤，民食草根、树皮。内乡四月雨至七月方止，六月尚未收麦，是岁大饥，人相食。河南东部项城四月初淫雨至于八月，舟筏遍地，二麦漂没，秋不得播种，民间室庐冲圮，米珠薪桂，百姓嗷嗷，始犹食鱼虾，继则食树皮，后同类相残，尸骸枕藉，白骨累累。淮阳夏五月大水，淹麦，秋大水淹稼，淫雨弥月，平地水深数尺，破堤浸城，四门道路不通，出入以舟。沙颍等河堤决，横流，桑田成河，漂没民舍，死者无算，城圮坏，灾伤甚重。在淮南、汝南，春夏淫雨，历秋弥甚，势若倾注，淮、汝横溢，舟行于途，人栖于木，田禾庐舍崩坏殆尽，其溺而死者无算，是冬大饥。西平大雨两月，麦禾尽没，人民相食，饿殍载道。汝阳（现今汝南）大雨自三月至八月，暴雨四塞，雨若悬盆，鱼游城关，舟行树梢，连发十有三次。在新蔡，夏，洪水自西山澎湃而来，平地水深数丈，洪汝河泛滥，凡人物房屋冲陷殆尽，无麦无秋禾。上蔡春夏淫雨，入秋更甚。固始七月二十七日夜南山蛟蜃同起，雷雨大作，水漫山腰，人畜随水而下。是年，颍州、亳州、陈州、蔡州流莩以数千计，灾民流入固始县境觅食。七月，霍邱大水，凤阳淮水涨，平地行舟，大水进城。怀远春正月淫雨至七月方止，水入城市，坏民田庐，民饥，盗起，死徙盈路。阜阳夏淫雨漂麦，水涨及城，至秋始平，八月八日水自西北来，奔腾澎湃，顷刻百余里陆地丈许，舟行树梢。宿州，秋，河决虞城，符离堤桥俱溃，州境半为泽国。山东菏泽于五月大雨至八月，禾尽没。曹县大雨，自四月至八月不止，公署庙宇民舍皆倾圮，麦尽烂禾。曹州府（现今菏泽）五月大雨，黄河决单具黄堌口。邳州五月大雨，邳城陷水中。六月，邳州、宿迁溺死人无算。丰县夏霖雨三月，人食草木皮，次年春，瘟疫大作。盱眙，水漫泗州，城居半徙城塘，半徙盱山。高、宝诸堤决口无算。宝应淮水决高堰，冲泥甸桥三里湖，氾水镇淹，没田庐人畜，死人无算。淮安五六月间怪风猛雨，淮海涨溢，海啸，沭、泇河、濛诸水合，冲决万万计。在全流域大雨，淮河、黄河决口的情况下，徐州至扬州间，方数千里，滔天大水，庐舍禾稼荡然无遗，可谓淮河历史上最为严重的一次大水灾。

万历二十二年（1594 年），洪泽湖堤尽筑塞，而黄水大涨，清口沙垫，淮水不能东下，于是挟上源阜陵诸湖与山溪之水，暴浸祖陵，泗城淹没。七月，凤阳、庐州大水。万历二十三年（1595 年），河又决高邮中堤及高家堰、高良涧，而水患益急。万历二十四年（1596 年），杭州、嘉兴、湖州淫雨伤苗。万历二十九年（1601 年）秋，开封、归德大水，河涨商丘，决萧家口，全河尽南注。商丘、虞城多被淹没。当年春夏，苏州、松江、嘉兴、湖州淫雨伤麦。八月，沔阳大水入城。

万历三十一年（1603 年），黄河、海河流域大水，黄河决口为患，水、疫交加。四月，河水暴涨，冲鱼台、单县、丰县、沛县间。河大决单县苏家庄及曹县缕堤，又决沛县四铺口太行坝，灌昭阳湖，入夏镇，横冲运道。五月，成安、永年、肥乡、安州、深泽，漳、滏、沙、燕河并溢，决堤横流。祁州、静海屺城垣、庐舍殆尽。六月，山东泰安大水，淹死 800 余人，倾圮房屋数千余间。在淮安，五月淫雨三旬不止，水溢，米贵。此年的灾异屡见，民国《宁陵县志》收录了该县司寇吕公题壁之词，曰：癸卯年（1603 年）杀人天，瘟疫死一半，麦秋尽水淹，挑河苦累死，天灾又那堪，两泪向谁落，肉食人不觉。据万历三十三年（1605 年）四月初五日山东巡按言：自万历三十一年（1603 年）王家口大开，坚城集未浚，上通下淤，而苏家庄大决则全河北徙，鱼台一县沦为水国。十五社之地，存者一舍有余，8000 余顷之田，存者不及千顷。而环城之水，高于城有二三尺，堤防垂坏，旦夕不支。

万历三十二年（1604 年），永平、真州、保定三府俱水，淹男妇无算。八月，河决苏家庄，淹丰县、沛县，黄水逆流灌济宁、鱼台、单县。是年秋，河决丰县，由昭阳湖穿李家港口，出镇口，上灌南阳，而单县决口复溃，鱼台、济宁间平地成湖。同年，京师淫雨，城崩。

万历三十五年（1607 年），钱塘江、长江、海河流域大水。六月，湖广黄州府蕲州、黄冈、黄梅、罗田等处暴风山洪，漂没人家。武昌、承天、郧阳、岳州、常德等府入夏大雨，至是民舍漂没凡数千家。徽州、宁国、太平、严州四府山水大涌，繁昌、黟、歙、南陵等县漂人口甚众。春六月二十四日，京师突降暴雨，大雨如注，经二旬，阴雨不解，降水为灾，乃至昼夜如倾。大雨持续至七月中旬，京城全被水浸，高敞之地，水入二三尺。各衙门内皆成巨浸，九衢平陆成江。洼者深至丈余，官民庐舍倾塌及人民淹溺，不可数计。内外城垣倾塌 200 余丈，甚至大内紫禁城亦坍坏 40 余丈。雨霁三日，正阳、宣武二门内，犹然奔涛汹涌，舆马不得前，城堙不可渡。昌平州官廨、民舍、人畜漂没不可胜计。通州淫雨一月，平地水涌，通惠河堤闸莫辨。张家湾皇木厂大木尽行漂流。通州城墙被水冲坏 1200 余丈。停泊在通州张家湾的运粮船在六月二十三日至七月十七日之间，被冲走、冲毁 23 只，损失米 8363 石，并有 26 名运船士兵被淹死。沿河民户漂没者则不复能稽。各地的仓库、草厂被淹，所造成的损失约在 30 万石（米）之上。这次水灾的灾情如此严重，无怪乎当时人称之为“诚近世未有之变也”。

万历三十六年（1608 年），三吴、两浙、南直隶、江西、湖广特大水灾。时任应天巡抚周孔教奏称：“今岁突遭水患，自三月二十九日以至于五月二十四日淫雨为灾，昼夜不歇。”周起元奏称：“今岁苏、松、常、镇、应、徽等府，自三月末旬至五月末旬，淫雨连绵，倾盆注下，昼夜无顷刻之停。”庄元臣奏称：“今年之水，起自四月初旬，延绵至五月下旬，淋漓者五十日，泛滥至一丈余。”刘世教也说：“万历戊申夏四月九日，麦秋甫至，雨昼夜不止，凡四十有五日而后霁。于是江以南靡非壑矣。”吴江县大水，“高田淹没，城中居民皆架阁以居，鱼虾蚌满室，卧榻之下，可俯而拾也。”乌青镇是年之水，陆可行舟。此次江南特大水灾，不仅波及三吴、两浙，南直隶、江西、湖广亦很严重。同年六月二十四日，南畿（南京）大水。南直隶安庆府属各县夏淫雨连旬大作，淹没田庐民禾，市皆行舟，民多漂溺。庐州府春夏淫雨，江水暴涨，舒城大水没圩田，漂人畜无算。庐江江水溢入湖，圩田禾稼尽没。六月水入巢县城，鱼虾满沟浍。无为江水暴涨，城四围水深数尺，溺死无算。含山、和州大水异常，水入城，坏民庐舍。仪征、如皋大水，市可行舟。在江西、湖广，时任户部尚书赵世卿在《请发帑赈济东南灾民疏》中谈及该年东南灾荒情况：“乃今东南之灾，何其烈也。江西水旱洊臻，则以患延，数郡告矣。湖广淫霖肆虐，则以麦禾俱无告矣。至于三吴两浙之患，百年未有，饥馑流亡之惨，异地皆然。”据《中国近五百年旱涝分布图集》描绘，此次大规模水灾，以太湖周围的苏州、松江、常州、镇江、杭州、嘉兴、湖州、应天、徽州等南直、浙西诸府为中心，延至江西、湖广等广大地区，范围相当大。对于神宗万历朝的异常灾变，时人多有关注，曰：荆州、扬州、徐州、沛县之间苦于水。万历三十六年（1608 年），一昼夜水突涌数十丈，夫妇男女挽抱浮沉。连旱十二三年，草根树皮都尽，卖子卖妻，甚且父子相食。父老皆云此灾二百年未有也。乾隆《望江县志》称，是年水灾，数百年所未有者。和县城南 30 公里的西梁山山脚崖上，有万历三十六年（1608 年）以后“洪水至此”的石刻。万历三十五年（1607 年）知桐城县的徐从治，正好遇上了此年的大洪水，说：大水浪过峡山口，视其刻石，曰宋理宗绍定四年（1231 年）洪水至此，盖五百年矣。其他如万历《钱塘县志》、清康熙《芜湖县志》、清光绪《石门县志》、民国《杭州府志》等旧志多有二百年或数百年未遇之大洪水的类似记载。

万历三十七年（1609 年），闽江、赣江流域特大洪水。五月二十四日，福建建宁等四府大水，丁口失者逮十万。江西南昌等八府同日灾。闽江上游的闽北山区连日暴雨，受灾面积波及闽江上中下游多数地区，包括福州、闽北、闽东近 20 个县，淹死百姓达 10 万余人，为闽江历史上最大的一次洪涝灾害。南平于五月二十五日大水入城，二十八日方退，水满雉堞之上，漂流官民屋宇，溺死者甚众。将乐大水。先是三月间，日晕如轮者二，多震雷淫雨，至农历五月二十五日，大水入城五丈，山崩地裂，溺死者万数，漂流民物，田园、房屋、城署、学宫、桥梁、道路，不可胜计，数百年来大水无如此甚者。建宁府于五月二十四日夜，洪水骤涨，雨下如注，三昼夜，舟从城垛上入，城楼崩塌漂流，通都桥及城内外民居溺死男女无算。父老谓自永乐十四年（1416 年）以后，水灾是年最大。邵武五月大水，东坝、饶坝、登云桥皆坏。二十四日又大水，平地深三丈，冲坏北桥，人民溺死无算。光泽、建宁、泰宁皆然。福建省建阳县贵口村的闽江建溪有“万历卅七年洪水至此”的题刻（见图 3-10）。

万历三十九年（1611 年），海河、珠江流域大洪水。此年夏，京师、

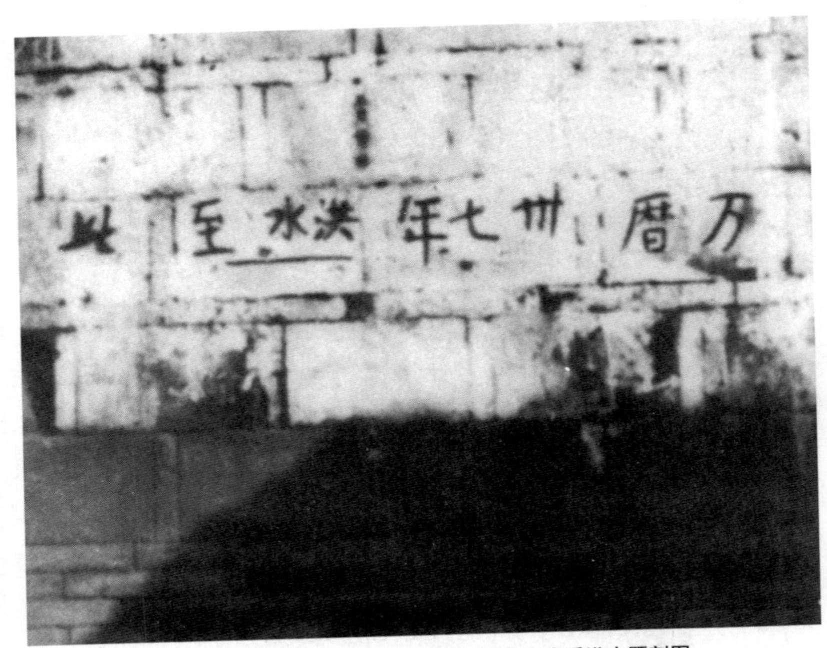

图 3–10　万历三十七年（1609 年）闽江建溪洪水题刻图

图片来源：骆承政主编:《中国历史大洪水调查资料汇编》，北京：中国书店，2006 年，第 561 页。

广东大雨。广西积雨五阅月。四月，昌平州淫雨，水深五六尺许，苗稼尽损。五月，京城大雨，雷震正阳门楼旗杆，通惠河决，通州大水。六月，仍是大雨水，都城内外暴涨，损官民庐舍。据当时礼科给事中周永春等人给皇帝的奏章所说，此次水灾比万历三十二年（1604 年）、万历三十五年（1607 年）之水，其势尤甚。同年广东、广西亦遭遇多年未遇的大洪水。五月，两广积雨，粤西水涨灌乎粤东，沿江州县田禾概被淹没，庐舍漂没，人民溺死无算。广东地处西江下游，上游来水和本地雨水交汇成重灾。南海县夏大水，倾颓房屋 22570 间，漂没 161 人，冲陷田地 6.713 顷，沙压田地 14.06 顷，淹没禾稼 4612.35 顷。三水县此年夏大水，倾颓房屋 150 间，冲陷田 1.19 顷，沙压田 11.96 顷，淹没禾稼 3175.84 顷。肇庆去年秋大水，今夏六月又大水，水势撼山排空，民间庐舍尽没水底，男女露宿山栖，浮沉屋脊呼号待援；早晚禾鞠为臭腐，仳离漂泊，资畜一空，灾情之重，200 年来所未有。封开县夏大水，冲陷田 87 亩，淹没田塘 622.54 顷。

万历四十一年（1613年），珠江、长江、黄河、海河、辽河流域普遭大水。六月、七月，京师大水。南畿（南京）、江西、河南俱大水。八月，山东、广西、湖广俱大水。九月，辽东大水。十一月，巡按直隶御史潘之祥言：臣巡历燕、赵、梁、宋之区，目睹滹沱河、漳河之水洪流汹涌，堤岸溃拆，民居颓圮，行李萧条，臣心忧之。已自大雄驾小艇入齐、鲁之境，夹岸悲号，愁声满耳，则皆滨海之灶民为海水所漂溺，向外逃窜之灾民。今岁淫雨为灾，几遍天下，田畴淹没，男妇沉漂，不计其数。湖广、山西尤为最甚。

万历四十二年（1614年），浙江、江西、两广俱水。万历四十四年（1616年），南海、广州、番禺、顺德、三水、高要、高明、四会、广宁、怀集、始兴、曲江、英德、南雄、乐昌、博罗、惠阳、东莞、潮安等县大水。怀集县，夏五月，水忽暴涨，民居多没，田禾多损。曲江县，五月初四夜，水入郡城深五六尺，阛阓成河，舟桴行市，只有县学之明伦堂与岭南道公署没有被水淹浸；人民漂没，房舍冲圮，城外损失十分之九，城中受灾十分之一。英德县，夏五月，大水，平地数丈，城隅崩坏，民居压倒，淹死数十人，漂没田禾，米价腾贵；虞夫人祠全漂没。南雄县，夏五月初三保昌（南雄）洪水涨10余丈，水涨上抵铁杖楼下，淹没沿河民居300余间，水城尽圮。是年各乡冲去近河农田600余亩，永为河坝，不可得复。乐昌，夏，大水，城西南水深至仞，东北半之，民多避居古教场。水退，城市多鱼。五月，湖广衡州府三河水涨，郡县官署水深至五六尺。六月，江西赣州等处水，城垣崩颓，漂没人民无数。万历四十六年（1618年）九月二十七日，浙江钱塘、雷阳、余杭、临安、新城、孝丰、归安、长兴、临海、黄岩、太平、天台、仙居、宁海等县洪水为灾，田舍、人民淹没无算。

天启元年（1621年），淮安淫雨连旬，黄、淮暴涨数尺，而山阳里外河及清河决口汇成巨浸，水灌淮城，民蚁城以居，舟行街市，久之始塞。天启六年（1626年），淮安、扬州、庐州、凤阳各府属，入秋淫雨连旬，河溢海啸，滨河之邑如邳州、宿迁、桃源、安东等州县，其田土尽没于黄河；滨海之邑如泰兴一县，海潮江浪一夜骤涌，庐舍冲没，人民溺死者无算。是岁，顺天、永平二府大水，边垣多圮。同年，辽东淫雨为灾，坏山海关内外城垣，军民伤者甚众。天启七年（1627年），山东历城、章丘、长清、长山、齐东、肥城、邹平、泰安、济阳、莱芜、海丰、齐河、利津、东平、汶上、东阿、峄县、济宁、郯城、沂州、巨野、高塘、福山、蓬莱、宁海、文登、栖霞、即墨诸州县六月以来淫雨，漂没田禾，荡流庐舍，淹没人畜无算。苏州、松江、常州、嘉兴、湖州五府在此年夏秋间淫雨，吴江南北，一望皆为大浸。崇祯十二年（1639年）六月，黎平大水，平茶所漂没庐舍无数，洪水溺死800余人。

崇祯初年，黄河决口，黄淮涨溢，黄淮大地水灾肆虐。崇祯二年（1629年）春，黄河决曹县十四铺口。四月，决睢宁，至七月中，城尽圮。淮安苏家嘴、新沟大坝并决，没山阳、盐城、高邮、泰州民田。崇祯四年（1631年）六月，黄河、淮河交涨，海口壅塞，河决建义诸口，下灌兴化、盐城，水深二丈，村落尽漂没。逡巡逾年，始议筑塞。兴工未几，伏秋水发，黄河、淮水奔注，兴化、盐城为壑，而海潮复逆冲，坏范公堤。军民及商灶户死者无算，少壮转徙，逃往江宁、仪征、通州、泰州之间觅食，盗贼千百啸聚。六月，淮安、扬州、徐州、济宁大雨水，坏民居。淮河水涨，颍上、五河、盱眙、泗州均大水，浸及陵寝。崇祯五年（1632年）六月初六日，黄河决孟津口，横浸数百里。是年，黄河又决建义北坝。八月，黄河漫涨，泗州、虹县、宿迁、桃源、沭阳、赣榆、山阳、清河、邳州、盱眙、临淮、高邮、兴化、宝应诸州尽为淹没。九月初九日，直隶巡按郭维经疏奏淮安一郡灾荒，说：自春徂夏，或旱魃为灾，青野尽成赤地；或暴风作祟，蔀屋忽如飘蓬；或海啸而乐土倏为巨浸。迅雷拔山振浪，淫雨贯天达地，经旬弥月，胆落魂消，东作西成，毫无所望，老幼辗转沟壑，父母妻子流散道途。目今高、宝、射阳湖等处饥民变为草寇，一遇商贾，货物被劫八九，南北往来，几于断绝，穷民不为盗贼，即为饿鬼耳！十月十四日，直隶巡按饶京上言：盐城县治势处极低，去岁灾伤未起，今年水患倍加，城门土填而外，余皆一片汪洋，直与高邮、宝应相通。贫者流而为盗，富者乘间潜移，商贾不通，道路梗塞，百姓流离颠沛之苦，实有郑图难绘、朝夕难支之悯。是年，黄河、沙河、颍河、汝水皆大水。秋，陕州淫雨四十日，大雨两昼夜，民房倾坏大半，黄河涨溢至上河头街，河神庙没。襄城，六月大水，先是淫雨十数日，后大雨如注者一昼夜，至十九日黄昏水出平地深 2 丈余，漂没人口、牲畜、庐舍无算；又水自东、西、北三门涌入，西门更甚，十字街东西水相隔仅 40 步，城内木筏往来。郏县大霖雨，汝水溢，漂庐舍，害禾稼，人多溺死。在豫东、中牟一带，因黄河水决，漂没田禾。尉氏县，因黄河水决，从中牟来，泛滥滔水，城内民居俱圮，田禾淹没殆尽。西华于六月大水，不知来自何方，须臾之间，深 1 丈，乡民争趋高避之，而高岗之水泄于洼地，城西一望 50 里皆洪涛滚滚。睢县于夏六月大水，河决孟津口，浸溢至杞东入睢州。商水于五月淫雨至八月止，河水泛滥，遍地舟航，庐舍倾颓，压死男女无数，民始饥。郑州淫雨自夏至秋，平地行舟，田庐漂没殆尽。在豫北，汤阴于六月至七月大雨四十余日方止，房垣尽颓废。新乡大水，县北行舟，淹没田禾。在豫南，汝南、正阳于秋八月淫雨，大水，平地行舟，水坏民舍，鱼入街市。

崇祯七年（1634 年）五月，邛、眉诸州县大水，坏城垣、田舍、人畜无算。崇祯八年（1635 年）六月，淫雨连旬，望江山洪暴发，民舍漂没。崇祯十年（1637 年）八月，叙州大水，民登州堂及高阜者得免，余尽没。崇祯十二年（1639 年）十二月，浙江淫雨，阡陌成巨浸。崇祯十三年（1640 年）四月至七月，宁国、池州诸郡淫雨，田半为壑。

崇祯十五年（1642 年）十月，黄州、蕲州、德安诸郡县淫雨。同年，李自成起义军围攻开封，镇守开封的周王和河南巡抚高名衡在开封城北朱家寨（今开封黑岗口）掘开黄河南岸大堤，以水代兵，水灌起义军军营。起义军于马家口处另决一口，灌明军。两口相距 30 里，至汴堤之外，合为一流，决一大口，直冲汴城以去，而河之故道则涸为平地。滔滔洪水，冲灌开封城，开封全城覆没，“士民溺死者数十万人”。此次决口，水势汹涌，黄河由汴历亳州、蒙城，夺涡口入淮，而涡河之两岸及民田冲突倾圮者无算。黄河后虽循故道，但下流日淤，河事益坏，未几而明亡。

表 3-3　明代黄河决溢情况统计表

年代	决溢地点	灾情	资料出处
洪武元年（1368 年）	曹州双河口	决曹州双河口入鱼台，徐达方北征，乃开塌场口，引河入泗以济运	《明史·河渠志》
洪武八年（1375 年）	开封	春正月，河决开封府大黄寺堤百余丈	《明太祖实录》
洪武十一年（1378 年）	兰阳、封丘	十月十七日，开封府兰阳县言河决伤稼。十一月初九，开封府封丘县言河溢伤稼	《明太祖实录》
洪武十四年（1381 年）	原武、祥符、中牟	七月，河南原武、祥符、中牟诸县河决为患	《明太祖实录》
洪武十六年（1383 年）	荥泽、阳武	六月，河溢荥泽、阳武二县	《明太祖实录》
洪武十七年（1384 年）	开封、杞县	八月初一，开封府河决东月堤，自陈桥至陈留，横流数十里。初七，河决杞县入巴河	《明太祖实录》
洪武二十年（1387 年）	原武	原武北有黑阳山，下临大河。是年，河决于此	《明史·地理志》
洪武二十二年（1389 年）	仪封	河没仪封，徙其治于白楼村	《明史·河渠志》
洪武二十三年（1390 年）	归德、开封、西华	春决归德州东南风池口，经夏邑、永城。秋，决开封、西华诸县，漂没民舍	《明史·河渠志》
洪武二十四年（1391 年）	原武、曹州	四月，河水暴溢，决原武黑阳山，东经开封城北五里，又东南由陈州、项城、太和、颍州、颍上，东至寿州正阳镇，全入于淮，而贾鲁河故道遂淤；又由曹州、郓城两河口漫东平之安山，元会通河亦淤	《明史·河渠志》
洪武二十五年（1392 年）	阳武	复决阳武，泛陈州、中牟、原武、封丘、祥符、兰阳、陈留、通许、太康、扶沟、杞 11 个州、县	《明史·河渠志》
洪武二十九年（1396 年）	怀庆	河决怀庆等府、州、县	《明太祖实录》
洪武三十年（1397 年）	开封	八月决开封，城三面受水，诏改作仓库于荥阳高阜，以备不虞	《明史·河渠志》
永乐二年（1404 年）	开封	九月，河决开封，坏城	《明史·五行志》
永乐三年（1405 年）	温县	河决温县堤 40 丈，济、涝两水交溢	《明史·河渠志》

续表

年代	决溢地点	灾情	资料出处
永乐五年（1407年）	河南	七月十六日，黄河泛溢河南，伤濒河苗稼	《明太宗实录》
永乐七年（1409年）	陈州	河水冲决城垣376丈、护城堤岸2000余丈	《明太宗实录》
永乐八年（1410年）	开封	秋，河决开封，坏城200余丈，民被患者14000余户，没田7500余顷	《明史·河渠志》
永乐九年（1411年）	阳武	决阳武中盐堤，漫中牟、祥符、尉氏	《明史·河渠志》
永乐十二年（1414年）	开封	八月十一日，黄河溢，坏河南土城200余丈	《明太宗实录》
永乐十四年（1416年）	开封	河决开封等14个州、县，经怀远，由涡河入于淮	《明史·河渠志》
永乐十六年（1418年）	河南	十月初八，行在工部言：河南黄河溢，决埽座40余丈	《明太宗实录》
永乐二十年（1422年）	开封等地	夏秋，河南开封府、归德、睢州、祥符、阳武、中牟、宁陵、项城、永城、荥泽、太康、西华、兰阳、原武、封丘、通许、陈留、洧川、杞县霖雨，黄河泛溢，并伤田稼	《明太宗实录》
永乐二十二年（1424年）	祥符等地	九月初八，河南黄河泛溢，祥符、陈留、鄢陵、太康、阳武、原武诸县多伤禾稼	《明仁宗实录》
宣德元年（1426年）	开封等地	开封等10个州、县河溢	《明史·河渠志》
宣德三年（1428年）	郑州等地	九月二十七日，河南开封府之郑州、祥符、陈留、荥阳、荥泽、鄢陵、杞、中牟、洧川等县河水泛溢	《明宣宗实录》
宣德六年（1431年）	开封等地	七月，开封祥符、中牟、尉氏、扶沟、太康、通许、阳武、夏邑八县黄河泛溢，冲决堤岸，淹没官民田5225.65顷	《明宣宗实录》
正统元年（1436年）	开封	秋七月，河南开封府奏：淫雨连绵，河堤冲决，灾伤害稼	《明英宗实录》
正统二年（1437年）	开封等地	六月二十二日，直隶凤阳、淮安、扬州诸府，徐、和、滁诸州，河南开封府各奏：自四月至五月阴雨连绵，河、淮泛涨，居民禾稼，多致漂没 九月二十二日，河南开封府阳武、原武、荥泽三县，秋雨涨漫，决堤岸30余处	《明英宗实录》

续表

年代	决溢地点	灾情	资料出处
正统三年（1438 年）	阳武、邳州等地	河复决阳武及邳州，灌鱼台、金乡、嘉祥	《明史·河渠志》
正统八年（1443 年）		七月，久雨，黄河、汴水泛溢，坏堤堰甚多	《明英宗实录》
正统九年（1444 年）	开封	七月，河南开封奏河溢	《明英宗实录》
正统十年（1445 年）	封丘、阳谷等地	九月三十日，河决金龙门、阳谷堤、张家黑龙庙口，上命山东三司亟修完工 十月十一日，河南睢州、祥符、杞县、阳武、原武、封丘、陈留河决	《明英宗实录》
正统十二年（1447 年）	原武	原武北有黑阳山，下临大河。是年，河复决于此	《明史·地理志》
正统十三年（1448 年）	陈留、新乡	河南陈留县奏：今年五月间河水泛涨，冲决金村堤及黑潭南岸 七月二十五日，河决河南八柳树口，漫流山东曹州、濮州，抵东昌，坏沙湾等地	《明英宗实录》
		是年，改流为二：一自新乡八柳树，由故道东经延津、封丘入沙湾；一决荥泽，漫流于原武，抵开封、祥符、扶沟、通许、洧川、尉氏、临颍、郾城、陈州、商水、西华、项城、太康，没田数十万顷，而开封特甚	《明史·河渠志》
正统十四年（1449 年）	聊城	正月，河复决聊城	《明史·河渠志》
景泰三年（1452 年）	沙湾	六月，大雨浃旬，复决沙湾北岸，掣运河之水以东，近河地皆没	《明史·河渠志》
景泰四年（1453 年）	沙湾	正月，河复决沙湾新塞口之南。五月，大雷雨，复决沙湾北岸，掣运河水入盐河，漕舟尽阻	《明史·河渠志》
景泰五年（1454 年）	东昌等地	八月，山东东昌、兖州、济宁三府州大雨，黄河泛涨，淹没禾稼	《明英宗实录》
景泰六年（1455 年）	开封	六月初九，河决河南开封府高门堤 20 余里	《明英宗实录》
景泰七年（1456 年）	开封	夏，河决开封	《明史·河渠志》
天顺元年（1457 年）	原武、荥泽	十月初十，河南开封府原武、荥泽二县各奏：今年六月以来，天雨连绵，黄河泛滥，田禾俱被淹没	《明英宗实录》

续表

年代	决溢地点	灾情	资料出处
天顺二年（1458年）	开封	是年，河南开封府所属祥符等四县雨多河溢，淹没民田1632顷	《明英宗实录》
天顺四年（1460年）	开封	六月间，河南开封等州县骤雨，河堤冲决，禾稼伤损	《明英宗实录》
天顺五年（1461年）	开封	七月，河决汴梁土城，又决砖城，城中水丈余，坏官民舍过半，军民溺死无算	《明史·河渠志》
天顺六年（1462年）	获嘉	河自武陟徙入原武，而获嘉县界之黄河流绝	《明史·地理志》
成化十三年（1477年）	河南	今岁首，黄河水溢，淹没民居，弥漫田野，不得播种	《明宪宗实录》
成化十四年（1478年）	开封	南北直隶、山东、河南等处五月以后骤雨连绵，河水泛溢，平陆成川，禾稼漂没，人畜漂流，死者不可胜计 九月初五，黄河水溢，冲决开封府护城堤50丈，居民被灾者500余家	《明宪宗实录》
成化十八年（1482年）	开封	五月，河南开封府州县黄河水溢，淹没禾稼	《明宪宗实录》
弘治二年（1489年）	开封、封丘等地	五月，河决开封及金龙口，入张秋运河，又决埽头五所入沁 南决者，自中牟杨桥至祥符界析为二支：一经尉氏等县，合颍水，下涂山，入于淮；一经通许等县，入涡河，下荆山，入于淮。又一支自归德州通凤阳之亳县，亦合涡河入于淮，北决者，自原武经阳武、祥符、封丘、兰阳、仪封、考城，其一支决入金龙等口，至山东曹州，冲入张秋漕河	《明史·河渠志》
弘治四年（1491年）	兰阳	十月十五日，黄河溢	《明孝宗实录》
弘治五年（1492年）	张秋、封丘金龙口等处	秋七月，张秋河决。时河溢沛梁之东，兰阳、郓城诸县皆被水患，复决杨家、金龙等口东注，溃黄陵岗，下张秋堤	《明史纪事本末》
弘治七年（1494年）	张秋	春二月，河复决张秋	《明史纪事本末》
弘治九年（1496年）	中牟等县	十月二十五日，户部奏：河南中牟、兰阳、仪封、考城等四县，以河决民田尽没	《明孝宗实录》

续表

年代	决溢地点	灾情	资料出处
弘治十一年（1498年）	归德	七月十八日，工部管河员外郎谢缉言：今黄河上流于归德小坝子等处冲决，与黄河别支汇流，经宿州、睢宁等处，通由南宿迁小河口流入漕河	《明孝宗实录》
弘治十三年（1500年）	归德丁家道口	丁家道口上下，河决堤岸12处，共阔300余丈，而河道淤塞者30余里	《明孝宗实录》
弘治十五年（1502年）		商丘旧治在南，是年圮于河	《明史·地理志》
弘治十七年（1504年）	曹县	徐州小浮桥一带，河道干涸，有妨粮运，盖由曹县河决，上流淤浅所致	《明孝宗实录》
弘治十八年（1505年）		河忽北徙300里，至宿迁小河口	《明史·河渠志》
正德三年（1508年）		黄河又北徙300里，至徐州小浮桥，最后入漕河	《明史·河渠志》
正德四年（1509年）	曹县等地	六月，黄河又北徙120里，至沛县飞云桥，俱入漕河。因单、丰二县，河窄水溢，决黄陵岗、尚家等口 九月又决曹县梁静等口，直抵单县，人畜死者，房屋冲塌者甚重	《明武宗实录》
正德八年（1513年）	仪封黄陵岗	六月，河复决黄陵岗	《明史·河渠志》
正德十年（1515年）	陈家口	河决陈家等口，为患甚剧	《明武宗实录》
正德十一年（1516年）	城武	九月十三日，黄河决，冲没城武县	《明武宗实录》
正德十四年（1519年）	城武、单县	五月，城武、单县城因河决改迁	《明史·地理志》
嘉靖五年（1526年）	沛县等地	是年，黄河上流骤溢，东北至沛县庙道口，截运河，注鸡鸣台口，入昭阳湖……河之出飞云桥者漫而北，淤数十里，河水没丰县，徙治避之	《明史·河渠志》
嘉靖六年（1527年）	曹、单等县	河决曹、单、城武杨家、梁靖二口、吴士举庄，冲入鸡鸣台，夺运河	《明史·河渠志》
嘉靖七年（1528年）		河决，淤庙道口30余里	《明史·河渠志》

续表

年代	决溢地点	灾情	资料出处
嘉靖九年（1530 年）	曹县胡村等	六月以来，河决曹县胡村寺东，冲开一道，阔三里有余，东南至曹县贾家坝入古迹黄河；胡村东北冲开一道，阔一里有余，又分二支，东南支经虞城县至砀山县，合古迹黄河出徐州；东北支经单县长堤至鱼台县，漫为坡水，傍谷亭入运河	《明世宗实录》
嘉靖十三年（1534 年）	兰阳、夏邑	河决赵皮寨入淮，谷亭流绝，庙道口复淤……已而河忽自夏邑大丘、回村等集冲数口，转向东北，流经萧县，下徐州小浮桥	《明史·河渠志》
嘉靖十九年（1540 年）	睢州野鸡岗	黄河南徙，决野鸡岗，由涡河经亳州入淮	《明史·河渠志》
嘉靖二十六年（1547 年）	曹县	河决曹县，水入城二尺，漫金乡、鱼台、定陶、城武、冲谷亭	《明史·河渠志》
嘉靖三十一年（1552 年）	徐州	九月，河决徐州房村集至邳州新安，运道淤阻 50 里	《明史·河渠志》
嘉靖三十四年（1555 年）	沛县飞云桥	黄河冲决飞云桥，于是昭阳湖水柜淤为平阜	《明世宗实录》
嘉靖三十七年（1558 年）	曹县新集	曹县新集遂决，趋东北段家口，析而为六……俱由运河至徐洪。又分一支由砀山坚城集下郭贯楼，析而为五……亦由小浮桥汇徐洪	《明史·河渠志》
嘉靖四十四年（1565 年）	沛县	河决沛县，上下 200 余里运道俱淤	《明史·河渠志》
嘉靖四十五年（1566 年）	沛县	河复决沛县，败马家桥堤	《明史·河渠志》
隆庆三年（1569 年）	沛县	七月十一日，河决沛县，自考城、虞城、曹、单、丰、沛抵徐，俱罹其害，漂没田庐不可胜数	《明穆宗实录》
隆庆四年（1570 年）	邳州	九月，河复决邳州，自睢宁白浪浅至宿迁小河口，淤 180 里	《明史·河渠志》
隆庆五年（1571 年）		四月初三，河复决邳州，自曲头集至王家口，新堤多坏	《明穆宗实录》
		四月，乃自灵璧双沟而下，北决三口，南决八口，支流散溢，大势下睢宁出小河口，而匙头湾 80 里正河悉淤	《明史·河渠志》
万历元年（1573 年）	徐州房村	河决房村	《明史·河渠志》

续表

年代	决溢地点	灾情	资料出处
万历二年（1574年）		秋，淮、河并溢	《明史·河渠志》
万历三年（1575年）	砀山	八月十二日，河、韩登家决砀山及邵家口、曹家等处 河决崔镇，清江正河淤淀	《明神宗实录》 《明史·河渠志》
万历四年（1576年）	丰、沛等地	河决韦家楼，又决沛县缕水堤、丰、曹二县长堤，丰、沛、徐州、睢宁、金乡、鱼台、曹、单田庐漂溺无算	《明史·河渠志》
万历五年（1577年）	桃源崔镇	河复决崔镇，宿、沛、清、桃两岸多坏	《明史·河渠志》
万历十五年（1587年）	封丘等地	封丘、偃师、东明、长垣屡被冲决	《明史·河渠志》
万历十七年（1589年）	祥符兽医口	黄河暴涨，决兽医口月堤，漫李景高口新堤，冲入夏镇内河，坏田庐，没人民无算	《明史·河渠志》
万历十八年（1590年）	徐州	大溢，徐州水积城中者逾年，众议迁城改河	《明史·河渠志》
万历十九年（1591年）	山阳	山阳复河决	《明史·河渠志》
万历二十一年（1593年）	单县黄堌口	五月大雨，河决单县黄堌口，一由徐州出小浮桥，一由旧河口闸。邳城陷水中	《明史·河渠志》
万历二十五年（1597年）	单县黄堌口	四月，河复大决黄堌口	《明史·河渠志》
万历二十九年（1601年）	商丘萧家口	开、归大水，河涨商丘，决萧家口，全河尽南注	《明史·河渠志》
万历三十一年（1603年）	单县、曹县等地	河大决单县苏家庄及曹县缕堤，又决沛县四铺口太行堤，灌昭阳湖，入夏镇，横冲运道	《明史·河渠志》
万历三十二年（1604年）	丰县	是秋，河决丰县，由昭阳湖穿李家港口，出镇口，上灌南阳，而单县决口复溃，鱼台、济宁间平地成湖	《明史·河渠志》
万历三十四年（1606年）	萧县	六月，河决萧县郭暖楼人字口，北支至茶城、镇口	《明史·河渠志》
万历三十五年（1607年）	单县等地	决单县 秋水泛涨，杨村集以下，陈家楼以上，两岸堤岸冲决多口，徐属州、县汇为巨浸，而萧、砀受害更深	《明史·河渠志》 《明神宗实录》

续表

年代	决溢地点	灾情	资料出处
万历三十九年（1611年）	徐州狼矢沟	六月，河决徐州狼矢沟	《明史·河渠志》
万历四十年（1612年）	徐州	九月，决徐州三山，冲缕堤280丈，遥堤170余丈，梨林铺以下20里正河悉淤为平陆	《明史·河渠志》
万历四十二年（1614年）	灵璧陈铺	决灵璧陈铺	《明史·河渠志》
万历四十四年（1616年）	徐州、开封等地	五月，复决狼矢沟，由蛤鳗、周柳诸湖入泇河，出直口，复与黄汇 六月，决开封陶家店、张家湾，由会城大堤下陈留，入亳州涡河	《明史·河渠志》
万历四十七年（1619年）	阳武脾沙岗	九月，决阳武脾沙岗，由封丘、曹、单至考城，复入旧河	《明史·河渠志》
天启元年（1621年）	灵璧	河决灵璧双沟、黄铺，由永姬湖出白洋、小河口，仍与黄汇，故道湮涸	《明史·河渠志》
天启三年（1623年）	徐州	决徐州青田、大龙口，徐、邳、灵、睢河并淤，五月初十，以河决尽蠲免睢宁县粮	《明史·河渠志》 《明熹宗实录》
天启四年（1624年）	徐州	六月，决徐州魁山堤，东北灌州城，城中水深1.3丈	《明史·河渠志》
天启六年（1626年）	淮安	七月，河决淮安，逆入骆马湖，灌邳、宿	《明史·河渠志》
天启七年（1627年）	露铺	是年，露铺决口，直到崇祯三年二月还是涓涓不止，渐成巨川	《崇祯长编》
崇祯二年（1629年）	曹县、睢宁	春，河决曹县十四铺口。四月，决睢宁，至七月中，城尽圮	《明史·河渠志》
崇祯四年（1631年）	原武、封丘	夏，河决原武湖村铺，又决封丘荆隆口，败曹县塔儿湾太行堤 六月，黄淮交涨，海口壅塞，河决建义诸口，下灌兴化、盐城，水深2丈，村落尽漂没	《明史·河渠志》
崇祯五年（1632年）	孟津口及泗州等地	六月初六，河决孟津口，横浸数百里 八月十八日，直隶巡按饶京疏报：黄河漫涨，泗州、虹县、宿迁、桃源、沭阳、赣榆、山阳、清河、邳州、盱眙、临淮、高邮、兴化、宝应诸州县尽为淹没	《明史·五行志》 《崇祯长编》
崇祯七年（1634年）	沛县	六月二十日，河决沛县之满坝及陈岸水口	《崇祯长编》

续表

年代	决溢地点	灾情	资料出处
崇祯十年（1637年）		六月二十四日，以河水横溢，将道厅官文运衡、陈六韐分别降处	《崇祯长编》
崇祯十五年（1642年）	开封	河之决口有二：一为朱家寨，宽2里许；一为马家口，宽1里余。两口相距30里，至汴堤之外，合为一流，决一大口，直冲汴城以去	《明史·河渠志》

资料来源：据《黄河水利史述要》第236~264页有关黄河决溢情况统计表资料改编而成。

第二章 旱灾

明代前期旱灾发生的频次较低，但也出现了宣德元年（1426年）至宣德三年（1428年）、宣德七年（1432年）至宣德九年（1434年）两个灾情较为严重的大旱期，大槐树下灾荒流民故事就是从这个时期开始流传的。正统年间（1436—1449年），全国大部分地区出现了严重旱情。明代中后期开始偏旱，到了景泰六年（1455年）全国大部分范围连续三年大旱，甚至出现“人相食”的惨状。天顺三年（1459年），再次出现全国大范围干旱。至16世纪，旱灾发展到极致，为明代各世纪之冠。明代的大旱年及百年一遇的旱年几乎都发生在成化十四年（1478年）以后，在近500年干旱史上几乎占到一半。成化十四年以后的主要大旱期和特大旱期主要有成化十八年（1482年）至成化二十三年（1487年）、嘉靖十年（1531年）至嘉靖十三年（1534年）、万历九年（1581年）至万历十四年（1586年）、万历三十七年（1609年）至万历四十年（1612年）、万历四十二年（1614年）至万历四十四年（1616年）、崇祯十年（1637年）至崇祯十七年（1644年），尤其是崇祯末年的旱灾更是席卷大半个中国。

洪武元年（1368年）五月到七月，扬州府一直不下雨，苗稼干枯。洪武二年（1369年），全国多地春旱不雨。洪武三年（1370年），夏季又生大旱，山东更是自五月到七月三十日都没有下过雨。洪武四年（1371年），陕西、河南、山西及直隶常州、临濠、北平、河间、永平大旱。洪武五年（1372年）夏，山东大旱，济南、东昌、莱州大饥，草实树皮，食为之尽。洪武六年（1373年），辽东、金复二州干旱。六月，和州旱灾。真定府、晋州饶阳县自四月至六月未下雨。洪武七年（1374年）二月，平阳、太原、汾州、历城、汲县旱蝗。同年夏，北平干旱，北平所属33个州县大饥。洪武八年（1375年）八月至次年四月，京师一直滴雨未下，到了四月二十一日，才开始落雨。洪武二十二年（1389年）六月，从河南开封、永城至彰德，春夏旱暵，麦苗长势不旺，农民打粮无多。洪武二十三年（1390年），山东干旱。洪武二十四年（1391年），多地从三月到五月都未下雨，旱干严重，山东及山西太原府饥，徐、沛民食草实。

永乐五年（1407年），柳州从正月一直旱干到六月，历时半年不下雨。永乐十年（1412年），山东饥。陕西陇州、山西蒲州稷山、河津、荣河等县，河南许州、襄城、长葛、临颍、郾城、泌阳等州县民饥，山西蒲州稷山等县饥民采蒺藜、掘蒲根以食。永乐十三年（1415年），凤阳、苏州、浙江、湖广干旱。永乐十四年（1416年）六月，山西平阳、大同二府所属州县干旱，民饥。永乐十六年（1418年），陕西干旱。永乐二十年（1422年）六月、七月两月，真定府宁晋县一直未下雨，167余顷田禾干渴，收成不好。

宣德年间（1426—1435年），有两个大的干旱期，一是宣德元年（1426年）至宣德三年；一是宣德七年（1432年）至宣德九年。宣德元年，已经有多地干旱成灾。山东从春天开始就不降雨，麦收无成，人用艰食。五、六月，瑞州等府因久旱无雨，陂塘多干涸，田稼俱已焦槁。十一月十二日，湖广常德府武陵县，汉阳府汉川县，武昌府江夏、嘉鱼、蒲圻、大冶四县，荆州府江陵、监利、石首、松滋、公安、枝江六县，岳州府华容、平江二县，澧州安乡县，长沙府长沙、湘潭、湘阴、善化、益阳、浏阳六县各自奏报：自六、七月以来，皆亢旱不雨，禾稼尽伤，人民乏食。此年，南北直隶29个州县饥。至宣德二年（1427年）、宣德三年（1428年），波及范围更广，灾情越发严重，演化成为明代第一次全国范围的特大旱灾。宣德二年（1427 年），南畿（南京）、湖广、山东、山西、陕西、河南俱干旱。八月初九，山西布政司薄、泽、解、绛、霍 5 个州，沁水、岳阳、平陆、临晋、猗氏、曲沃、安邑、襄陵、芮城、稷山、垣曲、翼城、太平、河津、闻喜、汾西、赵城、永和、浮山、临汾、荣河、万泉、夏 23 个县，河南府灵宝县各奏：五、六月亢阳不雨，田谷旱伤。九月十八日，陕西凤翔府扶风、岐山、凤翔、宝鸡、麟游、汧阳、郿七县，西安府高陵、武功、醴泉三县各奏：自四月至七月不雨，田谷枯槁。此年，直隶 14 个州县饥。宣德三年（1428 年），山西又发生大旱灾，各地荒芜。闰四月二十一日，山西布政司奏报：平阳府蒲、解、隰、绛、吉、霍、泽、潞八州，临汾、河津、翼城、曲沃、太平、万泉等 33 个县，从去年九月不下雨，直至今年三月仍滴雨未降，麦、豆焦枯，人民缺食。五月十七日，巡按山西监察御史沈福奏报：山西平阳府蒲、解、临汾等州县，旱灾严重，人民乏食，举家逃亡河南州、县就食者，就达 10 多万人。工部侍郎李新自河南还，言山西民饥，流移南阳诸郡的灾民不下 10 万人，有司、军卫各遣人捕逐，流民死亡甚多。此年，直隶 15 个州、县饥。这一年，也正是洪洞大槐树下迁民高潮之年。

距离上次宣德三年（1428 年）才结束的大旱期不到四年，宣德七年（1432 年）至宣德九年（1434 年），明代又遭遇一个大旱期。宣德七年夏秋，河南及大名旱灾。河南布政使李昌祺奏称，开封等府、郑州中牟等 44 个州、县，从四月至七月数月亢旱不雨，谷麦无收，人民艰食。直隶大名府奏报：所属开州并长垣、南乐、内黄、清丰、滑、浚六县，自五月到七月终，一直旱干未雨，黍谷皆枯槁无收。至宣德八年（1433 年），旱荒日趋严重，以水旱告饥者，全国有 76 个府、州、县。其中山西平阳府蒲州万泉县、绛州稷山县因去岁旱灾，民用饥馑，有不少人殍死。南、北畿（京师）、河南、山东、山西自春徂夏都未降雨，田谷旱伤，二麦不登。五月十三日，直隶顺天府之顺义县、广平府之清河县、凤阳府之宿州、徐州之沛县、河南之确山县皆奏称，今年春、夏无雨，人民饥困。五月二十三日，顺天府文安、昌平、良乡、密云四县，真定府冀州及隆平、赞皇二县，以及保定府安州、易州及庆都、博野、定兴、清苑、蠡、完、满城、高阳八县，河间府静海、兴济二县，顺德府邢台、沙河、任、内丘四县，广平府成安县、河南汝州及西平县，山西安邑、万泉、稷山三县各奏报：春、夏无雨，二麦不实，秋田未种。七月二十二日，山东莱州府胶州及高密县青州府日照、博兴二县，山西蔚、浑源、绛三州，稷山、安邑、夏、万泉、介休五县，河南卫辉府所属六县、彰德府武安县各奏报：今年春、夏不雨，苗稼旱伤，秋田无收。七月二十五日，应天府上元、江宁二县，太平府当涂县、松江府华亭、上海二县，苏州府所属七县，淮安府安东、清河、盐城、山阳、桃源五县，扬州府高邮州及宝应、兴化二县，凤阳府定远县，徐州萧、沛、砀三县，并顺天府霸州、真定府平山县，广平府肥乡县，大名府清丰、南乐、滑、滑四县各奏称：今年春、夏不雨，河水干涸，禾麦焦枯，百姓艰食。八月十四日，巡抚侍郎吴政奏称：荆州襄阳、德安、汉阳等府，安陆、沔阳等州，自去年秋至今年夏一直未雨，二麦不收，人多饥窘。此月，河南府洛阳、偃师、孟泽、巩四县，山西猗氏县，山东平度州潍县，直隶保定府新城县，滁州并全椒、来安二县，镇江府丹阳县，常州府江阴县各自上奏称，去年冬无雪，今年春、夏不雨，田谷旱死。

宣德九年（1434 年），旱灾继续在南畿（南京）、湖广、江西、浙江及真定、济南、东昌、兖州、平阳、重庆等府蔓延，河渠见地，田苗旱伤，二麦不收，民大饥。南畿（南京）、山东、浙江、陕西、山西、江西、四川大多告饥，湖广尤甚。六月二十五日，应天府溧阳、江宁二县，扬州府通、泰二州，如皋、兴化、泰兴三县，太平府芜湖县，滁州来安县，和州并含山县、山西平阳府稷山县各自奏报：自春至夏不下雨，田苗旱伤。六月二十九日，直隶真定府赵州及栾城、高邑、隆平、宁晋四县、徐州萧县，庐州府无为州，山东济南府临邑县，德州，武定州阳信、乐陵二县，湄州陵县各自奏称：春、夏不雨，旱伤田稼。七月十一日，直隶真定府赞皇、武邑、平山、井陉四县各上奏，今年春、夏亢旱，二麦焦枯，秋谷不能下种。九月初一，直隶扬州府江都县、湖广德安府安陆等五县各奏报；五、六月间天旱，河渠干竭，田谷焦槁。四川重庆府合州等州、綦江等县各奏：今年四月以来亢旱不雨，苗稼枯槁，民多缺食。九月初五，巡按直隶监察御史聂用义奏称：镇江、常州、苏州、松江四府所属，自六月以来亢阳不雨，河港干涸，田稼旱伤。十月初六，直隶应天府之溧水、六合、江宁、上元、句容五县，太平府之当涂县皆奏称：今年自春至秋不雨，溪水干涸，田地不能灌溉，影响稻麦种植，即使有少数种植者，庄稼亦尽焦槁，土地干坼，寸草不生，民皆饥饿。湖广武昌府所属一州九县、荆州府荆门州江陵、公安、石首、监利、潜江、松滋、枝江、当阳、长阳九县，长沙府所届十二县，岳州府所属一州七县，德安府应城、孝感二县，汉阳府所属二县，衡州府所属一州八县，永州府所属一州六县，安陆州京山县，浙江嘉兴、杭州、衢州、金华、绍兴五府属县各奏报：春、夏久旱，陂塘干涸，农田禾稻皆已焦枯，秋成无望。十月十七日，太平府繁昌、当涂二县，池州府贵池县皆奏称：今夏亢旱，田禾枯槁，人民缺食。十月二十日，巡按陕西监察御史萧清奏：西安府及兰州卫、延巡府鄜州，五月至七月亢旱，田苗槁死，人民饥困。十一月二十二日，江西临江、吉安、瑞州、袁州、抚州、南昌、南康、赣州八府，山西平阳府蒲州各奏报：所属自四月至八月未下雨，田稼尽枯。

上个大旱期至宣德九年（1434 年）才结束，但没好转两年，进入正统年间（1436—1449 年），全国大部分地区的旱情又日趋严重。正统元年（1436 年），寿州自四月以来就不雨，田禾因久旱而枯死，不能成实。直隶松江府所属二县，则从六月至十月，一直久旱不雨，稻禾枯槁，秋粮无从营办。至正统二年（1437 年），旱情范围扩大。河南春旱。顺德、兖州春夏旱。平凉等六府秋旱。是年，京师大旱。五月初五，山东兖州府、直隶顺德府、山西薄州俱奏报：春、夏亢旱，二麦枯死，黍谷不生。五月十八日，镇守陕西都督同知郑铭奏称：陕西平凉等六府所属州、县，今岁亢阳，所种豆麦灾伤，秋田干燥，播种甚艰。十月二十二日，直隶开州滑县、河南陕州灵宝县、湖广湘乡县各奏：久旱不雨，苗稼灾伤。到了正统三年（1438 年），旱情波及范围更广，南畿（南京）、浙江、湖广、江西九府干旱。此年春，平凉、凤翔、西安、巩昌、汉中、庆阳、兖州七府及南畿（南京）徐州砀山县、扬州府高邮州宝应县、兴化县，淮安府海州、庐州府无为州，浙江绍兴府嵊县、上虞县，福建邵武府光泽县、江西南昌府奉新县等民饥。八月十六日，湖广德安、黄州、岳州、荆州、武昌、汉阳六府各自奏报：旱干不雨，禾稼枯槁，秋成无望。九月二十三日，直隶凤阳府，河南汝宁府，湖广岳州府，德安府沔阳州各奏称：所属各县自六月以来就亢旱不雨，禾苗枯槁，秋成无望。十月十五日，应天府并直隶常州、徽州、池州、安庆等府所属州、县各奏：今年夏秋不雨，田禾槁死，人民缺食。十一月初二，浙江金华、绍兴、台州，湖广武昌、荆州、襄阳，直隶扬州、凤阳诸府俱奏：自五月以来，天时亢旱，田禾焦枯，秋粮无成。

正统四年（1439 年）以后，全国范围连续多年发生旱情，饥荒严重，民生艰难。四年，直隶、陕西、河南及太原、平阳春夏干旱。直隶真定、保定、广平、顺德、大名、河间并陕西延安诸府从正月至四月一直不下雨；河南彰德、怀庆、开封卫辉诸府则自二月至四月未下雨，高阜之地，夏麦旱干无收。据行在都察院右佥都御史张纯说，直隶真定、保定等府所属州、县人民饥窘特甚，有卖其子女以养老亲的，割别之际，相持而泣，伤心惨目。六月十三日，陕西按察司佥事卜谦奏称：兰州卫并兰县数月不雨，人民艰食。湖广常德、襄阳、岳州三府所属州县，自五月无雨直到十月，禾稻旱干无收成。山西太原府岁旱伤稼，逃民复业时，未成家的就有 190 余户。此年，直隶 18 个州县卫及山西隰州、大同、宣府等民饥。正统五年（1440 年）四月十八日，巡按直隶监察御史吴昌衍奏称：山西平定、岢岚、翔代等州、寿阳静乐、灵丘等县，灾民往往车载幼小、男女，牵扶瞽、疾、老、羸，采野菜、煮榆皮而食，百十为群，沿途住宿，都是因为旱干而逃难的。况今年四月还是不下雨，田土未耕，麦苗长势很差。六月二十四日，镇守陕西都督同知郑铭据造访礼部差来监生王玙所言，王玙途经巩昌府宁远、伏羌二县时，看见民人俱食树皮、草根，有个妇女饿死在溪涧旁，其孩提还在呱呱哺乳。夏秋，江西干旱。直隶广德州建平县，湖广衡州、辰州、长沙府卫及沅州卫、郴州，四川重庆府则自六月至八月不雨，田禾枯槁。十一月初三，据巡按浙江监察御史马谨奏称，嘉兴、湖州两府遭遇旱灾，台州、绍兴、宁波、金华、处州的旱灾更重，民食尤艰。此年，直隶保定、顺天、无为州、扬州等 10 个府、1 个州、2 个县民饥。陕西大饥。正统六年（1441 年），陕西干旱。南畿（南京）、浙江、湖广、江西 15 个府州，春夏并旱。直隶 26 个州县饥。七月初五，巡按大同宣府右佥都御史罗亨信言：大同今岁春、夏少雨，人皆艰食。顺天府、直隶真定府、山西平阳府所属州、县，亦是春、夏不雨，田禾旱伤，租税无征。直隶松江府所属华亭、上海二县，则自五月以来至九月皆不雨，旱伤田土 8859 顷。十一月十四日，镇守陕西右佥都御史王翔奏报：陕西西安等七府并卫所地方亢旱，田亩无收。十一月十七日，浙江嘉兴、台州、宁波、绍兴四府，湖广辰州、岳州、常德、长沙、荆州五府属县各奏报：今年夏、秋亢旱，禾稼枯槁。正统七年（1442 年），南畿（南京）、浙江、湖广、江西 20 余府、州、县卫大旱。五、六月间，直隶松江、池州、扬州、淮安，湖广武昌黄州、岳州、常德、衡州、荆州等府，浙江会稽、临海、天台等县大旱，伤禾稼。浙江金华、湖广茶陵、九溪卫、直隶六安卫，自四月至七月滴雨未下，禾稼旱伤。正统八年（1443 年）八月十七日，巡抚南直隶工部左侍郎周忱奏：应天、镇江、常州三府天旱，运河干涸断流，禾苗枯死。此年夏，湖广饥。秋，应天、镇江、常州 3 个府民饥。九月二十五日，山东登州府所属莱阳、文登、栖霞三县各上报户部称，今年夏、秋不雨，禾稼无收。正统九年（1444 年），陕西、山西大旱。八月初四，镇守陕西右都御史陈鉴奏：陕西州、县数月不雨，麦禾俱伤，民之弱者鬻男女，强者肆劫掠。十一月初五，巡按山西监察御史夏诚奏：平阳府所属绛州等州、县，今年春、夏亢旱，子粒虚秕，人民缺食。正统十年（1445年），四月以来，直隶凤阳、扬州府，湖广岳州、荆州、常德、长沙、襄阳府，河南南阳府，山西平阳府所属州、县旱伤禾稼，秋粮无办。夏，湖广干旱。巡抚河南、山西大理寺左少卿于谦奏：山西平阳府并潞州、汾州、沁州所属地方，自夏至秋亢阳不雨，田禾全未耕种，收成难望。山陕地区连续多年旱灾，灾民流徙远方。陕西远近饥民求食之人，每天都有 2000 多人，饿死的人更多，高陵、渭南、富平等县居民俱闭门塞户，逃窜趁食。河南祥符县境内屯聚流民 1000 多人，原武县境内亦屯聚流民 1000 余人，俱系山西、陕西旱灾饥民。正统十一年（1446 年），夏秋，湖广及重庆等府干旱。湖广襄阳、长沙、岳州、黄州、汉阳、荆州、德安七府于六月、七月间一直未雨，禾稼旱伤。正统十二年（1447年），夏，南畿（南京）及山西、湖广等七府旱灾。此年夏，淮安、岳州、襄阳、荆州、郴州俱荐饥。应天、安庆、广德等府、州，建阳、新安等卫，山东兖州等府、济宁等卫、所、州、县旱、蝗相仍，军民饥窘，卖儿卖女易食，掘野菜充饥，饿死之人甚多。庐州府所属巢县一县饥民就达1290余户。山西平阳府绛州垣曲县春、夏不雨，二麦无收，民多饥馑、逃窜，税粮无从征纳。直隶徽州府广德州、滁州，山东济南府，湖广黄州府、襄阳府、荆州府、岳州府、常德府、河阳州，四川重庆府亦是春夏不雨，田禾无收。正统十三年（1448年），直隶、陕西、湖广七个府州，夏秋旱灾。十一月三十日，直隶镇江宁国府并广德、滁州、宣州、南京锦衣卫、湖广辰州府、卫俱奏称：六、七月中旬，开始亢旱不雨，禾苗槁死，秋粮子粒无征。十二月十六日，直隶池州、庐州、湖广辰州等府，南京飞熊、湖广瞿塘等卫亦俱奏称，六、七月亢旱，无法征纳秋粮子粒。

正统年间大旱期，延续时间长，达10余年，至正统十四年（1449年）旱情才有所缓解，此后一直到景泰五年（1454年）多是在局部地区发生旱情。如正统十四年五月初五日，顺天府漷县奏称：春夏少雨，麦苗枯槁，人民缺食。六月，顺天、保定、河间干旱。景泰元年（1450年），畿辅、山东、河南旱灾。直隶真定府自春、夏不雨以至次年正月，有7500余顷田地的庄稼枯死。景泰二年（1451年），陕西四府、九卫，干旱。直隶保定、河间、广平、河南、彰德等府春、夏亢旱，麦苗槁死，税麦、丝绢无从营办。景泰三年（1452年），江西干旱。淮安、徐州大饥，死者相枕藉。景泰四年（1453年），南北畿（南京和京师）、河南及湖广三府，数月不下雨，大旱。徐州荐饥。河南、山东及凤阳饥。景泰五年（1454年），山东、河南干旱。

景泰六年（1455年）开始，全国范围连续三年特大旱灾，有些旱情严重地区出现了人相食的惨状。六年，南畿（南京）及山东、山西、河南、陕西、江西、湖广33个府，15个州、卫，皆旱干成灾。此年春，两畿（京师和南京）、山东、山西、浙江、江西、湖广、云南、贵州饥，苏州、松江尤甚。六月初四日，巡抚山西右佥都御史肖启奏：平阳等府、州、县今年春夏旱枯麦苗，人民艰食。九月初一，山东济南、东昌、青州、兖州四府，河南、卫辉、怀庆三府，山西平阳府各奏：今年二月至五月不雨，田苗旱伤。湖广武昌、汉阳、德安、黄州、荆州、长沙、岳州七府，沔阳州沔阳、安陆、蕲州三卫，德安千户所各奏：今年春夏以来，雨泽衍期，田苗枯槁。十一月初八，南京龙江左、浙江海宁卫、苏州嘉兴诸府奏：三月至六月亢旱无雨，不能布种，秋成无望，税粮无征。景泰七年（1456 年）六月，淮安、扬州、凤阳大旱蝗。是年，湖广、浙江及南畿（南京）、江西、山西 17 个府干旱。春夏，山西平阳府所属蒲、解等州、临晋等县，一直无雨旱干，麦苗枯槁，税麦 95310 余石无从征办。十二月二十七日，巡抚江西右佥都御史韩雍同江西布按二司官奏：瑞州、临江、吉安、南昌、广信、抚州、南康、袁州、饶州、九江等府所属县今年自夏及秋不雨，旱伤禾稼，秋粮 232 万余石无从征纳。十二月二十七日，湖广武昌府之咸宁、嘉鱼、蒲圻，襄阳府之均州、竹山，辰州府之沅州、黔阳、麻阳、泸溪，长沙府之茶陵、攸县，岳州府之慈利、石门，衡阳府之衡阳、衡山、耒阳、常宁、临武，常德府之沅江，永州府之道州各奏，今岁夏秋亢旱不雨，田亩无收。此年北畿（京师）、山东、江西、云南又饥。河南亦饥。至天顺元年（1457 年）夏，南、北两京亢旱不雨，杭州、宁波、金华、均州亦旱。是年，直隶、山西、河南、山东皆冬旱无雪。北畿（京师）、山东并饥，发茔墓，斫道树殆尽。父子或相食。冬十月二十四日，应天府及直隶镇江、池州二府各奏：今年六月至八月不雨，禾苗旱伤。十一月初四日，直隶泗州并天长、石埭、青阳县，山东泰安州并禹城县俱奏：六、七月旱蝗伤稼。张昭上疏言救灾之策时，说到了大旱饥遭遇下的民生惨状：现今山东、直隶等处因为连年灾伤，人民缺衣少食，穷困之极，生活艰难。园林、桑枣、坟茔、树砖皆被砍掘无存，不得不向外逃窜找食。于是携男抱女，衣不遮身，披草荐蒲席，匍匐而行，流移他方，乞食街巷。欲卖子女，但皆都缺食，又有谁买？父母妻子不能相顾，哀号分离，转死沟壑，饿殍道路，欲便埋弃又被他人割食，一家父子自相食。大家都说往昔曾遭饥灾，但未有如今日之惨的，实在让人伤痛不已。

天顺三年（1459 年），全国又大范围干旱。天顺三年，南北畿（南京和京师）、浙江、湖广、江西、四川、广西、贵州干旱。五月二十一日，直隶河间、真定、大名、广平，山东济南、东昌诸府各奏：所属自春历夏不雨，田禾枯槁，今年税粮恐无所出。八月二十二日，杭州、嘉兴、绍兴、金华、衢州、台州等府并海宁等卫所各奏：四月以来，亢旱不雨，禾苗槁死。八月二十六日，巡按湖广监察御史奏：长沙、武昌、岳州、汉阳、黄州、衡州、永州、辰州、宝庆、常德等府所属湘阴、兴国等71州、县五月中旬亢旱无雨，秧苗枯槁。九月二十九日，直隶松江、苏州、池州、宁国府，广西桂林、平乐、柳州、梧州、浔州、南宁府，贵州宣慰司及贵州都司各卫，湖广荆州、德安府及郴州各奏：今年四月至七月不雨，田苗旱伤。冬十月十七日，江西吉安、广信、饶州、瑞州四府各奏：今年五月至七月不雨，田苗旱伤。十一月十五日，湖广都布按三司奏：辰州、永州、常德、衡州、岳州、铜鼓、五开等府、卫自五月至七月不雨，饿殍之人不可胜计。

至天顺四年（1460年）以后连续多年，全国部分地区旱情仍然很重。如济南、青州、登州、肇庆、桂林等诸府、卫，夏旱。十一月初八，直隶镇江府丹徒县就奏称：今年六月至八月雨泽不足，田禾槁死。天顺五年（1461年），南畿（南京）四个府、一个州及锦衣等卫连月干旱，伤禾稼。秋七月二十七日，陕西西安、延安诸府卫各奏：今夏亢旱，二麦不收。九月二十七日，应天府、直隶镇江、凤阳、滁州等府、州并南京锦衣等卫、中都留守司凤阳中等卫各奏：六、七月，亢旱伤稼，粮草无征。天顺七年（1463年），北畿（京师）干旱。济南、青州、东昌、卫辉，自正月不雨至于四月。五月初十日，直隶保定、真定、河间、大名、广平、顺德，山东济南、青州、东昌，河南卫辉等府并山东东昌、青州等卫俱奏：去年亢旱，至冬无雪，今年自正月至四月又不下雨，二麦槁死，秋田更是不能下种，税粮无所出。九月二十八日，巡抚湖广左佥都御史王俭奏：湖广长沙等府所属州县自五月以来连续四月不雨，禾稼皆槁死，秋粮无征。

进入成化年间（1465—1487年），成化之初全国范围的大旱年较少，但局部地区的旱灾灾情也很严重。成化四年（1468年），南北两京春夏时节不雨，旱干无收。湖广、江西干旱。二月二十六日，巡抚湖广右副都御史落簏奏：湖广遭遇水旱之灾，民饥粮少。不久，江西御史赵敔又奏：九江之旱比其他地方要严重得多，秋成已经无收。成化六年（1470 年），直隶、山东、河南、陕西、四川府、县、卫多旱。顺天、河间、真定、保定 4 个府饥，食草木殆尽。山西、两广、云南并饥。京畿地区旱灾，明廷乃分遣户部郎中桂茂之等 4 人赈济顺天、河间、真定、保定 4 个府饥民，所见饥荒甚为严重，村落人家有四五日不生火做饭、闭门困卧待死的，有食树皮、草根及困于饥疫病死的，有寡妻鳏夫卖儿卖女，不一而足。夏四月，山东干旱。秋七月初二日，四川重庆、成都、顺庆并东川军民四府六州十四县税粮 231260 石因旱灾被免除。八月十六日，山东济南、东昌、兖、青、莱、登六府农、柔、丝、绢，亦因旱灾被免除。成化八年（1472 年），京畿地区自二月至四月未下雨，且竟日发干风，运河水涸见底。是年，直隶顺德府、真定府、湖广武昌等府俱干旱。十二月十一日，光禄寺寺丞郭良奏称：近来靠近京师地区的旱荒灾民比肩接踵，流入京师的大街小巷乞讨，昼夜啼号，冻饿而死的人在在有之，官府虽有养济院予以救助，但因灾民太多而无法普遍实施救济。成化九年（1473 年），河南彰德府、卫辉府、山西平阳府干旱。成化十二年（1476 年）夏，福建泉州、漳州、邵武、兴化、延平诸府大旱。延平府顺昌县灾情最重，自四月不雨延续到十二月，土地旱干坼裂，庄稼颗粒无收。成化十三年（1477 年），直隶真定府、河间府、湖广长沙府皆干旱。成化十五年（1479 年），直隶安庆、池州府、崇明县大旱，顺德、凤阳、徐州以及济南、河南、湖广皆干旱。

成化朝后期，从成化十八年（1482 年）开始，连续五年，大范围发生人相食的特大旱灾。成化十八年，南北两京、湖广、河南、陕西十五府二州，有旱情发展，山西更是大旱。成化十九年（1483 年），上述地区再次遭旱。五月十七日，户部郎中陈清等奏敕赈济大名、广平、保定、河间、真定、顺德六府的饥民就达 83 万余人。成化二十年（1484 年），京畿、山东、湖广、陕西、河南、山西俱大旱。在山东，东明县此年大旱，人饥相食。陕西、山西因连年旱灾，灾荒民生极为惨目。三月二十日，巡抚陕西右副都御史郑时就奏称：陕西因连年亢旱，仓廪空虚，人民饥馑，百姓流移，父子离散，积尸暴野。至二月过去快一半，依然亢旱如前，麦根干死，粟谷未种。山西曲沃、洪洞、临汾、临晋、荣河、解州、平陆、夏县、安邑、孝义、崞县大旱，人相食。八月，山西旱，大饥，人相食，十二月免被灾税。曲沃等十县大旱，人相食，长子等五县旱饥疫，免除全省田租之半。八月因旱灾免大同秋粮。山西大旱，秋不雨，至次年六月始雨，饿殍盈野，人相食。崞县大旱，人相食。泽州秋季开始不雨至次年六月始雨，饿殍盈野，人相食。绛州大荒旱，有食人的惨象。山西因旱灾而死人的县有 30 多个。九月二十五日，巡抚左佥都御史叶淇奏报：山西连年灾伤，平阳一府逃移民众就达 58800 余户，其中安邑、猗氏两县饿死 6700 余人，蒲、解等州，临晋等县更是饿殍载道，不可胜计。父弃其子，夫卖其妻，甚至出现了全家聚哭投河而死、丢弃子女于井而独自逃亡求生的惨状。成化二十一年（1485 年），山东、山西又发生严重旱灾。山东兖州府自春至秋不雨，蝗蝻满地，人相食。莘县亦是亢阳不雨，夏麦秋禾遍地赤野，富裕家庭勉强度日，贫困之家何以存活？故是时民有杀人而食的，灾象极惨。山西省中南部此年持续大旱，只有忻州以北，运城以南较正常。成化二十二年（1486 年）六月，陕西大旱。八月，北畿（京师）及江西三府干旱。九月，浙江温州、台州大旱，湖广长沙诸府亦干旱。同年，福建大旱，旱区遍及福宁府、福州府、兴化府、泉州府及永春州。福州府是春旱，五月以后大旱，禾稼薄收，古田、连江二县又发瘟疫，基本上都遭了灾。晋江是春三月旱，无麦。夏五月、六月大旱，禾苗俱槁，秋复旱，民多流移。连江、罗源、长乐、霞浦、宁德、泉州、惠安、南安、安溪、永春、莆田、仙游等县与福州府、晋江地区灾情类似。继上年大旱后，成化二十三年（1487 年）福建又连旱，旱区在福州府、泉州府、邵武府及兴化府。当年，福州府春旱无麦，秋大旱无禾。长乐、古田、泉州、惠安、晋江、南安、邵武、泰宁、将乐、莆田、仙游等县亦是春旱及秋大旱，灾情与福州府差不多。至成化二十三年，因陕西连年大旱，大饥。武功民有杀食宿客者。

弘治、正德、嘉靖朝的旱和大旱年虽然比较多，但除了嘉靖十年（1531 年）至十三年（1534 年）陕西、山西出现连续四年的特大旱灾之外，其他旱灾年出现人相食一类的严重灾情则比较少见。弘治元年

（1488年），南畿（南京）、河南、四川及武昌诸府干旱。六月二十五日，户部言：山陕、河南北岁旱灾，而平阳、西安、河南、怀庆四郡尤甚。弘治三年（1490年），南北两京、陕西、山东、山西、湖广、贵州及开封干旱。弘治四年（1491年），浙江二府、广西八府及陕西洮州卫干旱。弘治六年（1493年），北直隶、山东、河南、山西及襄阳、徐州干旱。弘治七年（1494年），福建、四川、山西、陕西、辽东干旱。弘治八年（1495年），京畿、陕西、山西、湖广、江西大旱。弘治十年（1497年），顺天、淮安、太原、平阳、西安、庆阳干旱。弘治十一年（1498年），河南、山东、广西、江西、山西十八府干旱。弘治十二年（1499年）夏，河南四府干旱。秋，山东旱灾。弘治十三年（1500年），庆阳、太原、汾州、潞州等府、州干旱。弘治十四年（1501年），辽东镇自春至秋不雨，河沟尽涸。弘治十六年（1503年）夏，京师大旱。苏州、松江、常州、镇江夏秋干旱。此年宿州是自四月至九月一直未下雨；直隶苏、松、常、镇四府是自五月至八月不下雨。九月十四日，南京守备太监傅容等奏称：应天及凤阳、庐州二府并滁、和二州大旱灾重，民穷盗发。弘治十七年（1504年），淮安、扬州、庐州、凤阳荐饥，人相食，且发瘗胔以继之。

正德元年（1506年），陕西三府干旱。正德二年（1507年），贵州、山西干旱。正德三年（1508年），江南、北干旱。此年的浙江金华府各县大旱，兰溪是夏五月至十二月一直未雨，早晚禾、豆、粟皆颗粒无收，蕨根、树皮被灾民采食无遗，民多饿殍。永康是自五月至冬十月不雨，民采蕨根、树皮、野菜以充饥，饿死者甚众。武义是自六月至次年二月都不雨，大饥，民食树皮、野菜度日；东阳是早晚豆、禾、粟皆无收成。浦江是竹木皆枯落，经春不生，菜尽死，民饥馑尤甚。正德四年（1509年），陕西是自三月至七月不雨，干旱严重。正德七年（1512年），凤阳、苏州、松江、常州、镇江、平阳、太原等地干旱。正德八年（1513年），畿辅及开封、大同、浙江六县干旱。正德九年（1514年），顺天、河间、保定、庐州、凤阳、淮安、扬州干旱。正德十一年（1516年），北畿（京师）及兖州、西安、大同干旱。正德十三年（1518年），广西南宁、田州、思恩三府交界处的武缘、果化等州、县，柳州府的马平、罗城，桂林府的义宁、兴安，平乐府的平乐、荔浦等县大旱。正德十四年（1519年）冬，辽东饥，南畿（南京）、淮安、扬州诸府尤甚。正德十五年（1520年），淮安、扬州、凤阳三十六州县及临洮、巩昌、甘州等地干旱。正德十六年（1521年），南北两京、山东、河南、山西、陕西自正月至六月不下雨，旱干成灾。

嘉靖元年（1522年），南畿（南京）、江西、浙江、湖广、四川、辽东干旱。嘉靖二年（1523年）六月，南北两京、山东、河南、湖广、江西及嘉兴、大同、成都等所属府、州、县皆干旱，赤地千里，殍馑载道。嘉靖三年（1524年），山东干旱。湖广、河南、大名、临清饥。南畿（南京）诸郡大饥，父子相食，道殣相望，臭弥千里。嘉靖五年（1526年），江左大旱。同年夏，福建福州大旱。兴化旱，无麦禾。福宁旱至九月，禾、麻、菽、粟等农作物皆枯死。嘉靖六年（1527年），北畿（京师）四府、河南、山西及凤阳、淮安俱干旱。此年秋，两淮地区大旱，河流干涸，运盐不能走船，只能用盐车，是故盐车绵延亘数百里不绝。到次年三月开始下雨，旱情才逐渐缓解。嘉靖七年（1528年），北畿（京师）、湖广、河南、山东、山西、陕西大旱。嘉靖八年（1529年），山西及陕西临洮、巩昌府（今属甘肃）干旱。兰州大饥，饿殍塞道，挖了十数处坑穴，掩埋尸体达万余户。河州（今甘肃临夏）更是斗米价银七钱，人相食，遍野积尸无数。庆阳、平凉、庄浪、秦安、清水、礼县、康县等地，人食草茹木，骸骨遍野，流亡载道，靖远等地亦饿殍盈野。此年的真定、庐州、凤阳、淮安、扬州五府，徐州、滁州、和州及山东、河南、湖广、山西、陕西、四川饥，襄阳尤甚。同年的广东新会、台山、中山、怀集、高明、顺德、南海、恩平、阳江、五华、连县等地大饥。秋，顺德县大饥，民饿死甚众。阳江县大饥，民食草食，饥死者甚众。

嘉靖十年（1531年）至嘉靖十三年（1534年），陕西、山西发生了连续四年的特大旱灾。嘉靖十年，陕西、山西大旱。山西全省大旱，大同旱情更重，怀仁旱大饥，人相食。嘉靖十一年（1532年），湖广、陕西大旱。此年，山西除中东部正常外，其余均旱和大旱，三关大饥，死者枕藉；定襄大旱民饥，翼城夏旱无麦。嘉靖十二年（1533年），山西是全省旱，洪洞县春大饥，人相食；徐沟、交城、文水、太谷、汾州野多饿殍。嘉靖十三年（1534年），山西全省连续干旱，中南部大旱，交城大饥，饿殍遍野；沁州大旱饥，人相食；平阳、泽州诸州县流亡载道，人相食；寿阳大荒，禾稼殆尽。

嘉靖十五年（1536年），广东旱灾特别严重。广州、番禺、东莞、新会、三水、德庆、始兴、曲江、南雄、翁源、兴宁、饶平、阳春等地大旱。东莞岁饥，新会县春大饥，夏大旱，不从事耕作的游民更加穷迫，于是有外海游民啸聚数百艘船只，准备出海行劫。曲江、翁源县大旱，米价腾涌。饶平县大旱，潭水枯竭，人饮水困难，庄稼不事灌溉。兴宁县是从春天不雨直至冬天才下雨。阳春县大旱，夏饥，民食草实，饿死甚众。

嘉靖十七年（1538年）夏，南北两京、山东、陕西、福建、湖广大旱。嘉靖十九年（1540年），畿内干旱。嘉靖二十年（1541年）秋至嘉靖二十一年（1542年）冬，两淮盐产区一直不下雨，盐河龟裂，物价上涨，一斗粟就可以买回一个活生生的人，可见旱情之一斑。嘉靖二十三年（1544年），湖广、江西干旱。此年，安庆府所属怀宁、宿松、太湖、潜山、桐城，庐州府所属合肥、庐江、巢县、无为州、和州、含山，凤阳府、滁州，扬州府属高邮、兴化等地皆有旱情。宿松大旱，自夏至秋五月不雨，饥民食草木。桐城大旱，民多殍死。来安是自春至秋不雨，民食草籽、树皮。次年的安庆府因大旱民饥，米价腾贵，宿松依然是自五月至九月下旬始雨，民饥，死者枕藉。嘉靖二十四年（1545年），南北畿（南京和京师）、山东、山西、陕西、浙江、江西、湖广、河南俱干旱。安庆府怀宁、宿松、望江、太湖、桐城以及扬州府高邮、兴化之旱情继续蔓延。嘉靖二十三年（1544年）、嘉靖二十四年（1545年），福建亦是连续二年大旱，旱区遍及福建沿海各县及内陆永春、龙州等地。嘉靖二十三年（1544年）春、夏旱，接着又秋旱，旱情延至嘉靖二十四年（1545年）春、夏。泉州府于嘉靖二十三年（1544年）、嘉靖二十四年（1545年）相继大旱，民饥而死的人众多。长乐春疫，干旱，田多旷耕，麦无收成。连江夏旱。莆田夏旱，岁大饥。漳浦大旱。长泰大旱。永春州大旱，大饥。而惠安、晋江、同安、南安等县大旱情与泉州府相同。

嘉靖二十九年（1550年），北畿（京师）、山西、陕西干旱。嘉靖三十一年（1552年），宣府、大同二镇大饥，人相食。嘉靖三十二年（1553年），南畿（南京）、庐州、凤阳、淮安、扬州、山东、河南、陕西并饥。同年，广东新会、恩平、高明、新兴、封开、南海、佛山、顺德、惠阳、增城、翁源等县是岁大饥。嘉靖三十三年（1554年），兖州、东昌、淮安、扬州、徐州、武昌干旱。嘉靖三十四年（1555年），陕西五府及太原干旱。嘉靖三十五年（1556年），夏，山东干旱。嘉靖三十六年（1557年），辽东大饥，人相食。嘉靖三十七年（1558年），大旱，禾苗尽槁。嘉靖三十九年（1560年），太原、延安、庆阳、西安干旱。嘉靖四十年（1561年），保定等六府干旱。嘉靖四十一年（1562年），西安等六府干旱。

隆庆、万历初年，大范围的旱灾较少，局地旱灾仍不时出现。隆庆元年（1567年），苏州、松江二府大饥。同年夏，广东封开、和平、龙川、兴宁、五华、博罗、增城、台山、恩平、怀集县等地大饥。和平县夏大饥，民多转沟壑及流移他乡者，贫家子女，斗米可鬻。隆庆二年（1568年），浙江、福建、四川、陕西及淮安、凤阳大旱。隆庆三年（1569年）闰六月，山东旱蝗。隆庆四年（1570年）至万历八年（1580年），更是连续十余年全国没有出现的大旱情。

万历九年（1581年）以后，山西、陕西、京师一带连续数年大旱灾。万历十四年（1586年）五月二十六日，据户部复陕西巡抚题：延镇所辖三卫去冬无雪，今春、夏亢旱。九月初三，巡按山西御史陈登雪奏称：山西旱灾异常，盗贼众多。京师则自万历十二年（1584年）八月至次年二月一直不下雨。万历十四年（1586年），据河南道御史列怀恕奏称，畿辅八府灾旱频仍，真定、顺天、河间等府尤为严重。关于这几年的旱荒灾情，明代吕坤《实政录》云：万历九年（1581年）、万历十年（1582年）山西连年大旱，说起旱荒那个光景，人人流泪。平凉固原城外掘万人大坑，三五十处，处处都满。有一大家少妇，见丈夫饥饿将死，就将自己浑身衣服卖尽，只留遮身小衣，又把头发剪了，沿街叫卖，但却没人买。丈夫饿死后，官差人将尸体拉在万人坑中。这少妇叫唤一声，便投入坑里求死。时当六月，满坑臭烂。韩玉念她节义，将妆花纱衣一套给她，要求她从坑中出来。她却说夫身已饿死，我何忍在世间吃饱饭？昼夜哭三日而死。同州朝邑一带拖男领女几万人，半是不惯辛苦之人。妇人又嫌弃儿女连累，困饿无力，宿在一个庙中，哄得儿女睡着，五更里便抛撇偷去。孩子有醒了赶着啼哭的，但多被其父母用带子捆在树上而不能动；有的孩子则是被其父母用毒药药死了的，见者恸哭流泪，岂是父母狠心也，是没奈如此。又有一男子将他妻卖钱一百文，离别时夫妻回头相看，恸哭难分，一齐投在河中淹死。万历十四年（1586 年），邯郸路上，有一妇人带三个小儿女，路上带累，走步难前，其夫劝妻舍弃孩儿，妇人恸哭不忍，其夫赌气先走了数十里，又心上不忍，回来一看，这妇人与三个孩儿已经吊死在树上。其夫恸哭几声，亦自吊而死。又有一男子同一无目老母与一妇人抱个十数月孩儿同行，老母饥饿不堪，这男子先到前村乞食供用。这妇人口中还吃着沙土，仰卧而死。老母叫呼不应，摸着儿妇知是死了，也就吊死在道旁。这男子回来，见他母亲吊死，又见那孩儿看看将死，还斜靠着死娘身上唆奶，就撞头身死。西安府城外有一个大村庄，居住有一千多家，一时都要逃走，那知府慌忙亲来劝留，说道“我就放赈济”。这百姓满街跪下，诉说多费爷爷好心，念我饥寒，就是每家与了三二斗谷子，能吃几日，怎挨到熟头？趁我走得动时，还挣扎到那丰收地面，且救性命。大家叩头，哭声动天。那知府也恸哭，放他散了。走到北直、河南，处处都是饥荒，那大家少妇哪受得了这饥饿奔走，都穿着纱缎衣服死在路上。

万历十五年（1587 年）以后的二十来年至万历三十六年（1608 年），多数年份的多个地区都是旱日炎炎，旱荒至极。万历十五年（1587 年）四月，京师旱，大疫。七月，山西、陕西、河南、山东干旱。七月，黄河以北，民食草木。富平、蒲城、同官诸县有以石为粮者。淮安府夏天大旱蝗，草木皆空。万历十六年（1588 年）五月，山东、陕西、山西、浙江俱大旱疫。河南饥，民相食。苏、松、湖三府饥。同年，宿松夏大旱，连续三月不雨，民饥。其他安庆府属之县多是大旱，民饥，多疫。此年的霍山县夏秋大旱，稻菽尽坏。凤阳春正月至夏六月始雨，大旱。淮安府干旱，横尸满路。万历十七年（1589 年）四月初十，大学士申时行等上疏说：现今自春徂夏，雨泽衍期，多不下雨，全国大半皆被旱灾。六月，南畿（南京）、浙江大旱，太湖水干涸。苏州、松江等三吴地带大旱，震泽化为平陆，米价腾贵。长江以北、浙江以东，道馑相枕藉。七月初五，大学士申时行等言：近日南京、浙江、直隶等处俱遭大旱，群情汹汹。且南京军士骄悍成风，近因放粮之时米色稍息，几至激变。宿松春夏不雨，湖陂干裂，禾无粒收，民多殍死。望江大旱，河井干涸，田亩颗粒无收，殍死甚众，秋冬瘟疫大作，灾连数千里。桐城大旱，米价腾贵，死者盈野。庐州郡属大旱，升米百钱，人相食。舒城自正月至秋七月不雨，斗米千钱，民多饥死。霍山又大旱，米百钱，道馑相望。颍州府霍邱及凤阳府都是自春至秋不雨，淮水竭，井泉枯，野无青草，流亡遗道，担水千钱。淮安大旱，自二月入夏不雨，二麦枯槁。万历十八年（1590 年）五月十六日，大学士申时行等奏称：旱灾范围甚广，自北直隶地方至河南、山东、江北夏麦俱已全枯，秋禾未能布种。五月十七日，户部尚书石星等奏言：现今南直、浙江、湖广诸处疫灾流行，淮、扬以北，连接河南、山东、北直隶、山西、陕西俱极旱荒。同年，潜山大旱，民多饥死。望江复大旱，春夏间民苦尤甚，食草根木皮尽，仍饥死。扬州此年则因旱蝗相继，里下河茭葑之田，尽成赤地。浙江金华府属八县大旱，汤溪大饥，浦江连岁大旱，谷每石价钱涨至一两，饥民大概有七八万。义乌夏大旱，麦禾焦枯，颗粒无收。

万历二十二年（1594 年），河南大饥，给事中杨明绘《饥民图》以进，巡按陈登云进饥民所食雁粪，帝览之动容。万历二十三年（1595 年），江南的杭州、嘉兴、湖州诸府遭遇大旱。夏秋之际，广东南海、番禺、顺德、新会、恩平、三水、高要、清远、惠阳、博罗、新兴、五华、紫金、新丰、龙川、兴宁、和平、河源、阳江、茂名、吴川、廉江、徐闻、遂溪等地发生大旱灾。三水县秋大旱，清远县八月大旱，赤地千里。阳江县夏秋大旱，滨海一带皆赤地，只有近山地带稍微有点收成，而附近旁邑饥民流移县境的人数却动以万计。廉江县六月大旱，无收成。万历二十四年（1596 年），广东南海、顺德、开平、恩平、三水、高要、宝安、龙门、南雄、始兴、兴宁、徐闻、遂溪等地再遇大旱灾。顺德县春夏大旱，民饥，一斗米就需一百七十钱，饿死人无数，到处有抢谷之骚乱。龙门县秋大旱，禾苗尽萎，饿殍载道。徐闻县大旱，赤地千里，民多茹树皮苟延生命，饥死者以万计。广东省普遍大饥，记载饥灾有22个县，包括德庆、新兴、罗定、怀集、佛山、新会、佛冈、从化、清远、惠阳、增城、博罗、化州、电白、吴川、廉江、阳春、五华、新丰、惠来、海丰、英德县。佛冈县春大饥，斗米价百钱，民多饿殍。清远县大饥，斗米百钱，民多饿死。从化县春大饥，时斗米百钱，饿殍盈路。五华、惠阳县大饥，死者不可胜计。博罗县夏大饥，斗米二百钱，民以饥死疫死者无算。阳春县春大饥，斗民银二钱，饿殍满道。

万历二十六年（1598年）四月，京师干旱。同年，浙江金华府属八县大旱。汤溪五月至十月未下雨。兰溪大旱，颗粒无收，民多饿死。浦江五至九月不雨，至次年春，民皆食草根树皮，甚至有吃泥土活命的，饿殍之状，不可胜言。义乌粒谷无收，民食草本，饿殍满野。东阳自四月至八月不雨，赤地百里，颗粒无收，民大饥，多有饿死。永康民多流离，武义五月至八月不雨，亦是庄稼无收，民多饥死。万历二十七年（1599年）夏，各地多旱。很多地方是自去年冬至现今四月一直亢旱为灾，河井干枯，二麦焦槁。万历二十八年（1600年）七月，各地多奏报大旱。万历二十九年（1601年），畿辅、山东、山西、河南及贵州黔东诸府卫干旱。五月初十，畿辅八府及山东、山西、辽东、河南荒旱，斗米银二钱，小米银一钱，野无青草，流离载道，盗贼群行，经常发生白昼抢劫之事。五月二十九日，直隶巡按何尔健言：阜平县有个叫张世成的灾民因饥饿难忍，亲手杀其只有六岁的儿子，烹煮食之。同年，淮安府山阳、桃源（今泗阳县）自六月起大旱，历时三月。万历三十年（1602年）夏，多地奏报旱灾。此年闰二月二十五日，山西河州莲花寨等处黄河水干见底。万历三十四年（1606年）夏，很多地方亢旱为灾。

自万历三十七年（1609年），一直到万历四十年（1612年），明王朝再次遭遇了连续四年的特大旱灾。万历三十七年（1609年），湖广、四川、河南、山东、山西、陕西皆干旱。八月初九，辅臣叶向高言：山西干旱，灾民多逃亡北部边境就食。九月十七日，河东巡按陈于庭言：

旱魃为灾，不独桑田，盐池一带也尽成赤裂，正盐都供应不足，安取余盐？万历三十八年（1610年）夏，济南、青州、登州、莱州四府大旱。山西除雁北正常外，其余均大旱。万历三十九年（1611年）夏，京师大旱。山西除雁北外，余均持续旱。山东此年至次年二月大旱饥，万历四十年（1612年）二月，青州举人张其猷上所绘的《东人大饥指掌图》，具名为诗咏之，有“母食死儿，妻割死夫”之语，见者酸鼻。万历四十年（1612年），陕西干旱。秋冬，广东大旱。此年，山西则全省持续大旱，临汾尤旱。四月十日，太原府城楼瓦曾冒出烟，自四月至次年五月未雨，大饥，火灾。定襄终岁不雨，大荒，穷民啖草根树皮充饥，死亡不计其数。泽州大旱，自闰四月至次年五月不雨，秋无稼，禾尽焦死，全县人死大半，岁大饥。这次旱灾的特点是长时间不下雨，许多地方终年无雨，山西有七个县长达十三个月无雨。

万历四十二年（1614年）至万历四十四年（1616年），南北直隶、山东遭遇特大旱灾。万历四十二年，南直隶大旱，桃源（今泗阳县）、宿迁等县大旱，赤地千里。万历四十三年（1615年）七月二十六日，保定巡抚王纪奏称，京师南部一带亢旱异常，秋禾尽槁，万民待哺，逃窜、抢夺之事，天天接报。万历四十三年、四十四年的旱灾，以山东最剧。万历四十三年（1615年）多地从三月不雨至六月。山东春夏大旱，千里如焚。七月十八日，巡抚山东右佥都御史钱士完上奏说：山东自正月至六月不雨，田禾枯槁，千里如焚，耕叟、贩夫蜂起抢夺，为的是寻求一饱。随着干旱灾情的不断发展，野外的野草、树叶乃至树皮加上糠秕被采食殆尽，人相食。据天启辛酉（1621年）一通碑刻所记，万历四十三年，山东连年大旱，五谷不生，树木枯死，蝗蝻遍野；老弱转为沟壑，壮者散之四方，子女贩与外省；残朽者骨肉相食，逃死者十之七八；尚存者十之二三，人烟鲜少。同年十二月，山东巡抚钱士完的奏疏称：莱州、登州两郡及济南、兖州、青州、东昌四郡等饥民达90余万，盗贼蜂起，抢劫公行。万历四十四年（1616年），山东因比年荒旱，饥馑载道，父子兄弟互相残食，妇女流鬻江南，淮安遂成人市。山东饥甚，人相食。河南及淮安、徐州亦饥。九月，山东巡抚李长庚奏称：山东发生异灾之后，死、徙、流离十之六七，幸而存活下来的，不是沟壑残躯，则是雈苻遗党。安丘县周岁之间，兵死者、狱死者、饥寒死者、病疫死者、流亡者、弃道旁者、贩之四方者，全齐生齿十去其六，民间相传从来未有此厄。

万历四十五年（1617年）至泰昌元年（1620年），全国大范围的旱灾减少，不少年份局部范围的旱灾依然很重。万历四十五年夏，畿南亢旱。六月初三，直隶巡按列廷元奏报：京畿南部亢旱异常，既失望于夏麦，又难有收于秋成，途中有采树草而食者，有环室而号哭者，有扶老襁幼而向南逃亡者，惨状不忍视。同年，广西柳州、桂林、平乐等府遭受旱灾。万历四十六年（1618年），广西全省再次大旱。桂林府的义宁、兴安、灵川、全州、灌阳，柳州府的马平、柳城、来宾、迁江、武宣、象州，南宁府的宣化、隆安、果化，庆远府的宜山、忻城，平乐府的平乐、富川、昭平、贺县，梧州府的苍梧、岑溪、藤县、郁林、北流，浔州府的桂平等三十六县，春旱一次，秋季又旱一次。万历四十七年（1619年），广西梧州干旱，赤地如焚。泰昌元年（1620年），辽东干旱。八月十一日，经略熊廷弼言：广宁卫、锦州、义州一带自春徂夏，逾时不雨，千里赤地。河东开、钱诸处早为戎马之场，独辽阳、海、盖初春稍沾雨泽，不意六、七两月旱魃为虐，莒谷尽槁。

明末天启、崇祯年间，明王朝又进入了一个旱荒时代。天启元年（1621年），多地久旱。三月乙丑，山东道御史得宗龙言：近来三时不雨，所在亢旱。畿辅、山东之民既苦办纳又苦赍送，而辽人更苦援兵，膏血匮于转输，室家倾于剽夺，怨恨之气彻于九天。天启二年（1622年）四月，京师干旱。天启五年（1625年）真定、顺天、保定、河间四府，三伏天不下雨，秋季复旱。天启六年（1626年）夏，江北、山东旱蝗。四月二十四日，漕运总督苏茂相上疏说：海州、徐州并赣榆、桃源二县俱荒旱异常，人民饿死，流离多成盗贼，民不聊生。天启七年（1627年），自四月至九月，四川重庆、岳池、资县、南充、保宁、顺庆等府、州、县皆旱干不雨，禾苗尽枯。

崇祯元年（1628年）夏，畿辅干旱，赤地千里。五月初九，河南道御史曹暹言民间三空、四尽之情，医疮剜肉之状，谈到在郇阳、安蒲为官时，每于处理公务之余暇，下乡视察民间疾苦，亲见有老稚一家绝食于累日，或母子数口裸体于严寒，或啖树皮，或咽糠覈，或以粟粒杂之草根。五月十六日，谕礼部以时应五月，正是庄稼禾苗生长关键之时，连旬亢旱，炎炎烈日，损伤稼禾，小民终岁将何以为计也。十一月十一日，巡抚陕西都御史胡廷晏奏称，全陕灾荒，饥民相聚为盗。同年，广东南海、番禺、新会、从化、增城、惠阳、高明、高要、兴宁、阳春等地大旱，大饥。从化县自二月至四月不雨，米价腾贵。高明、阳春县春大旱，谷价腾贵。新会县春大旱，岁大饥。崇祯三年（1630 年）三月，多地干旱。崇祯四年（1631 年）二月初一日，刑科给事中王家彦上言：延安一郡十九州县，三岁连荒，遍地皆贼，已经形成燎原难扑之势。三月二十二日，太仆寺卿郑宗周上言：自天启初以来，三晋是无岁不灾，而去年尤甚，重以治黄之派急于星火，转运艰难。今日春雨未沾，风霾日异，人心汹汹，朝不保夕，弱者转于沟壑，强者瞋目语难，斩揭四起，势所必至。

崇祯五年（1632 年）三月初四日，山西巡抚宋统殷上疏说：山西原本无贼盗，其有贼盗，自延安始。不意又天降灾祸，荒旱五年，致使山西遍地皆盗贼，且日甚一日。可谓是“始以荒而成乱，转以乱而成荒，荒乱相仍”。杭州、嘉兴、湖州三府，自八月至十月，连续七旬旱干不雨。据该年九月初四杨兆升上疏称，与京师淫雨不断相反，在农作物生长期，偏遇旱魃肆虐，从南京抵三吴，迄于两浙，雨泽衍期，苦于干旱。高阜之地裂而成石田之国，低洼之田受旱干影响而收成锐减，民不堪命。崇祯六年，京师及江西旱。陕西、山西大饥。淮安、扬州荐饥，有夫妻自经于树及投河者。盐城教官王明佐自缢于官署。崇祯七年（1634 年），京师饥，御史龚廷献《饥民图》以进。太原大饥，人相食。崇祯九年（1636 年），浙江金华府八县大旱。民多掘白色山泥充饥，名观音土（白皂泥），百姓赖以活者甚众。永康则斗米千钱，民食白泥。宣平夏三月不雨。南阳大饥，有母烹其女者。江西亦饥。广东中山、英德、佛冈、东莞、连平县大饥，春，粤大饥，连平尤甚，死者相枕席。佛冈县春大饥，斗米价百钱，邻邑遏籴，民情汹汹。

崇祯十年（1637 年）至崇祯十七年（1644 年），为特大干旱期，旱灾席卷大半个中国。这个连续特大干旱年系列段始于崇祯元年（1628

年），初旱见于晋西北和晋南地区，崇祯六年（1633年）下半年至次年三月，山西全省一直未下雨，民大饥，旱情扩大。崇祯十年，除了两畿（京师和南京）、山西大旱外，旱情又向京师及河东、江西、浙江扩散。浙江大饥，父子、兄弟、夫妻相食。崇祯十一年（1638年），旱情波及两畿（京师和南京）、山东、河南、陕西、山西等地。崇祯十二年（1639年），畿南、山东、河南、山西、浙江旱。两畿（京师和南京）、山东、山西、陕西、江西饥。河南大饥，人相食，卢氏、嵩、伊阳三县尤甚。崇祯十三年（1640年），两畿（京师和南京）、山东、河南、山西、陕西旱蝗，人相食。两京及登州、青州、莱州三府旱。北畿（京师）、山东、河南、陕西、山西、浙江、三吴皆饥。自淮而北至畿南，树皮食尽，发瘗胔以食。崇祯十四年（1641年）六月，两畿（京师和南京）、山东、河南、浙江、湖广旱蝗。七月，临清运河涸。两京、山东、河南、湖广及宣、大边地干旱。南畿（南京）饥。金坛民于延庆寺近山见人云："此地深入尺余，其土可食。"如言取之，淘磨为粉，熬粥而食，取者日众。又长山十里亦出土，堪食，其色青白类茯苓。又石子涧土黄赤，状如猪肝，俗呼"观音粉"，食之多腹胀而死，死者相枕藉。是岁，畿南、山东荐饥。德州斗米千钱，父子相食，行人断绝，大盗滋生。崇祯十五年（1642年）以后，虽然局部旱情还在扩散，但总体开始趋于缓解，至清顺治三年（1646年）才最终结束。

崇祯十年（1637年）至崇祯十七年（1644年）的大旱灾，具有持续时间长、多灾并发、灾情极重的特点。从各地旱情持续时间来看，很多地区都是4年以上连旱，有的甚至达到9年连旱。参见表3-4。

表3-4　1637—1646年持续干旱4年以上的城市一览表

地区	干旱持续时间	持续年数	地区	干旱持续时间	持续年数
大同	1637—1641年	5	北京	1637—1643年	7
太原	1637—1643年	6	天津	1636—1642年	7
临汾	1633—1641年	9	沧州	1636—1642年	7
长治	1633—1640年	8	保定	1636—1643年	8
银川	1636—1641年	6	石家庄	1633—1640年	8

续表

地区	干旱持续时间	持续年数	地区	干旱持续时间	持续年数
平凉	1636—1641 年	6	邯郸	1637—1644 年	8
延安	1637—1641 年	5	德州	1637—1644 年	8
西安	1637—1641 年	5	菏泽	1637—1644 年	8
汉中	1635—1641 年	7	济南	1638—1641 年	4
安康	1635—1641 年	7	临沂	1638—1641 年	4
郑州	1634—1641 年	8	九江	1639—1644 年	6
洛阳	1634—1641 年	8	长沙	1640—1646 年	7
唐山	1639—1643 年	5			

资料来源：谭徐明：《近 500 年我国特大旱灾的研究》，《防灾减灾工程学报》2003 年第 2 期。

崇祯十年（1637 年）至崇祯十七年（1644 年）的大旱灾与蝗、疫、兵灾多并发。崇祯十三年（1640 年），南直隶扬州府通州大旱，蝗食草木叶皆尽，民饥。崇祯十四年（1641 年），河南光州蝗灾、兵灾交作，旱灾、疫灾为祟。同年，桐城大旱，冬疫。安庆府自崇祯九年（1636 年）、崇祯十年以来，连续七八年，“死旱，死蝗，死疫，死贼，复死兵，实为五灾俱备”。

崇祯十年至崇祯十七年的大旱灾还引起大饥、人相食、死者枕藉、米价飞涨的严重灾情。崇祯十年，山东十余州县夏旱无麦，大旱岁饥。崇祯十一年（1638 年），山西焦火流金，野绝青草，汾河竭，人相食。河南赤地千里，寸粒不收，人相食，饥死者十之四五。山东春大旱，井泉大竭，黄风时作，沙尘满天，飞蝗落处，树摧屋损。崇祯十二年（1639 年），陕西继续大旱，河南、山东旱情继续加重。河南沁水竭，飞蝗遍野，草木皆焦，百谷不收，人相食。山东自正月至六月、七月未雨，大旱蝗，岁大饥，人相食，流民载道。夏四月，蝗蝻入城如流水，秋大旱，狼入村镇，专咬人畜。崇祯十三年（1640 年），陕西连遭旱蝗，百姓大饥。河州（今甘肃临夏）自正月至六月不雨，夏禾尽枯，秋种未播，谷价腾贵，斗粟白银一两；城门外掘大尸坑七八处，深三四丈，每日车拉尸骨无算，人相食。庆阳、平凉等地饥者大半，十室九空，城外积尸如山，有父子夫妇相食者。河西、陇南地区亦大饥，人相食。山西自去年八月不雨，秋无禾，汾河、浍河、漳河及伍姓湖俱竭，人相食。陕西大饥，人死八九。此年，河南全省受旱范围涉及84个县，其中约有70个县"人相食"，"人多饿死，饿殍载道"。安阳井皆浅涸，大河直至断流。草根树皮挖掘殆尽，人相食。新安旱蝗大饥，野绝青草，民众以树皮、白土、雁屎充饥，骨肉相食，死者相继，村舍十室九空。鄢陵自正月不雨至六月，禾尽枯，秋冬大饥，饿殍载道，母食其子，妻烹其夫。沁阳大旱，五谷种子无法播种，大饥，人相食。罗山大旱，岁大饥，五谷俱不实，民饥死十之五六，流亡十之三，田土自此荒芜。山东菏泽春不雨，井泉枯竭，菜花不开，果不实，牛羊不孕，鸡鸭不卵，妇人不孕；冬，人相食。莘县春夏大旱，百日风霾，秋无禾，斗米一两二钱，民间食草籽、树皮为生。有父子兄弟夫妇相食者，饥民为盗，蜂起焚掠，四境萧然。济南诸州邑，连岁旱饥，道馑相望，寇贼蜂起。阳信、海丰（今无棣）、乐陵、沾化等县，大旱饥，人相食。扬州府仪真县（今江苏仪征）大旱，人多饿死。六合大旱，人相食。丹徒县旱蝗，民多疫，人相食。通州以南沿江自五月至七月不雨，河竭，大旱，蝗食禾，大饥大疫。

崇祯十四年（1641年），陕西一带旱情缓解，但晋、豫、鲁三省灾情仍重。山东因连年干旱无雨，又叠加蝗蝻等虫灾，土地荒芜，无麦无秋，人只有吃草根、树皮苟延性命，甚而"发瘗胔以食"。崇祯十五年（1642年）灾区缩小到晋南和豫西一带，但仍有一些地方从正月至六月无雨而出现人相食的灾情。河南辉县沿村于1642年（壬午）端午而始灭荒芜之田，秋亦未大熟，粟、帛诸物市价涨了10多倍，村中当时居住有千余家，而至崇祯十六年（1643年）复业的还不足50家。

关于崇祯十年（1637年）以后的大旱荒民生惨象，现存西安市"碑林"最后展室东侧有一块崇祯十六年（1643年）岁次癸未孟夏月刊立的《感时悲伤记》，所记很有代表性。碑云：盖自累朝以来，饥荒年岁止见斗米三钱倍增七钱者，余等痛此遭逢，尚谓稀有之事。岂料八九年来，蝗旱交加，祲至十三四年天降。商雒等处稍康，四处男妇奔走就食者、携者、负者，死于道路者不计其数，万状疾楚细陈不尽。计开当年时值：以稻米粟每斗二两三钱，小麦一斗二两一钱，大麦一斗一两四钱，荞麦一斗九钱，莞豆一斗一两八钱，粇子一斗五钱，谷糠一斗一钱，柿果一斗一钱五分，核枣一升一钱，盐一升钱九分，清油一斤一钱六分，猪肉一斤一钱八分，红白萝卜一斤七分，棉花一斤三钱二分，麻一斤一钱，梭布一尺五分。

第三章　虫灾

明代的农林病虫害种类繁多，灾情也重。据李时珍《本草纲目》、徐光启《农政全书》、宋应星《天工开物》、张尔岐《蒿庵闲话》、佚名沈氏《沈氏农书》以及《明史·五行志》记载，农林病害主要有黑穗病、稻瘟病、棉花炭疽病、大豆褐斑病、浮沉子、萎缩病等。崇祯十三年（1640 年），徐州田中白豆，多作人面，眉目宛然。崇祯十四年（1641 年），宿迁有估客载黄豆一船，约 500 石，一夜尽生黑文作人面彩，耳目口鼻具备，人或种，所获亦然。这两例皆是一种大豆褐斑病。万历戊寅（1579 年）秋七月，浙江海盐县有细若蜉蝣蚁子出苗上，千百为群，即不食根节，不伤心叶，但一经其啄，遂不秀实，虽螟螣蟊贼之祸也不过如此，老百姓呼之为“苗虱”。苗虱，即浮沉子。《沈氏农书》中提到的桑树“瘫桑”病，即萎缩病，是流行于明代太湖流域的一种相当严重的桑病。

农林虫害主要有危害农作物的蝗虫、斑猫虫、黏虫、蚜蚄、蝥、蛀、稻苞虫等，以及侵害林业的松毛虫、桑蟥、桑天牛。黏虫以麦苗为食，威胁小麦的生长。洪武三年（1370 年）七月十九日，河南府奏：田间生斑猫虫，食麻、豆。命有司捕之。景泰五年（1454 年）五月，直隶河间顺德、广平、真定、大名等府有虫食桑，春蚕不育，丝绢俱无从办纳。成化十三年（1477 年），湖州一带春水发，无麦，蚜蚄生。嘉靖四年（1525 年）夏秋旱，蝥生禾根，食禾几尽。嘉靖二十三年（1544 年），大旱，螟食苗。嘉靖三十七年（1558 年），河南偃师紫虫食麦。贵州的黎平、天柱于隆庆六年（1572 年）、万历元年（1573 年）发生了稻苞虫灾。万历三十二年（1604年）六月十八日，虫食长陵松柏叶尽。天启七年（1627年）三月，江阴青虫食麦苗；同年，镇江府丹徒县秋大旱，生异虫，状如蝉，食禾根，禾尽死。崇祯元年（1628年）正月二十一日，常州府蟊贼为灾，田禾食尽。崇祯十四年（1641年）夏秋大旱蝗，又生五色虫，状如蚕，视人若怒，捉之触手皆烂，食苗、棉叶殆尽。崇祯十五年（1642年），常州府武进河干涸，六月稻生蝝。

松毛虫古称"松虫"，以松针（即松毛）为食。嘉靖九年（1530年），浙江即有松毛虫成灾的记载。万历时，江苏山中松树俱受其害，据梢食叶，飕飕有声，树尽凋谢，俗称松蚕。桑蟥、桑天牛等属于危害桑树的害虫。景泰五年（1454年）三月，畿南五府有虫食桑，春蚕不育。桑蟥主要食害桑树芽叶，桑天牛则食害桑树枝干，明代《沈氏农书》对捕杀桑蟥、治理桑天牛的方法有详尽记载，说明桑蟥、桑天牛在明代太湖流域危害已久。

蝗灾是虫灾中为患最烈的一种灾害。蝗之为灾，甚于水旱，凡所过处，革枯地赤，六畜无以为饲，不唯伤禾稼而已。徐光启在《除蝗疏》中将水、旱两灾与蝗灾的发生后果作出比较后指出，凶饥之因有三：曰水，曰旱，曰蝗。地有高卑，雨泽有偏被。水旱为灾，尚多幸免之处；唯旱极而蝗，数千里间草木皆尽，或牛马毛幡帜皆尽，其害尤惨，过于水旱也。蝗虫有两大类，即土蝗和飞蝗。而明代的蝗灾主要是东亚飞蝗所造成的灾害。人们在五六月间遇见的飞蝗称夏蝗。夏蝗长成后约20多天，又下卵，而后孵化成秋蝗，秋蝗的危害要甚于夏蝗。东亚飞蝗时常造成农作物的大面积绝收，从而引发大饥荒。

明代蝗灾前中期为多，但危害较轻，后期次数虽然少，但灾情却十分严重。就整个明代来说，蝗灾在正统、嘉靖、万历、崇祯诸朝尤其严重。特别是崇祯朝，是明代蝗灾最为严重的时期，在16年的时间里，发生了33次蝗灾，年均值为2.06次/年，周期为0.49年/次，远高于明代平均值。崇祯朝的大蝗灾年和特大蝗灾年还特别集中，明代共有14个特大蝗灾年，崇祯年间就占6个，占整个明代的42.86%。另外，崇祯朝还有3个大蝗灾年，崇祯朝9个大蝗灾和特大蝗灾年，占整个明代55个大蝗灾和特大蝗灾年的16.36%。蝗灾规模空前，影响极大。

明前期的洪武、建文、永乐、宣德朝的蝗灾无多，危害也不甚大。洪武五年（1372年）六月，济南属县及青州、莱州二府蝗。七月，徐州、大同蝗。洪武六年（1373年）七月，北平、河南、山西、山东蝗。洪武七年（1374年）二月，平阳、太原、汾州、历城、汲县蝗。六月，山西、山东、北平、河南蝗，怀庆、真定、保定、河间、顺德、山东、山西蝗。洪武八年（1375年）夏，北平、真定、大名、彰德诸府属县蝗。建文四年（1402年）夏，京师飞蝗蔽天，旬月不息。数十日后，蝗虫南飞，衢州、金华、兰溪、台州等地的禾苗及竹、树叶均被食尽。次年，山东、河南、陕西、山西等地普遭蝗害。永乐元年（1403年）夏，山东、山西、河南蝗。永乐三年（1405年）五月，延安、济南蝗。永乐十四年（1416年）七月，畿内、河南、山东蝗。宣德四年（1429年）六月，顺天州县蝗。宣德五年（1430年）六月，遣官捕近畿蝗。宣德九年（1434年），南北两畿（南京和京师）、山西、山东、河南蝗蝻覆地尺许，伤稼。宣德十年（1435年），南北两京、山东、河南蝗蝻伤稼。

到了正统朝，开始出现了连年蝗灾的趋势，蝗灾范围不断扩大，蝗灾灾情也趋重。正统元年（1436年）闰六月，直隶河间府静海县四月蝗蝻遍野，田禾被伤，民拾草籽充食。同年八月初十，巡抚直隶行在工部右侍郎周忱言：吴淞江畔原有沙涂柴荡一所，约计150余顷，水草茂盛，虫蜢、蟛蜞多生其中，近荡禾稼岁被伤损。正统二年（1437年）四月，北畿（京师）、山东、河南蝗。正统五年（1440年），顺天、河间、真定、顺德、广平、应天、凤阳、淮安、开封、彰德、兖州等地暴发严重的夏蝗。正统六年（1441年），上述地区继续受到夏蝗的侵害，彰德、卫辉、开封、怀庆、太原、济南、东昌、青州、莱州、兖州、登州诸府及辽东广宁前、中屯二卫又发生了秋蝗。同年五月十七日，山东武城县、直隶静海县各奏蝗、旱相继，麦尽槁死，夏税无征。明英宗命行在户部覆视以闻。正统七年（1442年）五月，顺天、广平、大名、凤阳、开封、怀庆、河南蝗。正统八年（1443年）夏，两畿（京师和南京）地区依然有蝗害。正统十二年（1447年）夏，保定、淮安、济南、开封、河南、彰德蝗。秋，永平、凤阳蝗。正统十三年（1448年）五月初二日，遣使捕山东蝗。七月，多地飞蝗蔽天。正统十四年（1449年）夏，顺天、永平、济南、青州蝗。

明中前期的景泰、天顺、成化、弘治、正德诸朝的蝗灾次数虽多，但相对正统朝以及此后的嘉靖、万历、崇祯朝来说，蝗灾灾情要轻许多。景泰五年（1454年）六月，宁国、安庆、池州蝗。景泰七年（1456年）五月，畿内蝗蝻蔓延；六月，淮安、扬州、凤阳大旱蝗；九月，应天及太平七府蝗。天顺元年（1457年）七月，济南、杭州、嘉兴蝗。天顺二年（1458年）四月，济南、兖州、青州蝗。成化三年（1467年）七月，开封、彰德、卫辉蝗。成化九年（1473年）六月，河间蝗；七月，真定蝗；八月，山东旱蝗。成化十九年（1483年）五月，河南蝗。成化二十年（1484年）夏六月，宁夏蝗虫大作，其头面皆淡金色，顶有冠子，禾稼皆尽。同年，山西的太平，飞蝗蔽天，禾穗树叶食之殆尽，民悉转为沟壑。次年，山东、山西等地自春徂秋，雨水不至，蝗蝻遍地，大半饥民流亡，人皆相食，饥民啸聚山林。成化二十二年（1486年）三月，平阳蝗；四月，河南蝗；七月，顺天蝗。弘治三年（1490年）北畿（京师）蝗。弘治四年（1491年）夏，淮安、扬州蝗。弘治六年（1493年）六月，飞蝗过京师，自东南向西北，连续三天遮蔽天日。弘治七年（1494年）三月，南北两畿（南京和京师）蝗。正德四年（1509年），宿州夏大旱，蝗飞蔽日，岁大饥，人相食。正德七年（1512年），广东博罗县飞蝗蔽天；惠阳县飞蝗蔽野，所至食田禾殆尽。

明中期的蝗灾以嘉靖朝为剧。嘉靖三年（1524年）六月，顺天、保定、河间、徐州蝗。嘉靖七年（1528年）至嘉靖八年（1529年），京师、山东、河南、山西、湖广、南直隶连续两年大蝗灾。嘉靖七年（1528年），河南新安飞蝗蔽天，复生蝻遍地。巩县于七月五谷将熟之时，不意飞蝗自东南来，飞腾蔽日，阔长40里，苗草尽为食毁。后虫蝻复生，地皮尽赤，小民流移，父子兄弟各相离散。山西等处地方禾苗成熟之日，蝗蝻盛生，弥空蔽日，积于三四寸，食禾苗殆尽，居民往往率妇、子望禾苗痛哭。南方湖广亦旱极而蝗，枣阳、远安、英山等地八月蝗虫北来，落地尺许，食谷无遗，大饥，人相食。南直隶的舒城、六安、庐州、来安、东台、盐城、盱眙、淮安、江都、如皋于嘉靖七年（1528年）发生蝗灾，大致由来安、东台一线向西蔓延至庐州、舒城、六安，向南扩散至江都、如皋，西北和北面扩展至盱眙和淮安。东台夏旱蝗生，积地厚达数寸。盐城县自五月至七月未雨，蝗大起，约80里。大者能飞，食禾苗；小者足行，遇衣服、书籍，辄食之，民皆饥散。八月中旬，舒城的蝗虫厚尺许，食谷几尽。八月十三日，六安飞蝗入境，落地尺许，食谷无遗。嘉靖八年（1529年），蝗灾范围进一步扩大，受灾的有宿州、霍邱、滁州、来安、全椒、东台、兴化、扬州、高邮、宝应、通州、如皋。秋七月，东台飞蝗蔽空。宿州在嘉靖六年（1527年）六月就有蝗虫从徐州、邳州一带飞来，当时久旱之余，地土干涸，飞蝗所遗种从裂地深缝中生长出小蝻，厚且数寸，遍野四起。嘉靖八年（1529年）以后三四年，宿州连岁蝗旱，民多逃亡。扬州在嘉靖八年（1529年）六月时就飞蝗堆积厚达数寸，长数十里，食草木殆尽，数日后飞渡江，食芦荻亦尽。八月，蝗又自北飞来，群飞蔽天，绵亘百里，厚尺许，走山路的人衣履皆黄，禾稼不登。全椒飞蝗入境，禾稼草木食尽。滁州蝗自西北来，遮蔽天日，丘陵坟衍如沸腾的开水，所至禾黍皆尽。秋七月，高邮飞蝗蔽天，积地厚数寸，禾稼不登。如皋也是飞蝗蔽空，积地厚数寸，民屋皆是蝻螨。

嘉靖十二年（1533年）至嘉靖十五年（1536年）、嘉靖十九年（1540年）、嘉靖二十年（1541年），南直隶多地暴发大蝗灾。嘉靖十二年，兴化、来安蝗灾。嘉靖十三年（1534年），兴化、庐江、庐州皆有蝗虫出现。到嘉靖十四年（1535年），因南直隶普遭大旱，故又蝗灾暴发，受灾的有泗虹、盱眙、东台、兴化、如皋、庐州、庐江、无为等府、州、县。多年以来蝗虫一直没绝种的东台、兴化，此年灾情更加严重。六月大旱，飞蝗蔽天，八月生蝝，积地厚尺许，草无存。泗虹地区是五月至十月不雨，蝗生，络绎不断，房屋皆遍，衣服悉啮。宿州在嘉靖十三年（1534年）六月也是飞蝗从东北入境，延蔓不绝，至七月始西去，秋稼无收，十四年、十五年连岁飞蝗遍野。嘉靖十九年（1540年），南直隶又暴发大范围的蝗灾，受灾的有霍邱、六安、霍山、庐州、舒城、巢县、东台、江都、高邮、如皋、通州。同年夏季，英山蝗灾，秋季六安、霍山俱蝗，蝗虫落地堆积 2 尺许，树多压损。江都县夏旱蝗，害稼，知府刘宗仁获蝗蝻 5563 石。东台在嘉靖十四年（1535 年）以后连续五年没有暴发蝗灾，但这次因为飞蝗入境而损失惨重，夏旱时飞蝗自西北来，毁伤田禾。嘉靖二十年（1541 年），南直隶通州还有蝗虫灾情。同年，北方的密云、怀柔等地，飞蝗蔽天，食禾几尽。

嘉靖三十九年（1560 年）至嘉靖四十年（1561 年），黄河流域大蝗灾。嘉靖三十九年（1560 年），山西、京师、山东发生大旱灾，飞蝗随之四起，瘟疫流行。怀柔飞蝗蔽天，禾稼殆尽，县南郑家庄、高家庄居民鸣锣焚火，掘地掩埋蝗虫，须臾蝗积如山。三河县蝗自南来，越城北飞，人马不能行，坑堑皆盈，禾草俱尽。此次蝗灾以京师地区最为严重。同年七月，密云、怀柔、顺义等县飞蝗蔽天，食禾几尽，米价腾贵。嘉靖四十年（1561 年），飞蝗还侵袭了原本无蝗害的辽左地区。五月，蝗自广宁东越旬日便从沈阳上榆林再入内地，所至遗种。又旬日蝻出。于是，蝗虫遍布辽左。

万历、天启朝的蝗灾在全国多有发生，就连最南方的广东这样不适宜蝗虫生长的地方也有了蝗害。如万历五年（1577 年），广东顺德、中山、南海、澄海等县发生蝗虫灾害。秋七月，顺德飞蝗食禾苗尽。立秋后，中山县蝗虫飞，食苗尽白。南海县飞虫食苗殆尽。澄海县有蛱虫害苗。万历十五年（1587 年）七月，江北大蝗。万历十九年（1591 年）夏，顺德、广平、大名蝗。万历三十四年（1606 年）六月，畿内大蝗。万历三十七年（1609 年）九月，北畿（京师）、徐州、山东蝗。天启元年（1621 年）七月，顺天蝗。天启五年（1625 年）六月，济南飞蝗蔽天，田禾俱尽。天启六年（1626 年）夏，江北、山东旱蝗；十月，开封旱蝗。

万历朝蝗灾以万历四十三年（1615 年）至万历四十七年（1619 年）的华北、江淮地区大蝗灾为重。万历四十三年七月，山东旱蝗。次年四月，山东大旱之后，又遭蝗灾，饥民互相蚕食。六月，山西平阳府有蝗虫危害，蒲、解两州更为严重。七月，河南安阳等县蝗群非常猖獗，农民损失惨重，有面对遭蝗劫的禾苗悲忧不已而上吊身亡者。南方的常州、镇江、淮安、扬州各郡也遭蝗害。九月，江宁、广德等地又出现大批蝗蝻，农作物、竹木之叶均被吃尽。江淮地区的蝗灾已蔓延到了太湖、庐州、庐江、泗虹、山阳、淮安、扬州、通州、如皋、六合等地，且灾情严重。泗虹地区蝗飞，食田禾，赤地如焚。八月，飞蝗自北飞入合肥、庐江、无为、巢县，食稻过半。应天府六合县飞蝗蔽野，庄稼强半被食，濒江芦苇如刈。万历四十五年（1617年），北畿（京师）旱蝗，说明华北地区蝗灾依然严重。在江淮丘陵和里下河地区，蝗灾急剧扩散，受灾地区包括庐州、舒城、庐江、滁州、天长、全椒、东台、扬州、高邮、宝应、如皋。这一年东台县的蝗灾最为严重，四月飞蝗蔽天，食禾苗尽，草无遗，入民居室，床帐皆满，积厚5寸许，秋复至。万历四十六年（1618年），南畿（南京）四府又发生大蝗灾。受灾的有怀远、来安、东台、扬州等地，仍然以东台县灾情最烈，夏旱，蝗生，食荡草殆尽。万历四十七年（1619年）八月初五，山东济南、东昌、登州大蝗。

崇祯改元之后，竟无乐岁，旱、蝗、疫、水、兵灾叠加，尤以蝗灾为烈。崇祯七年（1634年）六月，飞蝗蔽天，京师大饥。崇祯八年（1635年）七月，河南蝗。崇祯九年（1636年），河南、山西、陕西出现旱情。京师的卢龙、新安、顺德，山东的登州、青州，河南的郑县、阌乡，陕西东部的潼关、商南以及山西的荣河、交城、长治、潞城、襄垣、长子、稷山等地出现蝗灾。山西自崇祯六年（1633年）以来，连年不雨，崇祯八年（1635年）蝗蝻为害，以致百姓食尽草籽、榆皮、糟糠之后，发生母食子、子食父的惨状。崇祯十年（1637年）七月，山东、河南蝗，蝗灾范围迅速扩大。京师的顺天府、保定府，山东的济南府、兖州府，河南的卫辉府，山西的平阳府南部的荣河、绛县、安邑，陕西的西安府、凤翔府以及平凉府的平凉县和灵台县、巩昌府的清水县等，都出现严重的蝗灾。崇祯十一年（1638年），蝗灾范围继续扩大。六月，两京、山东、河南大旱蝗。蝗灾也从华北开始向华东蔓延，此年的六合县是蝗虫从天长北来，大如蜂蝇。东台自七月至九月飞蝗蔽天，方圆千里禾苗草木无遗。崇祯十二年（1639年）六月，畿内、山东、河南、山西旱蝗。南直隶的庐州、舒城、巢县以及东台、扬州、宝应、通州、如皋等地出现了蝗灾。当年的舒城、巢县旱蝗，无为遍地皆蝻，人不得行。宝应也是飞蝗北来，天日为昏，禾苗食尽。

崇祯十三年（1640 年）五月，南北两京、山东、河南、山西、陕西大旱蝗。五、六月，北京大旱蝗，至冬大饥，人相食，草木俱尽，道馑相望。南直隶的光山、霍邱、霍山、六安、庐州、舒城、全椒皆有蝗虫灾情，范围所及有盱眙、淮安、扬州、宝应、兴化、东台、江都、通州。各地蝗灾的破坏性极大，盱眙县蝗蝻遍野，民饥以树皮为食。宝应八月旱蝗，东西二乡周匝数百余里，蝗虫堆积五六尺，禾苗一扫而空，草根树皮无遗种。东台四月至七月不雨，蝗复至。飞盈衢市，屋草靡遗，民大饥，人相食。兴化县飞蝗蔽天，食草木皆尽，道馑相望。通州大旱蝗，食草木叶皆尽。六安州霍山县蝗扑人面，堆衢塞路，践之有声。至秋，田禾尽蚀，人相食，甚至有父母自残其子女的情况。崇祯十四年（1641 年）六月，两京、山东、河南、浙江大旱蝗。蝗灾范围再次向原先没有灾情的地区扩展，受灾的有安庆、宿松、潜山、太湖、怀宁、桐城、望江、庐州、舒城、庐江、无为、六安、霍山、淮安、东台、高邮等地。夏，六安蝗蝻所至，草无遗根，民间衣被皆穿，爨釜俱秽。霍山旱蝗更甚，野无青草，人相食。东台县则是旱蝗，有麦无禾。崇祯十五年（1642 年）以后，蝗害才逐渐消退。

第四章　疫灾

明代疫灾多与水灾、旱灾、蝗灾、地震等灾害相伴生。尤其是旱、蝗之后必有大疫，明代旱、蝗灾害在明代中后期趋重，相应的疫灾也在这个时期开始增多，并出现多次大疫。明代疫灾尤其以永乐五年到永乐八年（1407—1410 年）、景泰三年至景泰七年（1452—1456 年）、嘉靖元年至嘉靖四年（1522—1525 年）、万历七年至万历十六年（1579—1588 年）、万历三十八年至万历三十九年（1610—1611 年）、崇祯六年至崇祯十七年（1633—1644 年）几个时段最为突出。

明代前期，总体偏涝而旱蝗灾害较轻，故洪武、建文朝基本见不到大的瘟疫灾害，而永乐朝始见较大范围的严重疫灾。永乐五年（1407 年）以后的十多年间，特别是永乐五年（1407 年）到永乐八年（1410 年）的四年间，江西、福建两布政司接壤处的邵武、建昌、建宁、广信、延平、福州等六府发生了大瘟疫，造成大量人口死亡，另有大量人员逃亡，疫后数十年，两府境内人口数始终没有明显增长。永乐六年（1408 年）正月，江西建昌、抚州，福建建宁、邵武自去年至是月，染疫而死亡有 78400 余人。同年七月，江西广信府玉山、永丰二县疫死 1790 余人。十月，广信府上饶县疫死 3350 余户。永乐五、六年（1407 年、1408 年）两年间，江西建昌府广昌县疫死民众 800 余户，福建光泽、泰宁二县疫死 4480 余户。永乐八年（1410 年）福建邵武连年大疫，至是年冬，死绝者 12000 户。永乐十七年（1419 年）五月二十四日，福建建安县知县张隼言：建宁、邵武、延平三府自永乐五年（1407 年）以来屡遭大疫，死亡 174600 余人。永乐八年（1410 年），山东登州府、宁海诸州县自正月至六月，疫死6000余人。永乐九年（1411年）六月二十一日，巡按河南监察御史李伟言：磁州、武安等县民疫死者 3050 余户，荒芜田土 1038 余顷。七月，河南、陕西大疫。永乐十一年（1413 年）六月，湖州三县疫；七月，宁波五县疫。七月，浙江宁波府鄞、慈溪、奉化、定海、象山五县疫，死亡 9500 余人。

宣德、正统年间的疫灾范围较小，次数也不多，但造成的局地人畜死亡率和财产损失却很高。宣德七年（1432 年），陕西河州卫畜牧多疫死。正统五年（1440 年）冬，湖广衡州府宁远卫、桃州等六所大疫。正统七年（1442 年）冬十一月至次年夏四月，福建福州府古田县境内疫疠，死亡 1440 余人。正统九年（1444 年）冬，绍兴、宁波、台州瘟疫大作，延及次年，死亡 30000 余人。八月初一，浙江台州府黄岩县奏：自春至夏，民间大疫，死亡 9869 人。正统十年（1445 年）三月，浙江宁波府疫，军民死亡6600余人。正统十一年（1446年）十二月十一日，甘州等处疾疫。正统十三年（1448 年）九月十一日，江西建昌府新城县奏：去冬今春，疫气大作，县民死亡 4000 余人。

进入明中期，景泰、天顺、成化、弘治、正德、嘉靖各朝皆有疫灾发生，但以景泰、嘉靖朝最为严重。景泰三年（1452 年）至景泰七年（1456 年），在南北直隶、湖广、福建、江西等地，暴发了大规模疫灾。景泰三年二月二十八日，江西宜黄县大疫，死亡 4600 余人。景泰四年（1453 年）冬，建昌、武昌、汉阳疫。景泰五年（1454 年）二月巡抚江西右佥都御史韩雍奏：去冬建昌府属县大疫，死亡 8008 人。巡按湖广监察御史叶峦奏：武昌、汉阳二府疫，死亡 10000 余人。景泰六年（1455 年）四月，西安、平凉疫。五月，巡抚南直隶左副都御史邹来学奏称，多地饥疫流行，并不仅仅是苏州、松江等地，其嘉兴、湖州、常州、镇江也是如此，有一家连死至五七口者，有举家死无一人存者，生民之患莫重于此。景泰七年（1456 年）五月，桂林疫死 20000 余人。北直隶顺天等府、蓟州遵化等州县军民自景泰七年（1456 年）冬至次年春夏，瘟疫大作，一户或死八九口，或死六七口，或一家同日死三四口，或全家倒卧无人扶持。传染不止，病者极多。同年十月初七日，湖广黄梅县奏：春夏间，县境瘟疫大作，有一家死亡 39 人，总计死亡 3400 余人；全家灭绝的计 700 余户；有父母俱亡而子女出逃，人惧为所染，丐食则无门，假息则无所，悲哭恸地，实可哀怜。

天顺五年（1461 年）四月，陕西疫。西安府三十三州县地方，自去年（天顺四年）雨水连绵，秋成失望，人民缺食。至冬无雪，今（天顺五年）年春又无雨，二麦不登，瘟疫大行，人多死亡。成化元年（1465 年）广东海康城中大疫，十死六七，户口顿减。遂溪县城中疫起，十死六七，田野荒芜。成化七年（1471 年）夏，京城疫死的人很多。当时荒旱之余，大疫流行，军民死者枕藉于路。乃于京城崇文、宣武、安定、东直、西直、阜城六门郊外各置漏泽园一所，以瘗遗尸。成化十一年（1475 年）八月，福建大疫，延及江西，死者无算。成化十二年（1476 年）春正月初五日，福建奏报：自去秋八月以来，诸郡县疫气蔓延，死者相继，加之水旱，民困特甚。弘治七年（1494 年）八月，四川叙州府自春以来民间大疫，死亡 3000 余人。弘治十六年（1503 年）正月以来，云南景东卫畜疫，死者不可胜计。正德元年（1506 年）六月，湖广平溪、清凉、镇远、偏桥四卫大疫，死者甚众。同年八月，贵州程番等处时疫大作，民多死亡。九月初十日，广西桂林等府、兴安、灌阳、洛容县疫大作，民多死亡。正德二年（1507年），湖广靖州等处自七月至十二月大疫，死亡4000余人。福建建宁、邵武二府自八月开始亦大疫，死亡甚众，旱涝、蝗虫交相侵害。同年，江西浮梁县疫灾。正德六年（1511年）八月十二日，辽东定辽左卫等25卫大疫，死亡8100余人，牲畜疫死达数万头。正德十二年（1517年）十月，福建泉州府等处大疫。

嘉靖元年（1522年）至嘉靖四年，连年有疫灾。嘉靖元年二月，陕西大疫。嘉靖二年（1523年）开始，南直隶暴发了大规模的严重瘟疫。七月，南京大疫，军民死亡甚众；扬州、江都民人相食且病疫；淮安，夏旱，秋水，冬大疫；怀远，春疫，人相食；霍邱大饥疫；庐州府大旱，继之以瘟疫流行，惨状令人目击神伤；全椒民饥疫死，积尸满野；安庆、怀宁、宿松、潜山、太湖、桐城、望江大旱疫。宿州于嘉靖二年（1523年）夏亢旱，商贩不通，人乃相食，继以大疫，有数口之家无孑遗者。庐州知府龙诰在《请蠲赈疏》中说，合肥地方连岁凶荒，去年（嘉靖元年）尤惨，已蒙抚按奏兑粮草及大发钱粮赈济，又给散牛具、子种，劝民趁时布种。不料穷民命薄，瘟疫流行，乡市人家，不问官民老少，悉皆传染。虽蒙本府分役差官挨门问疾，逐村施药，既给之姜茶，又赈以食米，奈何药不胜病，人莫胜天，愈治愈病，愈病愈死。一门之内多者十数口，少者三五口，甚有举家染病，无人炊爨、阖门就死、无人殡葬者。这次疫灾严重的程度远远超过弘治十六年（1503年）和正德三年（1508年）。庐州知府龙诰访之父老，询之士夫，都说弘治十六年庐州之民亦尝染疫而病死数万人，未尝如今年之既染疫而又遭重灾的。正德三年，庐州亦尝罹灾，而饥死者数万，未尝如今岁之既罹灾而复继之以疫病流行的。旧岁饥荒在民，还有子女衣物可卖，现今则连衣物都无可卖了。以前灾时，官府尚有仓库钱粮可发放，现今则空无可发。公私储蓄既竭，乡市一片萧条。嘉靖三年（1524年），疫区继续扩大。春夏间，宝应、高邮、六合、仪真大疫，死者相枕藉；春，滁州、来安、天长、六安州、庐州、舒城、庐江、巢县大疫，民多丧亡，死者枕藉。嘉靖四年（1525年）九月，山东疫死4128人。

嘉靖九年（1530年）春三月，北直隶临城大饥疫，甚至有下村村民周佐食妻及子的惨象。嘉靖十八年（1539 年）春，河南鲁山县大旱，秋大蝗，野无遗禾，黎民相食者甚多，饿殍者枕藉道路，春夏瘟疫大行。嘉靖三十三年（1554 年）四月，都城内外大疫，死者塞道。嘉靖三十七年（1558 年），贵州大饥，人相食，大疫，有阖门皆死的。嘉靖四十年（1561 年）春，湖广荆州大疫，死亡 10000 余人。嘉靖四十一年（1562 年），福建瘟疫，人死十分之七，市肆、寺观尸相枕藉，有阖户无一人生存下来的。春，兴化城中大疫。嘉靖四十四年（1565 年）正月，京师饥且疫。

明代后期，疫情一波接一波，瘟疫流行范围急剧扩大，死亡人数急剧攀升。可以说，万历、崇祯朝的疫灾是整个明代最为严重的。隆庆、万历初年，全国疫情平静。但至万历七年（1579 年）后，华北和长江中下游一带开始普遍遭遇大疫灾。疫情先在山西中部暴发，向北部地区传播，以大同为中心，分别向西，继续在山西境内传播，向东进入京师地区，进而通过京师地区，传入山东地区，逐步向南推进。同时，山西中部的瘟疫向南推进，在南部地区频繁暴发，形成以潞安为中心的疫情重点暴发区域。并且经由潞安，传播至河南北部，进而推进到河南其他地区，并经由河南，传入南京徽州府（今安徽），进而推进至南京其他地区（今江苏）、江西、浙江地区，从而形成全国范围内一场大规模的瘟疫流行。

万历七年（1579 年），位于山西中部的孝义发生瘟疫，死者甚众。万历八年（1580 年），孝义北部太原、太谷、忻州、岢岚、平定、大同，东部辽州，西北部保德州发生疫灾。大同地区瘟疫大作，十室九病，传染者接踵而死，数口之家，一染此疫，十有一二甚至阖门不起者。尤其是保德州瘟疫造成了大量人口死亡，大疫流行，灵柩出城者踵相接。瘟疫以大同、平定为中心，分别向西、向南继续在山西境内传播，疫情范围逐渐扩大。万历九年（1581 年），大同西部的威远，西南部的朔州，发生了瘟疫，吊唁送终者绝迹。同年，平定再次发生瘟疫，其南部的潞安也发生了瘟疫。潞安北门无故自己关闭，既而大疫，相染不敢吊问。万历十年（1582 年），与孝义、辽州、潞安相邻的沁州和地处山西南部的闻喜也发生了大疫，沁州有一家全染疫的。接连发生瘟疫的潞安已成为瘟疫的集中暴发区域，成为一个重要的瘟疫蔓延源地。万历十三年（1585年），闻喜东邻，同处山西南部的垣曲瘟疫大流行，传染伤人，亲朋故旧不相吊问。万历十四年（1586年），潞安南邻，处于山西南部的泽州也传染到疫病。这年，泽州属县春不雨，夏六月大旱，民间老稚剥树皮以食，疠疫大兴，死者相枕藉。万历十五年（1587年），泽州县复大旱，民大饥，疠疫死之如故。潞安包括所辖长治县再次发生瘟疫，死亡人口较前两次更多。万历十六年（1588年）春，泽州地震，大疫流行，民户有全家死亡的。位于山西南部的临晋、平陆、荣河、稷山发生瘟疫，时民疫死者甚众，二麦虽登，至无人收刈。

瘟疫北上大同之后，跨出了山西边界，向东部继续推进至京师和山东等地。万历九年（1581年），怀来县很多人肿颈，一二日即死，名"大头瘟"。这种"大头瘟"起自西城，秋，传至怀来，巷染户绝；冬，传至北京，次年传向南方。万历十年（1582年）四月，京师大疫。通州、东安亦疫。霸州、文安、大城、保定患"大头瘟"而死亡的人相枕藉，苦于被传染，虽至亲不敢问吊。京师所属真定府也在同年发生瘟疫。新乐县此年春夏发生"大头瘟"，百姓有十分之四的人死亡。武强县、栾城县春亢旱，瘟疫大作，人有肿脖者，三日即死，亲友不敢吊，吊遂传染。甚至有死绝其门者，远近大骇，号为"大头瘟"。万历十五年（1587年）夏，京城内外灾疫盛行，朝廷命选太医院精医分拨五城地方诊视，并散发银钱和药物给各个街道。这一年仅京城内受到医治的病人就有109590多人，共用药研14668斤，可见疫病传染人数之多。

万历十年（1582年），与京师相邻的山东也发生了瘟疫。万历十年（1582年），山东滨州春酷旱，大头瘟流行，闻者惊骇，先流行于村外地方，有整个村几乎死绝的。到万历十一年（1583年），瘟疫传及城市，一人感疾，一家俱伤，即使亲戚亦不敢吊问。从万历十二年（1584年）到万历十五年（1587年），山东距京师最近的济南府境内相继发生三次瘟疫。万历十二年（1584年），沾化大疫。万历十五年（1587年）商河大疫。万历十六年（1588年），济南大疫。瘟疫流行呈现出由北至南，相继发生的特点。

山西的瘟疫经由潞安，传至河南北部。万历七年（1579年）以来，河南卫辉府获嘉县灾沴频仍，瘟疫大作，人户逃亡过半。万历十年（1582年），河南再次发生瘟疫，洛阳疫死者枕藉于街市。万历十二年（1584年），与潞安相邻的河南涉县（今河北涉县）发生了瘟疫。万历十五年（1587年），与涉县同属彰德府的临彰（今河北临漳县）也发生了瘟疫；同年，处于河南南部，与彰德府相邻的河南卫辉府发生了瘟疫。万历十六年（1588年），河南开封城西至河南北大疫，死者相枕藉。

当北方瘟疫大肆流行之时，长江中下游地区也发生了大规模的瘟疫，甚至广东也有瘟疫流行。万历八年（1580年）夏，苏州府常熟县大雨，洪水泛涨，城内街衢及田庐悉成巨浸，兼以疫疠盛行，死者相继，甚至有一家死亡20多人的。万历十一年（1583年），扬州府仪真（今江苏仪征）发生大疫，城市的大街小巷，乡村闾里，均互相传染，以致很多村落因疾病流行而没了做饭的人。当地有个叫殷榘的医生，昼夜奔走于有病之家。有个病人染病后七天不能吃饭，吃一般医生所开的药剂，不但没有效果，反而昏死过去。殷榘前来诊视后说："舌头虽黑但不硬，脸颊虽肿还未有溃裂，所以还能救活。"病人按照医生的吩咐服了药，很快退了高烧恢复了健康。在这场瘟疫流行中，仅殷榘一个医生就救活了数千染疫者。万历十二年（1584年）春，湖广德安大疫。万历十五年（1587年），南直隶吴中地区、靖江府，江西许多地方都曾发生瘟疫。万历十六年（1588年），徽州府休宁县发生瘟疫。医生余淳献出家藏秘方，救活了不少人。与吴中地区相邻的浙江湖州、嘉兴、萧山以及与徽州府相邻的严州也发生了瘟疫。而江西某些地区，如高安县再次遭遇瘟疫流行。同年，扬州府泰州如皋县大饥疫、宝应旱而大疫。春季，盐城自二月至入夏不雨，县属伍祐、新兴各场疫疠盛行。滁州的来安春季谷贵而大饥疫，天长岁大疫，死者枕藉。安庆、怀宁、天长、望江、太湖、潜山大旱疫，民大饥。其中怀宁大饥疫造成了死者盈野、灾连数十里的严重局面。万历十七年（1589年）安庆、望江、潜山、宿松四个府、州、县疫情最重，宿松秋冬疫疠，比户不闻。望江更是疫疠横行，十室十空，十人九病，流尸载路。万历十八年（1590年），湖广郡县复大疫。江西吉水县瘟疫再次流行。庐州、舒城、无为、巢县、全椒五个府、州、县又有大疫，死者枕藉于道。万历二十四年（1596年）

广东廉江县于夏五月大疫，县民及雷州流民入境，死尸横道，不到十岁的孩子送人只为了换取一顿饱饭，或者只换得米数升而已。廉江县没有被传上瘟疫的人，只有十分之一二。

万历十六年（1588 年）之后，华北大瘟疫暂告一段落。但从万历三十八年（1610 年）开始，山西的中部重又出现疫情。四月，大同属县旱饥。九月，痨疫，多染"喉痹"，一二日辄死。同年九月，太原府人家瘟疫大作，多生"喉痹"，一二日辄死，死者无数。即治疗得活，俱发斑疮蜕皮；十家而八九，十人而六七，历正、二月犹不止。晋府瘟疫尤甚。十九日夜二更，晋王以瘟疫而薨。万历三十九年（1611 年），疫病有从山西中部向南部传播的趋势。这年沁州发生大疫，当地人称为"黍谷症"。沁州鼠疫挨门传染，为害深重。

万历三十九年（1611 年）之后，北方很长一段时间未见大规模瘟疫。崇祯六年（1633 年）之后，大旱蝗的同时，新的一轮大规模瘟疫又自山西发生。其后，陕西、京师、天津、河南、山东，以及南方江淮地区、江南等地也相继发生大规模瘟疫。成为继万历年间大瘟疫之后，明代历史上又一次蔓延全国的大规模瘟疫。崇祯十七年（1644 年）明朝灭亡之时，瘟疫尚在流行。

山西多地在崇祯六年（1633 年）发生大规模瘟疫。垣曲、阳城、沁水大疫，道殣相望。高平、辽州大疫，死者甚多。临汾、太平、蒲县、临晋、安邑、隰州、汾西、蒲州、永和大旱，垣曲大疫，道殣相望。另外，沁州在崇祯六年（1633 年），兴县在崇祯七年（1634 年）、崇祯八年（1635 年），临晋县在崇祯八年（1635 年），也都发生了瘟疫。崇祯十年（1637 年）、崇祯十四年（1641 年）、崇祯十七年（1644 年），山西北部的大同府相继发生三次瘟疫，右卫牛亦疫。崇祯十四年（1641 年），山西瘟疫大作，吊问绝迹，岁大饥。崇祯十七年（1644 年）瘟疫又作。大同府辖下浑源在崇祯十六年（1643 年）、灵邱在崇祯十七年（1644 年）也都相继发生瘟疫。与此同时，山西南部的潞安也发生了瘟疫，崇祯十七年（1644 年），潞安大疫。病者生一咳，或吐痰血。不敢吊问。有阖家死绝，不敢埋葬的。

陕西从崇祯九年（1636 年）开始发生瘟疫。五月，榆林府大疫。

崇祯十年（1637年）延安府大瘟疫，米脂城中死者枕藉。崇祯十三年（1640年）夏，又大疫。崇祯十五年（1642年），大疫。崇祯十六年（1643年）七月，郡城瘟疫大作。凤翔府在崇祯十三年（1640年）大旱饥，流移载道，死者枕藉。次年大饥，瘟疫流行，居民阖室俱毙，野无人烟。

京师在崇祯五年（1632年）五月，时值炎热，瘟疫流行，秽恶之气，传染易遍，即都城内几至千人，病呈无日不报。京师顺德府、河间府在崇祯十三年（1640年）瘟疫传染，人死八九。同年，顺德、河间两府南部的内黄县更是风沙大作，麦死无收，有家无人。食糠榆皮，受饥者面黄身肿，生瘟疫，死者过半，并且于次年再生瘟疫。崇祯十四年（1641年），京师及其他诸府相继瘟疫流行。大名府春无雨，蝗蝻食麦而尽。瘟疫大行，人死十之五六。广平府大饥荒，人相食。顺德府连岁荒旱，人饥，瘟疫盛行，死者无数。真定府大旱民饥，夏大疫。顺天府良乡县瘟疫，岁大饥，次年大瘟疫。此年七月，京师大疫。

崇祯十六年（1643年）、崇祯十七年（1644年），京师瘟疫蔓延更为凶猛。崇祯十六年（1643年）七月，顺天府通州大疫，名曰“疙疸瘟”，比屋传染，有阖家丧亡竟无收殓者。昌平州于崇祯十六年（1643年）大疫，名曰“疙疸病”，见则死，至有灭门者。崇祯十六年（1643年），京师自二月开始大疫，至九月方息。据清代花村看行侍者《花村谈往》卷一记载，八月至十月，“京城内外病称疙瘩，贵贱长幼，呼病即亡，不留片刻。兵科曹良直古遗正与客对谈，举茶打恭不起而殒。兵部朱希莱念祖拜客，急回入室而殂。宜兴吴彦昇授温州通判，方欲登舟，一价先亡，一价为之买棺，久之不归，已卒于棺店。有同寓友鲍姓者，劝吴移寓，鲍负行李，旋入新迁。吴略后至，见鲍已殂于屋。吴又移出，明辰亦殂。又金吾钱晋民同客会饮，言未绝而亡。少停，夫人婢仆辈一刻间殂十五人。又两客坐马而行，后先叙话，后人再问，前人已殒于马鞍，手犹扬鞭奋起。又一民家合门俱殂，其室多藏，偷儿两人，一俯于屋檐，一入房中，将衣饰叠包递上在檐之手。包积于屋已累累，下贼擎一包托起，上则俯接引之，擎者死，俯者亦死，手各执包以相牵。又一长班方煎银，蹲下不起而死。又一新婚家合卺，坐帐，久不出，启帷视之，已殒于床之两头。沿街小户收掩十之五六，凡楔杆之下更甚，街坊间的儿为之绝影，有棺无棺，九门计数已二十余万，大内亦然"；"十月初，有闽人补选县佐者，晓解病由，看膝弯后有筋肿起，紫色无救，红则速刺出血，可无患。来就看者，日以万计。后霜雪渐繁，势亦渐杀。"崇祯十七年（1644年），天津督理军务骆养性说，去年京师瘟疫大作，死亡枕藉，十室九空，甚至有户丁尽绝而无人收殓的。时至顺治元年（1644年）九月，保安卫、沙城堡大疫后，死绝的不下1000家。怀来县生员宗应祚、周证、朱家辅等皆全家疫殁，鸡犬尽死。黄昏鬼行市上，或啸语人家，了然闻见，真是大奇灾。

与京师很近的天津，在崇祯十七年（1644年）也受到瘟疫的侵袭。天津督理军务骆养性谈道，上天降灾，瘟疫流行，自八月至九月十五日，传染至盛。有染疫一二日就死的，也有朝染夕亡的，每日死亡不下数百人。县有全家全亡不留一人者，排门逐户，无一保全。甚至一人染疾，传及阖家，两月丧亡。至今转炽，城外遍地皆然，而城中尤甚。以致棺蒿充途，哀号满路。天津人称此次瘟疫为"探头病"，谓一探头即染病死之故。

崇祯十三年（1640年）之后，河南瘟疫流行。怀庆府在崇祯十三年（1640年）、崇祯十四年（1641年）接连发生瘟疫。崇祯十三年（1640年），怀庆府大旱，五谷不能播种，大饥，民疫，乱尸横野，粟每斗钱二千，人相食，盗贼蜂起。崇祯十四年（1641年），怀庆府再次大饥，民疫。彰德府在崇祯十三年（1640年）、崇祯十五年（1642年）接连分别发生瘟疫。临漳更大疫。崇祯十五年（1642年），安阳麦大稔，民复瘟疫，耕牛病死者无算。崇祯十四年（1641年），开封府阳武县亦大疫。荥阳县春大疫，民死不隔户，三月路无人行。通许亦发生大疫。商水县于崇祯十四年（1641年）春大疫，抵秋方止，死者无数。初犹棺殓，继买薄卷，后则阖门皆死，竟无一人能殓者。至六月间，街少人迹，但闻蝇声，薨薨而已。河南府偃师县于崇祯十四年（1641年）春大疫，死者枕藉，斗米五千钱。阌乡县于崇祯十四年（1641年）春饥，民食榆皮草根，食粪，大疫。归德府于崇祯十四年（1641年）大疫，死者相望。河南内黄县《荒年志碑》云：黄河两岸在崇祯十三年

（1640 年）大风，麦死无遗，有家无人。食糠榆皮，受饥者面黄身肿，生瘟疫，死者过半。崇祯十四年（1641 年），中原大地疫病四起。春二月，内黄县一带家家遭瘟，人死七分。当时有地无人，有人无牛，地遂荒芜。

山东在崇祯十年（1637 年）发生瘟疫。崇祯十二年（1639 年），再次发生大规模瘟疫。崇祯十二年（1639 年）到崇祯十五年（1642 年），历城、齐河、海丰、德州、泰安、青州和济南接连发生瘟疫。崇祯十七年（1644 年），山东大疫。

江淮大地在崇祯十一年（1638 年）以后，遭遇了普遍的瘟疫。崇祯十一年（1638 年），扬州府泰州如皋县饥疫。崇祯十二年（1639 年），通州大饥疫。崇祯十三年（1640 年）扩散至高邮、如皋、淮安的安东、盐城和凤阳府的怀远、六安州的霍山。霍山疫疠大作，疫情最重，行者在前，仆者在后，兵荒荐迫，民生愈蹙。崇祯十四年（1641 年），疫情继续流播，东台、通州、如皋、怀远、霍邱、庐州、无为、巢县、滁州、安庆、怀宁、桐城、望江、太湖、潜山、宿松、光山皆有瘟疫流行。夏四月，霍邱疫至秋末方止，人死十八九，有阖家尽毙，无人收殓者。怀远大荒大疫，人相食。春夏，东台疫死者无算。巢县夏疫死 10000 余人。怀宁大旱疫，人相食，死者枕藉。宿松大旱、虫、疫。望江大旱、虫、疫，一岁中三灾辐辏，斗米银六钱，人相食。崇祯十五年（1642 年）安庆、怀宁、桐城、望江、潜山、宿松、天长等府县仍有瘟疫流行。夏，天长大疫，死者枕藉。桐城大饥疫，死亡甚众，甚至有一室一村全空者。崇祯十七年（1644 年）春，东台、通州大疫，死亡甚众。

江南的桐乡和南浔、震泽和吴江等地也于崇祯十四年（1641 年）发生了瘟疫。在浙江桐乡，时人陈其德描述了崇祯十四年（1641 年）发生瘟疫时的情形：四、五月间，瘟疫再次大作。十室而八九，甚至一二十口之家求一无病之人不可得。又或一二十口之家，求一生还之家不可得。故始则以棺殓，继则以草殓，又继则弃之床褥。尸蠹出户外，邻人不敢窥左足。苏州府吴江县震泽和浙江南浔，春季时，患者会喷出一束血后而亡。苏州府吴江县在崇祯十四年（1641 年）、崇祯十七年（1644 年），两次发生大瘟疫。崇祯十四年（1641 年）春，吴江县疫疠大作，有无病而口中喷血即死者，或全家或一巷民枕藉死。据汪少云《埋忧集》卷三记载："江震一路大疫，尝有一家数十人合门相枕藉死者，偶触其气必死。诸生王玉锡师陈君山一家，父子妻孥五人一夜死，亲邻无人敢窥其门，玉锡独毅然曰：'平日师弟之谓，何忍坐视耶？'乃率数丐入，一一棺殓之。有一子在襁褓亦已死，犹略有微息，亲自抱出，药乳得生，陈赖以有后。"崇祯十七年（1644 年）春，吴江县再次发生大规模瘟疫，"有无病而口中喷血辄死者"。这场大疫，使吴江县人惊慌不安，"相率祈鬼神，各家设香案，燃天灯，演剧赛会，穷极瑰奇"。

第五章 地震

地震分为构造地震、火山地震、塌陷地震。明代火山地震比较少，而塌陷地震也仅多发于可溶性岩石分布区，绝大多数地震属于构造地震。明代的构造地震集中分布于我国的地震带上，主要有：华北地震区的汾渭地堑带、燕山拗褶断裂带、太行山拗褶断裂带，从安徽霍山向北经山东西南、山东潍河断裂带、山东登莱海岸，跨渤海一直延伸至辽宁开原地区的地震带；西北地震区的宁夏贺兰山断裂带、宁夏南部和甘肃交界附近的断裂带、甘肃武都折断带；西南地震区的四川南部断裂带、四川西部和北部地震带、云南东部湖地断裂带、云南西部湖地断裂带；东南沿海地震区的福建泉州至广东汕头之间、广东雷州半岛及海南地区、上海及浙江沿海地区。明代大地震和特大地震主要有成化二十年（1484 年）正月初二京师居庸关大地震、弘治十二年（1499 年）十二月四日云南宜良大地震、弘治十四年（1501 年）正月初一陕西朝邑大地震、弘治十五年（1502 年）九月十七日山东濮州（今河南濮城）大地震、正德七年（1512 年）八月二十八日云南腾冲大地震、正德十年（1515 年）五月初六云南鹤庆大地震、嘉靖十五年（1536 年）二月二十八日四川建昌卫（今西昌）大地震、嘉靖二十七年（1548 年）八月十二日渤海大地震、嘉靖三十四年（1555年）十二月十二日陕西关中特大地震、嘉靖四十年（1561年）六月十四日宁夏中卫大地震、隆庆二年（1568年）四月十九日陕西兴平县大地震、万历二十五年（1597年）渤海大地震，万历二十八年（1600年）三月广东饶平、大埔大地震，万历三十二年（1604年）十一月初九福建泉州特大地震、万历三十三年（1605年）五月二十八日广东琼山大地震、万历三十四年（1606年）十一月初一云南临安大地震，万历三十七年（1609年）六月十二日陕西行都指挥使司高台守御千户所（今甘肃高台）、肃州卫（今甘肃酒泉）大地震，万历四十二年（1614年）九月二十一日山西平遥、榆社大地震，万历四十六年（1618年）四月二十六日山西介休大地震及同年九月三十日山西蔚州（今河北蔚县）大地震，天启二年（1622年）九月二十一日陕西固原州（今宁夏固原）大地震、崇祯四年（1631年）七月十七日湖广常德大地震。

明前期、中前期基本没有发生什么大的地震，见诸记载的有：洪武十一年（1378年）四月初三，宁夏银川卫地震。东北城垣崩三丈五尺，女墙崩十九丈，坏屋。永乐九年（1411年）九月十二日，西藏仁布、林周一带地震。达隆寺房屋倒塌，经堂东门墙壁倒塌五至六尺长，门窗亦倒。十五日夜，复大震。山岩塌落，湖岸崩塌，平地裂大缝，有的村庄被埋没，人畜死亡甚多。仁布宗府倒塌，附近村户受害甚重。楚布寺倒塌房屋。正统五年（1440年）十月初一朔，陕西庄浪卫（今永登）发生地震。自是月朔地震，十日乃止，坏城堡官民庐舍，压死200余人，马骡牛羊800余匹。正统十年（1445年）十一月十四日，福建漳州发生地震，山崩石坠，地裂水涌，公私屋宇摧压者多。长泰、南靖、龙岩、漳平亦然。是日连震九次，百余日乃止。

进入明中后期，地震次数渐多，成化、弘治、正德、嘉靖、隆庆朝皆有地震发生，且出现了造成严重人员伤亡和财产损失的大震、巨震。成化十三年（1477年）四月初一，陕西都指挥使司宁夏卫（今宁夏银川）发生地震。陕西天鼓鸣，地震有声，生白毛，地裂，水突出，高四五尺，有青、红、黄、黑四色沙。宁夏地震声如雷，城垣崩坏者83处。甘州、巩昌、榆林、凉州及山东沂州、郯城、滕、费、峄等县地同日俱震。成化十七年（1481年）六月十九日，云南大理、丽江等地发生地震。地震有声，民物摇动，二次而止。鹤庆军民府此日亥时满州地震，至天明约有百余次，次日午时止。廨舍墙垣俱倒，压死军民囚犯皂隶20余人，伤者甚众。乡村民屋倒塌一半，压死男女不知其数。丽江军民府通安州此日戌时地震，人皆偃仆，墙垣多倾。以后昼夜徐动，约有八九十次，至二十四日卯时方止。成化二十年（1484年）正月初二，京师居庸关发生地震。是日，永平等府及宣府、大同、辽东地震，有声如雷。宣府因而地裂，涌沙出水。天寿山、密云、古北口、居庸关一带城垣、墩台、驿堡倒裂者不可胜计，人有压死者。四月二十二日，南京吏科给事中周纮等奏，今春初旬，自京师至于大同、宣府诸路同日地震，坏城郭庐舍，裂地涌沙，伤害物口。成化二十三年（1487年）七月二十二日，陕西临潼、咸阳发生地震。山多崩塌，屋舍坏，死1900余人。临潼屋舍多坏，死者甚众。咸阳庐舍多倾圮，死者甚众。长安荐福寺塔（小雁塔）自顶至足中裂尺许。波及高陵、白水、中部、洛川等县。

弘治六年（1493年）正月起，辽东定辽等六卫地方，山西、陕西、山东兖州府峄县、陕西渭源县、宁夏卫、辽东盖州卫、山西文水县、陕西秦州礼县、直隶大名府元城县、河南开封府，以及山东兖州、东昌二府，济宁、濮州、东平、郓城、曲阜、平阴、东阿、巨野等州、县，宣府怀来、隆庆二卫，陕西行都司、四川茂州卫、广东海阳县、山东郯城县、直隶滁州各处地震，或有声如雷如鼓，或摇动房屋树木，多至四五次。弘治七年（1494年）二月十八日，云南曲靖发生地震，有声如雷，震倒军民房屋200余间，压死3人。九月十一日，礼部倪岳等言，今年三月以来，陕西、辽东、宣府并山东、福建、云南、四川等处地震，有声如雷，或震倒城垣、房屋，压死人口。弘治八年（1495年）二月，宁夏地震。三月十六日，宁夏中宁西北发生地震。一日震十三次，倾倒边墙、墩台、房屋、压伤人。弘治十二年（1499年）十二月四日，云南宜良发生地震。云南府城南慧光寺塔在地震中震倒。澄江地震，官民庐舍倾坏，人多压死，月余乃止。同年冬，宜良地震有声如雷，从西南方起，自子时至亥时连震20余次。衙门城铺寺庙民房摇倒几尽，打死压伤男女无数。嗣后或一日一震，旬日一震，半月一震，一月一震，经四年方止。

弘治十四年（1501年）正月初一朔，陕西朝邑大地震。此次地震震中在朝邑县，波及范围包括朝邑、韩城、同州、大荔、华州、华阴、澄城、淳化、富平、白水、三原、长安、咸阳、陇州、临潼、延安、中部（黄陵）、清涧、庆阳、平凉、崇信、环县、静宁、永宁（洛宁）、平阳、蒲州等州县。陕西延安、庆阳二府，潼关等卫，同、华等州，咸阳、长安等县，是日至次日地皆震，有声如雷。而朝邑县尤甚。是日河南陕州及永宁县、卢氏县、陕西平阳府及安邑、荣河等县，各地震有声。大震过后，余震不断。朝邑县自是日以至十七日频震不已。蒲县自是日至初九，日震三次或二次。二月十六日至三月十五日，朝邑发生余震高达29次。此次地震给震区地面建筑、人畜造成很大的破坏。巡按陕西监察御史燕忠奏称：据朝邑县申，本年正月初一并初二寅时地震，声响如雷，自西南起，将本县城楼垛口并各衙门监仓等房及概县军民房屋，震摇倒塌共5485间，压死大小男女170人，压伤94人，压死牲畜891头。朝邑县东北、正东、东南地方安昌八里19处遍地窍眼，涌出水深浅不等，汛流震开裂缝，有长一二丈或四五丈的，涌出溢流，良久方止；蔡家堡、严伯村等，四处涌出，几流成河。关内道右参政章元应率华阴县丞张鉴等祭华山，《地震祭文》曰：弘治辛酉正月元日、二日，环关辅属境郡邑同时地震者有三，有声如雷，动摇官民屋庐。朝邑一县震动尤甚，城垣、楼堞、公廨民居倾摧略半，被压死伤甚多。二日、四日以至旬日仍震不已。陵谷坼裂，水泉涌出。人民惊惶，四散逃避。露坐野宿，无所依栖，扶老携幼，啼声在路。讹言沸腾，群心惑乱，城市乡村为之一空。蒲州地震，官民墙屋倾颓，压死人民甚多。

弘治十五年（1502年）九月十七日，山东濮州（今河南濮城）发生大地震。直隶大名、顺德二府，徐州，山东济南、东昌、兖州等府同日地震有声如雷，坏城垣民舍，而濮州尤甚，压死百余人，井水溢。平地有开裂泉涌者，亦有沙土随水涌出者。巡抚山东都御史徐源上疏言：地本主静，而半月之间连震三次，动摇泰山，远及千里。是日，开封、彰德、平阳、泽、潞亦震。濮州等处地震，日三十余震。朝城、观城、济南、历城、德州、平原、曲阜、汶上、阳谷、东阿、寿张、张秋镇、聊城、堂邑、博平、临清、馆陶、高唐、恩县、夏津、范县等地震，有声如雷，坏城垣民舍。河南卫辉府（汲县）、汲县、辉县、淇县、考城县、仪封县、兰考县、中牟县、杞县皆地震有声，坏民庐舍。

正德元年（1506年）四月初四，云南府连日再震，木密关有过五次地震如雷，坏城垣屋舍，压伤人。正德六年（1511年）五月六日，云南北胜州地大震，城倾西北，民居圮者1500余家。同年十月二十七日，云南洱海卫、大理府、邓川州及鹤庆府、剑川州各地震，而鹤庆、剑川尤甚，崩毁城垣房廨，人有压死者。正德七年（1512年）八月二十八日，云南腾冲大地震，此日复大震，自丑至申，城楼及官民廨宇多仆者，死伤不可胜计，继而地裂涌赤水，田禾尽没。

正德十年（1515年）五月初六，云南鹤庆发生大地震。云南地震逾月不止，或日至二三十震，黑气如雾，地裂水涌，坏城垣官廨民居不可胜计，死亡数千人，受伤者倍之。北胜州（今永胜）城倾西北，民房倒塌1500余间，近屯西山下田陷成湖者500余顷。府正堂、经历司、照磨所，申明、旌善二亭，知府、同知诸厅舍，儒学、庙学等官民庐舍倾圮殆尽。赵州（今云南下关市东）毁民居，压死人口。云南县、剑川州、丽江府、大理府、大姚、姚安府、元谋、武定府、禄劝州、禄丰、景东府等地均遭破坏。波及云南蒙化、邓川州、浪穹。

正德十二年（1517年）六月二十四日，云南玉溪、通海、峨山发生地震，坏城楼房屋，民有压死者。正德十五年（1520年）三月八日，云南安宁、姚安、大理、宾川、蒙化、鹤庆等处俱地震，蒙化震二日，仆城垣庐舍，民有压死者。同年五月初六，云南大理县凤仪地震，震倒民房十余间，压死妇女百余人，人多不敢在家居住，自古及今地震唯此为甚。八月，云南景东卫地震，声如雷，摇仆军器、城墙、公廨、民居，地多坼裂。

嘉靖三年（1524年）正月初一日，河南临颍张潘店发生地震。民舍多倾覆，被伤者无数，民露宿于野。扶沟屋瓦皆落，波及河南卫辉府、开封府、归德州、郾城、汝宁府、商城、新野、镇平、渑池、京师大名府、沧州、山东济南府、海丰、即墨、曲阜、南直隶邳州、凤阳府、应天府、高淳、铜陵，湖广随州，陕西西安府等60多个府、州、县。地震历经半月方止。

嘉靖十五年（1536年）二月二十八日，四川建昌卫（今西昌）发生大地震。行都司并建昌卫、建昌前卫大小衙门、官厅宅舍、监房仓库、内外军民房舍、墙垣、门壁、城楼、垛口、城门、神祠、寺庙俱各倒塌倾塞，死伤官吏、军民、客商人等不计其数（一说官吏、军夷死亡近万人）。山崩石裂，地裂涌水，地陷下三至五尺，段氏所施之田化为沧海，卫城内外似若浮块。宁番卫房屋墙垣倒塌无存，压死指挥、千户、军民等。越巂卫、镇西后所、雅州、眉州、邛州、大邑、崇庆州、资阳、嘉定州、峨眉等卫、所、州、县，倒塌城垣不等。波及成都、什邡、龙州宣抚司、潼川州、遂宁、岳池、内江、富顺、宜宾、马湖府等府、州、县。地震至六月二十日还未停止。

嘉靖二十七年（1548年）八月十二日渤海发生大地震。登州府城崩，房屋坍塌者甚多。宁海州民众庐舍被毁坏无数。波及山东广宁卫、金州卫、福山、诸城、益都、高苑、利津、滨州，京师及京师所属大城、文安、丰润、昌黎、抚宁等十四个卫、府、州、县。

嘉靖三十四年（1555年）十二月十二日夜三更三点，陕西关中发生特大地震。震中在渭河下游的华县、渭南、华阴、潼关和山西蒲州一带。关中大震后，余震甚多，数日内几乎每日数十震，渭南更是一昼夜震20余次。华阴自乙卯至己未，震渐轻方止。震中的华州在大震两年之后，又发生了倾陷庐舍的强余震。非震中区也有连岁震不已的记载。巨震波及范围很大，分布在现今陕西、山西、河南、甘肃、宁夏、河北、山东、四川、安徽、湖北、湖南、福建、两广等省227个县，面积达到90万平方公里，记有破坏的州县共101个，最远的450公里，重灾面积达28万平方公里。

时人秦大可说，地震把人们从睡梦中摇撼惊醒，身子反复不能贴被褥，听到近榻器具若人推堕，屋瓦爆响，有万马奔腾之状。起初怀疑进了盗贼，继而怀疑是妖祟，不一会儿，头所触墙，忽然摔倒，才知发生地震。见月色尘晦，急急揽衣下榻，身子站不稳，倾欹如醉态，足不能履地，东倒西歪。凤翔县保留的碑刻记云：秦晋大地忽然大震，袤延千里，震撼荡摇，川原坼裂，郊墟迁移，壅为岗阜，陷作沟渠，山鸣谷

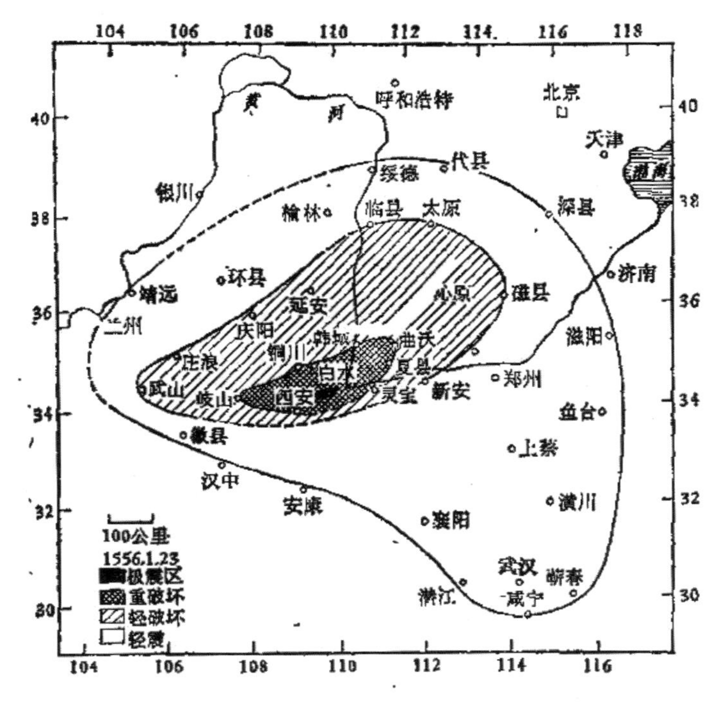

图 3–11 嘉靖三十四年（1555 年）十二月十二日关中地震波及范围图

图片来源：唐锡仁编著:《中国地震史话》，第 58 页。

响，水涌沙溢，城垣庙宇，官衙民庐，倾颓推圮，十居其半。华县在十二日甫时，天色昏暗，及夜半，月色无光，地反立，苑树如数扑地。忽然西南方向传来如万车惊突的声音，又如同雷鸣自地中出，民人受惊溃散，垣屋倒塌。忽然又见西南方向发生天裂，闪闪有光，一会儿又合上，而地面皆在陷裂，地裂之大者，有水从裂缝中冒出，亦有从地裂缝中冒出火的，怪不可言状。人有坠入水穴，后又被抛出的；有人坠于水穴之下，地裂复合，他日掘地一丈多深，又被找到的。山原冈阜旋移，地面高下尽改故迹。二华为西北巨镇，地震后，山缺河溢，坏庐仆人，2000 里范围内人烟几绝。明代宗臣作《二华篇》云："地颤山愁千万里，奇峰片片下沉水。黄河直上峰头座，忽散人家室屋里。往往屋上游赤鲤，千门万户半作鬼。广厦高宫尽成土，白日不闻父老哭。"山西夏县的地震，灾情亦是闻所未闻。马峦写下《地震叹》一诗，记述了作者于腊月十二日夜半地震时及地震后亲历的地震灾况。诗云："熟寐慌闻雷，大地忽震撼。披衣走出扉，树摇目眩乱。但见我屋破，不知民舍烂。死者哭相连，生者坐浩叹。城垣尽崩颓，井溢流汗漫。平土陷为坑，洼田踊成岸。亲戚幸生存，奔走唁忧患。相见忻问慰，俄顷海桑换。百家无一完，十室九涂炭。四望俱旷野，外寇何由捍。乡村无籍儿，乘机扰良善。白昼夺积粮，人人俱离散。数月地时动，露宿股恒颤。一夜四五惊，讹言恣流煽。或云盗猝至，或传地当陷。度□真如年，何时复安晏。从蒲至关陕，无庐可完善。水涌若墨漆，米贵似珠钿。我欲托巫咸，上奏通明殿。飞章彻芷陛，恩纶颁禹县。收回劫地神，鳌极令永奠。五岳俱动摇，寰宇震殆遍。旷古亦罕闻，幽居频自念。荡气洗甲兵，回祥消祸变。重见太平春，八表和风扇。”

关中大地震发震时间为夜三更，正当人们熟睡之际，而发震地点又在人烟稠密的渭河下游，人口死伤惨重。奏报有名可查的死亡人数为83万余人，姓名无可查考以及没有奏报的死亡人数则不可数计。西安、凤翔、庆阳诸郡邑城皆陷没，压死者数十万。华州地震后，统计压伤者数万人。民之死于变者不可胜计，即使得以生存，亦是病不能兴，地方残破，盗贼发生，莫此为甚。渭南灾情与华州相当，死亡数万人。朝邑县大庆关即故蒲津关，旧有城，嘉靖初年居民达3700家，大震后只剩下200多家。泾阳县的士民被地震压死者以万计。扶风县被压死者数十万人。耀州在地震中被压死的有3000余人，潼关有2500余人，富平有30000余人。“蒲州死亡人口不可以数计”，时人赵时春说：自平凉至渭南，民人多死，小县死亡上千人，大州县死亡达数千人。自渭南东至陕，北至甘泉及蒲州、解州，举城皆没，死亡人口皆在数万以上。光禄卿三原马公理，吏部尚书朝邑韩公邦奇、兵部尚书蒲杨公博之父佥事瞻、河南按察佥事华阴杨君九泽、山西布政参议分守河东道白君壁皆在此次地震中死亡。山阴王薨，南京国子祭酒华州王君维桢死，官吏死伤甚众。秦大可作《地震记》说：潼关、蒲州人口死亡十分之七，同、华州人口死亡十分之六，渭南人口死亡十分之五，临潼人口死亡十分之四，省城人口死亡十分之三，而其他州县的人口死亡数，则以其地距离震中远近以及遭受破坏程度的深浅而有所差异。穴居之民，谷处之众，多全家被压死而鲜有逃脱者。

关中大地震的震中区地裂、地陷、山崩、滑坡等，随处可见。渭南地裂数十处，向外涌水。县东 15 里，山原迁移而路凸，城中人和街北，自县治至西城塌陷 1 丈多。一昼夜，地震达 20 余次。华州到处是地陷地裂，大者出水出火，山川移易，道路改观，屹然而起者成阜，坎然而下者成壑，倏然而涌者成泉，忽焉而裂者成涧。震中区的房屋和建筑物，几乎全部毁坏。华县堵无尺竖，城垣尽塌，州署与庙学倾覆成墟。渭南县公私庐舍，城圮殆尽。鼓楼震毁，来化镇等地砖塔倒塌。县署破坏后，县官只能咸席坐棚下处理政务。华阴县垣屋尽倾，县城遭覆隍之变，县后砖塔倒毁，儒学殿舍尽圮。历代对华山封禅、祭祠的西岳庙则观宇倾颓。蒲州镇城郭宫室，倾覆殆尽。州署、抚、按察院的行召，布政分司、文庙、书院及兵备道衙门全部倒毁。蒲州是山西西南部的重镇，住有山阴、襄垣二王等皇亲宗室，经过这次地震，堂堂巨镇，一望丘墟。

关中大地震还引起了河流泛滥，乃至改道，井泉荡溢干涸，更是不胜枚举。时人张瀚自蜀出陕，经渭南县时，亲见东郊外赤水山岗陷入平地，高处不盈丈，渭水北徙四五里。朱国桢也记黄河、渭水泛涨。赵时春也说地震导致山多崩断，潼关道壅，河水逆流，河清三日，水从坼窦涌沙，没麦败田，圮屋覆灶，屋多焚毁；奸人乘乱剽掠，或相击杀，数日乃定。潼关有周公渠，地震后，渠所经多湮塞，泮池且圮。渭南县东北崖下，昔有稻田数百亩，盛产稻米且口味佳，主要依赖于崖下 10 多口泉水灌溉。又间穿井，井深只 1 丈，便可用桔槔取水溉田。地震后，则泉半湮而桔槔亦废。又常见沈西湄人恒筑堰作渠，自风门达之西关，北至槐衙，计溉田数十顷，间亦作桔槔以济旱涸，可是地震后亦尽废不能整理。朝邑县卑湿之处地裂，喷泉高丈余，因而井竭，洛河、渭河水落而可涉。大荔县南的紫微观和朝邑（今属大荔县）西南的太白池，震前都是面积可观的湖沼，地震后变得平浅荒芜，湖水干涸。华县凤谷山石泉因地震而水泉涸废。大荔县境内的洛河、渭河和井泉俱竭，平地复涌泉，高丈余，中多鱼、蜗、薪炭诸物。蒲州境内的黄河堤堰尽崩，于是河流每涨，直入城郭。

关中大地震的震中以外地区，距离震中远近不同，也遭受了不同程度的破坏。秦大可说：地震之初，自潼关、蒲坂，奋暴突撞，如波浪愤沸，四面溃散，各以方向漫缓而故受祸亦有差异。远的地方不可知，自陕西以西，受破坏程度逐渐减轻；自陕西向东，受破坏程度逐渐加重。至潼关、蒲坂，则受破坏程度达到了极致。佚名《地震记》亦说：河南地方稍轻，山陕地方极重，别省微觉地动。这是说震中在潼关、蒲坂，震波向四方传布，距离不同，受灾情况不同。东至解州，西到临潼，向北至大荔以北，地面建筑物破坏程度与震中区相近。大荔县城垣、庐舍尽塌，城北金塔寺两座唐塔全部倒毁。朝邑庐舍、村落尽圮，饶益寺十三级唐塔倾倒无存。山西临晋县城，凡是邑之厅事、廨舍、公馆、城垣，瞬息倾圮，而儒学为甚。解州城城郭、祠宇、官民庐舍尽倾。西起陕西兴平，东至山西夏县，距震中稍远一点，房屋建筑倒毁情况虽然严重，但是较坚固的宫殿、砖塔等建筑物有部分保留。三原县坏屋十之八九，安邑城郭庐舍倾十之七八，芮城民居圮裂者十之八九，高陵县城隍庙正殿独存。距离震中再远一点，西起宝鸡、凤翔，东北至临汾，包括了整个泾、渭河谷，汾河下游和涑水谷地以及三门峡、灵宝一带的黄河谷地，地面砖塔多保存了下来。城垣破坏以门楼、雉堞毁损为主。民房大部倾倒。黄土崖边窑洞破坏惨重，而官廨、寺庙部分得以保存。人口伤亡，各县少者数百，多至数千。再向外扩展，西起今甘肃武山，东至河南武陟，北到榆林，房屋有破坏，人畜有死亡。陕西庆阳府（今甘肃庆阳）有碑记云：地震时，碑文作者开始还能伏枕，并没有什么戒心，倏忽间地震之声轰烈，如风中之舟侧翻，屋梁被摧得颠动不已，屋檐瓦片飞得到处都是。于是，快速起床找衣服穿，但房子很快倒塌成土堆，最后自己从窗户爬出，幸而得生。自己的房屋被地震摇倒，个中情景危险万分，不难想象，郡之城垣坍塌，山崖崩覆，穴居之民死伤者众以万计。河南修武、武陟、汜水、孟津、新安、洛宁、卢氏、陕县、灵宝、阌乡、内乡、扶沟等地都是破坏区，河南其他地区都是波及区。而陕州、灵宝县、阌乡县灾情比较严重，陕州压死几千人，灵宝县寺庙民房倾圮无数，而阌乡被灾独甚。杨梦豸撰有勘灾诗以记其事："颓山倾屋碎琳宫，承乏巡行五月中。黎庶应愁遭惨祸，圣朝轸念下恤封。一时共际斯文雅，千载奇逢此会同。但愿皇家复泰运，小臣焉敢冒天功。"再向外波及有震感范围，西起靖远，北至太原府保德州，东至真定府深州、山东兖州、南直隶的淮安府、南京，南到长沙府浏阳，包括 11 个省 200 余县，灾情记载多为“震而无伤”“房屋几倾”及“居室动摇”。

嘉靖四十年（1561 年）六月十四日，陕西广武营、红寺堡发生地震。此日，太原、大同、陕西、榆林、宁夏、固原发生地震，城垣、墩台、府房屋皆摇塌，地裂涌出黑黄沙水，压死军人无算；坏广武、红寺等城。兰州、庄浪天鼓鸣。广武城地震异常，城池官舍倾者十之八九，压死人民大半。六月十四日宁夏中卫地大震，山崩川决，城舍皆倾圮。安庆寺永寿塔颓其半。固原镇六月中地震，压死诸苑监牧军 1000 余户，牧马 500 余匹。波及陕西靖虏卫、庄浪卫、榆林卫、鄠县、盩厔，山西大同府、怀仁、太原府、吉州等处。地震逾月乃止。

隆庆二年（1568 年）三月初四，陕西庆阳、西安等府，山西蒲州、安邑等处，河南裕州等十三州县及褒城、新安等县，郧阳、宁夏、汉中等处俱地震。三月二十八日，渤海发生地震。乐亭坏民屋，东郊刘忭庄地裂二处，各长 3 丈余，涌黑水。宁远卫城崩。迁安滦河岸裂。波及京师及京师所属河间、任丘、霸州、怀柔、遵化，山东登州府、莱阳、昌邑、商河等 20 余府、州、县。四月初六，陕西凤翔、平凉、西安、庆阳等府地震千里，倾坏城堡，伤人畜甚众。四月十九日，陕西兴平县地震，损伤人畜房屋甚多。咸宁县地名灞桥、柳巷，泾阳县地名回军、永乐各村镇俱倒塌如平地，压死朱仲良、陈朝元等 200 余人。六月，礼部给事中何起鸣奉遣往四川祭告回程时，亲历了此次地震，说：四月十九日申时，行至陕西西安府兴平县关外，忽遇地震，自城东南起，往西北去讫，有声如雷，平地起仆不常。远望城南乡村，灰尘障天。因不胜惊骇，急奔城内，看到的是城墙房屋，十室九欹。及至咸阳、泾阳，一处较甚一处，至高陵则举城无完室，举室无完人，悲号之声彻于四境。访之临潼、咸宁、长安等县，没有一处不是这样的。咸宁之灞桥、柳巷，泾阳之回军、永乐，倾倒尽如平原。昆沙里朱仲良一家 85 口人，奉政里陈朝元一家 117 口全都被埋。且地裂泉涌，崖崩窑压，为变异常。询问父老，皆说自三月初四戌时震动以来，未尝停止过。前次损伤人畜、房屋数多，这次比前次又甚。这次尚在白天，受伤的人较少，若是在夜间，定会民无噍类。何起鸣极目所见，人皆扶老携幼，欲痛抱伤，野处露宿，魂不附体。隆庆五年（1571年）八月二十一日，云南通海县发生地震。地震自东南来，声如雷吼，坏圮城雉官署民居千余所，压死者数十人。地震持续七天方止。地震波及临安府、宁州、曲江。隆庆六年（1572年）十二月初七，陕西巩昌府地震，岷州破坏更为严重。地震声如雷，城墙、楼台、官民房屋十倒八九，塌死人畜不计其数。居民陈学房前摇出红水一穴。

明代后期的地震不仅频繁，而且破坏性的大震、特大地震急剧增多。万历五年（1577年）二月二十三日，云南腾越曾地震20余次，此日复震，山崩水涌，倒坏庙庑、官舍、监仓1300余间，民房十分之七，压死170余人。万历十六年（1588年）六月初八夜，京师地震，起东北往西南，连震二次。闰六月十八日，云南通海、曲江地震，有声如雷，山木摧裂，河水噎流，通海倾城垣，仆公署民居，压者甚众，曲江尤甚。同年十二月十六日礼部屡类奏灾异：山西偏关及陕西泾州、固原，陕西孤山等处，俱天鼓鸣，或如炮，或如雷。而镇番卫石灰沟天鼓震响，云中有如犬状乱吠有声。直隶滦州，山东乐陵、武定，河南叶县，浙江嘉兴府，辽东金、盖、广宁及陕西宁夏卫，云南卫、府、州、县十余处俱地震，或有声如雷鼓，山裂石飞，毁屋杀人，甚则倒城楼铺舍、城垣、衙宇、民居，压死男女百余，牛畜无算。

万历二十五年（1597年），渤海发生大地震。山东潍县、昌邑、乐安、即墨、博平、恩县地震。临淄县不雨，濠水忽涨，南北相向而斗。又夏庄大湾，忽见潮起，随聚随开，聚则丈余，开则见底。乐安小清河水逆涌流，临清砖板底闸无风起大浪。潍县、昌邑等县地震，越三日又震。

万历二十八年（1600年）三月，广东饶平、大埔大地震。廉江县夏六月发生地震，水涌三尺，陷三潭。八月二十三日，广东南澳县发生大地震。震中南澳县地震有声如雷，城垣、衙署、民舍倾圮殆尽，人民压死无算。是夜，南澳连震三四次。是月，地上生毛。揭阳县于八月二十三日夜大地震，墙屋倾倒。翌日下午又震。惠来县秋八月地数震，至二十三日酉时又大震，有声如雷，墙垣皆裂，三四刻乃止。其明日申时又震，二十七日申时又震。潮阳县于八月二十三日夜地大震，有声如雷，翌日下午又震。惠阳、博罗、五华、兴宁、广州、番禺、南海、顺德、东莞、增城、饶平、大埔县皆于八月二十三日地震。江西南安府、崇义、大余、南康、上犹、兴国、瑞金、宁都直隶州、吉安府、泰和、庐陵、永宁、饶州府、鄱阳等府、州、县皆地震。地震还波及福建汀州府、上杭、延平府、将乐、建宁府、松溪、福宁州、福州府、兴化府、泉州府、同安、漳州府等府、州、县。

万历三十二年（1604 年）十一月初九酉时，福建泉州以东海域发生特大地震。地震使福建南部沿海地区的一些城墙及其突出部位（如城堞与城垛子）遭到破坏，泉州的震害尤重：初八地震、初九夜大震，山石海水皆动，地裂数处。开元东镇国塔第一层尖石坠，第二、第三层扶栏因之并碎。城内外庐舍倾圮，覆舟甚多。城内楼铺雉堞，倾圮殆尽。万历三十五年（1607 年）正月又发生强余震，门户动摇有声。八月二十八日，飓风大作，府仪门、府学棂星门额，东岳帝殿坏，北门城楼半圮，城自东北抵西南，雉堞窝铺倾圮殆尽，洛阳桥梁折，城中石坊倒塌六座。万历三十七年（1609 年）五月初六，泉州再发强余震，门户屋瓦俱摇动有声。福建兴化府地震破坏尤其严重，坏城舍，数夕而止。兴化地震时，自南而北，树木皆摇有声，凄鸦皆惊飞，城崩数处，城中大厦几倾，乡间屋倾无数，不少人被震伤。洋尾厝地、下柯地、港利田地皆裂开，地裂缝中冒出黑沙，有股硫黄臭的味道。池水亦因地裂而干涸。父老皆说地震以来，未有如此之甚者。初十夜，地又震，民间相传连震十夜。福州府，地大震有声，时方夜动摇不止，屋若将倾，人争惊避。墙垣多颓塌，江浙一带地震皆然。安海镇，自初二地震，至初九夜戌时，地又大震，声如雷，震动如下急滩之舟，如登巅峰之树，人俱倾覆。清源山及南安地裂，涌出沙水，气若硫黄。地裂沙涌，穴处尚多。此乃从古未有之地震，历经半年后方息。南安，地大震，夜凡十余次。城雉民舍，坠坏甚多。地裂数处，至此年正月六日乃止。同安酉时地大震，城垛子及庐舍多有倾颓者，地有裂开丈许，泥水溢出者。连日微震，逾月乃止。海澄县夜地大震，民舍多坏，有裂而泉涌者，连震至十二月初旬乃止。长泰县，地大震，陨石倾屋，数刻乃定。福建、江西、浙江三省有 22 个县记载了不同程度的震害。因地震发生在傍晚，莆田有伤人者，泉州覆舟甚多，南安民居坠坏不少，同安庐舍多有倾颓者，漳浦民居多倾倒。

泉州大地震波及福建、江西、南京（南直隶）、浙江、湖广、广东、广西等地，有感范围最远达千余公里。在江西，此年冬十月九日南昌地震。鄱阳十一月初九地大震。饶州府十一月初九夜大震。婺源（明代为安徽省徽州府领县之一，后划归江西省）十一月地震。万年、余干于万历三十三年（1605 年）十一月九日地震。广丰、广信府十一月初九夜地震，屋为之倾，声闻数百里。弋阳十一月初九夜地震，屋为之倾。安仁（今余江）十一月复大震。玉山十一月初九地震，声闻数百里。铅山

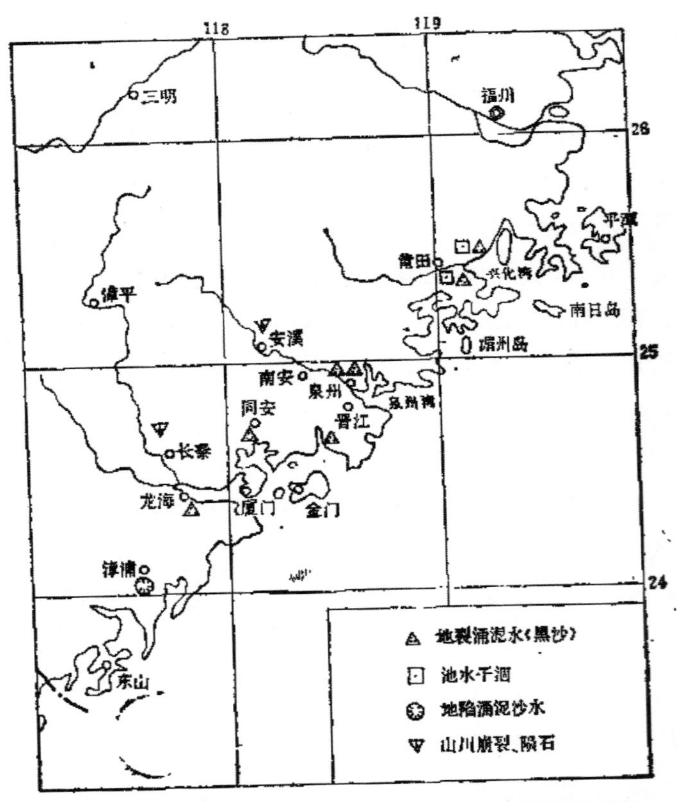

图 3–12　万历三十二年（1604 年）泉州大地震地表震害分布图

图片来源：郭增建、马宗晋主编：《中国特大地震研究》（一），北京：地震出版社，1988 年，第 54 页。

冬十一月初九地震。贵溪十一月初九地震，居民房屋有声，如倒塌，闻于数百里。新淦十二月初九地震。泰和十一月地震。兴国十一月初九地大震。建昌府冬十一月又震，房屋柱磉皆裂。进贤十一月又地震，房屋柱磉响动裂。资溪十一月又震。金溪于万历三十三年（1605年）十一月地震。南丰、德安十二月地震。瑞昌十一月初九地震。

万历三十三年（1605年）五月二十八日亥时，广东琼山发生大地震。琼州府署府事同知吴钱申文曰：初如奔车之辗，继如风楫之颠，腾腾掣掣若困盘涡，若遭拆轴，寐者魂惊，醒者魄散。须臾之倾，屋倒墙颓，幸生者裸体带伤而露立，横死者溘焉碎骨以如泥，职覆压中偷存喘息，犹以为公廨中之偶难耳，旋闻哭声喊声喧传远近，始知城内外一时俱灾矣。少选传城东门为流沙壅闭矣，再传望云楼忽没不见，而四门无睥睨之旧观矣。达曙，徒跣奔祷于文庙、城隍庙、社稷坛及各神祠，则又见金碧威仪荡然澌败，而明昌塔且斩焉如截矣。及查视东门内外一带，则裂圻十余处，而海口所裂陷最多。总总居民，死者死，徙者徙，而人烟且断绝矣。及查各乡村，则陵谷变易，鸡犬寂寞，仳离死丧，父子茫然，而田苗之青青者且为黄沙掩，而蚓螺乘木且从中迸起矣。尸骸枕藉，腥血熏沾，触目摧心，偷哭流涕。此次大地震，琼山、文昌属于震中区，遭受的损失最大。琼山公署民房崩倒殆尽，城中压死者数千。地裂，水沙涌出，南湖水深三尺，田地陷没者不可胜计。调塘等都田沉陷成海，计若干顷。二十九日午时，地复大震，以后不时震响不止。琼山县的谯楼、县署、琼州府学、琼山县学、天宁寺、关王庙、文昌祠、明昌塔、瑞云桥、迈容桥等俱在地震中倾圮。在琼山县东50里演顺都的新溪港，与文昌县交界，地震沉陷数十村，名为新近溪。与铺前港相通，海船出入，内通三江，有渡往来。琼山后乐圩岸、长牵圩岸二岸俱在县东的丰华都，因地震田沉。文昌县于同年五月二十八日地震，官署民舍尽毁，压伤人畜，平地突陷成海，连震数年方息。文昌县城、学宫、蔚文书院、北山庙、紫云庵、太平桥、白芒桥皆震坏。澄迈县（今老城）于五月二十八日夜地大震，有声如雷，海沙崩裂，或深至一丈见水，高岸成谷，深谷为陵，宇居坊表倾塌伤人，死者数百，连震数月不止。临高县于五月二十八日地大震三日夜。城垣、学宫、民舍尽圮，近海地多龟裂，马袅场（在县城东南）盐田没于海，损失盐课额过半。七月初四又震，八月十一日复震。定安县于五月二十八日午夜地震，声响如雷，民房、廨宇、坊表崩坏大半，其后不分昼夜屡震，相继经年。海滨州邑，较定安尤甚。会同县（今琼海塔洋）于五月二十八日夜地震，声如雷，屋坏山崩，人物陷伤。万州于五月二十八之夜，地大震，涌出水沙数尺。儋县于五月十八日地震，经月不止。同年十一月初六，发生多次强余震，琼山、文昌、澄迈、临高、定安、儋县、防城皆地大震，连月不止；阳江县十一月地大震，有声如雷，自西南来，邑犬狂吠，池鱼惊跳，高、雷、廉、琼同时俱震，廉琼尤甚，倒塌官民廨舍千间。琼山地震还波及广东、广西、湖广等地。五月二十八日、六月初四、七月初四、八月二十五日（或二十六日）、十月初七、初八、十二日以及十一月广西皆有地震。五月，广西陆川地震，有声，坏城垣、府屋，压死男女无算。是年，广西容县地震，自西至东声如霹雳，谷价腾涌。

除官方记载了这次地震的惨状外，在琼山的一些家谱中也有大量的地震灾情记述。《琼山演海庞氏族谱》云：第七世渡琼始祖谓仲杨入居北洋演顺二图，因万历年间地震田沉，移上丰华莲塘村住，但运气衰在明朝万历乙巳年（即 1605 年，万历三十三年），遭逢天地降灾，下大雨数日，以致地陷泥消，则变成深阔广海，竟沉没 100 余村庄，禽兽等物俱伤，坟茔一概归海，论其人民，十存一二命矣。罗豆农场竹山村连氏，先世原住在琼山县罗林村、新溪门村、园银墩村、连家墩村等处，此次地震桑田变为沧海，人物沉沦，逃亡散处，家乘沦落，而其中的昕公一支则在地震时逃亡不知踪迹，生死未明。而塌陷成海的村庄共有 72 个，死亡人数过半，散处各县、村不一，避难走险。岐山村北排郑氏聚居者被所陷，外出者方免其殃，惨哉山化海，为演顺无殊泽国，人变为鱼，田窝俱属波臣。有些家族因地震而消亡，存留的一些人则移居别处，即便留在当地，心中有挥之不去阴影，云路村林氏家谱就说：迁移由新庄分居云路，地震使东西桑田变海域，尽归荒渺，后人追其域不忍沿其名，故建天妃庙因名之。

万历三十三年（1605 年）九月十三日，礼部言：自万历三十一年（1603 年）五月二十三日京师地震，至今不到三年。其间南北两直隶以至闽、蜀、山、陕、宣府、辽东无处不震。今年则湖广武昌等处，山东宁海等处，而广东琼、雷等郡，广西桂平等郡，至有地震陷城，地水涌，山崩裂，屋宇尽倾，官民多半被压死的情况。

万历三十四年（1606年）十一月一日，云南临安发生大地震。临安地震，殷殷如雷声，倾城垣、梵宇、官府、民舍殆尽，居民露处街衢，燔柴措火，伤肢体者呻吟哭泣，哀恸之声，日夜不绝。震死而不知姓名的多达数千人。每次地动时，人皆昂首佛号，万犬齐吠。日中震时，如有人摇白扇者，数月乃止。

万历三十七年（1609年）六月十二日子时，陕西行都指挥使司高台守御千户所（今甘肃高台）、肃州卫（今甘肃酒泉）一带发生大地震。红崖、清水等堡军民压死有840余人。南山一带山崩，讨来等河绝流数日。至今红崖堡一带群众还广泛流传着那次大震的震前、震时情况，说地震时正在演戏，堡内地裂土翻，人畜与堡城俱亡，仅父子二人幸免于难。崇祯年间，相传高台县红崖旧城地震时，先有老翁抱七龄孙子遨游街上，其孙忽色蹙惊啼，称骇俱甚，促翁急出东门外有半里许，突然天摇地动，一时人号犬吠。老翁回头看时，满城丘墟，人民无一活者。肃州（今酒泉）于六月十一日夜，忽有猛风起，地大震，所坏城垣、墙室、庙宇以及压死人民生命财产，难以尽述。地震以后，沿门阖户，人皆生斑疹。以后连续七八年，每年地震一二次，至万历四十五年（1617年）方息。巩昌府（今陇西）六月十二日子时地震八次，倾倒城垣1100余丈，仓廒公署民房460余处，毁损边墩570余里，压死军民602人。

万历三十九年（1611年）南海、顺德、五华、电白等县发生地震。五华县地震，经月方止。广州、南海、新会县秋八月地震。顺德县秋八月地震，多坏房屋。电白县八月初三未时地震，声响如雷，其动如筛，衙宇瓦木、墙壁倾颓。城垣、楼铺俱多裂开，民房倒塌不可胜数。阳江县八月初三午时，忽然地震如雷，势如舟覆，衙内房瓦震下数片。

万历四十二年（1614年）九月二十一日，山西平遥、榆社发生大地震。平遥塌倒房屋数百余间。榆社河南街房塌百余间。武乡城垛几倾，人有死者。榆次县南鲁仙山高塔毁。沁州人有覆压死者。波及山西汾州府、太原府、保德州、宁武所、繁峙、潞安府、泽州、临汾，陕西延安府、怀远堡、延绥镇、府谷，京师真定、永年、肥乡等20多个府、州、县。

万历四十六年（1618年）四月二十六日，山西介休发生大地震。城垣民舍倾塌，民多压死。平遥城垣塌倒数处。波及静乐、寿阳、榆社、蒲州、荣河等40多座城。是夜二鼓又震，五月初一复震。九月三十日，山西蔚州（今河北蔚县）发生大地震，官民房舍多圮。广灵官民庐舍圮坏。京师延庆卫幞山崩。波及山西广昌、五台、盂县、太原、保德州、神池口、偏头关所、云西堡，京师及京师所属顺圣西城、宣府三卫、龙门卫、延庆卫、遵化、天津三卫、易州、保定府、庆都、河间府、景州等30多个府、州、县。

天启二年（1622年）二月初七，山东郓城、巨野发生地震。郓城地裂泉涌、墙屋皆仆。巨野城垛口、垣墙翻覆过半，儒学大成殿圮。京师所属肥乡城南楼脊吻堕，雉堞崩。波及山东济南府、阳信、齐东、淄川、新泰、东平州、济宁州、曹州、东昌州、濮州、馆陶、南京徐州、萧县、河南归德府、鹿邑、尉氏、阳武、河南府、偃师、京师成安、鸡泽、清河等30多个府、州、县。九月二十一日，陕西固原州（今宁夏固原）发生大地震。陕西固原州星陨如雨，平凉、隆德等县，镇戎、平虏等所，马刚、双峰等堡，地震如翻，城垣震塌7900余丈，房屋震塌151800余间，牲畜塌死16000余只，压死12000余人。九月，隆德、崇信、镇原、静宁、真宁地大震。镇原地震山裂，倒塌署舍民房，压死人甚多。

天启三年（1623年）四月初六，云南洱海卫发生地震。四月初六至初七，地震76次，初八地震6次，倾楼橹雉堞，坏民居500余所。大理地震声如吼，地裂五区。四月初六夜，大理府洱海卫地震3次，初七复震2次，十二日午时各震1次，响甚于雷，官民房舍俱倒，大理府亦然。十二月二十二日，南京扬州发生地震。倒卸城垣380余垛，城铺20余处，民间房舍倒塌。常州、镇江屋瓦摇落，房窗斜倾，且多倒塌。上元、江宁城垣墙垛倒塌。句容瓦坠屋覆。常熟崇教兴福寺塔顶欹，城内外地面尽裂。高淳屋宇倾，水泛溢。太平府墙垣有倾倒，地有坼裂者。波及南京淮安府、东台场、通州、苏州府、松江府、南汇所、建平、望江、铜陵、凤阳府、五河，浙江嘉兴府、宁波府、杭州府、乌程等50多个府、州、县。连震两次。

天启四年（1624年）二月三十日，京师滦州（今河北滦县）发生地震。坏庐舍无数，地裂涌水。迁安坏城垣，毁民舍无数。卢龙倾官舍民居甚多。乐亭旧铺庄地裂多穴，涌黑水。武清倒塌城堞墙垣，倒塌房屋十余间，压死一人。天津三卫民房倾颓。京师及京师所属山海卫、昌黎、河间府、真定府、保定府、新安、东安、蓟州、遵化、玉田，山东海丰、武定州、德平、临邑等20多个府、州、县均震。是日地震数十次，历40余日。

天启六年（1626年）夏五月地大震，有声如炮。六月地大震，逾40日，唐县民居毁半。五月初四日夜，新城、定兴地大震。五月初五，饶阳地震。五月初八夜，武邑县地震。五月初六，蓟门（明末蓟辽总督蓟镇总兵驻密云，故当时称密云为蓟门）地震。据报，密云县五月初六巳时地震从西南方来，有声如雷，至初九丑时复巨声西来，门窗皆响，几座倾摇。蓟辽总督阎鸣泰奏：据密云县申，是月初六巳时地微震，初九丑时复大震，数日之内，两次示警，甚为变异。五月初六，蓟州城东南震坍，坏屋数百间。地震还引发京师王恭厂火药厂爆炸。王恭厂爆炸时，烟尘障空，白昼晦冥。据御史王业浩等上言，王业浩等于辰刻入署办事，忽闻震响一声，如天折地裂。须臾，尘、土、火、木四者飞集，房屋栋梁、椽瓦窗壁，如落叶纷飘。王业浩等俱昏晕不知所出，幸好有班皂多人拼命扶行，及至天井，见火焰烟云烛天，四边颓垣裂屋之声不绝。又寻得一匹马，骑马出衙门首时，见妇女、稚儿聚泣于街衢，才知屋舍碎坏，以及震压冲击，噪踏而死的人不可胜计也。等到策马前行不数步，又见万众狂奔，家家闭户。是因为象房倾倒，群象惊狂逃出，情势已不可控制。王业浩等急策蹇骑至朝房，惊魂甫定，方知变起王恭厂火药局失火炮发，沿近屋舍人民已无噍类。而城中家家户户有倾颓震压之患，人心惶忧。王业浩等又担心皇上端拱大内，不无震惊，于是等下怀不胜疎切，呈合词恭候万安。从厂中救出的净身男子吴二言，爆炸时只见飙风一道，内有火光，致将满厂火药烧发，同作30余人，尽被烧死，只存吴二一人。庭树尽拔，而无焚燎之迹。药楼飞去而陷数丈之坑，库中军器如故，神剪火木尘封。据工部署部事薛凤翔等查勘，王恭厂局并周围房屋一般皆倾，震压人民不计其数，共塌房10930间，压死男女537名。东自顺城门大街，北至刑部街，长三四里，周围13里，尽为齑粉。王恭厂一带糜烂尤甚，僵尸层叠，秽气熏天。瓦砾盈空而下，无从辨别街道门户。有一乔老儿骑一马行至泊子街，地动堕马。此老头旋眼暗，自疑痰晕，说："不好了，我中风也。"急觅路旁一酒柜靠定。少顷明亮，抬头见左右伏两人，一人纱帽无翅，一人纱帽盖眉。细看之，俱是爹补，各面面相觑而散去，此老方知不是痰晕。屯院何廷枢全家覆入土中，长班俱死屯院内。书办雷该相与持锹镢瓦砾上呼叫，底下有人吗？有人就答应。忽然有人应声，呼叫"救我"，诸人问道：你是谁？对方回答："我是小二姐。"书办知是本官之爱妾，急忙将之救出。皇上此时方在乾清宫用膳，殿震，急奔交泰殿，内侍俱不及跟随，只一近侍掖之而行。建极殿栏鸳瓦飞堕，此近侍脑裂，而乾清宫御座、御案俱翻倒。有一部官家眷，正在自己的家里，因天黑地动，桌椅倾翻，举家惊惶无措，妻妾抱柱而泣，随仆于地，乱相击触。逾时，天渐明，俱蓬跣泥面做病状。大殿做工之人因这次大震而坠下的大约2000人，俱成肉袋。长安街一带，不时从空飞堕人头，或眉毛和鼻子，或连一额，纷纷而下。大木飞至密云，石驸马街有5000斤大石狮子飞出顺城门外。震后有人告知，衣服俱飘至西山，挂于树梢。昌平州教场中衣服成堆，人家器皿、衣服、首饰银钱俱有。户部张风逵派长班前往查验，果不其然。同年六月初五，河南涉县（今河北涉县）、京师、山东济南府、东昌府（治聊城）、河南、天津卫、宣府（治今宣化）、大同府（今大同市）、灵丘地震。灵丘城关尽塌，牌坊颓毁，觉山寺摧圮，衙舍民房俱倒，枯井涌黑水，压死5200人。地震月余不止。广昌接壤灵丘，城垣屋舍一概倾塌，压死数万人。大同府于六月初五地震，从西北起，东南而去，其声如雷。摇塌城楼城墙28处。浑源州从西起，城撼山摇，声如巨雷，将城垣大墙四面官墙震倒甚多。王家庄堡天飞云气一块，明如星色，从乾地起，声如巨雷之状，连震20余顷，至辰时仍不时摇动。

本堡男女群集，涕泣之声遍野。摇倒内外女墙及里大墙 20 余丈。仓库公署，军民庐舍十颓八九，压死多命，积尸匝地，秽气熏天，惨恻不忍见闻。灵丘亦然。广昌同日四鼓地震，摇倒城墙开三大缝。

崇祯元年（1628 年）九月初十夜，京师怀安卫西阳河堡、渡口堡一带发生地震。宣镇上、下西路参将所管边墙，震后满目丘墟，震倒西阳河、怀安城、柴沟、洗马林、李信屯、张家口、深井等堡城墙、城楼、边腹土石砖墩台等，共压死军民 60 余人、牲畜 80 余头。兼以兵荒、旱灾，家无盖藏，民多逃徙，远迩之愁声不忍闻，情景凄惨。九月初十夜丑时，京师地震，始于西北，迄于东南。河间府及任丘、青县、静海、南皮、兴济、故城、肃宁及天津三卫皆地震。据西阳河堡守备朱国相禀报，该堡沿城四面里外砖土女墙大小城楼 15 座，并新置各垛口挨牌连架灯笼莺鲭，及城外新挑四下城壕二道尽摇塌坏，及堡内东西公署馆两处，内将大厅厢房等项，有尽塌半塌者；局库房 4 间全塌，仓廒共 41 间内全塌 20 间，又将军民老少男女张元朴等 41 人压死；摇塌边腹土石砖墩 5 座、土石边墙 179 丈，镇口台官厅 3 间、墩房 66 间。西城北面摇塌里口墙 25 丈、外口砖墙 3.5 丈，关厢外口墙 3 丈，鼓房 3 间，南面大楼墙一处，马道排栅门、公馆、民房摇塌甚多。怀安城摇塌外口砖砌垛口城墙共长 663 丈、里口女墙共 110 丈，城上大楼 4 座砖墙脱落，塌毁铺楼 11 座、两察院房 3 间、围墙 10 丈。保安右卫分管北面城墙 2 里 90 步，外面砖垛口并里口土女墙尽塌，大小楼铺砖瓦墙壁俱摇脱落。东察院房屋墙壁尽俱摇塌，毁墩墙并女墙瓮城共 372.4 丈、台房 33 间。尖山等台石砌共 6 座，尽数摇塌，教场鼓房 3 间、草场 3 间、演武厅墙尽摇塌毁。柴沟堡震塌本堡大城外口墙，从顶至底 40.7 丈，周围里外垛口并大小城楼俱各摇塌。压死更夫，尚未知数。虽有存留小墙城楼，俱各摇塌，不堪固守。至十一日屡摇，响声不止。张家口堡震场塌灭虏台北面镇虏台女墙。深井堡摇塌北城垣女墙 3 丈。渡口堡摇塌城楼 8 座，东西关女墙 300 余丈，边腹墩台 10 座，边墙 200 丈，墩房女墙 26 处，公馆、庙宇、仓廒房屋 530 余间，压死 12 人，牲畜 79 头。李信屯堡四面垛口女墙尽皆摇塌，城楼 7 座，里面大墙 36 丈俱摇塌。公馆、庙宇、仓廒房屋摇损七八，压死 7 人，倒损腹里墩台 19 座。洗马林堡摇塌大小城楼8座，垛口270余丈，南关及女墙320余丈，边墩并火路墩台71座。地震波及京师及京师所属万全都司、天津三卫、河间府、静海、青县、兴济、任丘、肃宁、南皮、故城，山西山阴、大同府。连震数十余次，至十二日酉时未止。

崇祯四年（1631年）七月十七日，湖广常德府发生大地震。湖广常德府夜半地震有声，从西北起，其响如雷，须臾黑气障天。震撼动地，井泉喷溢，地裂孔隙，浆水涌出，带有黄沙者6处；倒塌荣府宫殿及城垣房屋无数，压死60人。同日，所属桃源、龙阳、沅江及武昌府、辰州府所属沅陵、沅州，靖州属会同县，长沙府属长沙、善化、湘潭、宁乡、湘阴、醴陵、安化，承天府属钟祥，沔阳、潜江、景陵等州县俱震。又于次日，沣州亦震数次，城内地裂，城墙房屋崩坏，压死居民10余人，王家井喷出黄水，铁尺堰喷出黑水，彭山崩倒，河为之淤。又荆州府同日亦震，坏城垣十之四，民舍十之三，压死军民10余人。巡抚白士麟以闻，岳州府地大震，常沣为甚，震时仿佛有金睛闪烁，环绕民居，识者以为眚。民间露宿月余，不敢入室。所在地裂，黑沙喷涌，腥气逼人，隍池顿竭。常德大震波及湖广、江西许多州县，贵州天柱县和南直隶的无为县也同时有震。在江西，七月十八日，南昌及各府地震。南昌县秋七月十八日地震。临川七月地震。湖口七月十八日丑时地震。丰城、抚州七月地震。武宁七月十七日夜地震。九江、德化、都昌秋七月十八日地震。瑞昌地震。南康府、乐平、安义秋七月十八日地震。安仁七月地震。新昌七月十五日夜地震有声。袁州府、宜春、萍乡、分宜夏地震，居民多自床坠地，屋瓦皆裂。宁州七月十七日夜地震。

崇祯十五年（1642年）六月初四，山西安邑（今山西运城东北）发生地震。官民庐舍俱倾，人有压死者。平陆坏城垣，山崖崩裂。蒲州、荣河人多死。波及山西解州、临晋、夏县、垣曲、沁源、壶关、阳城，河南武陟、河内、渑池、陕州、阌乡，陕西潼关卫等地。初九又震，十三日复震，数十日方止。

在岩溶、滑坡发育的地理环境中，地震、洪涝等灾害还会引起地裂、山崩、地陷、坍滑、泥石流等地质灾害。洪武五年（1372年）八月二十日，广州地震，声大如雷，地坼二里许。正统十三年（1448年）陕西夏秋淫雨，通渭、平凉、华亭三县山倾，军民压死80余人。

成化十六年（1480年），在今云南丽江县西北金沙江南岸桥头一带发生山崩，巨型滑坡体宽约500米，下滑2里，进入金沙江，壅塞江流，山上木石依旧，江水陡涨，淹没农田，漂没民居。此次山崩与地震有关，清代学者檀萃说：金江阻塞，由地震使然。盖金江两岸俱崇巘危峦，江流一线，比川河尤狭。其水沉深啮两岸，山根尽空。地震山崩，一落于江，即成叠水，悬流数十丈如吕梁。若两岸一震同崩，两额相敌，山身不能尽没于江，江流穿山腹而过，因名曰“洞穿”。乾隆间开金江至黄草坝而止。此上则“叠水”“洞穿”，人力难施。其阻塞皆由地震为之也。成化十七年（1481年）十二月初一日朔，山西寿阳县城南山崩，声如牛吼。成化十八年（1482年）长乐半占山崩，压居民庐舍，有死者。成化二十二年（1486年）五月，商州（今陕西商县）地裂，六月咸宁县（治今西安市）地裂，倾陷民房屋、墙垣无数。

弘治七年（1494年）贵州都匀大雨，凤凰山崩。弘治九年（1496年）六月十五日，山阴、萧山二县同日大雨，山崩。弘治十四年（1501年）闰七月，乌撒军民大雨山崩。同年八月初八，四川可渡河（北盘江上游）巡检司地裂而陷，涌泉数十派，冲坏桥梁、庄舍，压死人畜甚众。弘治十五年（1502年）九月十七日，濮州地裂，涌水，压死100多人。弘治十八年（1505年）六月二十三日，陕西临洮府河州沙子沟夜大雷雨，雷震石崖，山崩约移七八里，崩处裂为沟，压居民3户，总计21人，田庐、民畜俱陷。

正德五年（1510年）六月初九，秦州山崩，伤屋庐、禾稼甚众。正德六年（1511年）七月十八日，夔州獐子溪骤雨，山崩。正德十五年（1520年）八月二十二日，云南赵州大雨，山崩。

嘉靖元年（1522年），贵州普安厅（今贵州盘县）龙起红豆冲，空中闻笙歌声时，山崩大溢，漂民居50余家。同年夏五月，全州大水，万乡四都山崩，水涌，陷田数百顷。嘉靖三年（1524年）八月，山西太谷县东北80里今属榆次县的沸谷里山山崩，民居翻没。将崩，先有声如雷。嘉靖四年（1525年）冬十二月初九，桂林府发生地震，都司地陷，大门左旗纛庙前，忽有声如雷，陷地一次，阔 2.5 丈，深 1 丈。次日，离前穴 3 丈许，复陷一穴，阔 2 丈，深 2 丈，有青气一道上冲数丈，良久始散。嘉靖六年（1527 年）夏四月，广东高明（县治今肇庆市东南）山崩，凡 200 丈，坏民田 40 顷。嘉靖八年（1529 年），阳朔县邑山崩。白面山崩，压死民人张凤银妻女三口，屋宇牛羊俱碎。嘉靖十三年（1534 年），贵州兴隆（今贵州黄平）大水山崩，桥圮，民舍荡析。嘉靖二十一年（1542 年）六月初六，归州沙子岭大雷雨，引发归州沙子岭崖石崩裂，压民舍百余家，塞江流 2 里许，舟楫不通。嘉靖二十七年（1548 年）六月，广西全州万乡四都山裂水永三道，汛冲升乡，民屋土田成河，计田亩万余亩。

隆庆二年（1568 年）五月，贵州永宁州（今关岭）山崩。隆庆五年（1571 年）二月十四日，桂林又发地震。广西布政司后街宗室住宅，忽地陷 1 丈、宽 2 丈余。又，王府大街地陷 2 丈，深广数丈。又，布政司后堂地陷 4 尺余，横 2.5 丈，直 1.6 丈。

万历二年（1574 年）二月十八日夜二更，长汀地震，三更崩裂成坑，陷没民房 40 余间。三月，勤河坊霹雳岩前地陷 12 丈，深 2 尺，坏民居。万历六年（1578 年）二月初十，桂林府临桂县（治桂林）江头村田中土忽拥起，青烟一道直上，地随裂丈余，地内鼓声响，压民房 10 余间，大树、大石皆陷入地。万历三十六年（1608 年）五月，歙县大水害稼，灵山崩，压死居民 30 多人。

天启三年（1623 年）闰十月二十九日，四川仁寿县长山一带忽然声震如雷，山谷决裂，长 7 里，宽 3 尺，深不可测。天启四年（1624 年），巢县因洪涝引发地陷，东门屋 2000 余间陷入地，器用树木俱没土中。是年巢县水。

崇祯十五年（1642 年），贵州天柱县地裂，东门城下地裂，长数百丈，宽 2 尺许，深不可测，黑气上腾，旬日内复合如故。崇祯十六年（1643 年）七月，河北（指黄河以北）地震，温县塌 30 余里，村落皆没。崇祯十七年（1644 年）五月，余干东山石崩压坏居民多家。崇祯十七年（1644 年）秦州有二山，相距甚远，民居其间者数百万家，一日地震，两山合，居民并入其中。

第六章 风灾

明代常见的风型主要是龙卷风、暴风、台风或飓风。龙卷风造成的灾害主要有：嘉靖五年（1526年）陕西屡发大风，卷掣庙宇、民居百数十家，了无踪迹。天启四年（1624年）五月二十二日，乾清宫东丹墀旋风骤作，内官监铁片大如屋顶者，盘旋空中，阘于西墀，铿訇若雷。崇祯四年（1631年）六月初八，河南开封府临颍县是日未时雷雨大作，顷之雨定，风霾突生，吹倒民居200余间，压死2人，拔树千株。磨扇、花盆飘空旋转，又将居民杜发连墙刮过壕北，压死其家于民等8人。自王家至巩家庄，计15里。巡按李日宣以闻。大风、狂风、暴风、烈风过境，也往往使农作物受损，房屋庐舍圮坏，人畜深受伤害。正统四年（1439年）七月，苏州、松江、常州、镇江四府大风拔木杀稼。正统八年（1443年）七月，乌兰察布盟丰镇并大同地区狂风，裂肤拆指者200多人。天顺三年（1459年）四月，顺天、河间、真定、保定、广平、济南连日烈风，麦苗尽败，人民艰食。正德十六年（1521年）十二月十三日，甘肃行都司狂风，坏官民庐舍树木无算。万历四十一年（1613年）八月初十，青州大风拔树，倾城屋。崇祯十四年（1641年）五月，南阳大风拔屋。崇祯十五年（1642年）五月，保定广平诸县怪风，麦禾俱伤。

在干旱和半干旱地区，大风还会引起风霾、扬尘乃至沙尘暴（指强风将地面大量沙尘吹起，致使空气混浊、天色昏黄的现象）等灾害。如正统六年（1441年）闰十一月十一日，京师大风有声，扬沙蔽天。正统十四年（1449年）二至五月期间，京师烈风，昼晦。其中二月六日那天，大风，黄尘蔽天，有人骑着驴过桥，结果人和驴皆被风吹落桥下溺死。景泰元年（1450年）春，京师地带狂风扬沙，弥月不息，阴霾蔽日，经旬不开。天顺三年（1459年）四月以来，京师地带连日烈风，麦苗尽败。天顺八年（1464年）二月至三月，京师常常黄尘四塞，风霾蔽天，沙土迭雨；所刮之风从西北来，且呼呼有声。

成化四年（1468年）三月、四月间，京师昏雾蔽天，不见星日者累昼夜，或风霾累日，或黄雾障天，或狂风怒号，风沙堆积与天坛、地坛的围墙等高，大风还吹坏了坛内建筑的盖瓦，等等。成化六年（1470年）二月二十八日，开封昼晦如夜，黄霾蔽天；三月初二，雨霾昼晦。同年二月至四月期间，京师黄雾障天，阴霾累日，大风扬沙，天地昏暗，竟日始息。自清明节起连着三天，每日晨四时开始刮大西北风，下雨如血（疑是红土），天色如绛纱，日色如暮夜，室中非灯烛不能辨，直至午后一两点才开始晴朗。可以肯定，这是一场沙暴。成化九年（1473年）三月初三，济南诸府，狂风昼晦，咫尺莫辨；三月初四，四月初七，山东黑暗如夜；四月十五日，两京雨土。成化十七年（1481年）四月十六日，以久旱风霾敕群臣修省。成化二十一年（1485年）三月初七，大名风霾，自辰迄申，红黄满空，俄黑如夜。已而雨沙，数日乃至。京师自正月至三月，风霾不雨。

弘治二年（1489年）二月二十三日，开封昼晦如夜。三月，黄尘四塞，风霾蔽天者累日。弘治三年（1490年）六月初一朔，陕西靖虏卫大风，天地昏暗，变为红光如火，久之乃息。弘治十年（1497年）三月，旱霾，雨土。弘治十一年（1498年）四月十六日，雨土。弘治十五年（1502年）十一月，景东昼晦者七日。弘治十七年（1504年）二月十二日，郧阳、均州雨沙。正德五年（1510年）三月初九日，大风霾，天色晦冥者数日。正德十四年（1519年）三月二十五日，风霾昼晦。正德十六年（1521年）十一月十三日，甘肃行都司黑风昼晦，翌日方散。

嘉靖元年（1522年）正月十九日，雨黄沙。九月二十六日，大风霾，昼晦。嘉靖二年（1523年）二月至四月间，京师风霾大作，黄沙蔽天，行人多被压埋，黄沙着人衣俱成泥渍，且连日不息。嘉靖八年（1529年）正月初一朔，风霾，晦如夕。嘉靖十三年（1534年）二月，雨微土。嘉靖二十一年（1542年），象山雨黄雾，行人口耳皆塞。嘉靖二十六年（1547年）七月十六日，甘州五卫风霾昼晦，色赤复黄。嘉靖二十八年（1549年）三月二十六日，风霾四塞，日色惨白，凡五日。此年八月，呼和浩特清水河县暴风，拔树坏屋，伤牛羊。嘉靖二十九年（1550 年）三月、四月中，京师天不雨，却经常大风扬尘蔽天。密云、怀柔等地奏称，恶风大作，飘屋瓦，走沙石，黑气亘天，对农业生产和人们的房屋造成了很大的破坏。嘉靖三十年（1551 年）正月初三，大风扬尘蔽天，昼晦。嘉靖四十年（1561 年）二月十九日，大风扬尘蔽天，昼晦。四月初四，大风雨，黄土昼晦。嘉靖四十三年（1564 年）三月十五日，异风作，赤黄霾，至二十一日乃止。

隆庆元年（1567 年）三月，南郑雨土。隆庆二年（1568 年）正月元旦，大风扬沙走石，白昼晦冥，自北畿（京师）抵江、浙皆同。隆庆六年（1572 年）闰二月十七日，辽东赤风扬尘蔽天。

万历十年（1582 年）正月初六，盖州卫风霾昼晦，坏廨宇、庐舍。万历十四年（1586 年）三月初三，旱霾，敕修省。万历二十五年（1597 年）二月十七日，京师风霾。湖州雨黄沙。万历二十九年（1601 年）四月，连日风霾。万历三十八年（1610 年）四月二十三日，崇阳风霾昼晦，至夜转烈，损官民屋木无算。万历四十五年（1617 年）二月，通州风霾，昼晦，空中如万马奔腾，州人震惊；或狂风忽起，黄尘四塞，雨如黄泥。万历四十六年（1618 年）三月十一日，暮刻，雨土，濛濛如雾，入夜不止。同年三月十二日，据方从哲言：昨日申刻天气晴朗，忽闻空中有声如波涛汹涌之状，随即狂风骤起，黄尘蔽天，日色晦冥，咫尺莫辨；及将昏之时，见东方电流如火，赤色照地，少顷西亦如之。又雨土濛濛，如雾如霰，土气袭人，入夜不止。万历四十七年（1619 年）二月二十日，从未至酉，尘沙涨天，其色赤黄。万历四十八年（1620 年），山东省城及泰安、肥城皆雨土。

天启元年（1621 年）三月初九，大风扬尘四塞。四月初四午时，宁夏洪广堡风霾大作。坠灰片如瓜子，纷纷不绝，逾时而止。日将沉，作红黄色，外如炊烟，围罩亩许，日光所射如火焰，夜分乃没。天启四年（1624 年）二月十七日，风霾昼晦，尘沙蔽天，连日不止。

崇祯十二年（1639 年）二月，浚县有黑黄云起，旋分为二，顷之四塞；狂风大作，黄埃涨天，间以青白气，五步之外不辨人踪，至昏始定。崇祯十三年（1640 年）闰正月，南京日色晦蒙，风霾大作，细灰从空下，五步外不见一物。崇祯十七年（1644 年）三月初八，风霾昼晦。

沿海地区由于其独特的地理位置，每年都要受到若干次太平洋上的台风或飓风的侵袭，每次台风的登陆必然引起地方文献常见的“海溢”“海涨”“海潮溢”“海潮大上”“海潮迅发”“大风潮溢”“潮溢”“海潮至”“海潮上”“海潮泛溢”一类的风暴潮灾。明代大风暴潮和特大风暴潮的年份主要有洪武八年至洪武九年（1375—1376年）、洪武二十二年至洪武二十三年（1389—1390年）、永乐九年（1411年）、永乐十八年至永乐十九年（1420—1421年）、正统九年（1444年）、成化七年至成化八年（1471—1472年）、成化十九年（1483年）、正德七年（1512年）、嘉靖元年到嘉靖三年（1522—1524年）、嘉靖十五年至嘉靖十八年（1536—1539年）、万历二年至万历三年（1574—1575年）、万历九年至万历十年（1581—1582年）、万历三十一年（1603年）、崇祯元年（1628年）等。

洪武二年（1369年），上海、崇明风潮大作，漂没庐舍，民大饥。洪武十一年（1378年）七月，苏州、松江、扬州、台州四府海溢，人多溺死。洪武十三年（1380年）十一月，崇明潮决沙岸，人畜多溺死。洪武十七年（1384年）浙江海盐海潮大作，堤竞溃；七月，上海、崇明之地，飓风潮涌，漂没无算。洪武二十年（1387年）夏，浙江盐官海潮决堤，水溢丈余，咸津杀稼；会稽五家堰大风雨，水暴至，死者十之四五。洪武二十一年（1388年），浙江萧山捍海塘坏，潮抵于市。洪武二十六年（1393年）六月，山阴、会稽大风，海潮涨溢，漂流庐舍，居民伏尸蔽里街。

明太祖时期的风暴潮，以洪武八年（1375年）至洪武九年（1376年）、洪武二十二年（1389年）至洪武二十三年（1390年）为剧。洪武八年（1375年）秋七月初二夜，大风雨，海溢，潮高三丈，平阳九都、十都、十一都等处淹死2000余人。永嘉、乐清、瑞安沿江亦皆淹没。防倭官军及船只尽漂流没溺。洪武九年（1376年）一年发生两次风暴潮。七月初二，浙江平阳县飓风暴雨，沿江禾谷淹没；同日，山东登州府沿海飓风暴雨，海洪潮侵入。同年七月十七日，川沙厅大风，拔木摧屋，雨昼夜不息，湖海涨涌，有全村决没的；同日，山东昌邑县也有同样的风暴潮灾记载。

洪武二十二年（1389 年）二月初三夜，扬州海门县飓风大作，潮汐腾涌，坏庐舍，溺死居民孳畜无算；七月，海潮涨溢，坏捍海堰，漂溺吕泗等场盐丁 30000 余人。洪武二十三年（1390 年）七月，南直隶、浙江沿海地区普遍遭遇大风暴潮，海堤圮坏，官舍民屋漂没，盐丁灶民溺死无数。通州海门县风潮，坏官民庐舍，漂溺者众；扬州则溺死灶丁 30000 余人；通州飓风大作，海溢，漂没庐舍，死者几半，海门人李润甫念内弟年幼，弃其妻而救之，最后家人得以全活；上海、崇明之地海溢，沿沙庐舍尽没，被溺者十之七八。七月初三至初五，崇明更是大风雨三日，海潮泛溢，坏圩岸，偃禾稼。在淞南，七日初一，海风自东北来，挟潮而上，扬沙拔木，漂没三洲，1700 家尽葬鱼腹。在浙江，海宁县海决，冲没石墩巡检司；萧山县大风，海塘坏，潮抵于市。

永乐元年（1403 年）五月三十日，广东南海、番禺二县飓风，海潮溢，漂民庐舍，溺死 35 人。六月，山阴县大风，海潮涨溢，漂流庐舍，居民伏尸蔽里街。八月十八日，浙江风潮，决江塘 10400 余步，坏田 40 顷；汤镇方家塘江堤决，风浪冲激，沦于江者 400 余步，溺民居及田 4000 顷。永乐二年（1404 年）七月初二日，金山县风雨大作，海溢，漂溺 1000 多家，濒海之田为咸潮所浸，苗尽槁，如火炙；奉贤县大风雨，海溢。田禾为咸潮所浸，多槁死。永乐七年（1409 年）十二月十二日，泰兴县内拦江堤岸为风涛冲激，沦入于江者 3900 余丈。又大江北，自县河南出大江，淤塞 4500 余丈；遂溪县飓风大作时，飓挟咸潮，泛滥至城，海堤溃民溺死者甚众。永乐八年（1410 年）七月，平阳县飓风骤雨海溢，漂庐舍，全乡坏城垣、公廨。永乐十一年（1413 年）夏五月，浙江杭州府仁和县十九都、二十都没于海，时天淫雨烈风，江潮滔天，平地水高数丈，南北约 10 余里，东西 50 余里，居民溺死者无算，存者流徙，田庐漂没殆尽；通州海门县有大量官田民田被风潮冲坍入江。永乐十二年（1414 年）闰九月十七日，太仓直隶州、崇明风潮，漂没庐舍 5800 余家，民溺死者甚众。永乐十四年（1416 年），海复为患，仁和县十九、二十等都，海宁县八、九等都地濒海者，日沦于海。永乐二十年（1422 年）五月初三日，广东诸府飓风暴雨，海水泛溢，淹没庐舍 1200 间，坏仓粮 25300 余石，溺死 360 余人。永乐二十一年（1423 年）八月，琼州府飓风暴雨，海水涌溢，淹没庐舍孳畜，居民溺死 52 人。永乐二十二年（1424 年）七月，黄岩潮溢，溺死 800 人。

明成祖永乐朝的风暴潮，以永乐九年（1411 年）、永乐十八年（1420 年）至永乐十九年（1421 年）的灾情最重。永乐九年（1411 年）五月，广东南海、番禺潮溢。六月十五日至十九日，扬州属通州、泰兴、海门等 5 个州县，潮涨四日，坏屋舍，漂人畜甚众。七月，浙江海宁潮溢海决，淹没赭山道司，漂庐舍，坏城垣、长安等坝，沦于海者 1500 余丈。朝廷遣保定侯孟瑛等调集苏、湖九郡民流移者 6700 余户，修筑被毁坏的海堤，历经 13 年，其患姑息；仁和县冲决黄濠塘岸 300 余丈，孙家园塘岸 20 余里；海昌县潮复决，漂流 6700 余户，沦田近 20 顷。永乐九年（1411 年）闰十二月初四，户部言：广东雷州府九月飓风暴雨，遂溪、海康二县坏庐舍 1600 余间、田禾 800 余顷，淹死人民 1600 余人。

永乐十八年（1420 年），浙江、南直隶沿海又遭遇大潮灾。三月，海宁等县潮水沦没海塘 2660 余丈，吴、嘉等 2 县受灾；夏秋，仁和、海宁海溢，漂庐舍，坏仓粮，溺死 160 余人。仁和、海宁坏长降等坝，沦海 1500 余丈，东岸赭山、岩门山、蜀山旧有海岸汙绝久，故西岸潮愈猛，逃徙 9100 余户。此年夏，广东海康县飓风暴雨，海水涨溢，伤民禾稼。永乐十九年（1421 年）七月十六夜，两淮盐区遭遇飓风暴潮。《风潮行》一诗，就记述了当时的灾情惨状："辛丑（1421 年）七月十六夜，夜半飓风声怒号。天地震动万物乱，大海吹起三丈潮。茅屋飞翻风卷去，男妇哭泣无栖处。潮头骤到似山摧，牵儿负女惊寻路。四野沸腾那有路，雨洒月黑蛟龙怒。避潮墩作波底泥，范公堤上游鱼渡。悲哉东海煮盐人，尔辈家家足苦辛。频年多雨盐难煮，寒宿草中饥食土。壮者流离弃故乡，灰场篙满池无卤。招徕初蒙官长恩，稍有遗民归旧樊。海波忽促余生去，几千万人归九泉。极目黯然烟火绝，啾啾妖鸟叫黄昏。"永乐二十年（1422 年）五月，广东广州等府飓风暴雨，潮水泛溢，溺死人民 360 余人，漂没庐舍 1200 余间，坏仓粮 25300 余石。永乐二十一年（1423 年）八月三十日，广东琼州府言：飓风暴雨，海水涌溢，漂没庐舍、孳畜，近海居民溺死52人。宣德元年（1426年）四月十三日，浙江台州府黄岩县奏：永乐二十二年（1424年）七月内，飓风大作，海潮怒溢，漂没人民、庐舍7843户，淹没官民田256.4余顷。

正统元年（1436年），太仓、苏州府、常熟、崇明、奉贤、嘉兴府，大风海潮伤禾。十一月二十八日，直隶扬州、苏州、常州府各奏：十月初一，飓风大作，海潮涨涌，所属州、县居民漂荡者，各数百家。正统二年（1437年）秋八月，浙江杭州府海水溢，松江大风雨，湖海涨涌，滨海居民，有全村漂没者。正统五年（1440年）七月十四日，苏北沿海堤决，门巷水深3尺许，欲渡无船，欲徙无室，有一家26人坐立波涛中达五日夜。正统八年（1443年）八月，浙江台州等地海潮泛溢，坏城郭官亭民舍军器。英宗朝的风暴潮，以正统九年（1444年）发生在南直隶、浙江沿海的潮灾为大。七月十七日，南汇县大风，拔木摧屋，雨昼夜不息，湖海涨涌，有全村决没者；当日金山卫狂风骤雨，昼夜不息，海水涌入，平地丈余，人畜漂溺，庐舍城垣颓败，崇明、江阴等县以及高明、巫山、马驮等沙人民有全村冲决入海的。当年七月，扬子江沙洲也是潮水溢涨，高一丈五六尺，溺死1000多人；上海、崇明之地，烈风暴雨竟夕，拔木摧屋，海潮大溢，坏民居1000余所，溺死167人，牛马牲畜漂没无算。当年秋，浙江海盐县、嘉兴府、余姚皆海溢，风潮大作，塘被冲决，水溢四境，伤民禾稼及郡县仓粮。

天顺二年（1458年），在南直隶松江府南汇、华亭及浙江嘉兴府、乍浦、平湖，海溢，漂没18000余人。天顺三年（1459年），浙江嘉兴海溢，溺死10000余人。天顺五年（1461年）发生在南直隶、浙江沿海的潮灾，则相当惨烈。七月五日夜，苏州府海滨风雨大作，潮涌寻丈，漂没庐舍，嘉定沿海死者4000余人，壮者攀树巅避溺，群蛇潮涌触树，亦缘木上升；上海、崇明之地，不但漂流庐舍，而且沿海死者4000余人，并嘉定、昆山、上海共溺死12500余人。当年九月，浙江杭州府、嘉兴府滨海诸县，潮大至。天顺六年（1462年）七月，淮安府大水潮溢，溺死盐丁1300余人。

成化二年（1466年）七月六日，苏北沿海潮决捍海堰69处，溺死盐丁247人；通州的海潮冲堰，坏缺口72处；浙江乍浦海溢，大水败稼。成化五年（1469 年）夏，苏州府太仓州璜泾大水海涨，漂没民居，咸潮害稼；福建于当年九月十九日，大风，海潮淹没民庐。成化六年（1470 年）九月，广东东莞县海溢坏稼。

成化七年（1471 年），浙江、南直隶、山东沿海暴发大风暴潮灾。七月初三，浙江嘉兴府风大作，海潮泛溢，自雅山东至杨树林俱为冲毁。是年七月，杭州府大风雨，江海涌溢，环数千里，林木尽拔，城郭多颓，庐舍漂流，人畜溺死，田禾垂成，亦皆挖损。八月，杭州府再次江潮水溢，冲激塘岸。闰九月，山东及浙江杭嘉湖绍四府俱海溢，淹田宅人畜无算。九月一日，嘉兴府风涛复作，内塘古岸修完者，自周家泾至独山等塘皆为冲圮，其害视前尤甚。九月二日，浙江沿海风潮决钱塘江岸十余丈，近江居民房屋田产皆为淹没；余姚溺死 700 余人；萧山县风潮大作，新林塘复坏。南直隶靖江县此年秋潮，上海县于此年秋，大风海溢，漂人畜，没禾稼。在山东，秋九月，青州府大风雨，海溢，害田庐、人畜无算；无棣县于秋九月，海溢；黄县于九月大风雨，海水溢，淹田宅人畜。成化八年（1472 年）七月到九月，南直隶、浙江沿海再次遭到风暴潮袭击。七月，东台县大雨海涨，浸没盐仓及民灶田产（北五场）；通州坏盐仓军民庐舍不可胜计；璜泾大水，湖海涨溢，漂没田庐；南汇县漂没万余人，咸潮害稼。青浦县于当年秋七月初四，大风雨，海溢，漂没死者万余人，咸潮所经，禾棉并槁。金山县于此年七月十七日，风雨狂骤，已经两日；是夜潮汐正上，风东北益狂，汐盖漫，忽转西南，水涌平地，浮骸万余，牛马畜不可计，自是务筑捍海塘成。七月十七日，浙江海盐县也是海大溢，平地水深丈余，溺死万余人。是年八月，杭州府江潮水溢。秋九月，上海青浦县大风雨，海溢，漂没死者万余人，咸潮所经，禾棉并槁；浙江仁和县江湖大溢，塘崩特甚。

成化十年（1474 年），嘉兴府风潮大作，海塘大圮。成化十一年（1475 年），广东南海县台风，盐水冲田，禾稼半坏。成化十二年（1476 年）二月，浙江嘉兴府湖水横滥，冲圮堤塘；八月，浙江风潮大水。成化十三年（1477 年）正月，浙江海盐县海溢，溺民居；海宁海决逼城，顷刻一决数仞，祠庙庐舍器物沦陷略尽；夏六月，山阴、会稽大风，海水溢，害稼穑。成化十四年（1478 年），浙江宁波、嘉兴府风潮大作，海溢，海塘尽坏。成化十六年（1480 年）八月，浙江平阳县旋风自海上起，经五都平阳拔神祠，又经四都西浦，毁坏民居 18 家，压死 2 人；八月，福建莆田飓风激浪，海堤大崩。成化十七年（1481 年），靖江县大雨风潮，淹没田庐，人多溺死。

成化十九年（1483 年）夏五月，广东香山县海潮溢，坏濒海民居，伤稼。同年癸亥夏，福建沿海受风暴潮灾的有莆田、福州、罗源、连江、长乐、永泰等九县。莆田海风作，海溢。罗源县大风雨，拔木发屋，覆舟，官民田庐尽坏，民众溺死；连江县飓风大雨，拔木发屋，坏田禾，没人畜无算；长乐县大风雨，拔木发屋，滨海夷荡尤甚；永泰县大风雨，拔木，坏公署民居；福州府大风雨，拔木发屋，坏公署无量，城敌楼战屋摧毁殆尽，福州九县沿江溪屋宇夷荡尤甚，田畴禾稼崩陷推流过半，官私舟船漂没万数，溺死 1000 余人。

弘治元年（1488 年）四月，浙江临海县大风雨，海溢，发屋走石，海溢平地数丈，漂没陵谷，死者不知其数；五月，扬州风潮，漂没民居 400 余家；同年五月，靖江县大风雨，潮淹死老幼男女 2951 口，漂去民居 1543 间，合邑公宇颓圮，岁大祲。弘治七年（1494 年）七月，苏、常、镇三府潮溢，平地水 5 尺，沿江者 1 丈，民多溺死；浙江会稽、余姚海溢。弘治十四年（1501 年）七月，广东廉州府及灵山县大风雨，拔木坏屋，坏府城楼 950 余间、县城楼 90 余间，公署廨宇瓦飘殆尽，军民房屋勿复存者。海水涌涨，淹死男女 150 余人。同年闰七月，琼山飓风海溢，平地水深 7 尺。弘治十六年（1503 年）八月，苏州府崇明县飓风大作，海潮为灾；九月十八日，浙江台州海溢，波涛满市几五尺，越日不退；秋，福建长乐县暴潮涨；九月，广东东莞县海溢坏稼。弘治十七年（1504 年），广东惠州海水溢，浪高如山，须臾，平地水深一二丈，金锡、杨安二都民居濒海，漂流淹死不可胜数。弘治十八年（1505 年）七月，江浦县大风潮，溢江淮卫，船多漂没。

正德元年（1506 年）七月，山东登州大雨海溢，禾稼淹没，地为斥卤；七月初六，荣成县大雨海溢，港水逆流 30 里，禾稼淹没，地变为咸卤。同年，川沙厅大风雨，海溢。正德二年（1507 年），浙江山阴飓风大作，海水涨溢，顷刻高数丈许，濒海居民漂没，男女枕藉以毙者万计，苗穗淹溺。正德三年（1508年）七月，海南乐会县大风，海溢数十里。正德四年（1509年）六月，飓风，海水溢，民多溺死；嘉定县地震，海潮大作；广东潮州府飓风大作，海溢，民多溺死。

正德七年（1512年），南直隶、浙江沿海大风雨，风暴潮大作，居民漂没。秋七月，两淮产盐区飓风涌潮，垫民庐舍，溺死者千余人；七月十一日，静海乡大风雨，海湖泛溢，“溺死人民千余口”；海门县“飓涛溢作，溺民漂屋，官民之居，荡然一墟”。七月十八日，通州等处大风雨，海潮泛溢，漂没房屋，“溺死男妇三千余口”。秋七月，浙江会稽、宁波、绍兴濒海地区飓风大作，居民漂没万数；萧山县海溢，“濒塘民溺死无算，居亦无存者”；临山卫大雨震雷，山崩，海大溢，堤尽决，漂田庐，溺人畜无算；余姚“大风雨震雷，大水山崩，文庙坏，海大溢，堤尽决，漂田庐、溺人畜无算”。七月十七日夜，上虞县“飓风大作，海潮溢入，坏下五乡民居，男女漂溺死者动以千计。潮患之大，此创见者”；七月，山阴飓风大作，“海水涨溢，顷刻高数丈许，滨海居民漂没，男女枕藉以殁者万计。苗穗淹溺，岁大欠”。

正德八年（1513年）六月，广东潮州府飓风海溢，民多溺死。正德十年（1515年）七月，靖江县飓风大作，海水溢，漂木拔屋，沿海居民，死以千计。咸潮浸良田变为斥卤。同年七月，潮州府台风暴潮，漂没民田，坏公私庐廨，俗称“铁风筛”。广东海阳、潮阳、揭阳、饶平县夜暴风雨，坏官民庐舍、城楼、山川、社稷坛，人畜淹死者无算。正德十一年（1516年）六月，崇明县海潮暴至，平地丈余，乡间行旅及治畦者皆沉溺。庐舍畜产漂没不可胜数。同年六月二十八日，广东阳江县淫雨不止，壬戌夜，潮潦暴涨，坏田庐无算，甚至城圮山崩。时二熟不登，哀鸿遍境。署令县丞周考向民索贿始准报灾，继而邑令姚风复任，如水益深，民遂大困。有饥民以牛易粟，比得升斗回家，妻子皆已饿死，其人即自尽。或采草根而食，一家十余口遇害。正德十三年（1518年）六月十九日夜半，福州、长乐海潮突高2丈余，声震若雷，近海居民多漂没。同年，浙江会稽飓风淫雨，坏庐舍伤众。秋，余姚海溢；平阳县风潮，南北二港水暴涨，庐舍漂没，人畜随江而下，江南一乡江口头、淋头、钱家浦、尖刀尾各塘皆崩，水逾月不下，田禾尽淹，人食腐米。正德十四年（1519年），东台县大风拔木，潮溢，庐舍多半漂没，人多溺死。

进入嘉靖朝，从嘉靖元年（1522年）到嘉靖三年（1524年），在广东、福建、浙江、南直隶沿海连续三年遭遇特大风暴潮，灾情惨状令人目击神伤。嘉靖元年（1522年）六月，广东飓风大作，潮水泛涨，漂没千余家，两洋居民荡析殆尽，田悉荒废。同年，浙江风潮大作，海连溢，海塘大圮。在南直隶沿海，七月二十三日，靖江县大风雨，潮涨为海三日，邑宇崩塌，民庐漂没，死者数万。故老相传，谓弘治元年之潮不及其半。多大祲。七月二十四日至二十五日，太仓州大风雨，拔木，江河及湖水尽溢。太仓州常熟、崇明、嘉定、吴江漂没庐室人畜以万计。七月二十五日，上海、崇明飓风大作，平地潮涌丈余，人民淹死无算，流移外境者甚多；两淮风雨大作，海潮涌溢，灶舍盐丁漂没莫知所在；扬州大风雨，江潮涌涨，溺死男女1745人；东台县暴风雨，海潮大涌，灶舍灶丁俱没，莫知其所在。嘉靖二年（1523年），大风雨，海溢。浙江沿海在嘉靖元年（1522年）海潮大作，次年又遭大风暴潮，塘圮视昔加倍。潮乘隙以进，泛滥及百里许。七月初三处暑，杭州府时方大旱，至此日，狂风暴雨，拔木五六十处，天开河等处，海水涌溢，漂流庐舍数百家，冲决塘坝，海水倒流入城，河北皆盐。七月二十五日夜，福建兴化府（今福建莆田市）潮溢；八月初一日夜，海水溢丈余。八月初三日，杭州府大风涌海水，冲去太平门外沙场庐舍100多家。八月，宁波府大风雨，海溢，坏堤及庐舍，溺人。海盐县此年也是塘圮视昔加倍，潮乘隙以进，泛滥及百里许。嘉靖三年（1524年）七月，广东揭阳飓风海溢；琼州府的乐会、万州大风，海溢数十里。八月，潮州府大飓，海溢，沿海民居漂没无算。

嘉靖三年（1524年）以后，沿海各地进入了一个相对的平伏期，风暴潮灾比较少见。至嘉靖十五年（1536年）开始，沿海的风暴潮灾再起，至嘉靖十八年（1539年）演变成特大风暴潮灾。嘉靖十五年（1536年），江南沿海海潮溢高2丈余，溺死20090余人。嘉靖十六年（1537年）、嘉靖十七年（1538年）连续两年，广东的惠州府海水溢，金锡、杨安居民死者数千，户口或因之告绝。

嘉靖十八年（1539年），飓风引起的强风暴潮来势更为凶猛，几乎席卷了福建、江浙、山东沿海区，造成了灾难性后果。六月十八日，兴化县大风偃禾黍，海潮涨溢，高二三丈余，漂没诸盐场及盐城庐堂产、人口，不可胜计，十余年不宜稻。七月，福州府飓风大作，瓦屋皆飞；罗源县飓风覆舟，溺死无算；连江县飓风折木、折屋；长乐县飓风拔木，坏官民屋宇、桥梁、道路，塘岸崩陷；永泰县飓风大作，屋瓦皆飞。七月，浙江宁波府海溢坏田；海州大风，昼晦，海潮大涨；山东沂州府大风雨，海水溢岸五里；七月二十六日，日照县大风雨，海水溢岸五里，漂没禾稼。同年闰七月，三日发生在南直隶沿海的风暴潮最大，损失最为惨重。上海、崇明风潮大作，庐舍漂没几尽，男女溺死数百人；嘉定县飓风海溢，水涌3丈，漂溺人庐无算。大疫，大祲；川沙厅、南汇县、上海县海啸，风从东北起，漂没人民数万；南汇县自一团至九团泛滥几及百里。在两淮地区，大水漂没扬州盐场数十处，而人民死者无算；如皋海潮涨溢，高2丈余，溺死民灶男女数千，漂没庐舍不可胜计；通州海水骤溢，高2丈余，溺死民灶男女29000余口，漂没官民庐舍畜产不可胜计；东台海潮暴至，陆地水深至丈余，漂庐舍没亭场，损盘铁灶丁，溺死者数千人；盐城东北风大起，天地昏暗三日，海大溢至县治，民溺死者以万计，庐舍漂荡无算；阜宁海溢，溺死万余人。明人崔东洲见当日两淮盐场海潮暴至，陆地水深丈余，漂庐舍，没亭场，灶丁溺死者凡数千人，写下了《哀飓风诗》：“今岁东隅阨，伤心北海翻。万民葬鱼腹，百里化龙门。洒血悲亲友，无家问子孙。寄言当路老，早为扣宸阍。尽日蛟龙斗，俄时天地昏。丈涛从北涨，万户总南奔。赤子随鱼鳖，红流失市村。有生知亦死，何计觅饔飧？昼吼如雷雨，旋翻过屋涛。儿沉父莫救，父失妇空号。梁栋浮轻苇，牛羊傍九皋。哀哀残喘者，谁为赠绨袍？薄命嗟群鬼，求生尽失谋。几人能抱树，无数任随流。形改何从辨，骸沉谁为收？岂知歼战伐，青史亦名留。潮回无绿野，禾槁尽黄云。夜哭喧新鬼，孤行寂故群。耒锄农失业，鸡犬野无闻。皓首时东望，沾巾对落曛。”

嘉靖二十年（1541年），浙江飓风海溢，平地水丈余，溺者无算。同年七月十六日，浙江临海县风暴海溢，坏田庐，淹民命，不可胜计；

七月十八日，浙江台州飓风掣屋，落石拔木，大雨如注，溢潮暴涨，平地水数丈，死者无算。嘉靖二十三年（1544 年）六月中旬，福建长乐县磁澳海水翻，鱼虾皆毙，飓风继作。嘉靖二十四年（1545 年），山东招远县大风卷海水南溢，淹禾豆。嘉靖二十五年（1546 年），广东吴川县海潮大涨，异于平时，临海田遭碱，伤者十有四五。嘉靖四十二年（1563 年）秋，福建莆田县大风雨决堤，海水滥溢至城外，莆田至此三次遭遇海患。嘉靖四十四年（1565 年），嘉定县飓风，海水大溢。

穆宗隆庆朝总共六年，除了隆庆四、五两年没有大的风暴潮灾之外，其他各年风暴潮灾皆较为严重。隆庆元年（1567 年）六月初一，川沙镇海厅大风海溢，民大饥。是年秋，浙江嘉兴、海盐县海溢，坏田庐无算；定海县北风连日大吼，海潮怒涌，溢入于城。隆庆二年（1568 年）七月二十九日，浙江台州飓风，海潮大涨，挟天台山诸水入城，三日溺死 30000 余人，淹没农田 150000 亩，坏庐舍 50000 区。尸骸遍野，官府委吏埋骨，半月方尽。谷烂麦腐，俱不可食。临海县也是大雨倾盆，山崩海溢，须臾高数十丈，冲坏郡城西南二门，民舍上屋脊，敲椽拆瓦，号泣之声彻城，死者无算。隆庆三年（1569 年），通州值海潮大作，时范公堤自石港至马塘，岁久倾圮，潮暴入，溺死人无算；东台县海潮泛溢，漂没亭场、禾稼。闰六月，靖江县潮涨为洋，漂民居无算，溺死者万余人。六月初一，上海县海溢，大风从东南起，人畜漂没无数；同日的浙江钱塘县大风潮，江海溢；初一夜，怪风震涛，冲击钱塘江岸，坍塌数千余丈，漂没官兵船千余只，溺死者无算。闰六月十三日至十六日，上海、崇明风潮大作，平地水深丈余，居民十存三四。六月十四日，浙江慈溪县风潮，崩塌海塘房屋，万物漂流，淹死者无存。七月，通州风雨暴至，海溢，漂没庐舍，溺死者众。九月，南汇县禾稼经海潮尽死。隆庆六年（1572 年）五月，浙江杭州府飓风大作，海啸，民溺死 100 多人，漂房屋 200 余间。海塘圮坏，咸水涌入内河，坏田地 80000 余亩。七月，海潮溢过捍海塘，漂没人畜无算。大风拔木，屋瓦飞空中如燕雀，雨彻昼夜，坏禾豆木棉。七月二十二日，广东万州（今广东省乐会县）飓风大作，拔木坏屋，州厅倒塌，压死 10 多人，儒学、圣殿、学署尽倾圮。海水涨溢，民溺死者不可胜数。

万历二年（1574 年）至万历三年，浙江、南直隶沿海等地发生大风暴潮，潮灾泛滥。万历二年，嘉兴、温州，风雨海啸，漂没庐舍。如皋大风雨，江潮漂溺死者甚众；扬州府风雨异常，江潮漂没人民无数。崇明县大风雨，海溢，溺死 10000 人。同年七月，两淮所辖吕四等场，恶风暴雨，江海骊涨，人畜淹没，庐舍倾圮，廪盐漂荡。万历三年（1575 年），浙江、南直隶沿海等地再遇多次风暴潮灾。五月十二日，漕泾（今属上海市金山县）海溢，边海漂决千余家；咸潮入内地 6 里余，淹死禾稼无算。五月二十九日，海昌县（今浙江省海宁县）潮溢，坏塘 2000 余丈，溺死百余人，伤稼 80000 余亩。五月，奉贤县大风败漴阙塘，潮乘其缺，每日两次冲入，禾黍豆蔬，立致淹槁；金山卫大风坏捍海塘，死者数百人。咸潮入内地，田为斥卤。六月初一[①]，浙江大风驾海潮，水出地上丈余，溺死者 2000 多人，境内县河皆成咸流，田不可灌，塘则尽崩；猝遇风潮，一夕间，土石二塘尽圮莫辨。河海膏腴之壤，悉变为鼋鼍之窟。是夕烈风怒涛，浙、直、闽、广濒海郡县靡不为灾，而浙尤甚；浙之海盐尤甚，溺死居民，淹没田禾，吾民之不为鱼者几何矣；飓风，海水涌入，海盐城中平地水三尺，沿海居民漂没数万家，田禾潦死。嘉善水多咸，月余水退，亢旱，大荒；海潮涌入海盐城，平地水深三尺，德政、海盐、甘泉三乡，水丈余，人民庐舍漂没数万；怪风震涛，冲决钱塘江岸，坍塌数十余丈，漂流官民船千余只，溺死人无算。海宁亦然。咸水涌入内河，自上塘来者至粉河，自下塘来者至北关运河，海患尤甚；上虞、余姚大风雨，北海水溢，有火光，漂没田庐。六月初一，南直隶沿海大风潮，川沙县大风，海水冲捍海塘，民死者几及万；松江府海大风，鼓涛山立西注，败塘于漴阙与白沙，漂没庐舍百十区，潮乘其缺，日再入，流溢四境，潮味咸，所过禾黍豆蔬立槁。适当旱，民不得灌溉。上海、崇明在六月初一飓风大作，洪潮冲突，漂没民居几半。至六月十三日，风潮继作，淹禾殆尽。太仓州于是年六月也是飓风连旬，海溢。

---

① 很多地方文献记为五月三十日，经查明万历三年（1575 年）五月为小月，无三十日，故应为六月初一。

万历九年（1581 年）至万历十年（1582 年），江浙沿海发生大风暴潮。万历九年秋，海潮泛溢，陡起数丈，沿江居民漂没殆尽；此年扬州府海潮涨，淹死无算。七月十四日，常熟飓风狂发，湖海啸，漂室庐人畜万计，两日息。九月，广东潮州府飓风大作，南桥漂折渔船百艘，溺死 10 余人。前此飓发，风雨杂沓，而雨洗咸潮，苗仍无恙，是月飓发，风多雨少，咸潮乍退，秋阳暴之，咸气上腾，禾苗焦槁，盖潮无雨解咸气，入土擞岁，尚无收获。同年冬，泰兴县大风拔木，潮涨没稼。万历十年（1582 年）正月，淮、扬海涨，浸丰利等盐场 30 处，淹死 2600 余人。七月，苏、松六州县潮溢，坏田禾 100000 顷，溺死 20000 人。七月，海州（今江苏东海县）大风雨，海啸，漂溺人畜无算。秋七月初一朔，十三日至十四日，苏松诸郡大风雨，拔木，江海及湖水俱啸涌，常州、常熟、崇明、嘉定、吴江等处，漂没室庐人畜以万计。七月十三日，常熟一带飓风大作，海水溢丈许，淹福山、梅李、刍茆沿海庐舍，男妇死者十之二三；松江府海潮溢过捍海塘，漂没人畜无数；海州、山阳、盐城各场遭遇大风雨、海啸，淹禾淌人畜，坏居舍无算。万历十年（1582 年）七月十四日，盐城飓风大作，海潮涌至，兼以异常淫雨，几伤民田。知县杨瑞云出城冒风雨遥拜，风旋反，雨亦止。他郡邑所伤垣屋田稼，不计其数。父老相传，自有生以来从未见如此之大风海潮。七月十四日夜，通州大风拔木，海潮泛溢，漂没民舍，人多死者。

万历十七年（1589 年）六月初九，浙江大风海溢；萧山县飓风大作，海溢卤潮，灌没沿江一带田禾万余亩，拔木，漂庐舍；杭、嘉、宁、绍、台属县廨宇多圮，碎官民船及战舸，压溺者 200 余人。至海盐一处，两山夹峙，潮势尤为汹涌，昔之县治已没海中，盖啮而进者已 70 余里。七月，松江府海溢，自一团至九团几及百里，漂没庐舍数十家，男女万余口，六畜无算。时隔一年，浙江、南直隶、福建沿海风暴潮灾又起。万历十九年（1591 年）七月，宁、绍、苏、松、常五府滨海潮溢，伤稼淹人。七月十六日至十九日，崇明县飓风三日，海潮暴溢，漂没民居，溺死无算。七月十七日，浙江鄞县东北风大作，雨如澎，海水入城郡，禾尽槁死。七月十八日，宝山县海溢，水高一丈四五尺，淹死无算；上海海溢，自一团至九团止几百里，漂没庐舍 1000 多家、民众

20000余人，六畜无算，乃从古所无之变。八月十五日，福建罗源县潮溢，自南陈桥至南岸，坏田3000顷。

万历二十八年（1600年）七月十八日，福建莆田飓风猛雨，历五昼夜，水漂室庐，溺人畜，杀禾稼。东南堤决，海水溢城，久浸者丈余，海船几至城下，小艇直入南市。万历三十年（1602年）七月二十三日，浙江山阴县海风大发，巨浪直冲内地，石梁漂去里许方沉，倒坏民居，淹溺者不可胜计。万历三十一年（1603年）八月，福建沿海发生特大风暴潮，灾情甚重。八月，同安县大飓风，海水涨溢，积善、嘉禾等里，坏庐舍，溺人无算。是月初五未时，飓风又作，海溢堤岸骤起丈余，浸没漳浦、长泰、海澄、龙溪民舍数千余家，人畜死者不可胜计；有大番船漂入石美镇城内，压坏民舍。泉州诸府因大飓风而导致海水暴涨，溺死万余人。此日，福建海澄县也是飓风大作，坏公廨、城垣、民舍。海水溢堤岸，骤起丈余，浸没沿海数千余家，人有死者不可胜数；长泰县烈风暴雨，大水漂没民居。沿海地方尤甚，淹死数千人，或以为海啸；马港所飓风大作，湖涌数丈，沿海民居埭田漂没甚众，船有泊于庭院者，泱水洲几为巨浸，董水石梁漂折20余间。

万历三十七年（1609年）七月十七日，崇明县飓风海溢。八月初七，潮复作，田庐淹没，民大饥。七月二十三日，浙江会稽县海发飓风，塘坏，浪冲城内街道石梁，漂去里许方沉没，人民淹死无算。八月初一，福建罗源县大风雨，潮涌山岸。万历三十八年（1610年）五月初七，崇明县狂风骤雨，大潮汛溢，花稻尽伤；秋八月，浙江瑞安山乡龙起，海浪高数丈，覆舡倒屋，男女漂溺百余。万历三十九年（1611年）七月七日，海溢山东蓬莱。大风雨，越二日海溢，海啸入城，沿海居民溺死无算。

万历四十一年（1613年）七月，蓬莱、福山、文登等县异风暴作，大雨如注，经三昼夜，舍庐倾圮，老树皆拔，禾稼一空；蓬莱海啸入城，沿海居民溺死无算。万历四十二年（1614年）六月，山东黄县飓风，海水溢，淹禾稼屋舍。万历四十三年（1615年）六月，黄县飓风，海水溢，淹禾稼及屋舍，压沙近海土田。万历四十四年（1616年）八月初三，广东潮州府狂飓海溢，大雨，倾坏庐舍，淹没人物，飓风之害从所未有。万历四十五年（1617年）八月，福建海澄飓风大作，潮溢伤稼。万历四十六年（1618年）八月，潮州六县海飓大作，溺死12500余人，坏民居3万间。南海、顺德、潮安、潮阳、澄海、揭阳、饶平、惠来、普宁等县大风。南海、顺德县飓风，澄海县八月大飓，海啸，风中带磷火。普宁县八月台风大雨，水腾涌直上，高寻丈，涨溢城门，水色赤，五日乃退。潮阳县秋八月大飓，海磷，风中带磷火；初三午刻，狂风海溢，夜大风，雨水皆成火，坏庐舍，淹没人物，自来作飓之害，莫此为甚。饶平县异风沸海，灾伤甚大。万历四十七年（1619年）秋九月，浙江平阳县大风，海溢，田庐漂没。泰昌元年（1620年）七月，山东登州府飓风大作，海水溢，坏海运，伤登州府属运船85只，莱州府属运船16只，漂没粮食44900余石。七月初八，蓬莱海溢，大风拔木折屋，压死人畜甚众。

明末天启、崇祯年间，南直隶、浙江、福建等沿海地区风暴潮更是频繁发生。天启元年（1621年）秋七月十三日，杭州府海溢，骤雨烈风，海啸，沿江一带庐舍居民漂没俱尽。天启六年（1626年）七月朔，太仓州大风雨，海溢，岁大祲。天启七年（1627年）七月二十五日，崇明县西南风起，海潮大作。同年十月五日，西南风又作，潮复涌，淹没无算。

崇祯元年（1628年）风暴潮是我国历史上最严重的潮灾之一。七月，浙江风雨，海溢，杭州、嘉兴、绍兴三府海啸，坏民居数万间，溺数万人；海宁、萧山尤甚。七月二十三日，大风雨，拔木发屋，海大溢，府城街市行舟，山阴、会稽之民溺死各数万，上虞、余姚各以万计；浙江海啸，漂没民居，流尸积血，钱塘、仁和、海宁俱被其患；桐乡县大风拔木，海潮溢，自海宁入，一夕水涨三尺，河流尽咸，田涸不敢灌；绍兴、萧山、上虞、余姚大风，拔木发屋，海大溢；钱塘县大风潮，拔木坏屋，倾镇海楼，圮石坊17座，积尸蔽江而下。萧山县于七月连雨，二十三日飓风大作，酉刻海水骤溢，从白洋瓜沥而入，漂没庐舍田禾，淹死人民。七月二十九日，复大风雨。抚按奏闻，此次萧山风暴潮灾淹死人口共17200余口，老稚妇女不在数内。海宁县教谕赵维寰曾记述了此次风暴潮的惨状：是月二十三日午后，狂飙猝发，骤雨如注，历二时不歇，宁城内不通外河，沟泼一时腾溢，水入市肆有盈尺者。迨至酉刻传报海啸矣。民登城望，见潮头几 2 丈许，决塘入，沿海居民不及避，有升屋者且浮毙，有升树者树拔亦毙，尸相枕藉。天明起视，上有一浮团，圆顶亦去矣。县官出勘漂没者差不多 4000 家，杀人无算。考邑志所载，从未有如此甚者。在南直隶沿海，此年七月二十三日，崇明县飓风大作，潮涌，溺人无算。通州七月起大风，至八月初三止，沿江田地半为江潮所蚀。

崇祯二年（1629 年）六月初三，南直隶沿海海溢三次，皆漂没人庐。崇明西南风作，大潮。六月，通州飓风大作，驾海潮坏田庐，溺死 29 人。七月，崇明县又大潮。七月初二，上海、嘉定、真如海三溢，平地水深丈余。八月，崇明又大潮，海风三啸，禾没无遗。八月初九，浙江山阴县大风雨，海溢，漂没田庐。崇祯三年（1630 年）六月至八月，崇明县潮数溢。八月二十八日，飓风大潮，破圩岸，田谷生芽，至九月五日风止，潮乃退。崇祯五年（1632 年）六月，广东临高县飓风，海水涨溢。

崇祯六年（1633 年），浙江慈溪县海啸，暴风发屋，民庐半圮。同年，华亭府海溢，溃潆阙横泾塘，淹没沿河田禾百千顷。五月，崇明县飓风不息，海潮泛溢。六月二十三日，乍浦大风雨，海溢，内河水卤，味不可食。海盐宋庄塘大坏，独山塘亦坏。八月十五、十六两日，崇明县飓风潮涌，沿海居民尽溺，坏禾稼。崇祯七年（1634 年）七月，浙江海啸，漂没居民田产，流尸积血，腥蔽江河。钱塘、仁和、海宁、山阴、会稽、萧山等县俱被其患。七月初七，上海县大雨风潮，城内街道水盈二尺许。

崇祯九年（1636年）秋，浙江绍兴府潮乘飓威，吼决叶家埭塘36丈，虞墓徙于冯彝，桑田归于沦海，自虞至姚，至于甬东。广东惠阳、海丰、揭阳、澄海、潮阳等县台风雨。惠阳县夏大风，泗洲塔顶飞去，坠 5 里地。海丰县七月十二日台风大作，民庙民居以及城垣圮毁，不可胜计，海舟吹上陆地，儒学文庙及尊经阁俱遭颓圮，民田民居伤害者甚众。

崇祯十年（1637 年）六月，浙江海盐县风潮，石塘崩圮。崇祯十一年（1638 年）六月二十日暮，浙江海宁县大风，潮决城西至赭山，溺人畜伤稼。崇祯十三年（1640 年）九月初一，南直隶沿海大风雨，海潮泛溢。崇祯十四年（1641 年）七月，福州风潮泛溢，漂溺甚众。崇祯十六年（1643 年）九月三十日，福建莆田县飓风大作，东角长堤尽坏，海水淹入南洋，晚禾绝粒。

第七章　其他灾害

低温霜冻、寒潮冰雪等灾害天气，往往对人民生命财产和农林畜牧渔生产造成严重打击和破坏。洪武七年（1374 年）六月十八日，户部言：陕西平凉等府二十二州、县，去年早霜，民逋租 38500 余石。洪武十五年（1382 年），大同府所属蔚州、朔州陨霜，伤禾稼，民饥。洪武二十六年（1393 年）四月二十二日，榆社陨霜损麦。宣德三年（1428 年）十月二十七日，巡按山西监察御史沈福言：泽州、沁水、蒲、灵石等处八月早霜，禾稼不实，民食艰难，采拾自给。宣德五年（1430 年）八月，山西应州严霜杀谷，颗粒无收。宣德六年（1431 年），山西太原府 13 个县、平阳府 2 个州 6 个县、汾州 3 个县及沁州早霜，秋田不收，民人饥乏。

正统元年（1436 年）九月十五日，镇守西宁署都指挥佥事金玉奏：今年严霜早降，秋田无收。正统八年（1443 年）邳州、海州阴雾弥月，夏麦多损。成化二年（1466 年）四月初五，宣府陨霜杀青苗。弘治八年（1495 年）四月十七日，榆社、陵川、襄垣、长子、沁源陨霜杀麦豆桑。庆阳诸府县 35 个卫所，陨霜杀麦豆禾苗。弘治九年（1496 年）四月初四，榆次陨霜杀禾。是月，武乡亦陨霜。弘治十五年（1502 年）六月，乌兰察布盟兴和县、凉城县等地区霜冻成灾。

正德元年（1506 年）四月，云南武定陨霜杀麦，寒如冬。正德四年（1509 年）十月，福建宁德大霜连日，粗大的荔枝、龙眼树俱死，导致这两种水果大幅度减少。正德八年（1513 年）四月初七，文登、莱阳陨霜杀稼。丙辰，杀谷。正德十年（1515 年）四月，巨野阴雾六日，杀谷。正德十一年（1516 年），福建宁德县于九月八日遭遇大霜杀稻，西乡绝收，其他的地方减产一半。正德十三年（1518 年）三月二十三日，辽东陨霜，禾苗皆死。嘉靖二年（1523 年）三月二十三日，郯城陨霜杀麦。三月三十日，杀谷。嘉靖九年（1530 年），福建将乐县霜陨稼，汀州府于九月陨霜杀禾稼。嘉靖十一年（1532 年）春，福建出现冷冻天气，水果不实。嘉靖十一年（1532 年）冬十月，广东潮安县陨霜杀草。冬十一月，揭阳县陨霜为灾，草木皆枯。嘉靖二十二年（1543 年）四月二十五日，固原陨霜杀麦。隆庆六年（1572 年）三月初二，南宫陨霜杀麦。崇祯十三年（1640 年）四月，会宁陨霜杀稼。崇祯十六年（1643 年）四月，河南鄢陵陨霜杀麦。

寒潮冰雪成灾主要表现为冻死人畜、花鸟虫鱼，压伤禾稼、竹木。景泰四年（1453 年），宿州一带十月至次年二月雨雪不止，耕作不施。凤阳八卫二、三月雨雪不止，伤麦。冬十一月十六日至次年孟春，山东、河南、浙江、直隶淮、徐大雪数尺，淮东之海冰 40 余里，有牲畜冻死以万计。景泰五年（1454 年）正月，江南诸府大雪连四旬，苏、常冻饿死者无算。是春，罗山大寒，竹树鱼蚌皆死；衡州雨雪连绵，伤人甚多，牛畜冻死 36000 蹄。三月初十，太子太保兼兵部尚书仪铭奏：近户部郎中陈汝公干回还说，江南苏、常等府积雪，民冻死者甚多，常熟一县冻死 18000 余人。江北淮安、徐州等府亦然，有一家七八口全冻死的，有父死子不能葬、夫死妻不能葬者。其生者无食，四散逃窜，所在仓粮又各空虚，无以赈济。又调集山东、河南人夫 9 万以上，大沙湾修河，于民间措办铁锅数万余口，并铁索等料，不胜骚扰。夏四月二十八日，南京山西道监察御史李叔义奏：自冬徂春，霜雪隆寒甚于北方。五月初一朔，直隶凤阳、常州府、河南南阳、彰德府并凤阳、泗州等卫、河南颍上千户所各奏：去冬积雪冻合，经春不消，麦苗不能滋长，夏粮子粒无征。

成化六年（1470 年）九月二十五日，霍邱县大雪至次年二月终始霁。道路不通，村落不辨，河水坚结，鸟兽飞绝。成化十三年（1477 年）四月二十五日，辽东开原大雨雪，畜多冻死。弘治二年（1489 年），霍邱大雪，平地积雪三尺，人多冻死。弘治五年（1492年）秋九月十三日，六安大雪至次年三月二十七日止，雪深丈余，中有如血者五寸，山畜枕藉而死。弘治六年（1493年）十一月，郧阳大雪，至十二月初二日夜，雷电大作，明日复震。后五日雪止，平地积雪三尺余，人畜多冻死。同年冬，高邮大雪五十日，民冻馁及屋庐压死者甚众。

嘉靖十一年（1532年），广东曲江县冬大雪，冰厚一尺，山木、河鱼，冻死几尽；翁源县冬大雪，冰厚一尺。畜皆冻死。隆庆元年（1567年）二月十八日（清明节），天气骤寒如穷冬，至晚大风雪。京师城内九门，总计冻死170余人。崇文门下，肩舆（小轿）中妇人并所抱孩子俱僵死，并舆夫（轿夫）二人亦仆，俄亦僵踞不复活。能把人冻死在路上，风雪之大，天气之寒，可想而知。万历五年（1577年）六月，苏州、松江连雨，寒冷如冬，伤稼。万历四十六年（1618年）四月二十二日，陕西大雨雪，羸橐驼冻死2000蹄。

天启元年（1621年），舒城县大雪，自冬历春，雪深逾丈，穷民冻死者甚众。天启四年（1624年）八月十六日，蓟州寒风杀人。崇祯元年（1628年）十月，桐城县遭遇严寒冰雪，江湖鱼多冻死。崇祯四年（1631年）十一月，延安府大雪，深丈余，人畜死者过半；安定大雪十四昼夜。崇祯九年（1636年），十一月，福建漳州、诏安等地大雨雪，积冰厚1尺，牛羊、草木多冻死。同年冬十二月，广东海丰、陆丰、惠来、揭阳、五华县等冬大雪，海丰、陆丰县大雪，树木多冻死；惠来县草木禽鱼冻死无数。崇祯十一年（1638年）五月，喜峰口雪3尺，怀来、保安夏四月大雪，平地雪深3尺，麦冻死，南山羊冻死殆尽。崇祯十七年（1644年）冬，全椒县久雪，民多冻馁死。

雹灾对农作物、地面建筑以及人民生命都造成了严重的破坏和损失。明代文献常见有冰雹“伤麦”“害禾稼”“禾稼尽伤”“二麦俱伤”“坏民屋”“折木伤屋”“坏民田舍”“击死飞鸟”之类的记载。明末清初桐城的钱澄之作《夏雹行》一诗：“四月初夜风雨大，雷电穿窗窗纸破。呼童拄门帷藏灯，屋上茅掀不敢卧。老农早起声叫呼，新秧如针一半无。始知夜来天雨雹，大者径尺小盈握。土人细察雹伤处，边江一带无多路。又见有龙江北来，雨雹相随渡江去。共占此灾主兵凶，六月三伏灾复同。黄禾垂粒雹打尽，老农拊膺黄雀庆。冬雷夏雹本天变，岂有一年两度见？天官占验不敢知，坏我禾稼使我饥。”

洪武二年（1369年）六月二十八日，庆阳大雨雹，伤禾苗。洪武三年（1370年）五月二十八日，蔚州大雨雹，伤田苗。洪武八年（1375年）四月，临淮、平凉、河州雹伤麦。洪武十二年（1379年）五月十三日，凤阳府定远县雨雹，伤麦。洪武十四年（1381年）七月二十六日，临洮大雨雹，伤稼。洪武十六年（1383年），北平府东安、宛平、大兴三县雨雹伤稼。

永乐九年（1411年）六月，户部言：淮安府沭阳县四月雨雹伤稼，计田539余顷。永乐十二年（1414年）四月，河南睢州及仪封、杞县、考城、太康、洛阳、灵宝、嵩县、新安八县雨雹，伤麦。五月，山东平度州、德州、沂水县雨雹伤麦。洪熙元年（1425年）七月以来，太原府沁、潞二州，徐沟、太谷、祈、屯留四县屡雹，伤稼者855顷。宣德十年（1435年）四月二十七日，山西平阳府、解州、平陆县烈风雨雹，雹积厚一尺，禾稼千余顷尽损无收。

正统二年（1437年）七月二十二日，顺天府武清县大雨雹，禾稼损伤，民无所仰。正统五年（1440年）四月二十六日，平凉诸府大雨雹，伤人畜田禾；六月初二至初六，山西行都司及蔚州连日雨雹，其深尺余，伤稼；八月十一日，保定大雨雹，深尺余，伤稼。景泰五年（1454年）六月初十，易州大方等社雨雹甚大，伤稼125里，人马多击死。景泰六年（1455年）闰六月初一，束鹿雨雹如鸡子，击死鸟雀孤鸟无算。

成化元年（1465年）四月十四日，京师雨雹大如卵，损禾稼。成化十三年（1477年）春，湖广大雨冰雹，牛死无算。成化二十年（1484年）三月十七日，江西新建、丰城、高安三县大风雨、雷雹，坏民舍宇千余间，民多压死者。成化二十一年（1485年）三月初八夜，广东番禺、南海风雷大作，飞雹交下，坏民居万余，死者千余人。

弘治元年（1488年）三月初八夜，融县雨雹，坏城楼垣及军民屋舍，死亡4人。弘治二年（1489年）三月二十日，广西滨州雨雹如鸡子，击杀牧竖3人，坏庐舍禾稼；庚辰，贵州安庄卫大雷，雨雪雹，坏麦苗。弘治四年（1491年）三月二十七日，河南裕州、汝州雨雹，大者如墙杵，积厚二三尺，坏屋宇禾稼；四月初四，陕西洮州卫雨雹及冰块，水深三四丈，漫城郭，漂房舍，田苗人畜多淹死。弘治五年（1492年）四月二十五日，山东莒州、沂州及安丘、郯城县，雨雹大如酒杯，伤人畜禾稼。弘治六年（1493年）四月二十一日，山东沂水县雨雹，大者如碗，杀麦黍。同年八月初七，山西长子县雨雹，大者如拳，伤禾稼，人有击死者。弘治八年（1495年）二月十八日，浙江永嘉县暴风雨，雨雹，大如鸡卵，小如弹丸，积地尺余，白雾四起，毁屋杀黍，禽鸟多死；三月十六日，直隶桐城县雨雹，深五寸，杀二麦；己酉，淮安府、凤阳府所属州县暴风雨雹，杀麦；四月二十二日，直隶常州府及泗州、邳州雨雹，深5寸，杀麦及菜；丙子，山东沂州雨雹，大者如盘，小者如碗，人畜多击死；七月初五，洮州卫雨冰雹，杀禾。弘治十年（1497年）二月初七，江西新城县雨冰雹，民有冻死者。弘治十三年（1500年）四月初十，山东濮州暴风骤雨、冰雹交下，毙人畜，伤田禾民舍。同年四月二十日，顺天府蓟州及直隶肃宁、台城、枣强、清丰四县风雨冰雹交下，毙人畜，伤田禾。五月十七日，山西朔州风雨冰雹骤下，毙人畜，伤田禾民舍。弘治十四年（1501年）四月二十日，徐州、清河、桃源、宿迁雨冰雹，平地积厚5寸，夏麦尽烂；五月二十八日，登、莱二府雨雹杀禾。弘治十五年（1502年），广东南海县三月雨雹，折树木，破房屋，压死雀鸟无数；顺德县春三月雨雹，龙江堡者更大如拳，坏民房屋500余家，禽兽多死伤。弘治十六年（1503年）三月十八日，浙江武义县雨雹，坏麦苗、桑麻，人畜有死者。同年四月二十九日，山东高唐州并博平县及直隶赵州俱雨雹，杀麦。五月初五，宣府怀来卫及保安右卫大雨雹，杀田苗。五月初十，山东登、莱二府雨雹，杀伤麦禾。

正德元年（1506年）六月二十日，宣府马营堡大雨雹，深2尺，禾稼尽伤。正德三年（1508年）四月初四，陕西泾州雨雹，大如鸡卵，坏庐舍菽麦。同年夏四月十八日，陇西县雷雨冰雹，平地尺余，伤田禾禽畜。秋七月十九日，淮安府山阳县雨雹如鸡卵，狂风暴雨交作，毁伤秋禾200余顷，坏船100余艘，溺死200余人。正德四年（1509年）五月初三，山东费县大雨雹，深1尺，坏麦谷。正德八年（1513年）

十月初四，山西平阳、太原、沁、汾诸属邑，大雨雹，平地水深丈余，冲毁人畜庐舍。正德十年（1515 年）闰四月初五，山东诸城县雨雹，杀谷；闰四月初九，山西武乡县、山东阳信县冰雹，杀谷及麦；闰四月二十七日，顺天府蓟州、山东海丰县俱冰雹，杀谷麦；六月初七，山西徐沟、太谷二县大雨雹，伤禾稼。正德十一年（1516 年）六月二十四日，宣府大雨雹，禾稼尽死。正德十二年（1517 年）四月十一日，广西来宾大风雨雹，毁官民庐舍，屋瓦皆飞；五月二十五日，保定府安肃县大雨雹，平地水深 3 尺，伤禾，民有击死者。正德十三年（1518 年）四月十四日，衡州疾风迅雷，雨雹，大如鹅子，棱利如刀，碎屋，断树木如剪。

嘉靖元年（1522 年）四月初八，云南左卫各属雨雹，大如鸡子，禾苗房屋被伤者无算；五月十四日，四川蓬溪县雨雹，大如鹅子，伤亦如之；七月，庐、凤、淮、扬四府同日大风雨雹，河水泛涨，溺死人畜无算。嘉靖三年（1524 年），顺德、南海县“春正月雨雹，大如卵，坏民房屋，伤死鸟兽”。嘉靖四年（1525 年）五月十六日，“顺天府东安县、漷县雨雹如鹅卵，自未（时）至酉（时），大杀禾稼”；同时，良乡县也发生如此大的冰雹。鹅蛋大的雹子连下数小时，其破坏程度可想而知。嘉靖五年（1526 年），广东南雄县夏五月迅风，大雨雹，城屋多圮；始兴县“迅风，大雨雹，城屋圮坏，草木摧折”。同年七月初二，浙江遂昌县雨雹，顷刻 2 尺，大杀麻豆。嘉靖六年（1527 年）六月初八，陕西镇番卫大雨雹，杀伤 30 余人。嘉靖十二年（1533 年），广东龙川县，冬，坚冰，间有雹，树木摧，鸟兽搏死。嘉靖十四年（1535 年）三月二十一日，汉中雨雹陨霜杀麦；四月初十，开封、彰德雨雹杀麦。嘉靖十八年（1539 年）五月二十五日，庆、都、安肃、河间雨冰雹，大如拳，平地 5 寸，人有死伤者。嘉靖二十八年（1549 年）三月二十日，山东临清大冰雹，损房舍禾苗；六月二十九日，陕西延川县雨雹如斗，坏庐舍，伤人畜。嘉靖二十九年（1550 年）三月，全椒骤雨雹，雷电交作，自西南来，广 30 里许，当者屋多摧倒，草木如焚。嘉靖三十四年（1555 年）五月初七，凤阳大冰雹，坏民田舍。嘉靖三十六年（1557 年）三月三十日，沂州雨雹，大如盂，小如鸡卵，平地尺余，范围直径达 80 里，人畜伤损无算。嘉靖四十五年（1566 年）春二月，广东梅县雨雹，大如斗、如瓮，房屋破坏，人物触之皆死；春三月，电白县雨雹，大者如斗，瓦屋皆坏，禽兽多有击死者；二月，潮安县雷震，大雨雹，人物触之多死。此年七月初十午时，福建德化县云暗如昏，大风猛烈，冰雹如弹，移时四山尽白，平地盈尺，秋冬大旱，晚禾无收。

隆庆元年（1567 年）七月二十八日，紫荆关雨雹，杀稼范围达 70 里。隆庆三年（1569 年）五月初十，延绥口北马营堡雨雹，杀稼范围达 70 里。隆庆四年（1570 年）四月二十四日，宣府、大同雨雹，厚 3 尺余，大如卵，禾苗尽伤。隆庆五年（1571 年），广东大埔县春三月雨雹，雹下甚巨，闽南界村落尤大，坏房屋，击禽兽，俗谓之“人头雹”。隆庆六年（1572 年）八月十二日，祁、定二州大雨雹，伤损禾菽，击毙 3 人。

万历四年（1576 年）四月，博兴大雨雹，如拳如卵，明日又如之，击死 50 余人，牛马无算，禾麦毁尽，兖州相继损禾；五月十三日，定襄雨雹，大者如卵，禾苗尽损。万历九年（1581 年）八月初九，辽东等卫雨雹，如鸡卵，禾尽伤。万历十三年（1585 年）闰二月十四日，泰州、宝应雨雹如鸡子，杀飞鸟无算。万历十三年（1585 年）五月十五日，宛平大雨雹，伤人畜千计。万历十五年（1587 年）五月初五，喜峰口大雨雹，如枣栗，积尺余，田禾瓜果尽伤。万历二十一年（1593 年）十月初六日，武进、江阴大冰雹，伤五谷。万历二十五年（1597 年），广东新会县三月大雨雹，城中雹大如拳，城西诸乡大如斗，破屋杀畜，民无所避。万历二十七年（1599 年）四月，怀柔、密云大雨雹，伤禾，二麦俱无。万历二十八年（1600 年）六月，山东大风雹，击死人畜，伤禾苗。河南亦雨冰雹，伤禾麦。万历四十一年（1613 年）七月十一日，宣府大雨雹，杀禾稼。万历四十六年（1618 年）三月二十一日，福建长泰、同安大雨雹，如斗如拳。击伤城郭庐舍，压伤 220 余人。

天启二年（1622 年）四月，京师密云、昌平等地阴风怒号，雹如鸡子大，著屋瓦俱碎，草木禾稼毁折不可胜计。天启六年（1626 年）六月，顺天府大兴县等地冰雹，损伤麦苗，等等。

崇祯三年（1630 年）四月二十一日，凤阳府属虹县、颍州、太和、宿州、怀远、盱眙、泗州、灵璧、五河、淮安府属海州、沭阳、安东诸州、县自春末淫雨为灾，二麦淹没；是日雨雹如砖、如鹅卵、如鸡子、如杯、如碗、如斗、如拳，麦穗禾苗击尽无余，有伤人至死者。崇祯四年（1631年）五月，襄垣雨雹，大如伏牛盈丈，小如拳，毙人畜甚众。是年五月，内蒙古的乌兰察布盟凉城县遭特大雹灾，冰雹如拳，人畜死亡无计。崇祯五年（1632年）三月麦将熟，长乐县大雨雹，几乎遍及半个县，麦无粒收；福州则于三月十二日大雨雹，麦无粒收。崇祯七年（1634年）四月初七，常州、镇江雨雹，伤麦。崇祯八年（1635年）七月初一，临县大冰雹三日，积二尺余，大如鹅卵，伤稼。崇祯十一年（1638年）六月二十三日，宣府乾石河山场雨雹，击杀马骡48匹。崇祯十二年（1639年）八月，白水、同官、雒南、陇西诸邑，千里雨雹，半日乃止，损伤田禾。崇祯十五年（1642年）五月，淮安府山阳县雨雹，初如鸡卵，继如升斗，最后则大如柱础。屋宇颓败，牛羊尽死，人避不及者死于郊原。越数日雹方消，地陷数寸。崇祯十六年（1643年）六月十五日，乾州雨雹，大如牛，小如斗，毁伤墙屋，击毙人畜。

明代还有不少因地震、雷电、野火、动物衔火等引发的自然火灾。正统七年（1442年）正月二十三日，工部上奏称接山西广昌报告，广昌站木厂发生火灾，焚松木8800余株。天顺四年（1460年）六月十四日，提督永平等处粮草屯种户部郎中施绅奏：六月初八日辰时，大雷火，烧毁蓟州仓廒4座，共烧毁粟米67800余石。

成化九年（1473年）三月十五日，黄花镇西水峪等处野火延烧山林，逼近陵寝。弘治三年（1490年）春三月，100多只火鸦坠落，沿开原城旋绕，次日发生火灾，人畜死者无数。弘治四年（1491年）十二月，凤阳皇陵起火，延烧90余里，烧毁大树数千株。弘治七年（1494年）三月初十，沈阳有野火，烧唐帽山堡，人马多死伤者。同年六月初二，辽东锦州有野火起于厂沟，备御都指挥佥事鲁勋等遣人扑之不灭，延入营内，官军死亡9人，受伤16人；马死亡23匹，受伤16匹；焚毁甲胄弓矢器械几尽，巡抚都御史张岫等奏乞赈恤。同年七月三十日，福建福州府雷火，焚屏山顶城楼。弘治十一年（1498年）六月初十，贵州自春徂夏亢阳不雨，火灾大作，毁官民屋舍1800余所，死亡60余人，受伤 30 余人。弘治十三年（1500 年）秋七月初八，昌平州永宁卫燕尾山至居庸关石纵山发生森林火灾，东西 40 余里，南北 70 余里，延烧七昼夜，风大烈，焚林木略尽，距离皇陵禁山仅 20 余里。

正德元年（1506 年）秋七月二十四日夜，雷火毁东平守御千户所。正德七年（1512 年）三月，文登大桑树火，树燔而枝叶无损。同年三月十四日，山东峄县有火如斗，自空而陨，大风随之，毁官民房千余间。此次火灾还烧到了城外，延及丘木，引起城外森林大火。同年夏，雷火焚苏州城外报恩寺浮图（即佛塔），势焰冲天，延及殿宇，主僧集众运水救之，不过殿宇及经堂还是两庑皆烬，焚浮图二级。当场万目环瞩，无不嗟惜。正德八年（1513 年）六月二十四日，丰城县西南连陨火星，如盆如斗。继而火作，至七月初始熄，燔 2 万余家。七月二十二日，火陨龙泉县，焚 4000 余家。正德十二年（1517 年）春正月二十九日，广东连山县野火延入城，毁官廨民居殆尽，老弱死者甚众。正德十五年（1520 年）二月二十七日，雷火毁直隶金山卫城楼以及华亭县学魁星堂。

万历十七年（1589 年）七月十四日，福建福宁州辰刻地震，巳刻莲池上境童宅火，延烧州治，救火兵误以为火药库为银库，去瓦而火箭四注，毁学官及民舍数千，州城为之半空。万历十八年（1590 年）五月二十七日，祖陵大松树孔中吐火，竟日方灭。万历二十一年（1593 年）五月，蓟镇青山口雷击起火，焚台内火箭，毙军官数十人。万历二十三年（1595 年）十二月二十五日，皇陵树巅火出，延烧草木。万历二十四年（1596 年）二月十二日夜，鄗县大雷雨，火光遍 10 余里。万历二十五年（1597 年）二月二十一日，岳州民家有鸭，含絮裹火，飞上屋，入竹椽茅茨中，四散火起，二十二日大炽，至三月初五方熄，共烧民房 400 余家。同年七月二十二日，杭州有乌鸦衔棉絮到处放火，烧房屋 400 余间。万历三十四年（1606 年），澧州州城似因地震生火灾，焚毁民居数百所，宫廨、紫极宫、永兴寺俱焚。万历四十三年（1615 年）四月初六，昌平州黄花镇柳沟地方发生火灾，延烧数十里，至旬日方灭。同年四月初七，莱州府掖县海庙发生火灾，延烧殿廊、神像、钟鼓并在集货物数万金，人畜有伤殒者；原因就是前一日飓风怒号，有双鹳衔火飞来大殿之异。万历四十四年（1616 年）四月初七，雷火焚税监张烨楼居。烨榷税通湾雨治第于黄华坊。是日将午，风雨骤至，电火四发，霹雳从楼中出，30 余间房屋顷刻立烬。

泰昌元年（1620 年）十二月初八，松潘卫（今四川境内）西林莽中起火，烧数十里，人皆炎热，雪水俱化。天启七年（1627 年）四月，皇陵失火，延烧 40 余里，陵上树木焚尽无遗。

崇祯九年（1636 年）正月二十八日，雷毁孝陵树。崇祯十年（1637 年）四月初六，蓟州雷火焚东山 20 余里。崇祯十四年（1641 年）四月初八，雷火起蓟州西北，焚及赵家谷，延烧 20 余里。崇祯十五年（1642 年）四月初四，雷震南京孝陵树，火从树出。

第四编

救　灾

明朝是在灾荒中建立起来的王朝，明代“旷古未有”的灾害记录亦昭示这一时期所遭受的灾难，尤其是“万历十年之后，无岁不告灾伤，一灾动连数省”的局面，更是历史上之少有。明王朝为了稳定统治秩序，从王朝之初就十分重视灾荒救治，“重恤民隐，凡遇水旱灾伤，则蠲免租税。或遣官赈济。蝗蝻生发，则委官打捕。皆有其法云”。其后在明王朝200余年的历史过程中，逐渐形成了比较完备的救灾制度。

明代的救灾建设有一个发展演变的过程，总体上看以赈灾为主。官府赈灾主要通过设置赈灾机构，制定报灾、勘灾、赈灾制度，实行蠲免、改折、平粜、赈贷、赈粮、赈粥、工赈、疗救、安辑、宽刑、养恤等多种方式救济灾民。除了这些积极救灾措施外，明王朝中央和地方官府还通过罪己省思以及山川、城隍、地方神灵的崇祀乃至祈雨求晴等，进行禳灾活动。

明初的救灾以官赈为主，明中叶以后，官府财力不济，民间救灾活动开始发挥重要作用。民间救灾主要包括捐粮捐钱、赈米施粥、平粜转贷、收养救赎、施药掩骼等。而这些民间救灾活动往往又与官府有着密切的联系，官府在民赈过程中起着组织与号召作用，而民间富户乡绅则利用富足的资财对灾民进行赈济，从而形成了民间救灾活动中官民互动、上下相得的局面。

第一章　官赈

明承历代救灾制度，并自有创制，日臻完善。明代官赈的主要对象是下层贫民，而赈灾的主体是“有司”即各层官府。而且，还必须是各层官府中的掌印官亲领其事。明代何淳之在《荒政汇编》卷上说：“赈济者，赒其贫困也。盖中产之家，虽遇水旱无收，犹能称贷于富室，必不至颠沛流离。无告茕民，赒之宜均。均之之法，惟在有司处之何如耳。必须掌印官或委贤佐分投亲查，革营求之弊，除忘冒之奸，抑近习之私，搜饥贫之遗，定期赴领，依时给散，则饥者无不济矣。苟为不然，使里胥得遂其贿卖之私，得过者得行其营求之计，空竭官廪，而贫民犹不能免于饥馑流离也。可不慎哉？”

一、官赈机构

救灾是历朝历代官府的重要职能，明代也不例外。明代的官赈机构主要涉及中央到地方的各级官府，中央层面的官赈机构主要是户部，地方层面的官赈机构主要是地方各级官府。此外，中央特遣到地方的巡抚及巡按御史也负有救灾的职责。

（一）户部

户部是隋唐以来形成的六部（吏、户、礼、兵、刑、工）之一，隶属于尚书省。元朝废尚书省，六部隶属于中书省。洪武十三年（1380年），朱元璋废除中书省，罢丞相，权分六部，至此，六部成为国家行政的主要机构。

明代户部又称计部、计曹、地曹、户曹，掌天下户口田赋之政令，以积贮之政恤民困，以蠲减、赈贷、均籴、捕蝗之令悯灾荒。如洪武九年（1376年）十二月，直隶苏州、湖州、嘉兴、松江、常州、太平、宁国、浙江杭州、湖广荆州、黄州诸府水灾，遣户部主事赵乾等赈给之。洪武十九年（1386年）六月，河南开封府郑州旱、蝗，命户部遣官赈济饥民。洪武三十一年（1398年）五月，山东平度州昌邑县知县贾贵言：“去年十二月大风拔木，海潮泛溢，浸没官、民田三百一十余顷，麦不收。今岁苗稼尚未可耕种，恐民失所。”诏：户部遣使核实，免其租。永乐二十二年（1424年）十二月，明成祖命户部：凡今被灾处田土，悉准永乐二十年山东逋租例，蠲其粮税，分遣人驰谕各府、州、县，停免催征。宣德五年（1430年）四月，直隶保定府满城等县发生蝗灾，“上命行在户部遣人往捕，必尽绝乃已”。宣德九年（1434年）十月，直隶河间府献县奏：春、夏少雨，播种后时，及秋苗稼方长，雨潦淹没，颗粒无收。命行在户部蠲租赈恤之。景泰五年（1454年）十二月，免浙江杭州、嘉兴、湖州三府今年被灾粮米 516000 余石，马草 272000 余束，免杭州等卫所灾伤子粒 950 石有奇。从户部员外郎陈汝言奏请也。户部尚书亲力参与的赈灾事例也有之，如苏松诸郡大水，户部尚书夏原吉就奉命往治，抚绥其饥民，奏发廪 30 余万石赈之，民赖以济。

（二）地方政府

明代地方实行行省制度，权力划归三司即都指挥使司（简称都司）、承宣布政使司（简称布政司）和提刑按察使司（简称按察司），分别主管军政、民政和财政、司法和监察。布政司掌一省之政，朝廷有德泽、禁令，承流直播，以下于有司，“民鳏寡孤独者养之，孝弟贞烈者表扬之，水旱疾疫灾祲，则请于上蠲振之”。如永乐三年（1405 年）二月，河南布政司言：河决马村堤，“命本司官躬督民丁修治。”

按察司虽主管司法和监察，但有参与地方重大事项决议的权力以及监督所在地方官吏厉行职责的职能，因此也常常参与灾害救治等事项。如永乐六年（1408 年）五月，户部奏报山东青州发生蝗灾，“命布政司、按察司速遣官分捕”。成化九年（1473 年）冬十月，因山西按察司副使胡滥报告山西平阳府所属 35 个州、县发生旱灾的缘故，免除了灾地夏麦 258840 余石。

都司主管军政，但对所辖的诸卫屯军也负有赈济职责。如宣德八年（1433 年）十二月，大同总兵官武安侯郑亨奏：“大同诸卫屯军因春、夏亢旱，秋复早霜，麦谷无收，老少饥窘，恐致失所。已令大同行都司：自宣德九年正月为始，照例给月粮赈济，至五月中麦熟停止。”

明代行政区划在省级之下为府、州、县，这类机构直接和百姓接触，主管当地的一切事务，在灾害发生时对百姓进行救助也是其本分所在。如知府掌一府之政，凡诏赦、例令、勘札至，谨受之，下所属奉行。知州掌一州之政，凡养老、祀神、贡士、读法、表善良、恤穷乏、稽甲、严缉捕、听狱讼，皆躬亲厥职而勤慎焉。如洪武二十六年（1393 年）五月，直隶淮安府盐城县发生旱灾，民饥，知县吴思齐发预备仓粮之半赈之。永乐十二年（1414 年）九月，真定府守臣言：积雨坏城，“命及农暇修之”。宣德八年（1433 年），苏州府夏旱，知府况钟发预备仓粮赈农。成化七年（1471年）五月，顺天府府尹李裕等言："近日京城饥民疫死者多，乞于户部借粮赈济，责令本坊火甲瘗其死者。本府官仍择日斋戒，诣城隍庙祈祷灾疠。""上允其请"。

（三）巡抚及巡按御史

巡抚和巡按属于朝廷特遣到地方进行巡视的官员。明代巡抚管辖的范围，不一定是一省，往往涉及两省或更多省的一些州、县。担任巡抚的大臣，多系都御史、各部侍郎寺卿等官，品级较高。明代巡抚的职责是抚循地方、考察属吏、提督军务，即治民、治吏、治军。巡抚抚循地方之责，就包括在灾害发生时进行奏闻、救治。如宣德八年（1433年）七月，巡抚侍郎赵新奏报：江西自六月初旬以来，大雨不止，江水泛涨，南昌、南康、饶州、广信、九江、吉安、建昌、临江等府濒江之处，漂流居民，淹没稻田，请加宽恤。正统元年（1436年）八月，巡抚侍郎曹弘言："比年荒、旱，民多流亡，若征所逋，益不堪命。"事下行在户部覆奏。上命：流亡者，悉蠲所负。正统二年（1437年）五月，巡抚河南、山西行在兵部右侍郎于谦奏：河南诸处，连年蝗虫、水旱。今清理军伍，中间有福建、两广、云南、贵州、四川、辽东军役，途路荒远，盘费艰难，每军用长解违限亦发充军。当此岁歉民饥，安居尚不存活，远行何得聊生。乞将税粮、丝绢暂且停征，军及长解，省令措备盘费，缓其期限，则被灾之民庶得少宽，而新徒之兵亦不失所。上命所司行之。景泰七年（1456年）十二月，巡抚江西右佥都御史韩雍同江西布按二司官联合奏报：瑞州、临江、吉安、南昌、广信、抚州、南康、袁州、饶州、九江等府所属县今年自夏及秋不雨，旱伤禾稼，秋粮米232万余石无从征办，乞赐豁除。事下户部覆实，从之。正德十一年（1516年）夏四月，以灾伤命巡抚都御史等赈恤顺天、永平、保定、河间四府贫民。嘉靖元年（1522年）十月，以南京应天、湖广、江西、广西灾伤重大，命户部发币银20万两，差官分给各巡抚都御史，令其躬亲巡历，委官设法加意赈恤，仍各蠲免税粮有差。嘉靖十一年（1532年）三月，以庄浪灾，诏总督唐龙、巡抚赵载核实赈济。嘉靖二十年（1541年）十月，淮扬灾伤，诏以兑运米2万石改征折色，改兑米2万石于临清仓支运，从巡抚都御史周金奏也。

明代巡按是由品级较低的中央官员担任御史监察品级较高的地方官员。明代的巡按“代天子巡狩”，往往负有专责，专管某项事务，拥有“大事奏裁，小事立决”之权。主察纠内外百司之官邪，或露章面劾，或封章奏劾。按临所至，必先审录罪囚，吊刷案卷，有故出入者理辩之。诸祭祀坛场，省其墙宇祭器。存恤孤老，巡视仓库，查算钱粮，勉励学校，表扬善类，剪除豪蠹，以正风俗，振纲纪。凡朝会纠仪，祭祀监礼。凡政事得失，军民利病，皆得直言无避。可见，明代巡按参与地方灾害救治是一种常态。如永乐七年（1409 年）九月，巡按浙江监察御史言：八月十二日，松门、海门、昌国、台州四卫，楚门等 6000 户所飓风骤雨，坏城垣，漂流房舍。请令所司修筑、备御。从之。宣德八年（1433 年）八月，巡按山东监察御史刘滨奏：兖州府济宁、东平二州及汶上县、济南府阳信、长山、历城、淄川四县虫蝻生，已委官捕瘗，而犹未息。命行在户部遣人驰驿督捕。正统四年（1439 年）七月戊申，行在户部言：顺天府蓟州及遵化县、直隶保定府易州涞水县各奏，境内蝗伤稼，宜驰文令巡按监察御史严督军民、衙门扑捕。从之。正德十二年（1517 年）二月，巡按直隶御史王九峰奏：河间府所属州县已有旨赈济，顺天、保定、永平三府荒歉亦甚，请发所在仓廪赈济，如河间例。许之。万历十六年（1588 年）九月，以浙省灾，免牲口银两十分之三，从巡按御史马朝阳请也。

当然，明代无论是中央户部主持救灾，还是地方各级官府对灾害进行施救，抑或巡抚巡按御史参与救灾，都要经皇帝的批准。如永乐九年（1411 年）闰十二月，山西蒲州临晋县言：县连岁不登，民多流亡，请以樊桥驿所贮小麦万八千余石赈之。从之。宣德元年（1426 年）六月，直隶保定府涞水县、真定府新河县、河间府兴济县、广平府威县各奏：“去岁水、旱，薄收，今夏新谷未登，民多乏食，乞将各县存留仓粮验口赈恤。”上命行在户部：如所言给之。皇帝还是国家赈灾令的最高发布者，每当天灾来临，皇帝下达赈灾令成了应对天灾的一种必然。天顺时期的布衣朱熊就认为：天之灾异无时无之，虽唐虞三代之君或不免焉，而所以不至于大害者，以其主明臣哲而能预备故也。在朱熊看来，只要皇帝英明，大臣贤能，能做好预防，就能让灾害的后果降到最低。明代皇帝下达的赈灾令不计其数。如洪武四年（1371 年），朱元璋对中书省臣说：祥瑞灾异皆上天垂象。然人之常情，闻祯祥则有骄心，闻灾异则有惧心。朕常命天下勿奏祥瑞，若灾异，或匿而不举，或举而不实，使朕失致谨天戒之意。中书省其行天下，遇有灾变即以实上闻。洪武五年（1372 年）六月，上谕中书省臣曰：闻山东登、莱二州旱，遣人驰驿往谕山东省臣，勿征今年夏麦，其递年逋租及一切徭役，悉蠲之。朱元璋还曾下令：凡遇岁饥，先发仓廪赈贷，然后具奏。永乐十九年（1421 年），诏有司发仓赈济贫民。宣德九年（1434 年）十月，被灾伤之处，人民乏食，上命所司给赈。正统四年（1439 年），诏有司查民贫乏阙食者，取勘赈济。万历十七年（1589 年），明神宗敕户科给事中杨文举曰：直隶浙江系财赋重地，近该抚按官奏报旱灾异常，小民饥困流离失所，朕心恻然。今特命尔前去南直隶应天苏松等府及浙江杭嘉湖三府地方，会同彼处抚按官查照被灾轻重人户多寡，将前项银两通融分派，仍慎选实心任事有司官员，计口给赈。务须放散如法，使饥民各沾实惠。不许任凭里书人等侵克冒支。类似的赈灾诏令、敕令，每一朝都大量出现，体现了皇权在赈灾过程中的决定性作用。

二、官赈制度

明代官赈涉及报灾、勘灾、集议赈救、审户与分等、筹措赈资、赈济、养恤等多个环节，形成了比较完备的救灾制度。

（一）报灾

报灾是救灾过程中的首要环节。明代规定，灾害发生后，各级官吏必须根据灾情实际情况逐级上报，不能弄虚作假。如洪熙元年（1425 年）正月，诏令各处遇有水旱灾伤，所司即便从实奏报，以凭宽恤，毋欺隐坐视民患。

关于报灾时间，明初就作出了规定。洪武元年（1368 年）八月，朱元璋下诏规定："凡水旱之处，不拘时限，可随时申报。"弘治年间，始定时限为："夏灾不得过五月终，秋灾不得过九月终。"万历九年（1581年），区别对待内地和边远地区，对报灾时限做了调整，同时，对报灾过程中各级官员应负的责任也作出了明确的划分，规定："地方凡遇灾伤重大，州县官亲诣勘明，巡抚不待勘报速行奏闻，巡按不待部复即将勘实分数作速具奏，以凭复请赈恤。至于报灾之期，在腹里仍照旧例，夏灾限五月，秋灾限七月；沿边如延、宁、甘、固、宣、大、蓟、辽各处，夏灾改限七月内，秋灾改限十月内，俱须依期从实奏报。或报时有灾报后无灾；及报时灾重报后灾轻；报时灾轻报后灾重，巡按疏内明白实奏，不得执泥巡抚原疏，致灾民不沾实惠。"

关于报灾的程序，万历时屠隆说道：夫天子端九重，安能坐照万国而无遗。即如境内灾伤矣，百姓亟须告灾于有司，有司亟须申灾于抚按，抚按亟须奏灾于朝廷。朝廷以万国为一体，必不坐视而不为之拯救。万一报迟，则上人易起疑，而救灾又恐无及，此伊谁之咎乎？由于救荒的政令须由皇帝下达，故最终要将灾情上报给皇帝。天子在皇宫中，不可能对全国的事情了如指掌，因而，全靠官吏们的报灾，让皇帝了解灾情。是故，明代灾害发生后，一般先由百姓向地方官报告灾情，再由地方官向巡抚巡按报告，并最终由巡按地方的监察官向朝廷上奏。因为所有的救灾措施都是在报灾以后才能实施，所以报灾的及时性就显得格外重要。如果报灾不及时，就有可能对以后的救灾产生一系列的不利影响。

当然，并不是所有的报灾都要遵照以上的程序。嘉靖八年（1529年），陕西佥事齐之鸾言：臣承乏宁夏，自七月中由舒霍逾汝宁，目击光、息、蔡、颍间，蝗食禾穗殆尽，及经陕阌潼关，晚禾无遗，流民载道。偶见居民刈获，喜而问之，答曰："蓬也。有绵刺二种子可为面，饥民仰此而活者五年矣。"见有以面食者，取而啖之，螯口涩腹，呕逆移日。则小民困苦可胜道哉！谨将蓬子封题贲献，乞颁臣工，使知民瘼，共图治安。齐之鸾以陕西佥事的身份，只是途经光、息、蔡、颍等灾荒地区，并无向朝廷报灾的责任，但沿途灾民的惨状却深深地震撼着他的心灵，于是将自己所见的惨状以及饥民们赖以生存的蓬子一类食物一并呈报皇上，并且还要让朝中的大臣们也一起品尝一下饥民们的食物。类似于齐之鸾这样的报灾事例还是比较常见的。

（二）勘灾

勘灾又称踏勘，是继报灾过后救灾过程中的第二道程序。明初就开始建立踏勘灾伤制度。洪武元年（1368年）八月，朱元璋诏曰：今岁水旱去处，所在官司不拘时限，从实踏勘实灾，租税即与蠲免。此后，勘灾制度日趋完善。如正统五年（1440年）七月，敕周忱曰：镇、常、苏、松等府，潦水为患，农不及耕，心为恻焉。今遣员外郎王瑛往视，就赍敕谕尔。尔即躬自踏勘，凡各郡所淹没不得耕种之处，具实奏来处置。天顺八年（1464年）正月，又诏曰：各处奏报水旱灾伤，曾经巡抚官踏勘明白具奏，悉与除豁。各处民间纳粮田地，水冲沙壅，不堪耕种。曾经奏告者，所在官司勘实悉与分豁。正统元年（1436年）十月，直隶保定府唐县奏：本县连年旱、涝相仍，蝗蝻生发，田禾灾伤，逃移之人遗下税粮，又令见在人户包纳，实非民便，乞为优贷。上命行在户部勘实除之。景泰五年（1454年）八月，诏户部遣廉干官覆实江南灾伤田地。

明代还对勘灾的程序以及勘灾的内容做了明确的规定。一般是灾害发生后由受灾地区的地方官员先行勘灾，将灾伤情况上报户部，然后再由户部派遣官员前往灾害发生地进行核实。洪武二十六年（1393年），诏令："凡各处田禾遇有水旱灾伤，所在官司踏勘明白，具实奏闻。仍申合干上司，转达户部立案，具奏。差官前往灾所覆勘是实，将被灾人户姓名、田地顷亩、该征税粮数目，造册缴报本部立案，并写灾伤缘由具奏。"景泰三年（1452年）九月，敕直隶、山西、山东、福建、广西、江西、辽东巡抚官右都御史王暹等曰：近者各府、州、县多奏水旱，尔等会同各处御史、三司分投踏勘，如果是实，即将未征粮草停免。人民缺食者，量丁口支给官粮。有出粟赈济者，就彼给冠带以荣终身。有虚报灾伤者，仍旧征纳，仍具官粮数目、冠带姓名奏报。这就明确规范了先行勘灾后由户部差官前往核实的两级勘灾程序，以及将被灾人户姓名、田地顷亩、该征税粮等数目造册上报户部的勘灾内容。

勘灾时要确定灾伤等级，明代将灾伤分为极灾、次灾，或曰轻灾、重灾。灾伤状况尽管只分极灾、次灾两级，但这一规定为勘灾后实施灾害救治提供了明确的方向，即重灾赈济，轻灾赈粜。徐光启云："伏睹《大明会典》，洪武初，令天下县分，各立预备四仓，官为籴谷收贮，以备赈济，就责本地年高笃实人民管理。盖次灾则赈粜，其费小；极灾则赈济，其费大。"一般而言，重灾为十至八分，轻灾为七至五分。成灾三分以下仍旧缴纳常税，成灾四分征原税的十分之三。如成化二十一年（1485年）二月，巡按直隶监察御史郑庠复勘滦州等州、县及永平等卫所去岁水旱分数应免常税，户部请灾至三分以下者如旧，其四分以上者仍征其十之三。从之。隆庆三年（1569年）七月，以河间、保定、广平、真定、顺德、大名等府灾伤命有司查勘分数赈给有差。万历五年（1577年）十月，以畿辅灾伤凡存留税粮照勘灾分数蠲免，卫所屯粮照例折征，其带征之数，系被灾七分以上者停之。

明代的勘灾是一个细致的过程，其中有很多环节都是地方里胥们容易贪污作弊的。因而，不少地方官为防止勘灾过程中的贪私舞弊问题，进行了一些制度创新。一是由地方正官亲自踏勘，以杜绝隐漏重冒之弊。屠隆说：水旱蝗蝻之后，田禾被灾矣，若非正官亲临，逐乡履亩，检踏灾伤，而令首领及吏农里老等人往，而虚应故事，或反需索扰，则在先之核灾不实，而后日之救荒何据乎？勘灾要让地方官中的正官亲自去"逐乡履亩"地踏勘，这在有些地方难以做到。于是，周孔教认为，近城去处，县官亲自踏勘。穷乡僻处，仍责佐贰廉能官处处亲到，令现年保甲开写，盖钱粮是其干系，开报岂敢不公正。要求在踏勘的时候，对每一块熟田插一块五六尺高的木板，上面写明田主与佃户的姓名。如果发现没有插木板的熟田，即属于漏报了。对于漏报的责任人则法无赦。二是踏勘时要有一个周到细致的踏勘方法和服务灾民的好态度。张陛《踏勘法》云："初谓查沿门册，则无遗屋，查十家牌，则无遗民。孰知穷街僻巷，屋不入间架，民不入保甲者，如蜂房蚁垤焉。故曲巷之中，虽二三破户，必步履亲到，三回九转，栉比而鳞次之。蚌灰湔发，从本至条，颖颖见顶，里总报册，什不得二三焉。"要求踏勘尽可能做得细致，不仅要查门册，还要查十家牌。要求尽可能地到每一个曲巷与穷人散居的地方。踏勘时，勘灾官员不能骑马乘轿，不能衣着光鲜，也不能带着随从；更不能在态度上骄横霸道，不可一世。每到一个地方，应当拜访当地有名望的老人，还要逐户查讯，务得其情。特别要注意有一种故家寒士宁甘饿死不肯告人者，侦得之，不敢入册，另以礼馈，使其可受。对那些饥户至门者，更要愉色和声，分给确当，毋许仆从呵叱，以避嗟来。盖时至荒馑，仁人君子恻然哀怜。

（三）集议赈救

户部在接到受灾地区地方官对灾情踏勘的报告后，即派出官员到灾地进行灾伤情况核实。户部官员勘灾核实后，即由户部主持“廷议”，形成具体的救灾方案。参加廷议的基本上是阁臣、六部、都察院、大理寺、通政司等九卿及有关人员，这些人多为朝廷要员。如宣德六年（1431 年）十二月，山西汾州平遥县奏：今年春夏不雨，至秋旱霜，田谷无收，民皆缺食。上命行在户部议赈之。宣德十年（1435 年）五月，礼部办事官吕中言：应天、凤阳、庐州、太平、池州、扬州、淮安等府俱蝗、旱灾伤，人民艰食，无以赈济。臣见龙江抽分场所积柴薪如山，乞量将货易米、麦等物赈济饥民，候丰年还官。上令襄城伯李隆、少保兼户部尚书黄福议行。景泰四年（1453 年）五月，太子太保兼吏部尚书翰林院学士王文奏：南直隶江北府县并山东、河南地方去岁水灾，今春久雨，军民艰食，皇上屡命官发廪集粮赈济，奈仓粮有限，民饥无穷。臣闻南京储积可足四年之用，嘉湖粮多，官攒有守支一二十年者，乞敕巡抚侍郎李敏，令将苏松等府该运南京粮运于徐州、淮安，其原在徐、淮粮，命巡抚官尽数放支，赈济饥民。若南京乏粮，以嘉湖粮补足。如此，则被灾军民可使全活，南京仓亦不空缺。诏是其请，命户部即议行之。成化十六年（1480 年）二月，户部臣奏：顺天、河间、保定、永平等府连年灾伤，其余他处，米价腾贵，军民缺食，谨以救荒恤民事宜议拟以闻。正德七年（1512 年）十二月，以灾伤免山东巨野、聊城、丘县粮草，其武定、淄川等 70 余处各量灾递免之，从户部议也。正德十二年（1517 年）八月，巡抚佥都御史李瓒奏：河间、保定、真定、大名四府所属州县并广平、顺德二府俱有水旱灾，乞赈济。户部议：以先年整饬边备侍郎赵璜未支银 5460 余两，河间府、德州府原剩仓粮

3510余石，涿州、易州、盐山等县寄库折粮银22500两，茂山卫地亩银7080两给之。诏可。正德十三年（1518年）二月，浙江镇、巡等官奏：杭、嘉、湖三府频年水旱，湖州尤甚。乞将京仓兑军米折征银两，并乞赈济。户部议复：湖州兑军米内量折10万石输苏州，而以遮洋所兑河南米当输蓟州者改于通仓上纳，以补湖州之数。杭、嘉二府仍旧征纳，其三府被灾贫民仍令巡按官加意赈恤。从之。正德十四年（1519年）十一月，户部议：直隶淮、扬等处灾甚，请如抚按官所奏，以加征税之三分暂为蠲免，本年兑运粮尽许折银，无征者改拨支运。其截留运米，如军饷支给有余，尽以赈济。从之。嘉靖二年（1523年）十一月，大学士杨廷和等以直隶江北水灾异常，疏请集议赈救，并蠲一应岁派额办钱粮。上曰："灾伤重大，朕心恻然，其议所以拯救之。"于是户部集廷臣条陈救荒八事，疏入，上曰："灾伤重大，国民困苦，存留起运粮米、岁办等项钱粮，尽予停免，其余事宜俱如拟。"仍差两京堂上官一员会同抚按严督所属，将前后动支银两设法赈济，使沾实惠。万历七年（1579年）十月，巡抚都御史胡执礼、巡按御史田乐、董光裕等上言：常州、镇江、应天、太平等四府属邑灾伤不等，欲援苏、松二府事例蠲免如数。部复，谓苏松赈额甚重，又加以灾伤异常，宜从厚蠲赈，应天等府赋额既轻，水灾不重，缓征别赋已为不宜，改折漕粮尤难轻议。今据各官奏勘，宜酌议应征、应免、应折、应停、以灾之轻重为次。其浙江抚按官吴善言、谢师启亦以杭、嘉、湖三府之灾为言，酌量蠲免数亦如之。万历九年（1581年）八月，凤阳抚按凌云翼等以地方屡被灾伤，乞将今岁漕粮量改折15万石，酌派重灾州县，立限催征。部议上请。上允行之。

（四）审户与分等

官府在决定对灾民实施赈救之后，首先要对灾民进行审户与分等，以便随后实行公平的赈济。正统十三年（1448年）三月，巡按直隶监察御史申祐奏：和州递年旱涝，人民饥困，已发军仓粮，验口赈济，不敷，复于附近有粮官司借给，俟丰年抵斗偿官。从之。关于受灾民众等级的划分，明代大体将受灾民众划分为三等：一等曰极贫，二等曰次贫，三等曰稍贫。对不同等级的灾民实施不同的赈济方法，嘉靖八年（1529年）佥事林希元疏云："救荒有三便，曰极贫之民便赈米，次贫之民便赈钱，稍贫之民便赈贷。"但是在具体实施时，多对极贫和次贫两者进行赈济。如万历三十三年（1605年），陈霁岩知开州，"时大水，无蠲而有赈。府下有司议，岩倡议，极贫民赈谷一石，次贫民赈五斗，务必令民共沾实惠"。

划分灾民为极贫、次贫、稍贫的前提和依据便是审户。但审户却是一件很难做的工作，林希元在《荒政丛言》"审户难"一节说道：审户难在于土著之民饥饱杂进，真伪莫分。尽管如此，明代地方官在救灾实践中还是形成了一套审户制度。周孔教在《救荒事宜》中说：审户必须是正印官亲历乡村，遍行荒处，随门审察，逐户填注大人几口、小儿几口，或绝无生计，或稍有过活，即时分上饥、次饥二等。次饥即给赈粜历，上饥即给赈济历，官立一总簿，即时登记。林希元说："迩时官司审户，有委之里正者矣，有亲自抄札者矣，有行赈粥之策者矣，然皆不能厘革奸弊。臣既灼知其弊，乃亲自抄札，则才入其乡而告饥者塞途，真与伪莫之辨也。既已沿门审验，则一日不能十数家。千万饥民已不能遍。而分委之人，其弊与里正亦不相甚远，此其亲自抄札之难也。"为此，林希元把受灾民户分成六等，其中富民分极富、次富、稍富三等；贫民分极贫、次贫、稍贫三等。对于比较富裕的农民不劝分，而比较贫寒的农民也不赈济。但要求极富之民自己在乡里检视，发现稍贫的民户，并贷给银两；而次富之民，则是要在乡里检视，找到次贫之民，贷之以种子。之所以这样规定，非特欲借其银种也，欲于劝分之中而寓审户之法也。何者？盖使极富之民出银以贷稍贫，彼必度其能偿者，方借而不借者即次贫也。使次富之民出种以贷次贫，彼必度其能偿者，方借而不借者，即极贫也。不用耳目而民为吾耳目，不费吾心，而民为吾尽心。法之简要，似莫有过于此者。然后随等处分赈济，则府库之财不为奸雄之资而民蒙实惠矣。官府赈灾最为担心的是赈灾物资被不法之徒冒领。但只要有民间自己完成的审户，就可以把救灾钱粮发放到真正的灾民手中。

对于灾民中好面子的读书人以及流民这种特殊灾民群体，明代地方官在审户时也作出了特殊的规定。钟化民在《赈豫纪略》中说："有等贫民虽朝不谋夕，顾恤体面，不与饿殍同厂而食，非散金无以赒之也。蒙皇上大发赈银，臣令布政司分各府、州、县正官，亲历乡村，查审贫户，分为上、中、下三等，唱名分给。"钟化民在《赈豫纪略》中还谈到一个叫李来学的读书人，不愿接受官方的赈济，及赈银至，乃以极贫洁行独厚给之。来学叹曰：此圣主洪恩也，可以食矣。李来学这样的读书人不愿意结识官府，不愿领取赈济粮，但却愿意接受皇上的恩赐。寒士濒死，得赈则生，不独一来学也。周孔教在《救荒事宜》中也说：须令学官从公开报贫士姓名，须分上次二等，计等轻重周恤。其有名不列黉宫而身有处士之行者，有司亦当为之设处，赈恤以示礼贤下士之风。若学田有储，预备仓有积，更不难办，毋待其自行请乞，伤廉耻之素心也。对于受灾流民的赈济，是否要进行审户分等，林希元认为，流移之民虽有健弱不一，然皆生计穷尽，不得已弃乡土而仰食于外，与鳏寡孤独穷乏不能自存者何以异？虽谓之极贫可也。也就是说，流民不需要经过审户与分等，等同极贫，一概予以赈济。

（五）筹措赈资

审户与分等之后，在对灾民实施赈济之前，最关键的问题是要有足够的赈资，包括银钱和粮食。对于筹措赈灾钱粮，明代也形成了较为完备的制度。

明代赈灾钱粮，一般出自朝廷、地方官府和富家巨室。刘世教《荒箸略》曰："赈之所自出有三，曰朝廷，曰有司，曰富家巨室。夫朝廷，待命者也，有司则不待命矣。富家巨室，则又必待命于有司矣。是其为富家巨室也者，靡非有司也。而其为有司也者，又靡非朝廷也。法则孰先，请先核有司之积贮，而嗣请之朝廷，而嗣风之富家巨室之募义者，可乎？盖有司之蓄无几，即朝廷之大赍亦当有限，势必有所不逮也。彼其休戚利害之与共，孰有切于富家巨室也者。"在赈灾钱粮的三种来源中，其中的顺序是先由地方官府出资赈济，如果不足，上请朝廷发帑；如还不足，再让富家巨室出资助赈。周孔教与陈龙正的《荒政议》则说："先处费。饥有三等，小饥多取足于民，中饥多取足于官，大饥多取足于上。取足于民，通融有无，劝民转贷之类是也。取足于官，如处籴本以赈粜，处银谷以赈济是也。取足于上，如截上供米，借内库钱，乞赎罪，乞鬻爵是也。”将这三种赈灾钱粮来源方式区别为“取足于民”“取足于官”和“取足于上”，分别对应“小饥”“中饥”和“大饥”。这是明代赈灾钱粮筹措的三个重要途径。

第一，“取足于上”。赈灾钱粮主要来自截留的漕粮或国库、纳粟赎罪、捐纳卖官等收入。万历年间，江南巡抚周孔教在《荒政议》中把饥荒分为大、中、小三等，而大饥主要取足于上，如截上供米、借内库钱、乞赎罪、乞鬻爵是也。

一是截留漕粮。宣德九年（1434 年）八月，巡抚侍郎吴政奏：湖广黄州等府、麻城等县，去年荒歉，税粮逋负。又武昌、汉阳、黄州、德安、岳州、襄阳等府、沔阳、安陆等州，今年春、夏不雨，田苗尽枯，民饥窘尤甚。有司虽已赈济，而州、县所积粮少，支给不周。请以湖广今年秋粮之当充运者 44 万余石，及当赴南京等仓输纳者，准令折收豆、粟、小麦，存留本处，以备赈济。从之。万历时，周孔教在东南地区救灾时，也曾奏请截留漕粮赈济。周孔教在《荒箸略》中说：今夫豫章荆楚之漕艘献春而入真州者，尾相衔也。其顺流而下吴若越，又甚便也。请议截百万分予两地，期以中春而集，各厅设法行赈。截留漕粮救灾，刘世教认为有七大利处：一是让国家不必支付国库中的白银；二是让灾区粮价不会大涨；三是让灾民以最快捷的速度得到粮食；四是正当春耕时让农民有所依赖；五是赈救及时让饥民不至于在灾荒中受伤太多；六是避免胥吏在赈灾中作弊；七是让漕卒可以暂时休息。万历时，钟化民对河南的赈济，一共发帑金 30 余万两，漕粮 10 万石。

二是取自国库。景泰二年（1451 年），徐淮大饥，民死者相枕藉。御史王竑多方救之。继而山东、河南流民猝至，竑不待奏报，大发广运仓储赈之，用米 160 余万石，所活数百万人。后来，这个御史并没有因为私自做主，动用了国库中的储备而受到惩治，相反还被皇帝称为好御史。正德十六年（1521 年），凤阳巡抚奏称淮、扬、徐、凤等郡连岁灾伤，“复命以钞关银十五万两，并发太仓银三万两，以赈之”。万历十四年（1586 年）九月，户科给事中田畴等奏：迩承上命：“本内重灾地方准发太仓银两，差廉能司属官员前去给赈。”且令户部“查照灾伤分数，定拟银两数目奏闻”。乃命户部选司属官历练老成者五员，领太仓银39万两分投各省直赈济灾伤。固原镇合发银6万两；甘肃、延绥各3万两；山西6万两；辽东、真、顺、广、大及河南各5万两；淮扬、凤阳与山东各3万两。且令抚按，“加意选委稽查，事完从公举劾，勿以虚文塞责”。万历十七年（1589年），敕户科右给事中杨文举曰：直隶浙江，系财赋重地，近该各抚按官奏报旱灾异常，小民饥困，流离失所。朕心恻然，已该部议，发太仆寺马价及南京户部银各20万两，分给赈济。万历二十一年（1593年）夏，宝应大水，皇帝发两宫赈银赈之。万历二十二年（1594年）三月，内阁传出圣谕：两宫圣母闻河南饥荒，发内币银32000两，著该部解去济赈。部请分发河南、山东、江北。得允。万历三十二年（1604年）十月，大学士沈一贯等因畿辅灾荒，再请秋间所发太仆寺赈济京师余剩6万余两与苏、保巡抚，以救目前垂毙之民。

三是纳粟赎罪。洪武二十三年（1390年），令罪囚运米赎罪，除十恶并杀人者论死，余死罪运米北边。力不及者，或二人并力运纳。洪武三十年（1397年），令罪囚运米赎罪，死罪一百石。徒流递减。如果经济实力不足以赎罪，还可以用有限的米来减轻刑法等级，即其力不及者，死罪自备米三十石，徒流罪十五石，俱运赴甘州威虏地方上纳，就彼充军。永乐三年（1405年），规定了罪犯输纳的米数有所增多，“令官民杂犯死罪以下量增赎罪米，听于京仓上纳免赴北京。杂犯死罪，纳米一百一十石；流罪三等，八十石；加役者，九十石。徒罪三年者，六十石；二年半，五十石；二年并迁徙者，四十五石；一年半，三十五石；一年，三十石；杖罪九十、一百，俱二十五石；杖罪六十至八十，二十石；笞罪，十石。纳粟赎罪，历来是救荒的重要手段，长洲令祁承㸁认为，虽屈法于一人，是实可议活千万人之命也，故《周礼》十二荒政之一端也。崇祯朝礼部主事颜茂猷曰：“国有大荒，动系百万人之命。但是令允许赎罪的罪犯入粟救赎未尝不可，盖借一人以生千万人耳。”

输粟赎罪这一制度在灾区赈灾中普遍得以执行。景泰四年（1453年）奏准：“山东、河南、江北、直隶、徐州等处灾伤，令所在问刑衙门，责有力囚犯于缺食州县仓纳米赈济。杂犯死罪六十石，流徒三年四十石，徒二年半三十五石，徒二年三十石，徒一年半二十五石，徒一年二十石；杖罪每一十一石，笞罪每一十五斗。”天顺七年（1463年）二月，“右副都御史项忠任陕西巡抚上疏请令各郡邑论断罪囚，俱纳米自赎，储以待赈。笞一十，纳米五斗，余四等递加五斗；杖六十，纳米三石，余四等亦递加五斗；徒一年，纳米十石，余四等递加五石；流三等，纳米三十五石。杂犯死罪，视流加五石”。此奏得到了英宗的恩准。正德十四年（1519年）冬十月，准留辽东赎罪银于本处赈济，以地方灾伤故也。嘉靖二十三年（1544年）八月，户部奏言：其被灾之地行抚按官动支赎罪银给赈。从之。万历十五年（1587年）八月，南京户科给事中吴之鹏奏称：西北陕西、山西、河南等处连年旱灾，陕西为甚。意将户、工二部事例照旧许令附近地方米、谷、麦、菽随便上纳，再令有力囚犯纳赎备赈。

万历四十五年（1617年），霍邱县灾荒异常，知县王世荫广开钱粮之源，认为唯有开赎之例可权。万历四十二、四十三年（1614、1615年），霍邱县已经遭遇了水旱叠加，此时的王知县在救灾中并没有施行输粟赎罪，考虑到的是“卑县独以工赈有助，可不藉此，恐纵奸也”。然而王知县在万历四十五年的这场灾荒中施行这一政策是有原因的，因置之今荒且极矣，非仅四十三年之比也。不可通融乎？乃通之。王世荫辖区内输粟赎罪的具体做法是：“不必在已成案者，恐费申转耳。唯于未成案，或成案而尚经驳审者，于此中详其应得罪名，或军，或徒，或杖，或枷号，或加责，或省祭承差吏农经革复役等事，一准如四十三年折米例。其米较贵，量准算折麦。盖此时无一稻也。但不许折银，亦不必上纳到官。即令所定饥民，每人每日麦一升，计一月该三斗，径于某犯名下赴领，给有印信官票。饥民执票赴领，本犯收票陈查，果一人不漏，方得如议减等。则在饥民自必取足而有实惠，在本犯亦不致上纳转费，即奸胥亦不得插入冒破矣。”

明代输粟赎罪，一般不能折以金钱代替。万历朝刘世教提及这些罪犯要用粟、谷等实物来作为赎资。崇祯十五年（1642年），户部明确规定：奉圣谕，据议徒罪杖赎，钱粮征比，俱照时价，酌收本色。有的官员甚至主张在大灾之时减少可赎之罪的应输粮食的数量。万历朝吏部主事贺灿然奏曰："大荒需赈，宜清狱囚之有力而当赎者，谅减其十分之二，赎锾稍轻则完纳自速。其情重即有力而必决配者，亦以荒故，许其收赎，而特不在减例。其罪本可赎而无力者，则减其十分之五。自非极贫，亦必勉力出赎矣。"贺灿然认为降低了赎罪粮食的数额，罪犯赎罪的完纳速度就会加快，灾区就可以迅速拥有大量救灾粮食。又因为灾荒时急需米赈济，如果罪犯输谷，灾民还要把谷加工成米才能食用，而输米则可以直接食用了。因此，贺灿然还强调赎罪需要纳粮不是纳银，而且还应该纳米。夫谷取其可久贮也，今且旦暮需之，不若输米便。锱将易米以赈饥者，亦不若即以米准锱之为便也。不过，对于无谷可输而又愿意纳银赎罪的，明代官府也是允许的。如万历年间，山东督理荒政御史过庭训上疏明神宗：除真正人命强盗、重大事情，盖不敢议赎外，中有斗殴杀人，而或系一时过误。据法论遣，而原非永远充军者，该地方官酌量听其出谷免罪；如无谷而愿出银者听，取本地仓库收领缴布政司，以备赈济之用。

四是捐纳卖官。正统五年（1440年）六月，少师兵部尚书兼华盖殿大学士杨士奇、少保礼部尚书兼武英殿大学士杨溥奏曰："今江西所属预备仓谷，湖口县不及一千石，彭泽县不及六百石，石城县仅两千有奇，泰和大县亦仅八千有奇，其余积蓄俱少。臣窃忧之。伏望圣明轸念江西为控扼楚蜀闽广，拥护金陵要地，人民凋瘵之余，垂仁加恤，特赦该部计议奏行，布政司招纳义民官一千名。除问革官吏外，不拘本省别省客商、军民、舍余、老疾、监生、廪增、附学、吏典及子孙追荣父祖，各听纳银，七十两者授正七品，五十两者正八品，四十两者正九品各散官，二十两者冠带荣身。"成化六年（1470年），"令凤阳、淮安、扬州三府军民、舍余人等，纳米预备赈济者，二百石，给予正九品散官；二百五十石，正八品；三百石，正七品"。成化二十年（1484年），大学士万安等议令山陕军民舍余人等，有纳米者，授以军职，"百户纳二百石，副千户纳二百五十石，正千户三百石，指挥照例加米，定与卫分带俸"。正德四年（1509年），户部题准湖广武汉等府的劝借条例，"凡出米千石以上者，表其门；九百至二三百者，授散官；自从六品至从九品，凡四等”。嘉靖年间，刑部尚书林俊又上了一道和杨士奇和杨溥非常相似的奏疏，请求“凡布政司招纳一千名义民官，纳银七十两、五十两和四十两分别可以授以正七品、正八品和正九品的散官”。嘉靖八年（1529年），世宗令抚按官晓谕积粮之家，量其所积多寡，以礼劝借。“若有仗义捐出谷三十石、三十两者，授正九品散官；四十石、四十两者，正八品；五十石、五十两者，正七品。”嘉靖三十二年（1553年）冬十月，直隶、河南、山东水灾异常，吏部侍郎程文德上言：“近日户部申明开纳事例，亦许就本地上纳，即粟、麦、黍、菽，凡可救饥者，得输官计直，请札授官。仍登记全活之数，定为等则，以凭黜陟。程侍郎这番言论得到认可，明世宗下旨下部行之。”崇祯十二年（1639年），钦定保民四事书内一款规定：“庶民输助，银五百两、粟一千石以上者，题给八品散官服色；银八百两、粟一千六百石以上者，题给七品散官服色，仍各给匾，量免一丁；银一千五百两、粟三千石以上者，照王芳例请敕旌奖，许自建坊，仍给七品散官服色。”不过，大多数情况下，所谓卖官不是卖实职，只是卖一个虚职而已。周孔教《救荒事宜》指出：“富民动于义者少，动于名者多，凡输米五千石者，为疏请遥授京官衔；三千石者，疏请外官衔；二千石者，本院给札付效用。或曰：‘名器不可假人，是又不然。’即如白丁纳银三千，竟实授中书；儒士加纳六百，竟实授外官。其骚扰驿传，克剥民财，国家得不偿失。今只授虚衔，似不为过也。”

灾荒年份捐纳卖官的另一种形式，就是出卖国子监、地方州县学的学员名额。输粟入学于国子监，始于景泰四年（1453年）四月，右少监武良、礼部右侍郎兼左春坊左庶子邹干等奏：“临清县学生员伍铭等，愿纳米八百石，乞入监读书。今山东等处正缺粮储，乞允其请，以济权宜。从之。并诏各布政司及直隶府州县学，生员能出米八百石于临清、东昌、徐州三处赈济，愿入监读书者听。”同年五月，令生员纳米入监者比前例减300石，也就是规定生员纳米就只需500石。之后输粟数量也并没有固定在500石，而是更少。成化二年（1466年），总督南京粮储右都御史周瑄因南京、凤阳、淮安等地灾荒奏言明宪宗：“移文江西、浙江并南直隶儒学，廪膳生能备米一百石、增广一百五十石运赴缺粮处上纳者，许充南京国子监生。”因为涉及救荒急务，明宪宗从之。此时，与景泰四年四月规定的 800 石减少了几倍。后因输粟入监的人多，便下诏停止，认为祖宗设太学，教育人才，非由贡不得滥送，“且天下财赋所出，其途孔多，学校岂出钱谷之所？礼部议是，其勿许”。但灾荒频繁，国库却日渐空虚，输粟入学很快得以恢复施行。成化二十年（1484 年）三月，因为山西、陕西等处饥荒，太子太傅吏部尚书兼华盖殿大学士万安等以山西、陕西荒甚上救荒策十事。其中之一事是各处儒学廪增生员，“有愿输粟者于陕西缺粮所在上纳，廪膳八十石，增广一百石，许送国子监读书。大率以一千名为额，明年三月终”。成化皇帝应允，令天下生员纳粟入监。此时输粟不仅依旧进行，而且还比成化二年（1466 年）周瑄提议的数量又有减少，廪膳生、增广生分别减少了 20 石、50 石。

灾荒时，富民不仅可以通过输粟进入国子监，而且也可以通过纳粟入府州县地方学，而且考核条件宽松。万历时刘世教在吴越救灾，他曾就富民输粟入府州县学这一问题提出自己的看法：“乃若输金而入太学，亡议亡之。夫太学，贤士薮。盖自圣祖以来，翠华万屋，历世所亲莅而广厉者也，然犹得以输金入。今独不可推之郡邑，以济一时之急乎？请下令曰：民间少年，有文艺稍通，愿游胶序者，听输粟若干石备赈，准补博士弟子候试。试而异等，如例叙补；即或稍劣，以六岁故事，宽之至九岁，逾期而试，仍不前听，以冠服终，或以诸生名入太学。如是，彼才者得自见，即驽者，亦冀幸全而应必伙矣。顾得无以始进难之乎！则太学又何异焉？彼其取上第者累累也，何伤乎其赀进也？且天子尚不难收之太学，而有司者何独靳之胶序耶？又往岁督学使者，尝创之令矣。凡入田胶宫者，得以诸生入太学；其诸生而入田者，得超等而以饩廪入。夫田犹有之，粟奚不可？饩廪犹可以田得，而何独难于其始阶也？且夫收一士而遂可以活数百千人，是仁人者之所謇裳而前者也。不然，将亡乃重惜士而轻忍人之死乎？”在刘世教看来，国子监都可以通过输粟的方式入学，何况地方州县的学校。万历年间，山西曲沃知县何出光施行“开纳以补斓储”，有子弟俊秀材可纳监者，听其纳监；其有浮慕儒名不愿就此者，许输百金，以其子弟送学作养，以观进益之何如。这里的学就是府州县地方学校。万历晚期，山东灾伤异常，御史过庭训被派往救灾，为了筹措赈资，提出：“民间俊秀子弟，有能纳谷一百五十石者，取有本地仓收行提学官，准其以附学纳监。如愿纳银者，仍照时价准谷。或不愿纳监者，准与衣巾各色，免其杂犯差徭。愿入学者听，提学官再试，果系文理堪观，准其充附，日后于在学生员一体送考。自今春至夏而止，后不为例，灾荒过后，即行停止。”

第二，“取足于官”。赈资主要来自地方官府可以动用的钱粮。如正统五年（1440 年）七月，皇帝敕谕行在工部右侍郎周忱，为了对南直隶地区赈灾，见在官司收贮诸色课程，并赃罚等项钞贯及收贮诸色物料可以货卖者，即依时价对换谷粟，或易钞籴买，随土地所产不拘稻谷米粟、二麦之类，务要坚实洁净，不许掺和糠秕沙土等项。明末，因地方官府财政衰败，筹措赈灾钱粮甚为困难。于是，允许地方官想方设法拓宽筹措赈资渠道。周孔教《救荒事宜》说：“方今帑藏空虚，安得赢余。若待无碍可动，是灾民终为沟中之瘠矣。除税契事例，河夫空役，余米助役，赃赎缺官，柴马省存，驿传鱼课，匠班兵银，事故省存，牌坊盗贼，变易等项，一切堪动者，许令搜括买米外，倘有不足。即未解钱粮权宜借用，事完抵还，亦自不妨。”也就是说，官府所有的可动用的钱都可用来买粮救荒。而且，如果还不足，即可以将本该输往国库的粮食改为当地的赈灾粮。只不过，这些本当解往国库中的粮食只能是暂借用作救荒，事后要归还。此外，若地方官府无力出赈，还可以从邻近的地区借粮赈灾。如成化四年（1468 年）九月，诏令“今年灾伤去处，人民缺食，巡抚巡按等官即督所司取勘赈济；如本处缺粮，即于邻近有粮去处借拨，丰年抵斗还官。如邻近州县俱各缺乏，无可措置者，即奏闻区处，不许坐视”。

第三，“取足于民”。即官府向民间劝捐，由民间募集赈灾钱粮。对于民间富户捐资救灾，不可以用强迫的办法，只能通过激励制度加以劝捐。宣德九年（1434 年）十月，巡抚侍郎曹弘奏：直隶凤阳、淮安、扬州、庐州四府，徐、滁、和三州，并山东济南、东昌、兖州三府，今岁五、六月亢旱不雨，苗稼尽枯；至七月淫雨，低田涝伤，民皆乏食。上命弘督所在有司设法劝分赈济。正统五年（1440 年）七月，皇帝敕谕行在工部右侍郎周忱，凡有丁力田广，及富实良善之家，情愿出谷粟于官，以备赈贷者，悉与收受，仍具姓名数目奏闻。非情愿者，不许抑逼科扰。周孔教在《荒政议》中说："大司徒保息万民之政，既曰恤贫，又曰安富。大率民不可以势驱，而可以义动。是故，民有出粟助赈者、煮粥活人者，上也。有富民巨贾趁丰籴谷，还里平粜，循环行之，至熟方持本而归者，次也。有借粟、借种、借牛于乡人而丰年取偿者，又其次也。凡此之民，皆属尚义，于此权其轻重，或请给冠带，或特给门匾，或给赏帖，后犯杖罪，纳帖准免。皆所以奖之，而不负之，此在会典及累朝诏旨俱有之，有司所当亟行者也。"明代的激励劝捐制度，包括官员捐俸倡率、各种荣誉奖励、免除徭役、发放免罪帖等。

每当灾害来临，各级官吏尤其是主持救灾的官员往往带头捐出部分俸禄助赈，以此作为劝借富民的表率。如嘉靖时通州知州王嘉言上任时，"会岁侵民饥，乃捐俸作倡，而日日又身诣闾右家拜，分其廪粟，得五千余石，作糜食饿者，所全活甚众，虽旁县人无不扶携就食"。万历二十二年（1594年）五月，福王捐禄3000两助赈，知府王九德、生员李来庭、何中鲤各捐谷助赈。万历四十五年（1617年）四月，武英殿办事大理寺副邢仕际因江南罹灾极重，愿捐谷1000石赈济。上义其举，从之。

各种荣誉奖励主要是对捐输助赈的富民或旌为义民，或给冠带，或给门匾，或给赏帖，或劳以羊酒等。正统五年（1440年）议准，凡民人纳谷300石以上者，立石题名。同年，行在翰林院修撰邵弘誉上疏言四事，其中有一件事是直隶大名、真定等府水涝，人民缺食。"朝廷虽已遣官赈济，然所储有限，仰食无穷。先蒙诏许南方民出谷一千石赈济者，旌为义民；其北方民鲜有贮积，乞令出谷五百石者，一体旌异优免。"明英宗命令廷臣会议，邵弘誉的上疏得到认同，皆言"北方民出谷五百石者宜如例优免，口外民能出米豆三百石者请亦如之"。因此，明英宗也就发布诏令批准了这一奏疏。景泰三年（1452年）十一月，山西巡抚、右副都御史朱鉴上疏："户部原定则例，山西民能出米八百石或谷二千石助官者给予冠带，缘山西民艰难，其富实大户亦止能出米四百石。事下，户部改拟能出米五百石、谷一千石者，亦给冠带，出一半者立石旌异。”从之。同年，江西巡抚、右佥都御史韩雍上了类似的奏疏：“户部原定则例，江西民能纳米一千二百石于官者，给冠带；六百石者，立石，免役。缘今江西民艰难，乞减则例户部请令出谷一千六百石以上者，给冠带；谷六百石者，立石，免役。”从之。韩雍等人的上疏得到了皇帝的恩准。景泰四年（1453 年）四月，诏命巡抚南直户部右侍郎李敏督令苏州府官员劝谕，“殷实之家能出米麦八百石之上助官赈济者，给冠带，旌异”。景泰七年（1456）正月，巡抚湖广太子太保兼兵部尚书石璞言，襄阳等府、州、县连年水旱民艰，加以远运军储尤为狼狈，乞行三事。其中一事便是令湖广军民“有能纳米一百石者给冠带；五百石者授百户；八百石者授千户；俱终其身”。从之。天顺二年（1458 年）三月，命湖广等布政司谕其军民人等，“有能输米于贵州缺粮仓者，一百石者给予冠带，仍赐敕旌异，五十石者赐敕旌异，三十石者立石题名”。成化十二年（1476 年）九月，巡抚河南右副都御史张瑄以河南水旱相仍，赈济无备，奏乞募人纳米给冠带散官。万历十四年（1586 年）七月，户部遵奉敕谕，题称：查得万历十年题有义民输粟事例，千石以上者，建坊旌表；百石以上者，给予冠带。合照例举行，以为救荒之助。

除了捐米谷救灾可以获得冠带荣身外，富民还可以用缴纳一定数量的银两或者救活一定数量的人口来换取他们想得到的荣誉。周孔教在《救荒条谕》说：“傥有捐数万金救民者，本院即为题旌。万金而下，竖坊给匾，俱无所吝。欲冠带者，给冠带以荣终身。”又如正统年间，于谦在领导河南、山西两省赈灾时，贴出榜示劝谕贤良富家巨室，“能捐二百金以上者，与冠带奖励；能捐贷四百金以上者，奏闻，录为义民，建坊旌表”。崇祯十三年（1640 年）三月，明思宗朱由检圣谕户部：“畿南粟贵民饥，多有殍于道途，流离相望，深轸朕念。若地方乡绅富户，有能遵前谕急公捐输者，即将所捐银、米数目具奏，以凭旌奖。”同年五月，朱由检圣谕户部都察院：“畿南、山东、陕西、河北灾荒殊甚，深轸朕怀。兹特专责各抚按，即行府州县，多方劝谕乡绅富室，各行捐助，亟为救济。确查某里某户，有真正赤贫，不能存活者若干，各谕令本里本户之殷实大家，协同赡养。事竣之后，各该户头开报该府州县，转报该抚按，每户能救活十名上下者，即行给匾奖励；救活二十名上下者，富室给冠带荣身，乡绅奏叙；救活三十名上下者，题准建坊旌异。”

灾荒年月，粮价上涨，官府为弥补国家仓储平粜减粜救荒政策的不足，往往用冠带荣身等荣誉来激励富民平价或减价出售救灾粮给灾民。如正统年间，于谦在河南、山西二省领导救灾，出榜劝谕贤良富家巨室捐输助赈，同时也鼓励富民平粜或是减粜，规定：有旧年贱价籴粟麦，肯输千百石，仍照旧日价卖者，同前旌奖；或肯减一二钱时价粜者，皆照前给赏旌表。这里的“同前”或“照前”旌奖就是按照捐贷银两赈济的数额来奖励。这就意味着巨家富室平粜或减粜得到的银两如果比时价减少了 200 金以上，可给予冠带；如减少了 400 金以上，则可称为义民，竖立牌坊。嘉靖十年（1531 年），西安凤翔等府所属耀州等州、三原等县夏麦全荒，秋季又歉收，人民饥饿，转相嗷嗷待毙。兵部尚书唐龙上赈济疏：“其间平籴减价五百石以上，拟给冠带荣身；减价二千石以上者，又拟表为义门。是则非臣之所敢专者，例该奏请，伏望皇上俯念救灾恤民，难拘常例，劝义励俗，合用殊格，乞敕该部查议覆奏，特赐俞允，俾臣得以遵奉施行，地方幸甚。”户部议后的结果是允准了唐龙的上疏，合候命下本部，移咨总制陕西三边军务官理赈济兵部尚书唐龙，将后开条陈事宜通行所属各该掌印官员，逐一着实实行。但是陕西等西北边远地区的经济欠发达，对于当地的富民来说，500 石可不是小数字。因此，三边总督唐龙认为如富民减粜达不到这种国家级荣誉规定的数量，还可以给予其他的奖励：“凡平粜减价官犒以羊酒，给尚义大字一幅；二百石以上者，加纱一匹；三百石以上者，加缎一匹，羊酒大字俱如前给。”这些奖励不需要上奏朝廷允准，地方官即可批准。万历四十四年（1616 年），山东督理荒政御史过庭训奉旨赴山东赈灾，认为平粜便民，为救荒之第一义，于是劝谕富室，将所积粟麦等项，先扣本家足用外，其有余者，照依时价，粜与饥民，以解一时米珠之厄，以佐朝廷赈济之穷。这指的是平粜。但是过庭训更希望富户能够更为仁慈一些，“若肯每石减价一钱，尤见垂怜梓里之高谊。减价一百石以上者，官犒以羊酒，给尚义门匾；二百石以上者，加纱一匹；三百石以上者，加缎一匹，羊酒门匾如前给；五百石以上者，具疏奏请，给以冠带荣身；二千石以上者，奏请表为义门”。这与嘉靖十年（1531 年）唐龙施行的标准和方法完全相同。不过，过庭训还考虑到富民粜米与穷人是按升计，所以收到多是零碎银钱，于是提出了比较人性化的规定：或虑转粜小民，价多零星，而愿报官平粜者，有司官即时发价，将米谷贮仓发赈，仍以姓名报院，以凭酌量旌异。然皆听民之自愿，不许衙官衙役借官粜以扰害富民。崇祯年间，绍兴太守王孙兰提出民粜的数额更低，民户粜 50 石以上，给冠带。这是平粜。有肯照市价多减以粜者，生员粜 80 石即申德行，粜 40 石即记录；义民粜 80 石即免本户田 20 亩差解，粜 40 石即给冠带。这是减粜。这和原来规定减粜 500 石方可冠带荣身降低了 10 多倍。崇祯十三年（1640 年），祁彪佳故里越中大水，祁彪佳实行的民粜给予冠带荣身的标准和绍兴太守王孙兰提出的标准完全一致，不同的是规定平粜 50 石以上、减粜 40 石以上为第一等，并把赐予富民冠带的场面搞得特别隆重，定期召集公堂，面赐花红杯酒，鼓乐迎导，给予刊印匾额一纸，令其自制，耆民许冠带荣身，并录叙姓名，申院道题旌。这样的排场，对于调动富民平粜减粜的积极性，具有很强的吸引力。

灾年平抑物价过程中，官府还对到粮食丰收地区转粟的商人给予冠带、匾额奖励。明末朱完天曰："谕诸商，本府境内可用粮食二十万石，照依本商开来市价，登时可完，空船给引，暂开辽禁，听尔载运。"由此可知，商人从丰收地区籴运而来的粮食是按照开出的市价粜卖的，然后官府给粮引给商人，给其提供转运的通行证，商人便可以再行贩运。运 5000 石以上者，给冠带；3000 石以上者，给门匾。

免除出资赈灾的富户徭役，是官府劝捐的一项重要制度。明代规定："十六岁至六十岁的男子应承当各种徭役，丁曰成丁，曰未成丁，凡二等。民始生，籍其名曰不成丁，年十六曰成丁。成丁而役，六十而免。又有职役优免者，役曰里甲，曰均徭，曰杂泛，凡三等。以户计曰甲役，以丁计曰徭役，上命非时曰杂役，皆有力役，有雇役。府州县验册丁口多寡，事产厚薄，以均适其力。"明代徭役名目繁多，而且管理非常严格，人们视之为畏途。但是百姓若隐瞒自己"成丁人口不附籍，及增减年状，妄作老幼废疾，以免差役者，一口至三口，家长杖六十；每三口，加一等，罪止杖一百；不成丁三口至五口，笞四十；每五口，加一等，罪止杖七十，入籍当差。如果用逃跑的方式躲避差役，则本人还会受到处罚，即杖一百，发还原籍当差。”

和冠带荣身、旌表为义民等荣誉奖励相比，有些富户却更希望官府能够免除繁重的徭役。万历年间，山西曲沃县发生了严重饥荒，饿殍载道，但手握千金的阛阓之子对官府的劝借劝捐却丝毫不为所动。官府归因于富民不尚义，但是知县何出光认为这是不察民情之欲恶者耳。“今晋民所急慕者，不在尚义之虚名；而所深畏者，则在富民之名籍。所急荣者，不在冠裳之外浮，而所远避者，则在义官之差遣。今饵之以所不慕，而实犯其所深畏；饵之以所不荣，而实犯其所远避。此尚义输粟之令，有宁死而不敢就者，坐是焉耳。盖晋民之所畏者在差役，即鬻之以免差役者，则乐于就。晋民之所欲者在利名，即鬻之以干利名者，则乐于就。”于是，何知县劝谕富室捐助时，令其自择，有年齿过时愿免差役者，听纳散衔。明给以牒，许免终身各项差役，有司以礼相待，不得擅行借差。万历二十二年（1594 年），寺丞兼御史钟化民在河南赈灾，说：“今民富者，不难输金以博名，而输金者恒虑重徭以致累，虽悬冠裳之宠，未有应也。夫好名尚义之民，可以德感，难以势加。愿输赈者，或银或粟，立册汇报。照册稽查，视所损多寡之数，不惟优以匾额冠带，仍免其徭役，与司粥厂者同赏格，以风厉之。”万历年间长洲令祁承㸁认为，“即引令甲所著，助若干而给扁，若干给冠带，若干给树坊，谆谆劝谕，彼且以空名吐之，如飘风之过耳矣。夫人情欲割其所甚爱，非动以所甚畏则不能。夫吴民之甚畏而欲自释者，莫如差解之一事”。其子祁彪佳的观点与其相类似，认为“以推赏而劝富室，盖将欣之以所好也。然欣以所好，不若去其所恶，而后劝之为用神。蠲东南之徭役，推之于西北之召买，皆可量免以示劝”。

捐赈富民可以免除徭役的案例最迟始于明成祖时，但是此时尚未形成定制。永乐初年，刘辰为江西布政司参政，时江水泛滥，濒江之田皆涝，饥民为盗，富室多罹其害。刘辰的做法是：劝富民贷饥者，蠲其徭役以为之息，官为立券，期年而偿。于是，富室乐从，饥者得。宣德十年（1435 年），给事中年富上奏：各处饥馑，官无见粮赈济，间有大户赢余，多闭粜增价，以规厚利，有司绝无救恤之方。乞命自令或遇荒歉，为贫民立券，贷富人粟分给，仍免富人杂役为息，候年丰偿本。年富的奏疏得到批准。正统五年（1440 年）规定：“纳谷一千五百石者，敕奖为义民，免本户杂役；三百石以上者，立石题名，免本户杂役二年。”嘉靖八年（1529 年），明世宗令抚按官晓谕积粮之家，“量其所积多寡，以礼劝借。如果仗义捐出五十石粮食、银五十两，除了授予正七品官衔，还可俱免杂泛差役”。崇祯十二年（1640 年）则在钦定保民四事书内一款中规定：“庶民出银三百两、粟六百石以上者，题给匾外，免本身杂差。”

给出资赈灾的富户发放免罪帖，明代累朝诏旨俱有之，是明代激励民间富户参与救灾的重要制度，“有司所当亟行者也”。万历年间，吏部员外郎屠隆云：富民之所最欲得者，给以印信一帖，除重情而外，预免其罪责一次，令得执以为信。彼见吾之中款诚，调停详妥，好义者必争先，贪者亦勉应矣。在此，屠隆的劝输与此前提到的劝输最大的不同在于，屠隆给予捐资的富民们除了旌匾和冠带以外，还有印信一帖，可以免罪一次。而且，屠隆知道这是那些富民最想得到的东西。崇祯朝陈龙正认为，或给赏帖，后犯杖罪，拿帖准免，皆所以奖之而不负之，将之作为奖励帮助官府赈灾的“尚义之人”的一种手段。甚至有的地方给予的免罪帖不止一张，所捐输的粮食数量越多，给予的免罪帖越多。万历朝巡按陕西监察御史毕懋康认为应该“优好义之家”，对于好善乐施舍粥救灾民之家，如果费米 20 石者，给予免帖 1 张，犯笞杖罪名，应决者免决，应纳赎者免赎；30 石以上者，州县呈该道送牌，仍给免帖 1 张；50 石以上者，州县呈本院给予冠带，本县送匾，仍令各给免帖 2 张。有时官府会登记富民舍粥救活的人数，并以此作为给予免罪帖数量的标准：其所活人数，亦照官簿纪名。将散之前 3 日，有司官亲至舍场，查簿审人。众口称德、或千人以上者，本院亲至其门，仍题请冠带，请入乡饮；仍给免帖 5 张，子孙犯死罪以下，虽难免罪，不许加刑。

（六）赈济

对灾民审户和分等、筹集到足够赈资后，便开始实施分类赈济制度。一是蠲免制度。赋税蠲免有“恩蠲”和“灾蠲”两种。恩蠲体现的是皇恩浩荡，不一定是灾伤年份，旧帝驾崩、新帝登基等情况下，往往恩蠲赋税。灾蠲则是灾伤年份官府多依例蠲免赋税。如洪武元年（1368年）即下诏："令水旱去处，不拘时限，从实踏勘实灾，税粮即与蠲免。"他还曾下令："凡天下承平，四方有水旱等灾，验国之所积，于被灾去处优免租粮。若丰稔之岁，虽无灾伤，亦当验国之所积，稍有附余，择地瘠民贫优免之。"永乐二十二年（1424年）十二月，明成祖命户部："凡今被灾处田土，悉准永乐二十年山东逋租例，蠲其粮税，分遣人驰谕各府、州、县，停免催征。"成化二十一年（1485年）二月，"户部奏湖广、襄阳等府、卫所各奏去岁旱伤，请灾至八分以上者蠲其常税，七分以下者仍征其十之二。制可"。弘治三年（1490年），颁布《灾伤应免粮草事例》，规定"全灾者免七分，九分免六分"，以下递减，至"四分者免一分"，"止于存留内除豁，不许将起运之数一概混免。若起运不足，通融拨补"。在特殊情况下受灾程度不及蠲免分数者也有享受蠲免待遇的。如："弘治时，山西沁、潞等处屯田被水灾不及三分，例不免粮。孝宗以其民饥困，方发仓赈济，不可复征，特免之。"重灾之年仍有将税粮全部蠲免的情况。例如，嘉靖七年（1528年），奏准：北直隶八府灾伤，将本年分夏税不分起运存留尽数蠲免。嘉靖十六年（1537年），再次制定了《被灾地方应免钱粮体例》，其中规定："应免分数先尽存留，次及起运。其起运不敷之数，听抚按官将各司府州县官库银两钱帛等项通融处补及，听折纳、轻贵、存留不足之数，从宜区处，不许征迫小民，有孤实惠。"这个《体例》是对弘治三年《灾伤应免粮草事例》的调整，并且增加了政策的灵活性。嘉靖十八年（1539年）八月，以灾伤免陕西西安、延安、凤翔、巩昌、临洮、平凉、庆阳、汉中诸州县田粮如例。同年九月，以灾伤免直隶、顺德、广平、大名所属州县及四卫所田粮如例。万历十六年（1588年）十二月，顺天巡按御史孙旬勘报：密云、蓟州、昌平、永平各道所属府、州、县灾伤，请照例蠲免民屯钱粮，以恤灾民。上从之。

蠲免赋税的受益者为有田人家，包括各级地主和自耕农，而最贫困的无地佃农却不能从中获得好处，正所谓："蠲折利有田者，而无田者不沾其滴沥也。"早在宣德十年（1435年），给事中年富曾上疏言："江南小民佃富人之田，岁输其租。今诏免灾伤税粮，所蠲特及富室，而小民输租如故，乞命被灾之处富人田租如例蠲免。”因此，万历十二年（1584年），蠲免制度有了重大改革，“议准以后地方灾伤，抚按从实勘奏，不论有田无田之民，通行议恤：如有田者免其税粮，无粮免者免其丁口盐钞，务使贫富一体并蒙蠲恤”。万历十四年（1586年）十月，以真、顺、广、大、河间五府、州、县各有水旱重灾，所有积谷额数照依勘灾体例减免。同年月，户部复：巡按御史韩国祯提议畿辅灾伤地方，宜照被灾轻重遵依灾免则例，俱于本年存留粮内照依分数递行蠲免，开垦水田借过丰润、玉田、遵化三县库银15000两，又蓟镇积贮银15000两准与丰豁，免其补还。上俱依拟。万历三十一年（1603年）十一月，户部复：山东巡按疏将被灾金乡等26州、县存留秋粮各查被灾分数照例蠲免。

二是改折制度。改折是指民户应上缴的税粮折成银钱或其他物品缴纳。洪武三十年（1397年），“敕户部：凡天下积年逋赋，皆许随土地所便折收绢、布、金、银等物”。宣德元年（1426年）十一月，上谓行在户部尚书夏原吉曰：“凡被灾处税粮，皆令折收布、钞，远运之粮，令于见有仓储内运米。”宣德五年（1430年），令受灾郡县“其宣德三年以前民欠粮税悉令折收钞与布、绢”。正统十三年（1448年）十一月，湖广湘乡县主簿冷昊奏：“本县累岁凶荒赈济，偿官粮逋负相因，请如宣德中例，折纳布、帛，庶得易完。”从之。成化二年（1466年）闰三月，郑州知州余靖奏：本州灾伤，乞暂将今年该纳税粮照依南方事例，每石折纳银二钱五分。户部复奏。从之。成化十九年（1483年），令受灾地方税粮“以十分为率，减免三分。其余七分，除存留外，起运者照江南折银则例，每石征银二钱五分”。嘉靖二十三年（1544年）又对受灾地方漕运粮米的折输作出统一规定：“题准各处灾伤漕运正、改兑粮米四百万石，除原额折银并蓟州、天津仓本色照旧外，其余本色以十分为率，七分照旧征运粮米，三分折征，价银每正兑米一石席耗共征银七钱，改兑米一石连席耗共征银六钱。”万历十八年（1590年），又规定：“因灾改折漕粮五分，不分正、改兑俱每石折银五钱。”不仅税粮，其他实物税灾年也可折输，如正德五年（1510年）十一月，“以苏、松、常三府水灾，凡起运税粮、棉布、丝绢俱量改折色，存留者本色、折色中半征收”。

三是赈银或赈钱制度。这种制度是一种货币化的赈济，适宜以下三种情况。一种情况是对一些垂死的灾民，在赈粥过后，为减少官府的负担，就适合对这些饥民赈银。另一种情况是相对于需要赈粥和赈粮的极贫之民，次贫之民有一定的生活保障，用银或钱赈济既让官府少了一些不必要的烦琐，同时，也让领赈的饥民们得以更自由地安排未来的生活和生产。第三种情况是百里以外的远地之民宜赈银。因为对于远离官府仓储或民间义仓的饥民们来说，如果要赈粮会有一些难以克服的困难，所以要赈银。赈银过程中要“慎散银”。钟化民《赈豫纪略》中就要求州县正官亲自出马，到各乡村去召集地方基层社会的管理者，防止那些胥吏从中贪污。极贫、次贫给予印信小票；上书极贫户某，给银五钱；次贫户某，给银三钱；鳏寡孤独更加优恤。正官下乡亲给，分东、西、南、北四乡，先示期，以免奔走守候。贫民领得银谷，里长豪恶或以宿逋夺去者，以劫论。出首者赏所发帑金。林希元在《荒政丛言》中对赈银制度也做了一些新的创制：“八口之家，四口支钱；四口之家，二口支钱。每口所支，折银二钱。编郡给票，亦准极贫印志旗引，则不必用。然而块银细分必有亏折，中银十两，散五十人，每人二钱，必亏五六厘，此臣所经验也。要不若散钱为尤便，且贫民以银易钱，又有抑勒亏折之患也。”对于用于发赈的银或钱，官府发赈时要严格防止假冒货币坑骗灾民以及银钱管理人员的偷盗。钟化民《赈豫纪略》说：派正官监凿称分封固，加印立册，每月期日分给。差廉能推官，不时掣封称验。公巡至，如粥厂拾遗法，验所折散银原封开注，如有侵克，视轻重律处。林希元《荒政丛言》则规定：“支钱，于穿钱绳索系以钱铺散者姓名；支银，于包银纸面印志银匠散者姓名。如有低伪消折，听其赴官陈告，坐以侵渔之罪。如是，则法不生奸，而民蒙实惠矣。主要防止银匠与钱铺用假币坑害灾民。”

四是赈粮制度。赈粮的发放也有一定标准，洪武初赈济粮发放的数额较大，大约以每户一石为标准。洪武二十七年（1394 年），明廷颁布灾伤去处散粮则例：“大口六斗，小口三斗，五岁以下不与。”永乐以后，赈济粮的数量有所减少，永乐二年（1404 年）的“苏松诸府水滨去处给米则例”规定：“大口一斗，六至十六岁六升，五岁以下不与，每户有大口十口以上者止与一石。”洪武后期，赈灾粮的发放单位已变户为口，不仅男丁，妇女和六岁以上的儿童也有份额规定，反映了赈粮制度的进一步成熟。对赈粮发放对象的规定，林希元《荒政丛言》提出“极贫之民便赈米，此荒政之最善，古今所称。近时官司赈济多有用之而专赈米者。惟夫极贫之民，室如悬磬，命在朝夕，给之以米，则免彼此交易之难，抑勒亏折之患，可济目前死亡之急，此其所以便也。”关于赈粮的数额，林希元认为，每口一支五升，每甲五斗，每群二石五斗，即赈米的标准是每口五升，赈粮所用的升、斗、斛等度量容器都是官府发给的，而且还印有官府的印烙。发放赈米如同赈粥一样，在灾区广泛设立所谓的厂，每个厂有一方官府发给的长条小印，对本区的饥民每个人脸上印上一个标志；同时，还给饥民每户一张小票，上面写着年月、年貌和住址，防止冒领。领米的方法，则十人为甲，甲有长，五甲为群，群有老，每甲一小旗，旗上挂牌，牌书十人姓名，甲长报之。每群一大旗，旗上挂牌，牌书五甲姓名。群老执之，群以千字文给号。当给之日，俱限巳时，群老甲长各执旗牌，领率所属饥民，挨次唱名给散。

五是煮赈制度。煮赈在战国时代就有，历经汉唐的发展，金时煮赈制度日臻完备，设立粥厂也成了定制。屠隆《荒政考》指出：食粥之法为极贫者而设，极贫者虽得升合之粮，不便炊爨，日煮粥以饲之，赖以全活。林希元《荒政丛言》也认为“垂死贫民急粥”，“若夫垂死之民，生计狼狈，命悬顷刻，若与极贫一般给米，则有举火之艰，将有不得食而立毙者矣。惟与之粥则不待举火而可得食，涓勺之施，遂济须臾之命，此粥所以当急也”。明代粥赈制度成熟于嘉靖及其以后，《明史》有云“振粥之法，自世宗始”。嘉靖元年（1522 年），时任南京兵部尚书侍郎席书上《南畿赈济疏》，请施粥以赈济南畿等地灾民，“户部复：此法不特宜于南畿，宜通行天下，灾荒处所，一体施行。”嘉靖以后，粥赈制度日益正规化、制度化。万历年间，王士性总结了“赈粥十事”，分别为：一曰示审法，二曰别等第，三曰定赈期，四曰分食界，五曰立食法，六曰立赈法，七曰备爨具，八曰登日历，九曰禁乱民，十曰省冗费。吕坤巡抚山西时，多次主持赈济工作，在其所著《实政录》中细致总结了举办粥厂的经验，列出“广煮粥之地”“择煮粥之人”“别食粥之人”“定散粥之法”等项计 18 款，同时指出“至于临时通变精密之才，能者当自得之”。

赈粥是一个复杂的施赈过程，涉及粥厂的选址、粥厂的规模，以及粥厂、赈粥对象的管理等一系列问题。粥厂位置的选择，陈继儒《煮粥条议》指出：设粥厂于城郭，则游手之人多。设粥厂于乡村，则力耕之农众，聚则疫痢易染。分则道里适中。宜设于城郭十一，乡村十九，较得其平矣。林希元《荒政丛言》亦说，必于通都大衢量搭小厂。周孔教《救荒事宜》提出粥厂须以多设为主，亦不必更烦木植以费官民，自城及乡，每于寺观庵院之处，度其可容数百人。在城郭者，县官自主之，其余乡村处所或一二十里，或三四十里，随其乡约，庵庙，廉干佐贰督同好义之民共襄义举。大灾之时，更要在僻远的乡村普遍地设立粥厂。粥厂的规模，每个粥厂收养 200 名饥民为适当。粥厂如果设在城市，即因公馆及寺观立厂，量大小居饥民多寡；在乡僻则鳞次建厂五大间，一贮米，及为司厂煮粥四处。

粥厂的管理，则交由富而好义的绅民。钟化民《赈豫纪略》云：“谕各府、州、县正官，遍历乡村，集保甲里老，举善良以司粥厂，就便多立厂所。”陈继儒《煮粥条议》说：“委官监视，不无供应之烦，及左右需索，不如敦请缙绅贤士。为地方信服者主之。事既办集，小民呼应亦便。”万历二十二年（1594 年）钟化民在河南赈灾时规定：司厂不用在官人，各本地方保甲、里耆公举富而好义者。据此可知，司理粥厂的人是官府延请地方上享有很高声望的富人充当的。而官府延请他们的仪式是非常隆重的，州县正官以乡宾礼往请，至则繇宾阶升堂长揖，给花红，荐三爵，破格优礼。在司理粥厂的过程中，如果他们发现一些问题，提出一些建议，州县正官都会非常重视，“陈请即行”。对于他们付出的辛苦劳动，明政府也会根据每个人司理粥厂的数量给予一定的奖励：司一厂者，能使一厂饥民得所，旌以采币匾额；倍之者，与冠带；若能司五六厂以上，则任所请，或欲荣身者，竟以便宜受光禄、鸿胪等衔，品止于六，汇题比实授。粥厂司理在赈事结束后，地方官会将粥厂司理的功劳上报给予奖赏；如果粥厂司理的亲人有犯罪的，也可以用这份奖赏来为亲人赎罪，虽应戍应辟，得从末减。

粥厂里除了司理外，还有其他执事人员如果办事有功也会受到优免徭役的奖励。嘉靖年间，兵备副使林希元在泗州赈灾，他比较合理地安排了粥厂有关人员。其中，他令主赈官为每厂择民间有行义者一人为耆正，数人为耆副。耆正副的业绩如何是由监司巡行督察各厂考核，所至考其职业，书其殿最，并开具揭帖。赈事结束之后，耆正副的业绩被上报至抚按，耆民上之抚按，有功者以礼奖劳，仍免徭役。

尽管粥厂交给了绅民直接管理为主，但地方官还是要对其进行监督与控制。钟化民《赈豫纪略》指出：地方官们要在当地的粥厂中不时地巡视，要检查粥厂的粮食数量，要察看饥民的菜色是否减退；要看粥厂工作人员是否勤奋，还要对其实行赏罚。这些巡视官要骑着马，走遍各地的粥厂。还特别强调，所到之处，要与饥民们一起在粥厂里食用赈灾用粥。至于粥厂管理中的一些细节问题，陈继儒《煮粥条议》有详尽的说明：要求选择饥民当中身体好且爱好干净的人，负责煮粥；柴火要用木柴；发粥时要先发老人和妇女；对顽皮的小孩要派专人管理；乞丐要单独赈济，不可以混在饥民当中；对于读书人可以发给竹筹，让别人代领赈济，不用亲自到场；要早早把饥民沿途的道路桥梁修好；管理者要亲自尝一尝赈济的粥，防止各种问题；煮粥用砖灶。

对于赈粥的时机选定，周孔教《救荒事宜》做了规定：上午定限辰时，下午定限申时，亦无守候之劳。而就一年而言，散粥散米不宜太早，须在秋冬之交，旧储已尽，新谷未升，瓶缶内空，烟火外绝，此时行之，方为当。屠隆也说要自冬十一月初一日起，至暮春而止。

关于赈粥发放的细节安排，据周孔教《救荒事宜》的记述，要求在粥厂用绳索列出数十行，让饥民在其中有序坐定，并且是男女分行。生病的人和乞丐再单独列出一行，自带食具。到粥熟时，鸣锣为号，两人抬一桶穿行在排列有序的饥民中，见人一勺。这样的好处是分者不难杂蹂，食者不苦见遗。钟化民《赈豫纪略》说：赈粥时要不拘土著流移，分别老幼妇女；人以片纸图貌，明注某厂就食，印封以油纸，护系于臂，汇立一册，州县正官不时查点，使不得东西冒应。即要求每一个饥民都有一个自己固定的粥厂就食，每个人用一印封的纸系在手臂上，标明自己应当就食的粥厂。而且州县正官还要不时检查。每一个饥民有一个固定的坐地，每天供给两餐，每餐两盂；对供给饥民食物还要求清洁且要烧熟，严禁掺水。

至于赈粥的额度，陈继儒《煮粥条议》说：吃粥上午一次下午一次，俱自带碗箸就食。倘遇风雨，道途艰难，许自带瓦器并给二次，以便携归。屠隆《荒政议》提出：大约米一升，每餐可食四人。男女异处，日每二餐。辰申二时，鸣钟而入，入则分班坐地，令人传粥食之，可无参差抢挤之患。

（七）养恤

明初，朱元璋就宣布“鳏寡孤独废疾不能自养者，官为存恤”。他曾谕中书省：“昔吾在民间，目击鳏寡孤独、饥寒困踣之徒，心常恻然。今代天理物已十余年，若民有流离失所者，非惟昧朕之初志，于代天之工，亦不能尽。尔等为辅相，当体朕怀，不可使有一夫不获也。”洪武五年（1372 年）“诏天下郡县置养济院”，始收养不能自理生计者。建文、天顺、嘉靖等朝均颁布过“修养济院实政”的诏令。养济院是明代养恤制度中比较重要的一项，它主要是执行收养遗弃、抚恤鳏寡孤独的职能。各地养济院基本上都只收本地鳏寡孤独废疾之人，但在灾荒之年更重视抚恤受灾民众。如永乐六年（1408 年），“令福建瘟疫死绝人户遗下老幼妇女儿男，有司验口给米。税盐粮米各项暂且停征，待成丁之日自行立户当差”。明代灾年养恤还包括官府出资赎回因灾典卖的妻儿、收养灾年被遗弃的子女。如洪武十九年（1386 年），诏赎河南饥民鬻子女。永乐八年（1410年），令被灾去处人民典卖子女者，官为给钞赎还。成化间，陕西连年被灾，从秦州知州傅戴奏请，对遗弃于道路的民间小儿，“令所司给予民家收养，月给官粮三斗”。嘉靖八年（1529 年）题准：“灾伤地方军民人等，有能收养儿者，每名日给米一升。”嘉靖十年（1531 年），奏准陕西灾伤重大，遗弃子女，州县设法收养。

三、官赈事例

明代灾害频仍，官赈事例不胜枚举。每次灾害发生后，官府往往依据勘灾分数以及审户与分等的结果，对灾区和灾民采取不同层次、多样化的赈济措施，包括蠲免、改折、平粜、赈贷、赈粮、赈粥、工赈、疗救、禳灾等。如万历二十八年（1600年）正月，户部题："勘过顺天府属水、涝、虫灾，乞照勘实分数酌量蠲、缓、折、征仓谷赈恤。从之。"崇祯五年（1632年）十一月，直隶巡按饶京疏淮阳被灾分数："盐城县全灾十分，海州被灾九分八厘，邳州被灾九分，宿迁被灾八分八厘，睢宁被灾八分七厘，山阳被灾五分六厘，桃源被灾五分，赣榆被灾四分八厘，沭阳被灾四分九厘，清河、东安俱被灾四分，淮安卫屯田被灾五分，兴化全灾十分，宝应被灾九分七厘，高邮被灾七分，泰州被灾四分，徐州被灾七分，沛县被灾六分，丰县被灾五分，萧县、砀山俱被灾四分，邳、徐、佐三卫屯田被灾四分。泗州、盱眙被灾五分，此切近祖陵，尤当首惠者。惟皇上大施轸恤，或赈，或蠲，或折，或缓，但地方受灾有深浅，而望恩不无厚薄。即如盐城一邑，其民悉已逃亡，即全蠲犹且望赈。兴化、宝应势居下流，水到较迟，而为水所积之地被水尤酷，差等而下，虽分数不一，而前灾未苏，后灾踵继，民皆嚣然丧其乐生之心，情甚急而势甚迫。"

（一）蠲免

勘灾分数确定后，首要的官赈措施便是蠲免田租税粮盐课，免除灾区杂徭以及州县官朝觐。一是蠲免田租税粮。洪武元年（1368年）闰七月，诏免苏州府吴江州水灾田1237余顷、粮49500石；广德、太平、宁国三府和滁等州旱灾田9600余顷，粮76630余石。洪武五年（1372年）九月，中书省臣言："河间府清、献二州，真定府隆平县旱；平凉府雨雹伤稼。"诏：并免田租。洪武十八年（1385年）十二月，云南乌蒙军民府知府亦德言："蛮夷之地，刀耕火种，比年霜、旱、疾疫，民人饥窘，岁输之粮无从征纳。"诏：悉免之。永乐十三年（1415年）十二月，免直隶、苏州、浙江、湖广、河南、山东等府、州、县水、旱粮刍。宣德五年（1430年）三月，免山西平阳府19州、县去岁旱、雹所伤官民田39984余顷，其应纳税粮320259石。正统元年（1436年）十一月，诏免两浙逋负盐课57000余引，以比年灾伤，民多流徙故也；诏免山东济南府被灾州、县租税19000余石；十二月，诏免直隶淮安府户口盐钞，以比岁灾伤故也。正统三年（1438年）正月，免直隶河间、大名、保定及湖广荆州等四府，去年灾伤粮草，凡免粮91440余石、草1004050余束。正统四年（1439年）七月，免山东、江西、河南、直隶各府被灾田亩税粮。先是，山东兖州、莱州二府，江西九江、瑞州、抚州、赣州四府，河南彰德府，南、北直隶淮安、扬州、镇江、常州、大名、广平、顺德七府，及江西南昌、九江二卫各奏：去岁水、旱相仍，禾苗卑窳者淹没，高阜者焦枯，租税无征，至是行在户部勘实复奏。上以民被旱、涝，不获收成，租税奚从而出，悉免之，凡秋粮213750石、草274180束、稻谷11115石。同年十二月，直隶扬州府高邮州奏："田禾被水淹没，无收；山西太原府、平阳府春、夏不雨，秋初严霜伤稼，租税无从办纳。"上俱命行在户部覆实除之。正统五年（1440年）二月，免中都留守司凤阳等八卫、直隶睢阳等四卫被灾屯粮14180石，大名等府、河南开封等三府41州、县被灾田粮284880余石、草953543束。同年六月，免去年灾伤田土粮、草、钞、贯，顺天、保定、真定、大名、顺德、苏、常、淮安八府粮396171石、草4672186束，在京蔚州左等22卫、在外通州左等18卫所粮21257石、草91束、钞72600贯。正统六年（1441年）六月，直隶海州并河间府属县各奏："五月中大雨雹，六月旱。山东寿光、临淄二县各奏：旱，蝗，民食不给，税粮无从办纳。"上命行在户部覆实，除之。同年十一月，免河南、山东二布政司并南、北直隶凤阳等府所属州、县灾伤粮443400石、草1075680余束。正统七年（1442年）四月，免河南开封等五府所属州、县去年灾伤粮591000余石、草619000余束，免山东济南等府所属州、县去年灾伤粮406000余石、草360900余束。正统八年（1443年）六月，诏蠲湖广各府正统五年被灾田亩秋粮89万余石。正统九年（1444年）七月，免河南开封、卫辉、南阳、河南、怀庆、彰德等府所属去年被灾粮333250余石、草394500余束。正统十二年（1447年）三月，免浙江湖州、嘉兴、杭州三府并湖州守御千户所去岁被灾秋粮子粒515512石、草284176包；同年四月，免直隶常州、苏州、松江、镇江四府、苏州、镇海二卫被灾秋粮子粒884770余石、草210630余包。正统十三年四月丁巳，免浙江、江西南昌等府属县去年灾伤无征秋粮605000余石、马草28000余包；免杭州、南昌等卫、所并直隶九江卫屯粮305000余石、马草28000余包。景泰四年（1453年）十一月，蠲河南开封等府陈州、项城等65州县被灾秋粮798177石、草1033800余束。景泰五年（1454年）十二月，免直隶苏、松、常、镇、江五府今年被灾伤秋粮217300余石、草7087800余包；河南怀庆卫辉二府武陟等九县粮31000余石、草38400余束；山东兖州、济南、东昌、青州四府、东平等13州、县粮25460石，草42980束。景泰六年（1455年）冬十月，免陕西西安等七府去年夏税389930余石，西安左等16卫所屯粮64340余石，以秦被灾伤故也；同年十二月，免应天府七天州县留守左卫并直隶宁州、兴州、中屯等35卫今年秋粮子粒共23993石、草939169束，直隶庐州府和州、滁州、庐州、邳州、六安、仪真、寿州等卫今年秋粮子粒71918石、草111848包，直隶苏州府太仓诸卫今年秋粮子粒1453558余石、草573390包；山东济南、兖州、青州、东昌等府武定、信阳等38州县今年夏税麦242508余石，俱以被灾故也。景泰七年（1456年）二月，免应天府并直隶宁国、太平、池州、安庆、徽州、保定、河间、广平诸府卫及广德州、山东济南、兖州、东昌、山西平阳、河南开封、怀庆、卫辉诸府卫去年被灾田亩税粮子粒245690余石，马草791500余束。天顺元年（1457年）二月，免直隶凤阳、淮安、庐州三府并和州、扬州卫去年灾伤秋粮子粒共216330余石，草共429700余包；免直隶苏州等府镇江等卫秋粮子粒共1122200余石、草526060余包，以其地去岁灾伤故也。天顺二年（1458年）十一月，免山东济南、东昌、兖州、青州四府所属今岁被灾田秋粮共511300余石，草933020余束。天顺四年（1460年）五月，免直隶广平府并浙江杭州等府所属去年被灾粮332000余石、草15万余包，棉花、绒700余斤。天顺五年（1461年）二月，免山东济南、莱州、青州、登州、东昌、兖州六府所属州、县去年被灾无征粮24万余石，马草34万余束；五月，免河南布政司开封、汝宁、怀庆、彰德、河南南阳5府所属50州县去年被灾田地秋粮267913余石、草344300余束，免河南都司所属卫所屯田子粒10180余石；秋七月丁未，蠲应天并直隶太平、池州、安庆、宁国、凤阳、淮安、扬州、庐州诸府，南京锦衣卫等卫，滁、和、徐三州去年被灾税粮、子粒米麦597700余石、草859500余包。天顺六年（1462年）夏四月，停免河南开封府等5府所属40州、县去年被灾田地秋粮284160余石、马草361340余束，免宣武等五卫屯田子粒2680余石。天顺七年（1463年）秋七月，以陕西去岁水旱命免其地亩秋粮子粒共910280余石、草656630余束。成化六年（1470年）三月，免山东青州等府去年秋粮390900余石、草708900余束；免直隶苏、松、常、镇四府，苏州、太仓、镇江三卫去年秋粮248000余石，屯粮7100余石，以水旱灾伤也。成化九年（1473年）二月，免山西太原、大同二府所属州县税粮284000余石，大同等十三卫屯田子粒62000余石，宣府等20卫所屯田子粒59300余石，以灾伤故也。成化十年（1474年）十一月，免河南开封等府夏税麦341000余石、丝199000余两、秋粮602000石、马草72万余束，以水、旱灾故也。成化十三年（1477年）闰二月，免山东所属府、州、县卫所去年秋粮、子粒共416510余石、马草798090余束、棉花10250余斤，以水灾、虫伤故也；秋七月，免江西各府卫去年分秋粮432000余石、子粒7000余石，以水、旱灾故也。成化十四年（1478年）六月，免直隶镇江、苏州、太平、池州四府，太仓、镇江二卫去岁夏税3160余石，秋粮、子粒共550360余石，草192020余包，以水、旱、雹灾故也。成化十五年（1479年）夏四月，免直隶凤阳、淮安、扬州、庐州四府并滁、徐、和三州无征夏税小麦133020余石、税粮米豆286773石、税丝40930余两、草527600余包，并免中都留守司所属卫所及庐州、六安、滁州、寿州、武平、宿州、徐州、徐州左、大河、淮安、高邮11卫子粒77418余石；五月，免湖广常德、辰州、衡州三府，郴、靖二州无征米豆120223石，常德、辰州、靖州、九溪、永定、铜鼓、茶陵、沅州八卫，澄州、长宁、夷陵、枝江四所及永顺等处军民宣慰使司子粒41110余石，并免河南开封、南阳、汝宁、卫辉、彰德五府及汝州夏麦112215石、税丝65266两、秋粮413232石、草552850束，免宣武、南阳、陈州、睢阳、颍川、彰德、洛阳、南阳中护卫并怀庆、颍上、郑州三所子粒84569余石，皆以去年水、旱灾故也。同年十二月，以水、旱灾免成都等四府、州、县并叙州等三卫粮316540余石，棉花2470余斤。成化十七年（1481年）二月，免山西太原等三府、泽、潞等五州并太原左等十二卫所去年夏税73400余石，秋粮、子粒401900余石，草865390余束，以水、旱、霜、雹等灾故也。成化十八年（1482年）夏四月，免山西太原等府、州、县、卫所夏税子粒共545228余石，以去年旱雹灾也。成化二十年（1484年）二月，以旱霜灾免陕西延安、庆阳、平凉、临洮、巩昌五府并延安、绥德、榆林、庆阳、临洮、巩昌、靖虏、洮兰、岷秦、平凉、固原、安东、甘州等15卫去年夏税271900余石。成化二十一年（1485年）五月，免直隶淮、扬、庐、凤、徐五府州暨淮庐等六卫所秋粮米豆293396石，草574860余包，以去年水旱灾伤也；冬十月，以水旱灾免河南开封等五府，汝州等二州、县并宣武等13卫所今年夏税子粒共579580余石，丝298830余两。成化二十二年（1486年）春正月，以水旱灾免河南开封府等府去年秋粮米1252000余石，潼关等卫及蒲州千户所子粒55000余石；九月，以雨雹灾免河南诸府、县、卫、所今年夏税子粒共419900余石，丝229430余两。成化二十三年（1487年）六月，以水旱灾免直隶凤阳等府所属徐州等州县、武平卫所共粮378970余石，草659040余束。弘治二年（1489年）二月，以水旱灾免直隶苏州府卫并山西太原等府卫弘治元年秋粮灾四分以上者；十二月，以水旱灾免河南开封等六府并汝州麦213340余石、丝119960余两，宣武、彰德等八卫所麦20900余石。弘治三年（1490年）二月，户部以水旱灾请免直隶淮安府弘治二年分秋粮米96700余石、草267340余包，免扬州府米豆共48540余石、草87480余包；免凤阳府米74930余石、草154100余包、湖广郧阳府夏税麦3280余石、襄阳府麦22770余石、荆州府麦7850石、郧阳及襄阳二卫麦共3662石；免河南南阳府麦43120余石、丝25350余两，免南阳卫所属3000户所并守御郑州唐县2000户所麦8610余石。上悉从之。弘治十三年（1500年）六月，以水旱灾免江西吉安等五府去年秋粮601515余石。弘治十六年（1503年）三月，以水旱灾免山西太原、平阳二府及平阳等卫所弘治十五年税粮451000石，草251600余束。正德五年（1510年）三月，以水旱灾免湖广、河南、山东、贵州、浙江、江西、陕西、山西、四川、广西及应天、凤阳、池州、太平、安庆、徽州、宁国、镇江、常州、苏州、松江、和州、广德州、顺天、大名、河间、隆庆、保安等处正德三年逋税5556414余石、正德四年14686余石。嘉靖四年（1525年）二月，蠲苏州府银38400两，草141800包。万历十五年（1587年）二月，免淮、扬等处灾伤地方旧逋粮42494石，银19512余两。万历四十一年（1613年）十二月，以灾蠲南直隶苏、松等府漕折积逋，自万历十五年（1587年）至十八年（1590年）止。

二是免除灾区杂徭及州县官朝觐。洪武五年（1372年）六月，诏：河间府宁津等县去年旱，饥民流移者，免其徭役。宣德九年（1434年）二月，上御奉天门谕行在户部臣曰：去年南北直隶、山东、山西、河南诸郡天旱，无收，民多饥窘，……蔡村、直沽等处，运木人夫，续起者停免，已到堡赴工者，皆放回。其缘河楼递人夫饥荒之处，量给口粮，勿令失所。正统三年（1438年）八月，免直隶凤阳、淮安、扬州等府军民所负官马，以其地水、旱灾伤故也。成化元年（1465年）八月，免被灾州县官朝觐。成化六年（1470年）九月，免云南所属长官司及裁减州县官明年朝觐，以其地旱涝、民饥故也。成化七年（1471年）闰九月，免直隶凤阳、庐州、淮安、扬州四府并滁徐和三州及所属州县官明年朝觐，以地方被灾也。成化十六年（1480年）六月，免江西遇灾府县官朝觐。成化十九年（1483年）八月，免陕西临巩、延庆等府、州、县官朝觐，以其地遇灾之故。成化二十二年（1486年）三月，免陕西诸州县官朝觐，以其地有灾伤；六月，因地方遇灾而免平阳、太原二府泽、潞、辽、沁、汾五州并属县正官朝觐。弘治三年（1490年）三月，免四川思曩日等安抚长官司16处明年朝觐，以守臣言地方灾伤故也。弘治五年（1492年）九月，以山东济南等五府灾伤，免州县正官明年朝觐。弘治八年（1495年）五月，因巡抚浙江监察御史冯纪奏湖州府七县灾伤而免除了正官明年朝觐；八月，因地方旱涝而免湖广武昌、长沙、衡州、德安、安陆等府、州、县正官明年朝觐；十月，以灾伤免山东济南、青州二府及所属州县正官明年朝觐，从巡抚等官奏也。弘治十一年（1498年）六月，以地方灾伤而免陕西临洮、巩昌、延安、庆阳四府并所属州县正官明年朝觐。嘉靖四年（1525年）九月，以山东灾伤，免济南、兖州、东昌、青州所属州县正官朝觐；十月，以灾免浙江杭州、湖州二府及所属正官朝觐；十一月，以灾伤免苏、松、宁、国四府所属州、县正官朝觐。万历三十一年（1603年）十月，河道总督李化龙以河患方急，奏留济宁等州、县正官，湖广巡抚赵可怀题留黄梅等县正官，浙江巡抚尹应元题留钱塘等县正官，俱免觐。

（二）改折

在明代，因灾而改折以其他物品或银两替代原定应交物品的赈灾事例也很多。如永乐十年（1412年）正月，河南灵宝、永宁二县言：永乐八年（1410年）民粮尚亏71400余石，今岁复值旱灾，乞折输钞、帛。山西平陆县言：本县山高土薄，连年旱、涝，民食不充，乞以八年、九年粮折输钞、帛。并从之。同年二月，山西猗氏县者民张彦清等言：累岁旱、涝，田稼不登，乞以八年、九年逋租折纳钞、帛。上谕户部臣曰：宜悉除之。永乐十二年（1414年）正月，山东莱州府掖县言：民间食盐，岁输米9368石，比年田稼不登，人民缺食，其该输盐粮，乞折收钞、帛。从之。永乐二十二年（1424年）十月，上谕户部曰：山东数年水、旱，民劳，今又厄于此，宜宽恤之。其令每粮一石，准输钞四锭。洪熙元年（1425年）七月，行在户部奏：山东黄县累年被灾，逋负税粮，皆蒙蠲免。永乐二十一年（1423年）虽未伤有，然困猝之余亦难办纳，乞折纳钞。上曰：比年灾伤之处多，不特黄县，宜视各郡、县，本年有未纳者，皆令折钞，以苏民力。宣德十年（1435年）十月，行在户部奏：湖广布政司所属州、县，宣德八年（1433年）灾伤，田亩税粮俱请折钞。从之。正统元年（1436年）三月，直隶保定府易州完县各奏：连年薄收，民人缺食，乞将该征草束折收钞、豆。事下行在户部，请俱折豆。仍令本府查照诉灾州、县，一体折收。从之。正统八年（1443年）七月，直隶淮安府海州奏：自去秋至今春不雨，二麦少种；夏初又被风雾，损枯子粒，乞将税粮折钞。事下户部，请令每石折钞百贯，解京库备用。从之。正统九年（1444年）二月，山东掖县奏：连年旱潦，人民艰难，乞将该征户口食盐米折钞，每米一石折钞一百贯。事下户部覆奏。从之。正统十二年（1447年）八月，山东文登县奏：本县先年旱、涝，负欠秋粮，拟俟今负补输。今灾伤尤甚，乞将补输折收布、钞、杂豆。奏下户部，言宜从其请，每米一石或纳布一疋，或纳钞五十贯，纳杂豆者抵斗，俱送彼处仓库收贮，以备沿海官军支用。从之。正统十三年（1448年）四月，江西布政司奏：所属新昌、高安、上高三县去年旱、蝗灾伤，人民缺食，乞将本处起运南京、淮安二处粮米折银。事下户部覆奏：每米一石折银二钱五分。从之。弘治十八年（1505年）二月，命直隶扬州府起运凤阳粮米54000石暂免征本色，每石折征银六钱，以地方灾伤故也。嘉靖三十三年（1554年）五月，以灾伤诏以淮安府属州县改兑粮8600石俱准折征。嘉靖三十八年（1559年）十月，以灾伤免浙江杭州、嘉兴、湖州、金华等府税粮及将起运粮米改折有差。嘉靖四十一年（1562年）五月，以淮、阳二府灾伤，停征糟粮、改折银有差；十月，以南京锦衣并凤、扬等卫所屯田旱涝相仍，许折征秋粮有差。万历二十一年（1593年）十一月，浙江巡抚报杭、嘉、湖三府属安吉、仁和、钱塘等15州县灾。部议分轻重漕粮改折。从之。万历二十三年（1595年）九月，宝应县以淮水为患，“其岁还漕粮暂准改折一年”。万历三十一年（1603年）九月，户部复：江西抚按议准将被灾八分五厘高安县本年漕粮改五分二厘，每石折银五钱；被灾七分新建、丰城、奉新、靖安、上高、新昌、清江、新喻、新淦、庐陵、永新、安福12县俱准改折四分；被灾六分宁州、南昌、武宁、峡江、泰和、龙泉、安义七州县改折三分，仍照议单正兑每石折银六钱，改兑折银七钱；被灾五分各县漕粮往列原不议折，仍征本色，宜春、万载、萍乡原无漕粮，准将本南粮照每年事例再折一年，每石折银五钱。同年十月，户部复：山东抚按疏将被灾十分至八分济宁、金乡等15州县应征本年漕粮不论正改，每石俱折银五钱，后不为例。从之。万历四十一年（1613年）七月，因灾患频仍，田地冲淤，巡抚凤阳都御史陈荐、巡按御史王九叙请自万历四十一年为始每石永折五钱，以苏疲邑民命。户部复议从之。万历四十七年（1619年），韦宗孔任泰州知州，“时岁苦旱，次年复患潦，漕米无出，宗孔力请改折，民赖以生”。天启七年（1627年）二月，户部复巡抚凤阳郭尚友灾伤改折疏：分别被灾轻重如海州、桃源准折五分；徐州、邳州、泗州、临淮、清河、宿迁、睢宁、盐城准折三分；泰州、砀山、盱眙、五河、虹县、蒙城、颍上、灵丘、凤阳、兴化、泰兴准折二分；其余被伤稍轻，仍令征本色。从之。

（三）平粜

灾年粮价上涨加剧了饥荒，所以明代官府多有出仓米或截留漕粮进行平粜的救灾活动。如正统六年（1441年）春二月，巡按浙江监察御史康荣奏：“杭州府地狭人稠，浮食者多仰给苏、松诸府。今彼地水旱相仍，谷米不至，杭州遂困。又湖州府比因岁凶，米亦甚贵。窃计二府官廪尚有二十年之积，恐年久红腐，请发三十五万粜于民间，令依时值偿纳，则朝廷不费而民受其惠矣。”从之。成化七年（1471年）正月，发太仓粟100万斛在京师“减价粜以利民”，令“凡粜，惟以升、斗计，满一石不与”。成化十六年（1480年）三月，诏发太仓粟米30万石平价以粜，赈给贫民。嘉靖三十三年（1554年），河南灾，“令劝谕殷实铺行给领官银，或不敷，听于临清仓折粮银借支二万两作为籴本，前往邻近有收地方收买粮米，听赈。仍立为均籴之法，照依原买、脚价，听从过得人户易买自济，或互为贸迁，相兼接续赈籴”。万历十五年（1587年）二月，户部复漕运都御史杨一魁等题称：淮、扬地方旱涝相仍，米价腾贵，乞将淮、大二卫见运苏州府未经过淮兑运漕粮内量留4万石，分派缺米地方平粜，每米一石运耗轻赍折银七钱，共该银28000两，借动赃罚等银折价解部，以补漕额。上可其奏。万历十六年二月，户部复议，“河南抚按奏称该省连岁灾荒，民食无措，请蠲免停征，宜照陕西例分别量允”，“南阳、汝宁、归德三府仓储许开封等处重灾地方平粜煮粥，收价候秋成买补”。诏依拟行。万历三十二年（1604年）十一月，户部言：“救荒之法，止平粜、煮粥二事。所发前银已堪煮粥之用；至平粜应通行顺天发通仓粮六万石，保定发通仓粮二万石，河间发德州仓粮二万石，有司自处脚价领回，平粜每石定价六钱，粟米五钱，事完将粜过银两解部。一发京仓二十万石半粜，每石价六钱五分，每人止许五斗或一石止。”万历三十五年（1607 年）七月，命五城行查灾民，量捐救济，户部出太仓粟酌行平粜；十月，命畿南六郡灾伤之处照顺、永赈粜事例发德、通二仓米各 5 万石平粜，以苏民困。

（四）赈贷

赈贷是官府救荒的重要内容，在明代得到了广泛发展。洪武六年（1373 年）七月，苏州府属县民饥，诏以官粮贷之……秋成还官。洪武十五年（1382 年）八月，嘉定县饥，命发官廪米 28120 石贷之。永乐二十年（1422 年）闰十二月，山东登州府言：宁海等八州、县，连岁水旱，田谷不登，农民乏食。今本府见储粮 50 万石，乞以赈贷。从之。宣德二年（1427 年）三月，江西九江府彭泽、德化二县、陕西巩昌府陇西县、直隶安庆府望江县、湖广襄阳府均州各奏：去年水、旱，民皆缺食，已借官仓粮给济，秋成偿官。具以其数闻。同年五月，直隶河间府吴桥县奏：县民 196 户，岁俭乏食，借给官仓谷 1427 余石，赈之。大名府魏县奏：县民 3591 户，水灾，饥窘，借给官仓米麦 9166 余石，赈之。皆候秋熟偿官。宣德九年（1434 年）三月，陕西布政司奏：平凉府崇信县、西安府咸阳县、金州汉阴县，去年秋雨、雹伤稼，人民饥窘，已发官仓杂粮赈济，俟来年秋成如数还官。从之。同年五月，直隶和州及大名府滑县皆奏：天旱，民饥，采给自给。已发官廪赈济，俟秋成还官。其以数闻。宣德十年（1435 年）五月，直隶广平府邯郸县奏：县民先因缺食，贷在官米、麦 500 余石，俟次年丰熟还官。今旱蝗相继，灾伤尤甚，无从营办，乞为宽贷。事下行在户部覆奏。从之。正统二年（1437 年），巡抚按视淮扬被灾地方，发仓给贷。正统四年（1439 年）十月，直隶庐州、扬州、陕西延安、浙江严州四府属县各奏：水旱灾伤，人民饥窘，已发仓廪验口赈贷。上命行在户部移文所司，更加存恤，毋令失所。正统五年（1440 年）三月，行在大理寺右少卿李畛奏：直隶真定府灵寿等县民各诉去岁旱涝无收，今复起取采运柴夫，乞赐赈济。臣已发官仓粟贷之，人给五斗，候秋成还官。上是之。正统六年（1441 年）二月，直隶滁州卫奏：比因岁歉，军士缺食者 945 家，请发公廪赈济，俟秋成偿官。从之。同年三月，直隶淮安、凤阳、扬州三府，滁、和、徐三州，浙江杭州、绍兴二府各奏：岁歉，民饥，已发廪赈济，俟秋成偿官。从之。同年四月，直隶安庆府望江县奏：比因岁歉，民饥，发廪赈济，请俟秋成偿官。从之。正德五年（1510年）十一月，杭州等府灾，诏充军并南京各卫仓米许其折纳，湖州灾尤甚，悉免之，仍命有司发官库银赈贷并给军饷。嘉靖元年（1522年）、二年（1523年），扬州连岁饥馑，知府易瓒请赈于朝，同时“贷种三万七千余户”。万历二十七年（1599年）十一月，以畿辅灾，发天津、德州、临清仓共30万石，以10万赈贷，而以20万平粜。

（五）赈粮

大灾过后，灾民生活困苦，官府直接发放救灾粮乃是常有之事。洪武二年（1369年）十二月，西安等府比年为张思道、李思齐交兵侵扰，加之岁旱，粟麦不登，民多饥死。诏有司；正月户给米一石，二月再赈，数如之。洪武三年（1370年）八月，命赈聚宝门外军民被水者，户给米一石。漂房舍者，倍之。溺死者，户给三石。洪武五年（1372年）四月，山东行省奏：济南、莱州二府连年旱涝，伤禾麦，民食草实、树皮。上即命于淮安运粟往赈之。洪武十一年（1378年）六月，蒲州万泉县旱饥，诏：发廪赈之。户9337，给粟、麦12739石。永乐四年（1406年）八月，山东济南等郡县蝗，北京通、深、景、晋四州及束鹿、曲阳、赞皇、交河、安平、柏乡、任丘等县旱，诏户部发粟赈其饥民，计24600余户，给粟48600余石。宣德八年（1433年）二月，山东济南府泰安州奏：去年灾伤，田谷无收，9125户居民俱缺食，已给仓粮13437石赈济。同年三月，河南开封府原武县，汝宁府西平县，怀庆府修武县，彰德府磁州武安、陟二县，直隶大名府魏县，浙江温州府乐清县各奏：“连岁灾伤，耕稼无收，民饥为甚，已发官仓粮赈济。”悉以数闻。直隶顺天府通州，河南府景州并任丘县，顺德府邢台、唐山、沙河、内丘、广宗五县，大名府大名、元城二县，广平府广平、永年二县，真定府冀州南宫县，保定府博野县，河南钧州并中牟、上蔡、汤阴、通许、安阳、密六县，山东滨州沾化县皆奏：“民因灾伤缺食，乞发官仓粮赈济。"从之。正统二年（1437年）六月，命行在都察院右副都御史贾谅等赈济饥民。时直隶凤阳、淮安、扬州诸府，徐、和、滁诸州，河南开封府各奏："自四月至五月阴雨连绵，河淮泛涨，民居、禾稼多致漂没，人不聊生，势将流徙。"上命谅及工部侍郎郑辰重庆视之。谅陛辞，谕之曰："民困已甚，卿等速往发廪赈之，抚恤得宜，毋令失所。河堤冲决，相机筑塞，毋兴大役，重困吾民。"正统三年（1438年）十月，镇守陕西右副都御史陈谥奏：平凉、凤翔、西安、巩昌、汉中、府阳等府卫连年旱涝，人民缺食，老稚多至饿死。已将在官粮317640余石，委官赈济。具以数闻。正统六年（1441年）八月，直隶常州府武进、江阴、无锡、宜兴县，池州府桐城县被灾饥民319017户，有司发官廪米185560余石赈济之。同年十月，直隶徐州丰县被灾，饥民942户，有司发官粮1707石赈济之。景泰二年（1451年），徐、淮大饥，民死者相枕藉，都御史王竑多方救之。继而山东、河南流民猝至，王竑不待奏报，大发广运仓储赈之。近者日饲以粥，远者散以米。景泰五年（1454年）六月，太子太保兼吏部尚书翰林院学士王文奏：近以直隶诸处被灾，命臣抚安赈恤，听臣便宜处置。共放支苏、松、常、镇并淮安、扬州粮970273余石，赈济六府饥民1035270户，男妇大小3621536口。成化十五年（1479年）十一月，巡抚河南右副都御史李衍奏：自成化十四年（1478年）十一月至今年六月赈济荆、襄等府、卫所军民171390余户，男妇455390余口。凡用米谷247420余石，银4130两。成化十六年，凤阳、淮安、徐州岁饥，"以都御史周瑄言，发廪四十万以赈"。弘治十年（1497年）十一月，以四川成都、保宁、顺庆、敏州等处旱涝相仍，命所司赈给之。民溺死者，与其家米二石，漂流产业一石。嘉靖二十年（1541年），宝应大水，巡抚都御史周金奏请发仓谷5000石赈济饥民。万历十四年（1586年）六月，发临、德二仓米22万石赈河南及真定等处。从给事中田畴请也。

（六）赈粥

在荒政制度有缺陷的情况下，临时设厂煮粥分食饥民也不失为好办法。明初就已经出现了赈粥事例。宣德年间，鄱阳县丞张泳在面对旱荒，饥殍道的情况时，“发预备仓以济，复倾私橐籴米煮粥”，“其施粥凡一月，民得饱啜”。景泰二年（1451年），都御史王竑负责赈济山东等地时也曾“近者饲以粥，远者给之米”。成化末，含山县吴琏，遇“岁荒民饥，作粥赈以饷流移，前后所活盈万人”。弘治二年（1489年），四川流民逐食四出。巡抚谢士元檄所部置广室十余区，作糜食之。且令所在给符遣归，道经郡县。验而康之粟，乃渐复业。嘉靖初年，宝应“岁大饥，民率爨人肉。又大疫，死者相藉”。知县刘恩“力请当道题奏，发币金数万”，并“亟令籴谷分委义民于各场坊村，设糜赈济。立法周尽，一邑赖以全活”。嘉靖二年（1523年）十二月，南京兵部右侍郎席书上言：“今岁旱涝相仍，民饥殊甚。已经有司疏闻，下廷议赈恤。第饥民甚多，钱谷绝少，恐难给济。须别等第、酌缓急乃可。以地言之，江北凤、庐、淮、扬、滁、和诸州府灾为甚，江南应天、太平、镇江次之，徽、宁、池、安、苏、常又次之，此地有三等，难于一例处下；以户言之，有绝爨枵腹、乖命旦夕者，有贫难已甚、可营一食者，有秋禾全无尚能举贷者，此民有三等，难于一概施也。臣日夜筹画，今有司仓库既虚，户部钱粮又难遍及。考古荒政，可行于今者惟作粥一法。不烦审户，不待妨奸，至简至要，可以举行。而世俗咸诸不便，盖缘曾有举于一城不知散布诸县，以致四远饥民闻风并集，主者势不能给，致民相聚而死。遂谓此法难行。今臣总计南畿作粥，江南北可四十二州县，大都、大县设粥十六所，中县减三之一，小县减十之五。诸所设粥处约并日举。凡以饥来者，无论本处、邻境、军民、男妇、老幼、口多寡，均粥给济。”席书在江南进行了大规模的粥赈活动，自十一月中起，至麦熟为止，四个半月为率，总计用米不过16万余石，计价银不过16万余两，赈济20万余人，且所用有数，未至太糜；所赈有等，不至虚费。此法一行，穷饿垂死之人晨举而午即受惠，三四举而即免死亡，其效甚速，其功甚大。嘉靖三年（1524年），通州大饥，通州吏目张继捐俸作粥以活病者甚众。嘉靖十年（1531年）七月，叶相赴陕西主赈时，命“州县官各于养济院支预备仓米设一粥厂，就食者朝暮各一次，至麦熟而止”。王嘉言于嘉靖四十四年（1565年）以进士守通州时，“会岁侵民饥，乃捐俸作倡，而日日又身诣闾右家拜，分其廪粟，得五千余石，作糜食饿者，所全活甚众，虽旁县人无不扶携就食”。万历年间，“东省岁饥，流民涌至。当事恐聚为乱”，淮安知府高捷“劝民出粟，发币供籴，大建粥厂”，全活不下数万人。万历十四年（1586年）泰州因水灾而民饥，“明年春，民苦艰食，（李）默（泰州知州）设粥以赈，全活者万计”。万历十五年十月，先是，上念京师饥民甚众，遣文书官问阁臣：“今五城见在煮粥赈饥否？如犹未也，则拟旨行之。”阁臣对曰：“前已题奉钦依于各寺观煮粥，第未知所发谷米之数及煮粥处所，当令户部开报。”是日开报各寺观所领米石及日赈饥民之数。上复令文书官传旨：“五城赈济贫民难以限定人数，今后不拘多寡，但有就食者便与。”户部奏：“银米不敷，于银库、太仓补发，再于各煮粥处所赁邻近空房两月，安插就食之人，将各草场放剩陈草每名给十五斤铺垫。”报可。万历二十四年（1596年）十月，户部题：“每年十一月初一日起至次年正月终止，命各兵马委官每日煮粥赈济贫民。本部发银，太仓发米，务要人人沾足。”从之。万历三十五年（1607年）八月，命户部支太仆寺银十万与五城御史，煮粥着于穷冬新岁，动支扫仓余米行三个月。万历三十六年四月，户部请发临、德二仓粮米各一万石，分拨与山东省被灾地方施粥赈济。从之。万历四十三年（1615年）九月，顺天府尹李长庚言：“救荒之法，待极贫者无如煮粥，待次贫者无如平粜。今畿辅重灾，望皇上比照往岁煮粥事例，暂发五千石，容臣等陆续颁发两县，照依三十九年所立粥厂，城内六厂，城外二厂。”十月，上命五城煮粥济饥。万历四十七年（1619年）十月，命五城煮粥济贫。天启四年（1624年）十一月，上出内币六千金给宛平、大兴煮粥赈济。崇祯三年（1630年）九月，帝以时近隆冬，命五城照元年例仍设粥厂。崇祯十三年（1640年）岁大荒，授扬州推官的汤来贺“力以救荒为任，请诸当事得米五千石，及募输之谷，设粥厂善庆庵，创立规条，使老幼有分，民丐有等，男妇有别”。

（七）工赈

工赈是一种间接赈济，是让灾民们参加劳动，以劳动报酬的方式向灾民发放赈灾钱粮。工赈对象为受灾的次贫、稍贫的人户，而不适合极贫之民。工赈兴役，一般都是兴修农田水利工程，或修建公用设施。如弘治年间，河决沛城，百姓流离，时任河南巡抚孙需“乃役以筑堤而予以佣钱，趋者万计，堤成而饥民饱，公私便之”。万历十七年（1589年）八月，南京工部尚书李辅“请兴工作，以寓救荒。谓留都流离渐集，赈粥难周，请修神乐观、报恩寺，各役肇举，匠作千人，所赈亦及千人”。万历年间，钟化民在《赈豫纪略》提到其在河南救荒时，令各州县查勘动工役，如修学、修城、浚河、筑堤之类，计工招募兴作，每人日给谷三升，借急需之工，养枵腹之众，公私两利。屠隆《荒政议》亦云：“故凡城之当筑，池之当凿，水利之当修者，召壮民为之，日授之直，是于兴役之中，寓赈民之惠，一举两得之道也。”

（八）疗救

为解决贫民缺医少药的状况，洪武三年（1370年），命天下府、州、县设惠民药局，“拯疗贫病军民疾患”。永乐间，“成祖知京师有不能医药者，叹曰：‘内府贮药甚广而不能济人于阙门之外，徒贮何为？’命太医院如方制药，于京城内外散施。”每当发生疫灾，缺医少药的情况更为严重，于是明代各级官府多有施医散药之举。正德年间，如皋“时值饥疫”，知县王世臣“率医士赍药，日巡委巷”。正德末年徐相都为如皋县令时，也“值岁疫，率医士赉良药，日巡委巷中，亲视病者，疗治之”。嘉靖二十一年（1542年），时都城疫病盛行，死者枕藉。礼部左侍郎孙承恩请命太医院及顺天府惠民药局，“依按方术预备药饵施给，以济阽危。上从之”。嘉靖二十三年（1544年）夏四月，“京师大疫，命发药救之”。嘉靖间，林希元上呈《荒政丛言》，也将“疾病贫民急医药”作为救荒的“六急”之一，“令郡县博选名医，多领药物，随乡开局，临证裁方”。万历十五年（1587年）五月，以京城疫气盛行，命选太医院精医分拨五城地方诊视给药。仍每家给予银六分、钱十文，俱于房号内太仓动支，仍令五城御史给散，不许兵番人等作弊，及无病平人混冒、重支。同年六月，礼部题：奉圣谕施药救京师灾疫，即于五城开局按病依方散药，复差委祠祭司署员外郎高桂等五员分城监督，设法给散。随于五月三十日据中城等兵马司造册呈报，五城地方给散银钱，共散过患病男妇李爱等10699名口，共用银641两9钱4分、钱106990文。五城会齐俱于五月二十一日给散，一切病民委霜实惠。太医院委官张一龙等造册呈报，自五月十五日开局以来，抱病就医，问病给药日计千百，旬月之外疫气已解；五城共医过男妇孟景云等 109590 口，共用过药料 14618 斤 8 两。七月，礼部题复：南京礼科给事中朱维藩奏复药局，以救荒疫。报可。万历间，钟化民河南赈灾，令有司查照原设惠民药局，选脉理精通者，大县 20 余人，小县 10 余人，“官置药材，依方修合，散居村落。凡遇有疾之人，即施对症之药，务使奄奄余息，得延人间未尽之年。嗷嗷众生，常沐圣朝再造之德”。据各府、州、县申报，医过病人何财等 13120 名。

（九）禳灾

禳灾包括修德禳灾和祈神禳灾。灾异观念早在先秦时期就已出现，至汉代，灾异天谴思想已经极为盛行。明代皇帝深受“灾异天谴论”之影响，也多有因灾修德，甚至下“罪己诏”之事。明太祖曾引用董仲舒的话：“国家将有失道败德，天乃出灾害以谴告之。不知自省，又出怪异以警惧之。尚不知变而伤败乃至。”如此说来，自然灾害的发生是“天心仁爱人君而欲止其乱”的结果，那么“古之圣贤不以天无灾异为可喜，惟以只惧天谴而致隆”。因此，每当灾荒之时，朱元璋便对自己推行的政事认真反省。洪武元年（1368 年），朱元璋对中书省大臣说：“近京师火，四方水旱相仍。朕夙夜不遑宁处，岂刑罚失中、武事未息、徭役屡兴、赋敛不时，以致阴阳乖戾而然耶？”同时，朱元璋还坚信，“人君能恐惧修德，则天灾可弭”。永乐二年（1404 年）十一月，京师地震，明成祖召集文武群臣谕曰：“今地震京师，固由朕之不德，然卿等亦宜戒谨修职，以共回天意。”景泰元年（1450 年）五月，京师内外，去冬无宿雪，今春无澍雨，二麦未成，五谷未种，民皆疾首痛心，“灾诊事已极矣”。河南道监察御史谢琚言“财成辅相者，大君之任；燮理寅亮者，大臣之责”，认为灾害频仍责在师保大臣，疏入。景泰帝曰：“亢旱之灾，皆朕之过。自当修省，文武大臣尤加勉力，匡朕不逮，以回天意。”正德十六年 (1521 年) 八月，“礼部类奏灾异，上览之曰：‘上天仁爱，灾异频仍。朕心惊惕，内外百官宜同加修省’。”嘉靖元年（1522

年）十月，“礼部类奏灾异得旨：上天示戒，近日京师地震，各处地方灾异叠见。朕心警惕，与尔文武群臣同加修省，以回天意”。万历二十四年（1596 年）三月，乾清、坤宁二宫灾，神宗在大臣的催促下，下罪己之诏。在神宗的罪己诏中，他承认自己即位以来有诸多过失，“郊庙弗躬，朝讲希御，批答停阁，听受阔疏”，由此而产生了严重后果，“以致赏罚乖违，臣邻玩愒。大僚不以准绳简下，而曲狥人情。诸司不以勤恪莅官，而但图私便。巧文繁请，销烁之口何多。畏事避难，肩荷之人实眇。爵赏日颁，而谁为激劝。民力日竭，而莫之省忧。慎刑有令，而出入或失其平。惩贪虽严，而馈遗尚仍乎旧。供亿繁滋，而邑里称扰。战守未息，而师徒告劳”。

祈雨求晴之类的禳灾事例，先秦时期就已存在，且祈雨的方式很多，有农民“琴瑟击鼓，以祭田祖”而祈雨的；有巫觋以咒文和歌舞以祈雨的，有祀龙王、河伯、水神以求雨的，等等。进入明代，“旱涝，祷雨旸辄应”的祈雨求晴之禳弭信仰依然十分普遍。洪武二年（1369 年）二月，“上以春久不雨，告祭于风云雷雨岳镇海渎山川城隍旗纛诸神”。景泰四年(1453 年)五月，以久不雨，命少傅兼太子太师礼部尚书胡濙等二十人遍祷于京寺观。景泰五年（1454 年）三月，“以久不雨，遣太保宁阳侯陈懋等遍祷在京寺观及龙潭之神”。成化八年（1472 年），“夏四月，京师久旱，运河水涸。癸酉，遣使祷于郊社、山川、淮渎、东海之神”。明代祈雨之神灵众多，但官府认可并加以隆祀的对象主要还是龙王、城隍以及传说祈祷辄十分灵验的各类地方神灵。

明代的大江南北，到处都有龙王庙、龙王潭、龙王井，无论是官府还是民间皆崇祀之。江苏靖江龙王庙在城西北 6 里，洪武年间，里民捐建，岁旱祷雨，往往灵应，有司官春秋仲月壬日致祭。桃源县（今江苏泗阳县）龙王庙，旧在治北，嘉靖三十七年（1558 年）修城防倭寇时移建于河滨；嘉靖四十年（1561 年）岁大旱，知县王敬宾祷雨有应而重修之。在滁州城西南有山叫丰山，隆然而高者叫栢子山，栢子山下有深渊，即栢子潭，为宋欧阳修赛龙处。潭左高阜旧有会应祠，绘五龙像祀之，五龙各封王爵。明太祖甲子年（1384 年）曾驻跸滁州，是年秋七月，适于旱暵，尝祷雨于神，大著灵应。后太祖还御制栢子龙潭神龙碑文，明代历朝都对此地大加修葺，并时常遣官致祭。洪武二十九年（1396年），京师大旱，朝廷遣使斋香币祝文致祷，雨立至。永乐三年（1405年）春三月及夏五月，滁州不雨，地方官率僚属虔祷，俱应，是岁大稔。万历十五年（1587年）夏四月，滁州旱灾为甚，远近有司为民祈祷，特别是在栢子龙潭虔诚致祷，并请道士施法。结果大雨如注，远近沾霈，晚种者始有秋。在安庆府，弘治初的宿松县令陈恪遇旱祈雨，挺发至诚，远诣九井龙宫，取其泉而祈之，遍祷诸神，引咎自责。俄而，大雨如注，农获有秋。崇祯五年（1632年）十二月，南京广东道御史胡接辉疏奏：东南财赋重地莫如江、浙两省，臣于丁卯年筮任天台，以夏旱祷于石梁下之龙潭，甘澍响应。

明承唐宋，城隍神信仰趋于极盛。明太祖朱元璋于临御之初，与天下更始，凡城隍之神皆新其命。与此同时，城隍神的祈雨求晴之职责，也列入了国家祀典，规定凡天下郡县无大小，通祀城隍，岁时旱干水溢，无祷不从。江苏海宁有城隍庙，原在邑东，天启年间移到了镇中，镇之水旱必祷，饥疫必祈。无为州有城隍庙，在州治东。系洪武四年（1371年）建，当时规定凡有司初入境必先斋宿于此，祈祷水旱灾眚，必先牒告而后立坛。凤阳天长县城隍祠，在县治东，嘉靖年间百武主簿蒋成贵以神素著威灵，蝗旱祈禳，罔有不应，乃撤其旧庙而一新之。万历二十年（1592年），天下大旱，江淮最烈。知巢县事马如麟斋宿城隍，祷于神，神即以连雨应。巢县之民靡不颂神之灵异者，共相敬祀之。崇祯五年（1632年）之夏，东南大旱，民不堪命。有司祈请无有效，于是归庄乃以六月中旬，致斋三日，作祈雨疏。望日黎明，亲往行香城隍庙，遂焚之于其前，至下午，便风雨大作。

由于地理环境的差异性和水旱灾情发展的区域性，使得相传能致雨或止水的一些地方神灵也得到了当地官府的敬祀。在京师，有大小青龙神，相传为二童子所化，一大一小，有祈雨之应。洪熙元年（1425年）因久旱派出官员祷于大青龙和小青龙之神，不过一日则天降大雨，因而便“封大青龙神为弘济大青龙神，小青龙为灵显小青龙神”。而且在这以后凡是京城内有水旱灾象，均要派官员祭此大、小青龙二神。例如，正统三年（1438年）六月，“遣官祭大、小青龙之神，以久不雨故也”。关中地区西部各县的人们认为向太白山的神祷雨为最灵。在东部各县的人认为向华山之神求雨为最灵验。陕西凤翔府在明代崇祯间，郡城秋旱，抚军汪乔年为文，遣耆老登（太白）山取圣水，甘霖立霈。在江苏，如皋县伏海寺为隆庆、万历间僧德葵、德戒、元敏所建。伏海寺后为碧霞山，祀碧霞元君。每见大旱雩祭，设坛必于此，舞侲而厉魃除，焚疏而甘雨降。淮安有东岳庙，创建于唐贞观年间。永乐间都指挥施文重建，宣德间平江伯陈瑄修。成化三年（1467 年），知府杨杲以祷雨屡应增修。

明代在水灾比较频繁而严重的地区，止雨求晴之类的崇祀活动也非常盛行。景泰四年（1453 年），淮安府二麦将熟，结果淫雨为灾，于是地方官冒雨祈祷，继以涕泣，雨旋霁。万历元年（1573 年）五月，淮安府大水大雨十余日，都御史宗沐及知府陈文烛等俱素衣，请祷，雨遂止。

明代江淮、江浙、河北、山东、云南等地区虫灾尤其是蝗灾严重，官府的驱蝗灭虫禳灾信仰也很盛行，祭祀的对象主要是八蜡、刘猛将军等。八蜡缘起于八蜡之祭，是指八种农事神，包括先啬（神农一类的神）、司啬（后稷）、农（古代对于田种有功于民间的官）、邮表畷（田间小亭，传说能显灵）、猫虎、坊（堤坊）、水庸（沟城）、昆虫。八蜡庙后来逐渐演化为祭祀除灭农作物害虫的综合神庙，又演化为主要供奉驱蝗神的神庙。如永乐二十二年（1424 年），直隶大名府濬县蝗蝻生发，知县王士廉斋戒，率僚属耆民祠于八蜡祠。嘉靖二十九年（1550 年），六合知县董邦政祷告于八蜡之神，虔诚求以驱蝗。万历十六年（1588 年）宝应大旱疫，继而又蝗，知县耿随龙为文祭告八蜡之神，蝗不为灾。崇祯十三年（1640 年），东台旱蝗相继，分司大使卓尔康为特建八蜡庙于司署之西，竭诚祈祷，蝗不为菑。同年，江淮大旱，蝗飞蔽天而下，全椒县令洪孟瓒拜祷八蜡庙才稍减去。刘猛将军是载在祀典的驱蝗正神。刘猛将军有指理宗时之刘锐、光宗时之刘漫塘（即刘宰）、钦宗时之刘仲偃、元末之刘承宗等多种传说，而以刘宰、刘锜、刘承宗说为多。刘宰，字平国，号漫塘，金坛人，宋绍熙元年（1190 年）进士，官至浙东司干官，告归隐居三十年。俗传死而为神，职掌蝗蝻，呼为猛将。江以南多专祠，春秋祷赛。刘漫塘为驱蝗神，在明代主要流行于长江以南地区。在江淮地区的刘猛将军信仰则多指刘锜。还有一些地方，则是八蜡庙和刘猛将军庙共设的，或是在同一庙中供奉两神，也有的将不显灵的八蜡庙改作刘猛将军庙。

此外，还有安辑流民、宽刑等官赈活动。安辑流民，如正统年间，“凡流民，英宗令勘籍，编甲互保，属所在里长管辖之。设抚民佐贰官。归本者，劳徕安辑，给牛、种、口粮。又从河南、山西巡抚于谦言，免流民复业者税”。正统六年（1441 年），山东、陕西流民 20 余万涌入河南，巡抚于谦一面开仓赈济，一面“令布政使抚集其众，授田给牛耕种。流民以安”。天顺五年（1461 年）杨杲知淮安府，“公在郡募粟以备荒，发廪以赈饿。山东、淮西之民流入境内者食之，兼为营室；子女之无归者婚之。困厄颠连获遂其生者，不可胜计，匪独淮民也”。灾年宽刑，如洪武二十四年（1391 年）六月，“久旱录囚”。宣德八年（1433 年）六月，久旱不雨，“诏中外疏决罪囚”。正统三年（1438 年）六月，“以旱谳中外疑狱”。崇祯十四年（1641 年）二月，“诏以时事多艰，灾异叠见，痛自刻责。停今岁行刑，诸犯俱减等论”。

四、官赈之弊

明代官赈机构健全，官赈制度完备，各类蠲免、改折、平粜、赈贷、赈粮、赈粥、禳灾等救灾活动频繁，且富有成效。但救灾体制机制运转的有效性主要依赖于明君和贤臣。同时，明代官赈制度自身也存在一些难以克服的局限，因此，在官府救灾的各环节都容易滋生各种弊政。

（一）报灾虚妄

官赈的首要环节是报灾，但地方官报灾时往往存在匿灾不报、延迟报灾、虚报灾情等弊端。俞汝为《荒政要览》指出，有些地方官为了一个丰熟的美名，不给自己的仕途留下什么阻碍，就有可能将灾荒隐瞒不报；而那些具体检灾的里正又有可能因为害怕朝廷派人下来勘灾而造成更大的开支，所以也就会参与隐匿灾情。林希元《荒政丛言》说：臣尝见往时各处灾伤重大，朝廷必差遣使臣，分投赈济。此固轸念元元之意。然民方饥饿，财方匮乏，而王人之来，迎送供亿，不胜劳费。赈济反妨，实惠未必及民，而受其病者多矣。这种灾害发生后地方官坐视不报的事件多有发生。如洪武二十一年（1388年），山东青州府民饥，“有司不以闻”。洪武二十二年（1389年），山东郯城等县陨霜伤稼，“县官不以闻”。洪武二十七年（1394年），河南府祥符、阳武、封丘三县之田三年为河水暴决浸没，“有司不以言”。永乐五年（1407年），河南郡县旱涝，“有司匿不以闻，甚至有言风调雨顺、禾稼茂实者。及遣人视之，民所收十不及四五，或十不及一”。永乐九年（1411年），广东雷州府，“飓风暴雨，遂溪、海康二县坏庐舍千百余间，田禾八百余顷，民溺死一千六百余人。府县匿不以闻”。永乐十年六月，浙江按察司奏报：“今年浙西水潦，田苗无收。通政赵居任匿不以闻，而逼民输税。”永乐十二年（1414年），凤翔陇州民饥，有司坐视不言，明成祖“亟令监察御史发廪赈之，并按问其长史坐视不言者罪”。

为防止地方官匿灾不报，明初就制定了严厉的处罚制度。洪武十八年（1385年），“令灾伤去处有司不奏，许本处耆宿连名申诉，有司极刑不饶”。洪武二十一年（1388年），“青州饥，逮治有司匿不以闻者”；次年，遣御史按山东匿灾不奏者。永乐时，重申严惩匿灾官员之法。永乐五年（1407年），河南官员匿灾不报，且乱言雨旸时若，禾稼茂盛。明成祖朱棣了解实情后，“乃亟命发粟赈之。逮其官，悉于法。仍榜谕天下有司，自今民间水旱灾伤不以闻者，必罪不宥”。永乐十一年（1413年）正月，明成祖又对通政司官员说：“境内灾伤不自言，他人言者，必罪。”

除匿灾不报外，还有报灾迟延的情况，如正德四年（1509年）六月，“以奏报灾伤不以期故”，“罚四川左布政使等官潘楷等米各一百石，保宁府知府等官崔侃等米各二百石”；“诏免直隶霸州、镇朔二州卫正德三年被灾粮草子粒，并罚奏报稽迟官米各五十石”。万历九年（1581年）十二月，山西太原、潞安二府，并辽、沁、泽三州灾，巡抚辛应乾报灾延迟，受到户科给事中姚学闵的指责：“地方水旱灾伤，抚臣即时奏闻，不候再查。按臣勘明即题，不俟部覆。所以急民隐，宣主德也。今灾已数月，而辛应乾候勘乃奏，迟留小民之疾苦，壅闭朝廷之德意，荒政何裨？”

虚报灾情的情况，有大灾报小、讳饰灾情的。如洪武二十七年

（1394 年）山东宁阳县水灾，“民实被灾者千七百余户，而使者所录止百七十余户”。还有就是无灾报有灾、小灾报大灾，希图蠲免的。如正统十年（1445 年），直隶淮安府海州知州秦贵并赣榆县官吏便曾“以有收田地妄报灾伤，希免粮草”。洪武时，高邮州发生水灾，明太祖命某进士前往勘查。尚未至灾所，州同知刘牧即以灾册至。进士问道：“未曾沿丘履亩，先进是册，为何？”同知回答：“马前册。”进士不允，坚持亲诣灾所。刘牧即与当地田主将已熟禾稼尽行铲去，引水灌其地。此外，镇江府丹徒县民曹定等人上报，说有 237 顷田地遭灾。经过实地勘查，受灾田地只有 165 顷。这种隐瞒不报或虚报灾情的做法在当时或许看不出后果，但到一定时期，就会造成遍地饿殍的局面。

（二）勘灾不实

勘灾是一项较为复杂、琐碎的工作，涉及被灾人户姓名、被灾田亩等项，但有些官员不遍历灾区，只凭地方官妄报，不做具体勘查，以荒作熟，以熟作荒，草率勘灾，敷衍塞责。如景泰七年（1456 年）八月，直隶永平府卢龙县，“天雨连绵，山水漫涨，田禾、人口渰死，房屋财物漂流”。巡抚都御史李宾却言：“低洼颇伤，高阜得熟。”而“踏勘官俱附势雷同，以致受灾者不得宽恤。自后人食树皮，盗贼蜂起”。如果这种勘灾让首领及吏农里老人等前往，而虚应故事，勘灾纯粹就成了滋扰百姓们的一个过程。屠隆《荒政考》说：“得钱做荒，出钱买荒，其弊种种不一”；“或云有司不恤灾民而以荒数送士大夫者；或云粮里自匿荒数，小民不得均沾者；或云书吏得贿则以熟作荒，不得则以荒为熟者……”周孔教《救荒事宜》详细说明了里胥、老人的作弊过程：“若吏一一报荒，则鄙书必以开写之烦，托言纸笔之费，沿门需索，任意低昂。贫户艰于买求则田荒而作熟。富豪易为恐喝，则田熟而反作荒。即荒册已定，而官府难于遍踏。踏荒之时且有船头之作弊，得贿则引至荒处，无贿则引至熟圩。”这里提到的“鄙书”和“船头”都是当时地方上为官府所用的一些人，他们只要能得到好处，就可以将富家的熟田报成荒田，以便富户们得到免税的机会。而一些无钱贿赂的贫困人户，只能被富家大户联同里胥书手们一同欺凌而得不到应有的赈济。

还有勘灾官员假公济私、收受贿赂而导致勘灾不实的。时人陈应芳就谈到了勘灾官员假公济私导致勘灾异同的弊政，说："万历拾柒年尝大水矣，势更汹于上两岁者。偶有当路从上河来，父老群聚而控之，反逢其怒，曰：'吾亲闻两岸栽秧歌声不绝于耳，若曹何自言水灾也？是诳我！为首者榜笞三十，及如皋尹奉檄来勘，而尹故善谀当路风旨，州又适同知署事。时届端阳，方驾龙舟戏水上为乐。属视如皋不为礼，尹怒而去，报如前。当路言：是岁也，水尽滔天，兴则改折，泰则全征。清舟抵河下，至鬻妻儿以供，而民不堪命矣。"泰州因灾民对"当路"不敬，同知对勘灾官如皋尹"不为礼"而遭其报复。同罹水灾的兴化、泰州勘灾结果完全不同，"兴则改折，泰则全征"，以致泰州民不堪命。更有甚者，还有些官员借勘灾之机收受贿赂、中饱私囊的。如：洪武年间，进士卓闰"为踏水灾受钞三十七贯五百文，银七两五钱，木棉衣服一件"；张渊任监察御史，"为先踏水灾，受钞八十贯"。

为防止报灾不勘、勘而不实等问题的出现，《大明律》专门列有《检踏灾伤田粮》一款，以法律的形式对失职官吏加以惩处。其文曰："凡部内有水旱霜雹及蝗蝻为害，一应灾伤田粮，有司官吏应准告而不即受理申报检踏，及本管上司不与委官覆踏者，各杖八十。若初覆检踏官吏，不行亲诣田所，及虽诣田所不为用心从实检踏，止凭里长、甲首朦胧供报，中间以熟作荒，以荒作熟，增减分数，通同作弊，瞒官害民者，各杖一百，罢职役不叙。若致枉有所征免粮数，计赃重者坐赃论，里长、甲首各与同罪。受财者，并计赃以枉法，从重论。其检踏官吏及里长、甲首，失于关防，致有不实者，计田十亩以下免罪。十亩以上至二十亩，笞二十。每二十亩加一等罪，止杖八十。若人户将成熟田地，移丘换段，冒告灾伤者，一亩至五亩，笞四十；每五亩加一等罪，止杖一百。合纳税粮，依数追征入官。"

（三）坐视不赈

赈济灾民属官府应有之责任，乃天经地义之事。然而，有些官吏却坐视民灾而不赈。如洪武十年（1377年），荆、蕲等处水灾，明太祖命户部主事赵乾前往赈济，“岂意乾不念民艰，坐视迁延”，致使“民饥死者多矣”。永乐十六年（1418 年），明太宗降敕切责陕西布政司按察司曰：“比闻陕西所属郡县岁屡不登，民食弗给，致其流莩。尔等受任方牧，坐视不恤，又不以闻，罪将何逃？速发所在仓储赈之，稽违者必诛不宥。”正统五年（1440 年），延安卫及延安府所属州县军民有饿死者，官吏坐视不赈。景泰二年（1451 年），陕西久旱，军民告饥。左副都御史刘广衡不肯赈济，被兴安侯徐亨举报，被召回京。成化六年（1470 年），顺天府府尹阎铎“以岁饥坐视民患不能赈济”，为户科所劾，降为浙江衢州府知府。嘉靖八年（1529 年），陕西亢旱，军人饥甚，延绥巡抚萧淮“不即奏请赈恤，而屯田佥事张棻、镇守太监赵亨、总兵官张凤亦皆坐视，遂使军丁转死沟壑至三千余人，马死至八一百余匹”。

甚至有些官员打着赈济灾民的旗号，大兴土木，吃喝玩乐，做表面文章，玩忽职守的。借赈灾之名大兴土木扰民的，如正德十三年（1518 年）冬十月，工科给事中傅良弼就劾论右副都御史吴廷举，“奉命赈济，不急所先，乃重建衡山庙宇，费二千七百有奇，夫役、林木皆取之民。且今湖南灾伤，民无粒食，嗷嗷待哺，方切呻吟。乃驱枵腹待毙之民为行徼福媚神之举，廷举独何心哉？至于迁驿改铺，皆在可已，而乃任意纷纭，所在搔扰”。建议将吴廷举更调，别选慎重老成者代之。凡其修造之皆令停止，“下其章于所司”。借赈灾之名，大搞吃喝玩乐的，如万历十七年（1589 年），神宗遣户科给事中杨文举往浙江赈济，“文举入境，顾左右曰：‘如此花锦城，奈何报荒，以欺妄挟制有司？’有司惴惴，盛供张伎乐。文举遨游湖山，作长夜饮，每席费数十金，有司疲于奔命。诸绅士进见，日已午，夜酲未解，愍愍不能一语，趋揖欲仆，两竖掖之堂上，糟邱狼藉，歌童环伺门外。置赈事不问，惟令藩司留币金十一，贿当路藩臬，至守令悉括库羡赂之。东南绎骚，咸比赵文华之征倭云”。赈灾时弄虚作假，搞表面文章的，如《康济录》记载明末州县官之赈粥，“探听勘荒官次日从某路将到，连夜于所经由处寺院中设厂垒灶，堆储材米盐菜炒豆，高竿挂黄旗，书‘奉宪赈粥’四大字于上，集村民等候。官到，鸣钟散粥。未到，则枵腹待至下午。官去，随撤厂平灶，寂然矣。皆耳闻目睹之事”。

（四）赈灾迟缓

明代官赈程序繁复，要历经报灾、勘灾、集议赈救、皇上颁旨或敕令、实施赈济等环节，每个环节都要耗费诸多时日。但是，“凶荒之民，枵腹以待哺，如涸辙之鲋，望斗升水于旦夕，犹不足以救。而彼文书往复，动经数月半年，岂其所堪哉”？林希元《荒政丛言》说：“昔臣待罪泗州，适江北大饥，府县九月、十月赈济，皆是虚文。而民饥死正在十一、十二两月及至正月，而差官发银始至，盖亦坐迟之病也。”这种救灾迟缓之弊，除了救灾程序繁复、耗费时日这个因素之外，还有一个重要原因就是一些地方官过分拘泥于各种既定的条规，以致错过救灾的绝佳时机，给救灾工作造成很大损失。林希元《荒政丛言》就提到了这种救荒拘泥于成规而贻误时机的弊端，说：往时州县赈济，动以文法为拘，后患为虑。部院之命未下，则抚按不敢行。监司之命一行，则府县不敢拂，不知救荒如救焚，随便有功，惟速乃济。民命悬于旦夕，顾乃文法之拘，欲民之无死亡，不可得也。朝廷虽捐百万之财，有何补哉！

各个级别的官员一并拘泥于成规，明哲保身，害怕遗留后患，不敢随机应变。屠隆《荒政考》也说道：灾荒中，小民之危亡，辗转在呼吸之间，而朝廷之决断，制命在万里之外。有司之观望，顾惜者多，捐身为民者少。崇祯元年（1628 年）十月，刑科给事中张国维言五事，对这种救灾迟缓之弊做了一针见血的分析，认为“圣主救民饥溺，当如抱破瓮沃焦釜”，“沂之水灾，抚臣所报，井庐与人民俱空”，于是“皇上敕下户部勘实蠲恤”。但是，“夫勘报而后恤，则此时之追呼已及于饿莩矣，且恐勘复之后庙堂还因司农仰屋而秦越此一方也。况户丁已绝，征无可征”。因此，张国维提出了“何如即下尺一之诏，敕抚臣将沿海被灾地方勘实，即行酌量蠲赈”的良策，以图革除救灾迟缓之弊。

（五）蠲而复征

蠲免是灾害救济的重要手段，但有些官员为完成额定正赋标准以求升迁，往往视朝廷蠲免之令为具文，上蠲下征，蠲而复征。如正德六年（1511 年）三月，明武宗降旨云：“近来各处盗贼纵横，多因水旱衣食艰窘，各有司不能赈恤，或又称科敛而侵克之。及朝廷下诏蠲免钱粮，乃将虚文起解之数捏作已征，或将已征捏作未征重复征解，以致小民冤苦无伸，流离失业，相诱为非。”嘉靖九年（1530年），明世宗因灾荒敕谕都察院：“朕因民穷，屡有蠲贷之命，闻所在官司仍征又催之者。夫官免之意在裕民，却乃如是。论财则官民两不获，上拥虚名，下受重困，法令俱亡。”万历七年（1579年）八月，苏、松水灾，御史张简题奏云：“盖苏松为东南财赋之地，其困于征求非一日矣。今二郡司牧，岂无急便身图，厚自封殖。赈贷之恩虽施，而给散不均。蠲免之令虽下，而催征如故。”崇祯十年（1637年），崇祯帝因灾而下的《罪己诏》也说到了这种弊政，云：“张官设吏，原为治国安民，今出仕专为身谋，居官有同贸易。催钱粮先比火耗，完正额又欲羡余。甚至已经蠲免，悖旨私征。”

（六）侵剋贪污

赈济过程因为涉及粮、钱等赈灾物资的筹措及其散发，极易滋生侵剋赈资、贪污腐败现象。比如，以输粟赎罪方式筹措赈资时，有些官员在审理诉讼案件时利用输粟赎罪之名贪污赎罪银两。万历时，晋中之民刚愎使气，室如悬磬，而犹以睚眦之故争告不息。但是官府的相关部门却不正确引导民众，有司者不恤其无知而就死也，方且日是事敲朴，幸赎锾以润囊橐。晋中人尽管习惯打官司，但是一旦打输了官司却不习惯接受笞杖的惩罚，于是官府便拟定输粟赎罪。然而有司者，不察其隐而轻拟赎罪，不知一赎之金，而数口月余之粮，扼其吭而夺之，非所以戕一家之命乎？于是，曲沃知县何出光提出“省刑狱以恤灾民”，“今请下明示，凡一词之中，两造不许俱罪；一事不许罪二人。罪人非再三告赎，不许轻拟赎罪；即拟以赎，一概不许注以有力。如此则赎锾可省，而灾眚之民可少苏矣”。崇祯朝户科给事中戴英也曾奏称，“照得词讼罪赎，除徒犯以上解部充饷者，其余杖赎，悉属有司私橐”。崇祯朝的祁彪佳亦曰：“今日之赎锾，以饱私囊者多矣。”针对富户罪犯缴纳的赎罪银两容易成为贪官囊中私物，很多官员提出赎罪只能纳米而不以银。万历朝的贺灿然说：“至于赎不以银而以粟，使婪賘不得饱而贫民沾实惠，又不易之论也。”潘游龙曰：“其下罪犯，自流徒以下，许其以谷赎罪。余谓罪谷备赈，此荒政遗意也。乃有司者易粟以镪，囊橐其间，经国者惩其冒也。或收之以济边，诚宜归锾于有司，以备积贮。仍敕自今凡罪赎，一切输谷，毋听折纳，而又严侵渔之禁。”崇祯朝的戴英奏曰：“今民困力疲，词讼不应滥准。其即有应理者，敕各州县官，灾荒未甚之处以后杖犯，令各以应输银数，照时价纳米。夫纳银则银适以娄官之橐，纳米则米仍养枵腹之民。但不得借名科罚，以妨立法之意。违者，该抚按严参处治。”

在官府对灾民实行赈济时，面对庞大的救灾钱粮，参与救灾的各级官员很难不动心的，易层层侵剋。林希元在《荒政丛言》就曾指出：“人心有欲，见利则动。朝廷发百万之银，以济苍生，而财经人手，不才官吏不免垂涎，官耆正副，类多染指。是故，银或换以低假，钱或换以新破，米或插和沙土，或大入小出，或诡名盗支，或冒名关领，情弊多端，弗可尽举。朝廷有实费而民无实惠者，皆侵渔之患也。”周孔教、陈龙正《荒政议》也指出，官吏保甲人等，品类不同，银一入目，不免垂涎；粮一到手，不无染指，情弊多端。如洪武十八年（1385 年）河南水灾，明太祖“敕户部差行人赉钞诣河南，会布政司、按察司当该府州县赈如前例”，然未及终岁，太祖已闻“民有卖儿女者，陈州民亦有易其妻者”。调查结果表明有官员贪赃枉法、中饱私囊，“郑州知州康伯泰、原武县丞柴琳，各将赈民钱入己。康伯泰一千一百贯，柴琳二百贯，布政使杨贵七百贯，参政张宣四千贯，王达八百贯，按察司知事谢毅五百贯，开封府同知耿士能五百贯，典史王敏一千五百贯，钧州判官弘彬一千五百贯，襄城县主簿杜云升一千五百贯，布政司令史张英一千五百贯，张岩五百贯”。成化二十二年（1486 年），“陕西宁州知州臧世清侵盗赈济官粮三千余石，银三百余两，判官武钦斗库李宗等也乘机盗用”。万历二十三年（1595 年）三月，光禄寺寺丞兼河南道御史钟化民就弹劾郏县知县叶时荣侵剋赈饥银两及劝借科罚等项。上怒，逮系诏狱。

尤其是里胥、衙役、里甲老人这些社会最下层的管理者，往往因为直接参与赈灾物资的发放，故作弊贪污者甚多。刘世教《荒箸略》指出，赈灾需要一个簿籍，登记当赈的贫困人户的名单，但往往是籍具于里胥，馁者不必籍，籍者不必馁。甚则一人耳而籍五六其姓名也。又甚则五六其姓名未已也。至并其一人者而无之，民莫得而质也，官亦莫得而诘也，不几于虚明诏蠹旷典乎哉！在里胥那里，一个簿籍登记着众多子虚乌有的名字，里胥就是用这些名字领取了大量的赈灾钱粮。而真正需要赈济的饥民有可能无钱贿赂里胥而没有登上里胥的簿籍，从而失去接受赈济的机会。屠隆在《荒政考》中记录了目睹的里书作弊现象，说："里役之报饥民也。家有需索，人有纳贿。市猾之得过者，欲为他日规避差徭之地，则贿里役以报饥民。民之实饥而流离者，以贫无能行贿而反不得与，则虽有赈济之名，无救小民之死。"衙役在救灾中因为也有机会参与救荒的各项事务，所以往往容易骚扰灾民，使其不堪重负。周孔教《救荒事宜》说："救荒固须分任，但衙官自好者绝少，而衙役生事者极多。若任此辈，则到一乡，先索一乡之供亿，行一事，先启一事之弊端。小民又县官莫敢声说，是拯其溺而益之深也。"里甲是明代地方推行赈灾的主要依赖，但保甲人等往往与里胥一样，容易贪私舞弊。俞汝为《荒政要览》记载了万历时福建道监察御史张天德疏言："夫赈济之策，固必假钱粮以充给散，尤必溥实惠以及贫民。今之行赈者，皆责令保甲人等，开报应赈人数，此辈假公委以济私，情冒官物以充己橐，此正启弊容奸之大窦也。"

（七）城乡失衡

明代许多主持赈灾的地方官为了贪冒虚功，对人口集中的城市较多地关注，而对饥民更多的乡村却缺少必要的赈济措施。屠隆《荒政考》就看到了这种官府城乡救灾工作失衡的现象，说："夫颠连无告之民城市尚少，村落为多。有司之行赈济，往往弥缝于赈城市，而疏脱于乡村。城市之中，饥户稍有赈济以为观美，而不知穷乡僻野之间，横于道路、填于坑谷者，不知其几。"如成化六年（1470 年），"顺天、河间、真定、保定四府饥，皇上发太仓米粟一百万石分投赈粜，设法赈济京城之民。然则在外州县，村落人家有四五日不举烟火，闭门困卧待尽者；有食树皮草根及困饥疫病死者；有寡妻只夫卖儿卖女卖身者。"

第二章　民赈

民赈是指灾荒年份民间绅民自发地在官府倡导和组织下对灾民实行的赈济，是一种民间自救的行为。民赈是官赈的重要补充，尤其是明中后期，官赈式微，民赈发挥的作用越来越重要。明代的民赈，主要包括捐粮捐钱、赈米施粥、平粜转贷、收养救赎、施药掩骼等救灾活动。

一、捐粮捐钱

明代绅民在官员捐俸为倡率、授予义民、立碑题石、免除徭役、发放免罪帖等官府劝分、激励政策的指引下，捐输助赈活动活跃。

（一）捐粮

洪武初，岁饥，周绍祥捐谷500石以助官赈。宣德十年（1435年），江西饥，鲁西恭及新淦郑宗鲁各出粟2000石助赈，各旌为义民。正统二年（1437年），江西吉水县富民胡有初等出谷1500石助赈，江西巡抚赵新上奏其义举，明英宗赐其为义民，而且“复其家”。正统三年（1438年），光山县岁饥，吴子斌等3人各输1000石赈饥，有司以闻，并被敕旌。正统四年（1439年），寿州岁祲，张敏捐谷2500石，有司劳以羊酒，立坊旌之。正统五年（1440年），吉安府诸县民，庐陵周怡、周仁，吉水盖汝志、李惟霖，永丰杨子最、罗修龄、萧焕圭，永新贺祈年、贺孟琏，安福张济，泰和杨孟辨，各出粟2000石佐预备仓赈济。上特遣行人赍敕旌为义民，劳以羊酒，蠲杂徭。正统六年（1441年），通州岁歉，陈森捐粟1000石，蒙赐玺书旌表为义民。正统七年（1442年），寿州岁饥，毛让、边亨捐谷2000石。正统九年（1444年），高邮州岁饥，吴义等5人共输粟6000石赈济，旌为义民。正统十四年（1449年），寿州岁饥，高翔等4人捐谷7500石，旌为尚义之门。正统年间，淮徐水灾，淮安府毕德捐赈2000石；无为岁饥，州人朱燦发米4400斛输官备赈。据《明英宗实录》统计，正统时因纳粮千石以上助赈受到官府“旌异优免”的共有1266人，明朝廷通过这种途径集中了赈灾粮食达到1260万石以上，而实际数字可能远不止这些。天顺四年（1460年），无为州岁饥，陈本忠输米9200斛，其子志高输米2000斛、志达输谷8080斛，以备赈。成化十一年（1475年），高邮州岁饥，夏智等16人共输粟4000石赈济。弘治六年（1493年），高邮州岁饥，王贵等11人共输粟2200石赈济。正德三年（1508年），泰州岁歉，乡绅官贵入粟1500石。万历十七年（1589年）正月，旌浙江输米谷助赈义民董钦等之门，不系职官者予冠带。万历二十一年（1593年），章邱县岁大祲，吕应鲁输粟百石助赈，抚院奏给冠带并旌其门。万历二十二年五月，原任副使郭东藩输赈粟千石，前已建坊，特加三品服。万历二十七年（1599年）四月，江西监生胡士琇、耆民丁果与娄世洁、经历黎金球各输谷助赈，抚按以闻，命旌奖有差；十一月，旌山西官民输谷赈饥，孙光勋、高自修等遥授奖赉各有差。

（二）捐钱

周孔教《救荒条谕》就说到几个富户捐出银两助赈的例子，如近青浦县候选序班王仕，捐资五百两助赈，吴县监生朱国宾措银千两助赈，即令县官亲往其家，悬匾以旌之，仍免三年重役，使得为善之报。本院之不食言如此，夫请蠲、请赈、禁抢夺，禁强借，本院之保护富家不遗余力，傥富家终吝，一钱不出，无论辜负本院，且非自为身家计也。又如吉水人秦明学“成化间捐银三千赈饥”。乐平人杨振先在岁饥之年也“倡捐数万金以活宗族邻里”。万历时，东台县岁饥，曹可教捐百金于乡，而不责其偿。万历四十五年（1617年），霍邱县岁值奇荒，饿殍枕藉。附监生郑嘉猷捐钱米赈之，所活千万人。署县事凤阳府别驾唐公，时亲诣奖励，题其堂曰“积善余庆”。崇祯五年（1632年），陕西巡按吴甡疏奏：“乡绅士民捐输恤灾银，共一万四千八百两，杂粮二千七百七十余石。其中如孙瑛、张绳祖、孙启祯、孙启裕、王应龙、吕下问等为数独多者，应分别旌奖章下所司。”崇祯末，兴化县大饥，王师文捐米麦数千斛，钱数千缗。

富户除了捐钱助赈以外，还有直接散钱救灾、代灾民完纳税课漕粮的。散钱救灾的，如崇祯十四年（1641 年），越中大荒，乡绅祁彪佳约吴期生昆仲同其兄弟认期散钱，“凡三日一散，共十五期，给至四十五日。又虑逢期麕至，人多钱少，而店铺之日施，反因之以停罢。乃相订所散，或早一日，或迟一日，大要不出此三日之中，而搀扶遂少矣。散之期，于佛寺鸣钟，令乞施之人，先集殿宇，从内以出，人给十钱。妇女孩幼，别集一所，亦如此法，孩幼稍减之，妇女稍增之。每期乞施者几千人，滥者或有，而遗者则绝少矣”。帮灾民代完纳税课漕粮的，如万历年间何垛场的金傑为里长之时，“岁大祲，贫甲逋税难完”，于是“悉代输纳”。崇祯年间宝应县大水，“岁祲，催比尤难”，乡绅范仲廉“视簿内欠一两以下者，皆代完，不下数百户，贫民以苏”。崇祯初，兴化大水奇荒，漕粮无措，乡绅朱尚卿与同里黎希淳、王绍卿各输米 400 石共完之。

二、赈米施粥

明代绅民除了以上捐出自家钱粮给官府，然后由官府主持发赈之外，更多的是拿出粮食亲自对灾民实行赈济。

（一）赈米

嘉靖二十三年（1544 年），南平县岁荒疫，林茂悉力施赈，蠲租，焚券，不令人知。知府林梓荣以冠服，榜其名於旌善亭。万历初，光山县岁饥，诸生蔡元中倾廪以赈，活万余人。万历三十九年（1611 年），安庆府大饥，邓森楷贮谷数百石，尽散诸田里。崇祯十三年（1640 年）、十四年（1641 年），高邮州饥疫，举人胡长澄与明经孙宗彝及诸生秦凤至、杜凤征等募赈 20000 石，身至被灾之家，计口授食，五日一给，所全活甚众。

崇祯年间，浙江山阴，“淫雨不止，水潦盛昌，菽麦瓜蔬遍野漂没，人情汹汹，朝不保暮”，于是“荐绅闻风而起，议蠲议助议赈济，奔走无虚日”。其中，金楚畹捐赀平粜 700 余石以惠民；张陛则卖田 2 顷，买米500余石，以救助故家寒士、嫠妇孤儿以及耄耋废疾之人。赈米的对象是极贫之民，不包括僧道、乞丐。张陛《救荒事宜》云：散米之日，勿杂僧道，辨缁素也。勿杂乞丐，明贵贱也。僧道受十方供养，其斋粮易办；乞丐有粥厂，足以糊口。俟饥民完日，另作方便而施。此外，极贫之民中也有数项决不入册者：娼优隶卒，牙门胥役，驵侩市嚣，游惰酒徒，不孝不悌之辈。同时，还有数入册加厚者，即耄耋、鳏寡、残疾。让那些能够孝亲睦族的灾民受到更多的赈救，以此激励履践孝悌的乡村贫民。如何有效地实施散米，张陛《救荒事宜》所记“散米法”云：口惠而实不至者，君子耻之。凡米数升斗，宁逾其额，勿使短少。米必簸扬清白，毋杂糠秕，使贫人得受实惠。即便是个人家里拿出的赈米，但也要分量充足，也要质量可靠。至于散米的方法，张陛有进一步的考虑：凡散米之日，上下分定坊数，人少地宽，既无蹂躏之患，贫户一到，验票查簿，炤数给米。先发妇人童稚，次发老耄废疾，壮者少伫立，以明长幼男女之礼。领米者，随给随散，既无停留，自少喧杂，故陛家千人履阈，绝无蚊虻之声达于户外。张陛作为一个个体家庭，把散米之事做得井井有条，让饥民们既得到赈济，又维护了体面。这是张陛一家私人赈米的过程及其总结出来的经验，按妇女儿童、老耄废疾和壮者的顺序先后发放，体现出对饥民的细致入微的关怀。不仅如此，还对发放过程详细地登记造册，并随时稽查。张陛总结为“核实法”，即设法稽查，给散井井有条。复请县给官簿，升斗户口，纤悉毕书。散完城市，则报城市总数；散完乡村，则报乡村总数。册籍有名，既不敢指鹿为马，多寡有数，断不敢以羊易牛。“陛自矢愿天人鉴知，若以虚名博人厚誉，则积福不如免祸矣”。详细地登记，将每一个领赈的人与每一笔发赈的粮都登记在册，同时还将发赈的粮食总数与领赈的人口总数也登记在册，这就有了一笔可供稽查的细账。

崇祯三年（1630年），嘉善乡绅陈龙正在办理当地赈务时也制定了较为完备的查户和散米之法：“吾邑二十区，每区推一乡绅主之。各从其所稔熟，先令勤敏子弟、诚实家人，写画逐圩地图，一切浜兜村落。凡有居民者，纤悉不遗，并注浜村名号。另用草册，逐村编写姓名，兼载贫富，除富户外，就中暗别极贫、次贫二等。大抵观其层居衣服，察其面貌，加之探问邻人，可得六七。犹恐未确，各就本圩访殷户一人，密参订之，问或亲至一二殷户家，再确访之。彼居本圩，邻里虚实，知之必详，兼惜身名，不敢见给……查核不容宽贷。极贫每人给米若干，次贫每人若干，通计某圩该给散米若干，再通计本区若干圩，共该给散米若干，立成总册一本，然后酌量地分，派定日期，出示某某几圩，于某日某处给散，分作四五处尤佳。”“示胥五区贫户论：……查分极贫、次贫二等，人给三十日粮，以俟麦豆之登。每户预付图书小票一条，可各自填圩分姓名，限于某月某日，自备包袋至某处，静听唱名，缴票开领。只须男子一人伺候，不必携带妻儿，致生喧挤，有损无益。无图书票者，不准给发。”

灾荒时，富人出米，穷人出力，共同修复水毁圩田水利工程，也是民间赈米的一种特殊形式。陈继儒《煮粥条议》云：“议荒政而于鸠工，其无烦官帑，有益大户而兼可以济贫民者，无如修圩一事。盖圩埂日塌，仅存一线，所以一遇大水，捍御无策，今诚及八九月水退之时，县官轻舟寡从，遍至穷乡，每圩之中有田而稍饶者，计亩出米若干；有田而家贫者，计亩出力若干。即以饶者之米充贫者之腹，使之毕力修筑。”与陈继儒同一时代的周孔教在《救荒事宜》中有“酌工作以资贫窭”一节，专门论述富民出钱对灾民实行工赈的问题，说：“夫议荒政而及于鸠工，使贫民得役力以糊口，事诚然矣。水退之时，县官轻舟寡从，遍至穷乡每圩之中，有田而稍饶者，计亩出米若干；有田而家贫者，计亩出力若干。即以饶者米充贫者腹，而使之毕力于修筑之举，其圩埂之狭者培之，抵者增之。”陈继儒与周孔教都是要让那些土地多的富民们出钱，再让穷人出力，在灾荒之年，共同整治好东南地区的圩田。

（二）施粥

明代有的富户对灾民不是直接赈米，而是将米熬粥，然后对灾民施粥救饥。如怀宁举明经的宣鎣“遇凶年，辄施粥赈饥”。洪武二十三年（1390 年），南直隶松江县大稷，（徐诚）为饘粥以食饥者，活万余人。景泰五年（1454 年），陕西咸阳，凶荒，（张兴）煮粥济饥，施财周贫，全活者不可胜计。天顺元年（1457 年），“顺天府民江聪自出米豆于崇文门外，日为粥以食饥民，凡四月，得济者八万七千五百余人，用米豆七百四十余石”。成化年间，无为州岁饥，乡绅丁浩施粥以食无告者。成化十四年（1478 年），福建南安县连岁荐饥，民多菜色,（杨廷训）出粟千石，煮粥施食于冲途，全活甚众。正德四年（1509 年），陕西汉阴县大祲,（蓝盛）捐粟百石煮粥救饥。嘉靖九年（1530 年），北直隶南宫大饥，邑人韩珂捐粟煮粥，活千余人。嘉靖二十四年（1545 年），江西奉新县大饥，劝富民出米煮粥，赈饥民 8000 余口，减税粮。嘉靖二十九年（1550 年），北直隶柏乡县大饥，魏谦鸣捐粟 70 石入官赈济，又设糜粥于南关以活流亡。万历十二年（1584 年），直隶和州大荒，杜端输米 250 石赈粥，活人甚众。万历十七年（1589 年），安庆府岁荒，商人汪沼赈粥数月。同年，松江府受灾，“知府喻均劝分行赈，国子生顾正心等出粟为糜以食饥者。自三月朔至五月三日止，于四门空闲寺观安集饥民，一日二餐。委千户卢承惠，百户郑元等监视。国子生顾正心率先倡义施粥一月，陈大廷、张思齐共施粥一月”。天启四年（1624 年），无为水灾，齐钦捐资设粥赈饥，乡里称长者。崇祯十三年（1640 年），庐州岁旱，孙遇选输粟百余石赈粥。崇祯十四年（1641 年），安庆府奇荒，岁贡生方都韩值奇荒，韩变产施粥，存活者甚众。同年大旱蝗，东南赤地千里，死骸弃孩盈路，有阖户自毒自经者。钱士升在籍修荒政，“公为设粥厂食之，适有担粥以施于道者。公复仿行其法，每晨挑至通衢，或郊外，凡遇贫乞，令其列坐，以次周给，烈日焦灼，屏去舆盖，所至亲尝其旨否。又分遣子侄戚友四处侦察，不以任僮仆”。崇祯十三、十四年（1640 年、1641 年），高邮大旱疫，在知州李含乙倡导下，“邑中绅士煮粥设赈，活灾民数万人”。崇祯末，宝应县大饥，乔梦斗赈粥于宝应北门外之泰山殿，费不下千金。

崇祯十四年（1641 年），越中遭遇大灾，流移云集。时各村粥厂尚未设，有僧月堂出而劝募，日作粥十桶，以五僧挑之，并携盂器，分行街巷，凡遇菜色饥人，即施与之。行之既久，饥人益感德。所至环数百十人，皆令列坐念佛，以次分给，无一人哗者。别有僧德芳，日亦以四桶佐所不给，自正月起，至九月方止，存活不可胜计。后来，在祁彪佳等一批民间富户乡绅组织下，在越中城乡广设粥厂对灾民施赈。祁彪佳认为：各乡地方辽阔，德意难以遍及，先择真实学问、留心经济者五十人。山阴、会稽两邑，每邑分作东、西、南、北、中五区，每区以五人任之，名之以总理；各区总理，分投下乡，某大村可以设厂，某小村附之，粥厂设于本村之某处，俱总理文学会同各村之缙绅文学衿耆老，详酌定。厂地愈多，则其势愈分，就食愈便，为惠愈广；五区总理文学到乡，再详酌确定设厂之村，某为经理，某为监粥，某为司募，每厂备书姓名；在大镇大村，既立粥厂，其每村镇四旁小村，须任事文学，详悉采询附人，即零星数家，不得遗漏，一则使饥民小村可以就近食粥，一则使大村大镇可以到彼募助；总理文学已明开设厂之地、搭附之村，经理、司募、监粥之人，逐一详报矣。缴册之后，须预设立印簿，计两邑不下二百三十厂，每厂发簿一扇，凡各区总理文学，亦列名于其中，他日可督之巡察，至设厂之地、附食之村，与夫经理、司募、监粥之人，宜逐一详载，乃不至于推卸迁延。每厂又须明示一张，必须辞意恳到，务使感动鼓舞。凡簿中之所载者，并开示中，使远近通晓，而设粥起止之日期，尤须画一申明，勿致参差先后。尚有厂中事宜，另刊一示，俾共遵守。凡此一簿二示，俱面交该厂任事，以绝推诿之弊；每厂必发米数石，以为倡率。厂以三等为则，殷富者助一石，贫瘠者助三石，中等助二石。至山乡最苦之地，如山阴之天乐乡、会稽之平水乡，则临时加助，或八石，或十石。俱于当事亲临时，面判面发，交司募亲领，杜绝侵耗；越中八邑，所在饥荒，虽贤父毋尽力处赈，五、六月恐亦须以粥济之。刑尊为八邑提衡，须以宪牌分督，且山、会与嵊县、诸暨、萧山接壤，倘粥设于此，而不设于彼，则三邑之人，就食必多，恐致嚣乱。分其势而一普其惠，亦急着也；城中根本之地，不宜招聚流移，故有议设粥之不便者，诚为远虑。但四关厢立有四厂，恐城中无粥，则倾城而出，每厂当不下一二千人，易于嚣乱。今城中或分坊煮粥，或总设四厂，或仍旧给米，还须裁定画一。祁彪佳在谈到救灾的生员、监生、儒士在办理粥赈时的艰辛时说：各厂执事者，初尤以奔走为荣，尚多担任。迨今两月来烈日炎风，往返劳役，有的执事甚至还会受到不白之冤。两邑五区总理文学共有 50 人，他们更是异常艰辛。即使这样，他们中有的还会受到官方和家人的双重责怨，初则相地择人，继而陪侍巡劝，后来往来稽核，周环不啻千里，劳苦亦已五旬，甚至馆谷怨其旷时，室家责彼废事。此外，总理文学的经费不足，必须他们自己出钱补足，且三番费用，除每区公给四两，此外所费，又十余金。今复命其劝谕，更必有以支陪，营私既所屏绝，寒素实为不堪，是总理之赀费穷矣。因此，赈灾结束后，祁彪佳按照他们在任事期间的表现，将其功劳分为二等评定并给物质与精神奖励：生员、监生、儒士，先议劳：凡去年任事，兼今岁各区总理，各坊各厂司赈者，为第一等。虽止司事一次，而勤劳最著，系经理开列者，亦为第一等；止于去年任事，或止于今岁各区总理，各坊各厂司赈者，为第二等。再计资：凡助米八石以上，助银十两以上，平粜八十石以上，为第一等；助米二石以上，助银五两以上，平粜八十石以上，减粜四十石以上，为第二等。议劳第一等与计赀第一、二等者，定期召集明伦堂，面奖花红杯酒，加纸四刀，鼓乐迎导，以德行另申详学道特奖。仍请院道题旌，又准入册存案，遇科试一体列府案送试，监生给匾迎送。议劳第二等与计赀第一、二等，及议劳一等之最著、而贫不能出赀者，召给花红杯酒，加纸二刀，鼓乐迎导，以德行汇申学道纪录，仍准府考，监生给匾迎送。止议劳第一等，与止计赀第一等者，召给花红杯酒，鼓乐迎导，以德行行学存案，监生给匾使自制。止议劳第二等，与止计赀第二等者，召给花红杯酒，鼓乐迎导。

明末俞汝为作《粥担述》，记述了崇祯时适见有担粥以施于市者，一再施而止。阁学钱公因仿行之，吾家遂踵行之。其法无定额，无定期，亦无定所，每晨用白米数斗煮粥，分挑至通衢若郊外。凡遇贫乞，令其列坐，人给一杓。约每担需米五六升，可给五六十人一餐。十担便延五六百人一日之命。或数日，或旬日，更有仁人继之，诸命又可暂延。无设厂聚人之弊，有施粥活人之实，既可时行时止，抑且无功无名。量力而为，随人能济众，每日有仁方矣。这是一些小规模的煮赈，虽然未必能一次救活许多饥民，但推行起来灵活机动，不受时间和场地制约，而且也不至于造成疫病交叉传染。

三、平粜转贷

除了上述无偿捐输助赈、赈济灾民外，明代绅民在官府倡导下还积极进行适度有偿的平粜、转贷救灾活动。

（一）平粜

灾荒年份，民间绅民有平价粜米的，如明神宗万历十六年（1588年）南直隶，靖江县，民饥，五六月大旱。万历十六年、十七年岁饥，米踊贵。朱正约出粟数千斛，与民平粜，全活甚众。崇祯年间，淮安府大饥，米价踊贵，诸生周诗“适籴米千石至，即仍以原价粜之”。也有减价粜米的，如崇祯朝陈龙正曾说：“家有余廪，当于每岁青黄不接之际，减价十之二三，以济饥茕，令所得值价只与常年相似。所捐虽少，然幸灾乐祸之意消除略尽矣。”而且他还指出仅减价出售还不足以赈施乡民，在具体的操作过程中，减价而粜者必须“用精力，逐日躬亲点视，零星升斗粜出，务令沾及贫民”，以防“家僮掌出入者，破冒其间，又有市井狡猾，易名变服，绵绵籴取，携至肆中，仍作己物，高得时价。犯此二弊，则皆徒利奸狡，而无济困穷，故行仁者必以智”。祁彪佳认为，民粜之中，原有三等：一曰减粜，每米一石，照市价减数分是也；二曰平籴，但照产地之价及盘费之费，而不取其利是也；三曰照籴，但要粜实有米，听其一照实价是也。其中事宜又有十三款：其一，府县有司通请乡绅孝廉文学，会于公所，务期各发实心，共思拯救。在城缙绅分为五隅，每隅择一二贤绅，听其自纠其亲，自劝其族，各措籴本一千石。是一城之中，一时有五千石米，人心可定，米价可平矣。其二，各乡有缙绅者，亦听其自纠其亲，自劝其族，出粜于本乡。其无缙绅之乡，就现征簿上，在田亩之多者，邑父母请之入城，以礼敬待，托之领袖。其三，城乡缙绅衿民，认籴之后，除自囤之米出粜外，其有欲告籴于外方者，求道台给批一张，且总计所认几许，分为三月之期，即以此为给批之迟速，先期悬示某户认籴在某月上半月，某户认籴在某月下半月，以便其备银伺候。籴到之日，俱全散至城中，印官亲为查验，即注米数于批后，用印钤盖，使其粜完之日，将批进缴，（但米到之后，又当设法稽防，严示各门，监以官役，第许米舡之入，不许其出。其有自乡来籴者，载数多者，不在此禁。）更不许囤藏待价，令其随到随粜……其九，开粜之法，陈卧子司理在暨阳行之极妙。先查本坊饥民若干，再查本坊所储之米若干，大约每一饥民，给予三斗粜票一纸，内用县印，如本坊米少，则量减之。（分作三次开粜）每人粜一次，即填注印票。所粜数满，储米家将印票总收，缴官府查验，以见本家实粜若干，一使贫家冒领不得，二使大户虚隐不得。其十，城中分各坊，乡间分各村，以小坊附大坊，以小村附大村，即书于所领之簿，仍记存其地其人于县，以备查考，……祁彪佳还有言："越中金楚畹侍御发米价三百金出粜，意欲转展贸易，每一次每石减价数分，折尽此三百金而后已。此法至为精妙。盖以三百金为赈，数止此耳，为泽有限。若转展贸易，便可有三四千米，时在市上。倘乡绅富室，肯大家发心，不论多寡，如法出粜，米价必然顿减，较之和籴、劝粜，其取效更捷。"

（二）转贷

明代一些绅民在官府主持下从事灾年转贷，以贷牛、贷种子为主，目的是互助自救。嘉靖年间，兵备副使林希元在泗州救灾曾成功运用，他把这一方法称作"转贷"，即借民财以济贫民。林希元把贫民分为极贫、次贫和稍贫三等。他认为转贷适应于稍贫之民，若使富民借之，则民度其能偿，必无不可。故使极富之民出财以借，官为立券，丰岁使偿，只收其本，不责其息。贫民得财而有济，富民捐财而有归，官府无施而有惠，一举而三得备焉。林希元还进一步安排转贷的操作细节：其法八口之家，四口借银，每口二钱，自正月至四月，总四月之银，一次尽给之。待其辗转营运，亦可以资其不足，而免于匮乏矣。据此可知，这种转贷方法不是按照家庭为单位，而是依据一个家庭人口数量的一半为借贷人口，按照每人二钱的标准借贷为经营生活的资本。最后还贷是穷民免出利息，官府给出贷富民免除徭役作为其出贷的报酬。所谓事完之日，以礼奖励，量免几年徭役即是。嘉靖八年（1529年），林希元在所上《荒政丛言》中曾详述"处置缺乏牛种贫农法"："令地方官逐都逐图，差人查勘。除有牛无种、有种无牛，听其自为计外，无牛人户，令有牛者带耕二家。用牛则与之俱食，失牛则与之均倍。无种人户，令富人户一人借与十人或二十人，每人所借杂种三斗或二斗。耕种之时，令债主监其下种，不许因而食用。收成之时，许债主就田扣取，不许因而拖欠。亦如其息，官为主契，付债主收执。”崇祯十四年（1641 年），祁彪佳见越中天乐乡大荒，牛种俱绝，东作乏人，乃募得卤台守宪之捐助计 150 金，邑父母复助米 30 石，司宪陈公祖特助米 15 石，加上各区助米的，以易钱得 47 余两，家明经仲氏凤佳亦贷与 195 两，用这笔钱贷给灾民置办耕牛。祁彪佳的友人陆曾熙，“心计最精，贷给有法。先择一村之诚实者为保长，与之盟神要质。而后以保统甲，以甲长统各甲，游惰无冒领，一株一锱，皆以为南亩之用，不数日而种莳云兴。计种田得六千八百六十余亩”。

明代民间绅民还有一种借贷，主要是贷钱粮给灾民帮助其度过暂时生活困难的。如明代休宁的汪平山常“商于安庆、潜阳、桐城间”。正德年间，安庆一带岁大歉饥，“蓄储谷粟可乘时射倍利”。而汪平山却不这么做，“不困于人厄，悉贷诸贫，不责其息”。这种无息贷给饥民的做法使他获得了良好的经商声誉，“远近德之”。又如嘉靖年间，寿州岁饥，民人张连“尽出所积以贷人，不责质”。遇到一种尚义笃行之富户，借贷可能就变为以贷为赈。例如，明代宿松廪生石谦，“值岁荒，以谷千余出贷，秋竟不取”。崇祯二年（1629 年），宿松岁歉，徐文举“出钱谷贷救，寻析券”。

四、收养救赎

大灾来临，灾民为了活命，多上演遗弃子女、买卖妻儿之人伦惨剧。此时，一些富有余力之绅民在官府倡导和尚义的感召下，便展开了收养遗弃、救赎妻儿的救灾行动。

（一）收养遗弃

和成人相比，婴幼儿尚不能承担家庭劳动，而且还要消耗粮食。因此，自然灾害发生时，人们无粮可食的情况下，为了保全成年人，婴幼儿被遗弃的现象十分常见。官府鼓励富民收养遗弃，并且规定收养遗弃达到一定数量，也会获得冠带荣身等荣誉。正统年间，于谦在河南、陕西救灾时，劝谕贤良富家巨室纳银赈济灾民的同时，也鼓励富民收养遗弃子女；或收留遗弃子女五六口，并十口以上者，都给予不同程度的表彰奖励。嘉靖八年（1529年），“令灾伤地方凡军民等有能收养小儿者，每名日给米一升”。嘉靖十年（1531年）西安凤翔等府所属耀州等州、三原等县灾伤重大，兵部尚书唐龙奏曰：“收养遗弃子女二十口以上者，拟给冠带荣身。”这一奏疏得到了皇帝的批准，规定：“若民家有能自收养（遗弃子女）至二十口以上，给予冠带。”可能是由于陕西富民较少，民力不济，收养20口以上的遗弃子女对陕西富户来说是很难做到的事情。因此，时任三边总督的唐龙后来又上奏请求奖赏收养不到20个遗弃子女的富人，即若民家能养四五口者，犒以羊酒，给尚义大字一幅；八九口者，加纱一疋；十口以上者，加缎一疋，羊酒大字俱如前给。嘉靖十一年（1532年），畿辅荒歉，劝借富民不必责令出粟，唯将老弱疲癃不能领赈者，令就近收养，计所收养多寡折免徭役；收百口以上者，授以冠带，仍表其闾。

（二）救赎妻儿

救赎灾民妻儿，则是一种特殊的收养遗弃。灾荒发生时，一些饥民卖妻鬻子来换得果腹之物。钟化民在主持万历年间河南赈灾时，令赴有司报名，官倍给原价取赎完聚。曾经卖妻鬻子的饥民可以到官府登记，官府便会给其卖妻鬻子所得的等量银两，这样饥民便可拿着这些钱把妻儿赎回团聚。同时，钟化民也鼓励富民把所买的妇女儿童无偿归还，并给予奖赏，规定：若有力之家能尚义，不索原价放还者，视所还多寡，照粥厂例奖赏。这个奖励对于富民无偿还回所买之人是很有作用的。据载，在这次灾荒中，其尚义给还与民间奉行得赎者，殆以万计云。

五、施药掩骼

每次比较大的灾害发生后，灾地民人的生命损失都比较严重。一旦瘟疫盛行，更是饿殍载道，缺医少药，尸横街衢。因此，施药掩骼也就成了民间绅民救灾抚恤的重要内容。

（一）施药

万历十六年（1588年），淮安大饥疫，张东鲁“施棺、施药不惜重费”；浙江天台县大疫，巡按御史蔡系周行县施药，救活数万人，杜潭义士叶世源亦备药救济，县令匾旌之；南直隶时疫大作，江若清捐施医药。崇祯九年（1636年），祁彪佳会同友人设药局施药。此事被祁彪佳《施药纪事》一文记录了下来。是年，“自春迄夏，越中痢疫盛行，死亡相枕藉，有阖户僵卧无一人治汤药者”。祁彪佳与友人王金如等共商施药疗救之事，“于灯下草列数十条，毅然以必行为念。王先生走告之同志者，人踊跃愿从事焉。乃设局于光相禅院，以王先生主局中事。延名医十人，每日二人诣局授方，人各六日。及午散归，则太医姚同伯继之，已而不暇给，更延二人益之，凡十三人。其司赀、司药、司记、司客、司计，诸同志分任。各恪乃务，出入必覆，登录必详，酬对必当。治方合药，尤称烦琐，躬亲之”。各位名医不仅医术高超，且心地仁厚，“贫病人闻诸医名则喜，及投剂辄效则更喜”。起初，“城中暨四乡暨外邑鳞集麇至，又恐后先失序，而扶携不前，则有上人尚德、贺君璠玙持筹分给，以序而入，人人得详告以病由而中及膏肓，故奏效最捷”。施药的资金来源则由祁彪佳与其兄弟“首捐微赀”，然后“设募簿十余扇，诸友分领之”。“其给药者为痢、疫、疟、泻四种，杂证止授方，而每日所给药已有至五百七十余服者矣”。一月期满资尽，“活人约以三千计”。由于病人仍多，众人又设法筹资续办，至“疾渐瘥，取药亦渐寡”为止。陈龙正也经常为施药之事。每年夏秋之交，民易染疟痢诸疾。贫者不能延医，公每岁捐俸施药，设局于崇明寺，日轮医生数人施剂。其窎远不获躬致者，又命医生何如等32人，分投16乡救疗，活人无数。此外，陈龙正见于延医视诊之艰难，认为可以根据流行之病症预制一二十种药丸随症领受较为简便。

（二）掩骼

死者家属因贫穷而无法安葬死者，对之救助的办法就是施棺、掩埋无主尸骨、设立义冢。一是施给棺木。明代桐城“有翁姓者，举族疫，业毙五人矣”，皆无棺掩埋尸体，左仲良使家人送五棺于其门，使之善料后事。嘉靖十七年（1538年），宝应县大疫，有个叫陈言的人善施与，“施棺至千余”。万历十三年（1585年），淮水冲决坟墓，山阳人张东鲁掩埋60余具棺木。二是掩埋因灾而死的无主尸骨。如明弘治年间，盐城县岁大祲。民人高隆捐资买城东西田数十亩，“埋饥死者千余人”。在泰州海安镇，嘉靖间瘟疫流行。民人陈立“捐赀葬其尸横道路者”。崇祯十三年（1640年），岁大祲，“道路之瘠者相藉”，余杭县赵瑞璧“见而心怆，初为施棺以瘞”。当赵瑞璧感到“已而力不继”之时，便决定首建义社，倡“同志合力殓藏”。到了崇祯十四年（1641年）饥荒更加严重，亡者愈众，不能人人备棺，于是他们便“购席藁，鸠畚锸，俾得入土以安，竟无有暴露者。然夭札死丧秽浊之气难近，瑞璧独身督众工往来冢墓间，不辍。后长子最登崇祯癸未进士”。三是捐施墓地，建立义冢。如明代宝应的乔份，经商为生，喜赒人急，“庄田有吉壤，值大疫，死者枕藉。份恻然即以其地施为义冢”。在通州三门外皆有漏泽园。在永丰乡的漏泽园，系郡人凌宵建。正德年间，里人大疫，死者相枕，凌宵捐地收瘞。在西门外者，郡人钱赉建。嘉靖三年（1524年），岁大饥，饿殍载道，钱赉请于有司市地收瘞。在河东者，谢湧建。崇祯末年，祁彪佳谈到掩骼之法二种。其一给钱粮于各寺主僧，令之轮日监看，某门某村之尸棺，责成于某寺之主僧，埋不深、掩不厚者，挨日察究。此一法也。其二如越中通水处多，置造一舟，以僧人寝食其中，自城及乡，周环收葬。尸棺多而力不能及者，量以工人助之。舟僧所到之处，即募此处之善信，即葬此处之尸棺。此一法也。以上两种掩骼之法，祁彪佳说都是他在崇祯十三年（1640年）、崇祯十五年（1642年）间所实行过的。

第五编 防灾

明代重视防灾工作，一直强调“夫救灾于有事之后，不如防灾于有事之先”。明初，朝廷重视和支持预备仓建设，而预备仓则祖常平仓、社仓之遗意，于州县东、西、南、北四乡各设一仓，且重视赈济贫民的功能的发挥。是故，明初各地常平仓、社仓、义仓建设并未受到足够的重视，积谷备荒几乎全赖预备仓。但是洪武以后，预备仓弊端丛生，很多地方名存实亡。为了弥补预备仓救荒作用的不足，到明中后期，各地逐渐重视常平仓、义仓、社仓的建设，并逐渐成了占据主导地位的备荒仓制。明代的济农仓是特设在苏松地区的一种备荒仓储，其功能与特点都很鲜明，反映了明代备荒制度和前代相比有较为完善的一面。

明代也非常重视备荒水利建设。明王朝的水利防灾措施，主要包括加强水利管理以及注重河道整治、城市防洪、农田灌溉、圩田防汛、海堤防潮等水利工程的兴建和修缮。明代水利防灾建设在汛报制度、治水理念方面也值得称道。在黄河防汛期间，仿照军情传递的办法，建立了一套用快马传送汛报的制度，叫“飞马报汛”。洪水初涨时，上自陕西潼关，下至淮安府邳州宿迁，每 15 公里设一驿站，连续传递，飞马报汛。一昼夜可行 250 公里，全程约 850 公里，三四天即可跑完全程，速度快于下泄的洪水，打出了时间差。“飞马报汛”制度对于中、下游地区的防汛是至关重要的，可使当地不失时机地组织人力、物力来保护堤防，监视洪水。在治水方面，潘季驯在对黄河进行大量调查基础上提出“以河治河，以水攻沙”的治河方案。万历年间徐贞明在《潞水客谈》一书中提出了“治水先治源”的理论。

明代还通过对农地进行改良，广泛采用动力灌溉和轮耕深耕技术，引进和推广玉米、番薯等新式救荒作物，人工和技术防治害虫，禁止乱伐森林，提倡植树造林，刊印涉及抗旱、保墒、防御低温、病虫害、盐碱化等灾害及治蝗内容的农书，以达到防灾减灾之目的。而农候占验，在明代也非常盛行。

第一章 仓储

明代的备荒仓储较前代有很大的发展，在很长时期内都发挥着重要的备荒救荒作用。明代的备荒仓储主要有预备仓、济农仓及后来兴办的常平仓、义仓和社仓。

一、预备仓

预备仓创制于明朝初年。洪武元年（1368 年），朱元璋以“水旱不时，缓急无所恃，命（杨）思义令天下立预备仓，以防水旱”，并令天下立预备仓籴谷收贮以备赈济，一县定为四仓，于境内居民丛集处设置；择其地年高笃实者管理仓政；由户部运钞 200 万贯往各府、州、县，民家有余粟愿易钞者许运赴仓交纳，依时价偿其直；若遇凶年则开仓赈贷本乡饥民。明太祖的诏令，促进了预备仓在各地的兴起和发展。如仪真县预备仓在县东一里纸坊桥北。还有东西南北 4 仓，东仓在新城銮江桥，西仓在城西 3 里，南仓在五坝，东北仓在朴树湾河北，俱洪武二十三年（1390 年）知县王士亨建。泰兴县预备仓，在县东北，洪武二十三年知县王林建造，嘉靖十二年（1533 年）知县朱蔍建造。预备东仓，在永丰镇；预备西仓，在蔡家桥南；预备南仓，在时家湾西；预备北仓，在岳桥。太湖县共预备仓 4 所，东在兴化乡城头坂，西在永福乡九村坂，南在太平乡郭公店，北在景宁乡陶家园，系洪武二十四年（1391 年）奉工部札子建。

从各地建立预备仓的时间看，预备仓的设置各地并不是同步的，有的置于明初，有的甚至设置于晚明。如江淮预备仓大多创建于洪武二十三年（1390 年）左右，如仪真县、泰兴县预备仓建于洪武二十三年，太湖县预备仓建于洪武二十四年（1391 年），泰州预备仓建于洪武二十五年（1392 年），这比太祖诏令整整晚了 20 余年。有的甚至更晚，如山阳县预备仓于永乐十六年（1418年）才建，扬州卫预备仓建于成化八年（1472年），含山县预备仓更是迟至弘治十五年（1502年）才兴建。宣德四年（1429年）六月，行在户部覆河南布政司右参议邢旭云："宜令各处州县未设仓者，如例皆设，于今岁税粮内存留，或秋成支官钱于有粟之家平谷入仓，以备赈恤。"说明中原地区的河南至宣德间依然有不少州县未设预备仓；而偏远的地方如广东曲江县，嘉靖十八年（1539年）始置预备仓。从预备仓选址来看，有的预备仓建在乡村，有的预备仓建在城内。从建仓数量来看，除了大部分能够按照太祖诏令在县的东西南北建4所预备仓以外，也有少数不能按照规范建立4所，而只建1所或者2所或者3所，如六安州、英山、庐江、合肥、盱眙、天长、虹县、泗州、江浦只建有1所预备仓，寿州、定远、霍山只有2所预备仓，望江、清河、山阳、海门则建了3所预备仓。

预备仓是一种较为完备的仓制，有因灾荒饥窘借用预备仓粮，其家贫难不能偿纳者，悉皆蠲免。预备仓粮务须收如法。民有饥窘，即时验实赈贷。如遇丰年仍依例与给官钱收籴备用。收支之际，兼委所在掌印正官专理，不许作弊。军民有愿出谷粟者，听所司具实奏闻，以凭旌表。亲临上司及风宪官按临点闸，但有侵欺盗用者，即便拿问，以土豪罪论。正统五年（1440年）六月，大学士杨士奇和大学士杨溥就上奏称赞预备仓，云："我太祖高皇帝拳拳以生民为心，凡有预备，皆有定制。"认为自古圣帝明王暨我祖宗成宪于兹，洪武中仓廪有储，旱涝有备，具在令典，民用赖之。但洪武年间所置预备仓很快出现了很多问题，"多由州县不得其人，视为泛常，全不留意，以致土豪奸民，盗用谷粟，捏作死绝逃亡人户借用，虚写簿籍为照。是以仓无颗粒之储，甚至拆毁仓屋。间遇饥荒，民无所赖"。至洪武后期，"南方官仓储谷，十处九空，甚者谷既全无，仓亦无存"！因不少预备仓建在乡村，这也给预备仓的管理带来很大的问题。永乐六年（1408年）六月，翰林院庶吉士沈升就说太祖高皇帝命各府、州、县多置仓廪，"然所置仓廪悉在乡村，居民鲜少，难于守视，或为野火沿烧，或为山泽之气蒸溽浥烂，有司往往责民赔偿"。于是提出，"莫若移置仓廪于府州县城内，委老人及丁粮有力之家守视，庶储积有常，不负朝廷爱民之心"。此建议得到皇帝的批准，“令所司施行”。不过，预备仓从乡村移置到城内并未遏制其快速衰落的趋势，“数年来，有司官吏与守仓之民，或假为己有，或私借与人，俱不还官，仓廒颓废”。宣德间，行在吏部听选官欧阳齐称“今各仓多废，一遇荒歉，民无所望”。河南布政司右参议邢旭也称“今河南布政司州县俱无预备仓粮，及遇凶岁，无以赈济”。陕西临洮卫儒学生员张叙奏言：“比典守者，以粟给民，不以时征还官，或侵盗为已用，甚至仓廒多为风雨摧败。一遇饥馑，民无所仰。”

宣德、正统年间，明王朝对预备仓进行了整饬。宣德三年（1428年）夏四月，从行在户科给事中宋徵之请，诏令“遣官巡视整理，有慢令及欺弊者皆罪之”。宣德四年六月，“复议行置仓积粟预备法”。正统五年（1440年），明王朝针对预备仓积弊，开始加强预备仓制度建设，规定：“各处预备仓，凡侵盗私用、冒借亏欠等项粮储，查追完足，免治其罪。其侵盗证佐明白、不服赔偿者，准土豪及盗用官粮论罪。”同时，对预备仓建设实行了责任追究制度，对经办预备仓粮借贷事务，且导致“借用未还，并亏折等项”出现的人进行惩罚，要求：“著落经手人户，供报追赔。其犯在赦前者，定限完日，悉宥其罪。赦后犯者，追完，照例纳米赎罪。若限外不完者，不论赦前后，连当房妻小发辽东边卫充军。”同年，又令：“各处预备仓，或为豪民占据，责令还官。或年深损坏，量加修葺。其倒塌不存者，官为照旧起盖。”此次整饬效果较好，各地预备仓不断得到重建。如正统间任泰州判的王思旻，“置预备仓廒八十间”。望江县东预备仓，创于洪武二十四年（1391年），后废弃，正统六年（1441年）典史郭昇又重建之。县治的预备仓为正统七年（1442年）工部侍郎周忱、太仆寺少卿邓浩委典史郭昇创建。预备西仓，在县北40里，正统间知县周铺重建。预备北仓，在县北6里，正统六年典史郭昇重建。积谷数也得到了大幅度提升，北方的河南、山西更是“积谷各数百万”。一直到弘治年间，预备仓得到了短暂的复兴。但弘治以后，由于“敛散不得其人”，“徒委之细民，久之则不无侵渔肥己”，“但收贮日积，放赈不时”，预备仓时兴时废，很多地方志都记载预备仓“今废”“久废”“仓毁基存”或合并到官吏禄米仓。而且，随着社仓和义仓的大量出现，预备仓的救荒地位和作用逐渐下降，至明末则出现“天下皆无复有预备仓”的局面。

明代预备仓粮主要来源于内币发钞、地方财政支出和社会捐输、罪犯罚赎等几种渠道。预备仓初建时是领户部钞作谷本的，如洪武二十一年（1388 年），山东岁歉民饥，明太祖命户部“运钞二百万贯，往各州县预备粮储”。洪武二十二年（1389 年），亦“遣老人往福建诸郡县收籴备荒粮储，凡钞四十万八千四百五十五锭”。洪武二十四年（1391 年），太湖县“千户领钞籴粟赈民”，从而建起了预备仓。潜山县预备仓也是“户部领钞粜谷入仓备赈”。洪武之后，户部拨付籴粮钱钞入预备仓的情况渐少，主要是调拨地方库藏钱粮籴粮入仓。如嘉靖六年（1527 年），“令如见在米谷数少，各将贮库官钱，并问过赎罪折纸银两，趁秋成时委贤能官一员籴买，比时估量添二三文”。预备仓另一个储粮来源是社会捐输。正统五年（1440 年），“令六部都察院推选属官领敕分投总督各布按二司并府州县处置预备仓，发所在库银平籴贮之。军民中有能出粟以佐官者，旌其义，复其家”。同年还规定：“凡民人纳谷一千五百石，请敕奖为义民，仍免本户杂泛差役；三百石以上，立石题名，免本户杂泛差役二年。又令各处预备仓，凡民人自愿纳米麦细粮一千石之上，杂粮二千石之上，请敕奖谕。”景泰年间，韩雍巡抚江西，奏曰：“近年广西等处，已有见行榜例，许人民纳米上仓，就彼给予冠带。臣愚以为江西虽与彼处缓急不同，但当以米数多寡，为例行之。而使民纳米之后，或赴京授官，或差人旌表，未免经延岁月，乐为者少。臣切惟古人救荒，先给空名告身付之以劝人出粟者。今使民间纳米上仓，而即得冠带旌表，谁不乐为？乞照纳米已完，获有通关者，听臣等照依广西等处见行事例，就行给予冠带，并旌门立石，令其望阙谢恩。”又如南直隶望江县共有 5 座预备仓，至“景泰、天顺间积谷，除旧管外，劝纳至一万五千二百九十八石，米至二千四百石有奇”。预备仓粮还有一个重要来源便是罪犯罚赎。永乐初制，郡邑各置预备仓，官出金籴粟；若民赎罪入粟，收贮备赈贷。正德二年（1507 年），议准：“各司府州县卫所问刑衙门，凡有例该纳米者，每石折谷一石五斗，收贮各预备仓。”正德年间，巡抚林俊获悉江西所属预备仓积谷少，“湖口县不及一千石，彭泽县不及六百石，石城县仅两千有奇，泰和大县亦仅八千有奇，其余积蓄俱少”。他又看见凡问口外为民，边远充军，囚或逃而不去，或去而即逃，徒名治奸，无益事实。因此林俊上奏明武宗曰：“乞敕法司计议，除情重外，如扛帮诬告，强盗人命，不实诬告十人以上，因事忿争，执操凶器，误伤傍人，势豪不纳钱粮，原情稍轻，不系巨恶，参审得过之家，愿纳谷一千石，或七八百、五六百石，容其自赎，免拟发遣。其诬告负罪平人致死，律虽不摘，情实犹重。并窝藏强盗，资引逃走，抗拒官府，不服拘捕，本罪之外，量其家道，罚谷自五百石至一百石，以警刁豪，俱又抚按参详，无容司属专滥。”嘉靖三年（1524 年），重申了永乐年间的规定：会天下罪囚应议折赎者，皆输粟预备仓，以需赈济。嘉靖二十四年（1545 年），议准：“徒杖笞罪审有力者，俱令照例纳米入预备仓。”此外，官田地租、召商中盐、中茶所得也可能转入预备仓成为储粮来源的。

为满足灾年救荒需要，明代预备仓积谷数逐渐定额化，并且将积谷之数和地方官的政绩挂钩，积谷多者奖升，否则视为不称职而要受到降职处罚。成化七年（1471 年），预备仓积粮始“有每里三百石之数”。弘治年间就规定：“一县之粮责成于知县，三年之积，务谷一年之用；十里以下，积粮一万五千石；二十里以下，积粮二万石；三十里以下，积粮二万五千石；五十里以下，积粮三万石；一百里以下积粮五万石，二百里以下积粮七万石，三百里以下积粮九万石，四百里以下积粮十一万石，五百里以下积粮十三万石，六百里以下积粮十五万石，七百里以下积粮十七万石，八百里以下积粮十九万石。如其数者，斯为称职。如果有卓异政绩，听巡抚巡按具奏旌异，给予本等诰敕。过其数而增一倍者，及再有卓异政绩，具奏旌擢，仍给本等诰敕，吏部遇阙不次升用。不及数者，以十分为率，少三分者罚俸半年，少五分者罚俸一年，少六分以上者，是谓不职，候九年考满，送吏部降用。其军卫比之有司不同，虽有军丁，各有役占；虽有地土，各有屯种。况系功升官员，难以擅定黜陟。若照有司里分，每一所积粮三百石，仅能行之，五百石已是难行，二千石尤为难行，必须量减，庶可责成。三年之内，每一百户所各要积粮三百石数外，有能多积百石以上者，军政掌印指挥千百户俱给羊酒花红激劝，不及三百石之数者，一体住俸。”预备仓积粮一事，由各级地方的正官来亲自负责，而且还规定稽考官是由监察官和管粮、管屯官完成，每三年检查一次。弘治年间定下的预备仓积粮的劝惩稽考法有其局限性，明末的陈龙正对此有过批评："此时司计秉国者谁耶？徒讲积聚，不讲更换，新陈之法，必致化为埃尘。且查盘数缺，必勒赔填，官民之累，俱无穷矣。困天下之粟，苦天下之官，使粟隐消耗于世间，而百姓曾不得其用，不亦左乎！至于今日天下皆无复有预备仓，实斯议蛊之也。"这种预备仓积粮的劝惩稽考法，只讲积而不讲对储存粮的更新，最终会让很多粮烂在仓中。另外，因为积谷数目太高，很多地方难以达到这个要求。以弘治年间江西省为例，"查得近例，一里积谷一千五百石，江西卫所姑未概论，就试有司言之。六十九县，总计一万一百四十五里，谷以一里千石计之，尚该一千一十四万五千石。见在所积，十未及一，约少九百万石。每谷五石作银一两，该银八十万两。尽括司府库藏，不尽一十万两，众本羞涩，力难求济。是外非重罚罪囚，则勒劝大户，取彼于此，仁者不为"。如果在审查时达不到标准，地方官肯定要百姓们输送更多的粮食充填预备仓，成为官民之累。到了嘉靖朝后期，明廷开始逐步降低了积谷定额标准。嘉靖四十三年（1564年）十月，从直隶巡按御史宋纁之请，将预备仓积谷定额减少一半。隆庆三年（1569年），户部覆陕西巡按王君赏奏："近时有司积谷之数虽已半减，然州县大者数万石，小者犹数千石，即日入民于罪不可得盈，宜再减其额。十里以下岁额谷千石，十里以上递增，百里以下二千五百石，二百里以下三千石，即剧郡无过五六千石而止，则官不扰而谷易积。"这一奏请获得了批准。万历五年（1577年）议准："行各抚按，详查地方难易，酌定上中下三等，为积谷等差。如上州县，每岁以千石为准，多或至三二千石。下州县以数百石为准，少或至百石。务求官民两便，经久可行。自本年为始，著为定额。"这一积谷定额数，远低于弘治年间的定额数。

预备仓的储粮不是无偿地发放给灾民，而是用"赈贷"法发放为主。如宣德五年（1430年）六月，直隶无为州奏：贫民缺食，已发预备仓谷17537石赈济，俟秋成还官。宣德八年（1433年）正月，山东布政司奏：兖州济南等府、州、县去年淫雨，加以早霜，田谷不收，民今乏食。已令各府、州、县官劝分赈济，仍于预备仓粮内验口给贷。俟明年秋成还官。宣德九年（1434 年）正月，福建武平县奏："本县连年不收，去岁七月民多乏食，已发预备等仓谷千一百七十五石赈乏。俟丰稔还官。"正统三年（1438 年）十一月，巡抚山东、两淮行在刑部右侍郎曹弘奏："直隶凤阳府徐州、山东兖州府所属州、县，水、旱灾伤，人民缺食。请借官仓粮赈给。"上命发预备仓粮，及劝借赈恤不敷，则于官仓量给之。正统七年（1442 年）正月，直隶河间府沧州知州上官仪奏："本州连岁涝、蝗、旱相仍，民食匮乏，惟拾草子自给，去岁官贷预备仓粮，乞暂停征，以俟年丰。"上从其请。正统十四年（1449 年）二月，湖广蕲水县县丞李尉言："本县累年旱、涝，人民艰食，乞将预备仓粮放支赈济，俟丰熟之年如数征收，以苏民困。"从之。弘治初，宿松"先是连岁大祲，币庾为空，缓急莫可倚藉"，县令陈恪"劝谕有方，收赎有差，故今之币庾，蓄至六万余斛。一遇饥，辄发赈贷，民甚德之"。

预备仓的管理，起初并不是由官府管辖而是由年高笃实之人管理，地方政府官员予以监督。这一管理体制并不严谨，仓粮往往被"乡之土豪大户侵盗私用，却妄捏死绝及逃亡人户借用，虚立簿籍，欺瞒官府"。洪武二十四年（1391 年），"乃罢耆民籴粮"，正德五年（1510 年），"除天下预备仓仓官。初，预备仓皆设土仓官，至是罢之，令州县正官或管粮官领其事"。不仅如此，监察官也将预备仓纳入到监察体系中，而且，监察重点是防止贪污。正统皇帝曾敕谕行在工部右侍郎周忱：朕惟饥馑之患，治平之世不能无之，惟国家思患预防，其为赈济。自古圣帝明王暨我祖宗成宪于兹，今特命尔总督南直隶、应天、镇江预备之务，尔等其精选各府州县之廉公才干者委之专理，必在得人。一切合行事宜条示于后，故谕。关于赈灾的具体要求，上敕周忱曰："见今官司收贮诸色课程并赃罚等项钞贯及收贮诸色物料可以货卖者，即依时价对换谷粟或易钞籴买，随土地所产，不拘稻谷、米粟、二麦之类。务要坚实洁净，不许插和糠秕沙土等项。并须照依当地时值两平变易，不许亏官，不许扰民。凡州县正官所积预备谷粟须计民多寡，约量足照备用，如本处官库支籴，本府官库不敷，具申户部奏闻处置。"正统皇帝又曰："籴米在仓，每仓须立文簿，备言所积之数，一本州县收掌，一付看仓之人收掌。并用州县印信钳记。但遇饥岁，百姓艰苦，即便赈贷，并须州县官一员躬亲监支，不许看仓之人擅自放支。二处文簿并书放支之数，还官之数，亦用放支之后并将实数具申户部。所差看仓须选忠厚中正有行止老人富户，就兼收支，不许滥用。素无行止之人及佥斗级等项名色庶免后来作弊。”这是对预备仓的管理提出了具体要求，即必须立两份文簿，一本看仓人掌握，另一本在县官手中，详细记载积粮数和收支情况。到了荒年，真要发放预备仓粮时，还要有州县官亲临监督才可以开仓放赈。

尽管预备仓建立后就一直弊端百出，但因有朝廷的重视和制度的完备、管理的严格，明代预备仓在救荒过程中确实发挥着极其重要的作用。如宣德八年（1433 年）五月，直隶凤阳府之蒙城县、保定府之深泽县、永平府之乐亭县、广平府之曲周县、山西平阳府之绛县皆奏：“去岁水、旱，田谷不收，今民食甚艰，已发预备官廪米赈之。”各上其数。正统五年（1440 年）十二月，直隶淮安府桃源县、扬州府江都县、四川夔州府万县俱水、旱凶荒，人民缺食，有司发官仓并预备粮，验口赈济，各具数以闻。正统六年（1441 年）四月初八日，敕行在工部左侍郎周忱：“比闻应天、太平、池州、安庆等府自去年四月以来，水旱相仍，军民艰食，尝敕南京守备等官粜粮接济，尚虑贫难之民无由籴买。朕深念之，敕至尔即查究被灾郡邑。如果人民缺食，将预备仓粮量给赈济，加意抚绥，毋令失所。仍戒饬有司官吏人等不许托此作弊，违者就拿问罪。”正统十二年（1447 年）三月，山东昌邑、潍县俱奏：先因水、旱，田亩薄收，人民缺食，已发预备仓粮赈恤。嘉靖十一年（1532 年）暨十三年，无为州年成多丰稔，知州王大夫建预备仓西仓储之，“盖仅三岁而获谷者几五万石”。该仓建成以后不久，就赶上嘉靖十四年（1535 年）秋旱蝗，至次年春，“民无食，将转徙以死，郡皇皇然，恐所恃以为命者惟兹谷。今大夫任丘边公适继事之，始乃悉按其数，力请于监司，得竭廪而出焉。盖计时历冬徂夏凡六，籍民凡四，诸饿者咸以食，计所活逮四万有奇”。嘉靖十五年（1536 年）二月，以湖广灾伤诏发该省事例银两及预备仓银谷相兼赈济。

二、济农仓

济农仓为宣德年间工部侍郎周忱巡抚江南时所创，是明代专设于苏州、常州、松江等地区的备荒仓贮。《广治平略》对济农仓的创立记载非常详尽："南直隶巡抚周忱奏定济农仓之法。盖南畿、苏州诸郡田税最重，贫民输官及耕作多举债于富家而倍纳其息，至于倾家产、鬻子女不足以偿。于是，民益逃亡而租税益亏。忱思所以济之。会朝廷许以官钞平粜且劝借储积以待赈，忱与诸郡协谋而力行之。苏州得米三十万石，松江、常州有差，分贮于各县，名其仓曰济农。先是各府秋粮当输者，粮长里胥多厚取于民而不即输官，逃负者累岁。忱欲尽革其弊，乃立法于木次置场，择人总收而发运焉。细民径自送场，不入里胥之手。既免劳民且省费六十万石以入济农仓。于是，苏州得米四十余万石，益以各场储积之赢及前平粜所储，凡六十余万有奇，松、常二郡次之。自是，不独济农，凡运输有欠失者，亦于此给借。部纳，秋成如数还官。若民夫修圩岸、浚河道，有乏食者，计口给之。贮，择县官廉公有威与民之贤者掌其籍、司其出纳。每岁插莳之际，于中、下二等户内，验其种田多寡齐分给之。秋成还官。"济农仓建立的初衷是解决江南赋重、民生艰难，且"兼并之家日盛，农作之民日耗，不得已而弃其本业，去为游手末作，以至膏腴之壤渐至荒芜，地利削而国赋亏"的问题，是周忱对江南重税地区进行赋税改革的一部分，其作用不止于备荒，也用于地方各项经费之调节。当时的侍读学士王直有一篇《济农仓记》也有类似的看法：苏州济农仓所谓建长久之利而思养其民于无穷者也。苏之田赋视天下诸郡为最重，而松江、常州次焉。然岂独地之腴哉？要皆以农力致之其赋既重而又困于有力之豪，于是农始弊矣。盖其用力劳而家则贫，耕耘之际非有养不能也。故必举债于富家而倍纳其息，幸而有收私债，先迫取之，而后及官租之得食者盖鲜，则人假贷以为生，卒至于倾产业，鬻男女，由是往往弃耒耜，为游手末作，田利减，租赋亏矣。当地的租税繁重让农民无力承担，于是被迫向富家巨室借高利贷，这种高利贷又是导致农民生存状态进一步恶化的重要原因。而济农仓的设立正是为了避免贫困农民们在遇到天灾人祸时向高利贷者举债，以致最终陷入无法自拔的境地。

巡抚周忱建立济农仓最初想法形成于宣德五年（1430 年）。王直《济农仓记》说：此年，“太守况侯始至，问民疾苦而深以为忧。会行在工部侍郎周公奉命巡抚至苏州，况侯白其事，周公恻然思有以济之。而公廪无厚储，志弗克就”。只是当时因为没有足够的粮食储备，因而不能实施。宣德七年（1432 年）秋，苏及松江常州皆稔，周公方谋预备。适朝廷命下，许以官钞平籴及劝借储备以待赈恤，乃与况侯及松江太守赵侯豫，常州太守莫侯愚协谋而力行之。苏州得米 29 万石，分贮于六县，济农仓才得以建立。对于济农仓的建立，周忱有一个全面的规划："臣昨于宣德八年征收秋粮之际，照依敕书事理，从长设法区画。将各府秋粮置立水次仓囤，各连加耗船脚，一总征收，发运。查得数内有北京军职俸粮一百万石，该运南京各卫上仓，听候支给。计其船脚耗费，每石须用六斗，方得一石到仓。臣尝奏乞将前项俸米一百万石于各府存收，著令北京军职家属就来关支，可省船脚耗米六十万石，又免小民般（搬）运之劳，荷蒙圣恩准行，遂得省剩米六十万石，见在各处水次囤贮。今欲于三府所属县分各设济农仓一所，收贮前项耗米，遇后青黄不接、车水救苗之时，人民缺食者，支给赈济食用。或有起运远仓粮储，中途遭风失盗纳欠回还者，亦于此米内给借陪（赔）纳，秋成各令抵斗还官。若修筑圩岸，疏浚河道，人夫乏食者，验口支给食用，免致加倍举债以为兼并之利。如此则农民有所存济，田野可辟，官粮易完，未敢擅便，本日早同户部兼部事礼部尚书胡濙等于左顺门奏奉。”圣旨：准他这等行，钦此钦遵。遂于苏、松、常三府所属长洲等 12 县各设济农仓一所，敛散有时，储蓄日增，小民有所赖焉。根据周忱的规划，济农仓是在 12 个县每县设一所，其设立的密度远较预备仓或社仓、义仓要低。济农仓的救济对象主要有三种人：一是青黄不接时缺粮的农民；二是运粮路途中遭遇不测的农民；三是兴修水利的民夫。济农仓的存粮来源是利用输送南京的秋粮的运费 60 万石。济农仓粮的发放方式是将储粮借给缺粮的农民，而不是无偿赈济，而且，济农仓所出的粮食要在秋收后按原额偿还。不过，周忱的济农仓粮发放办法在后来实际运作中发生了一些变化。“赈放则例”规定：一是每岁青黄不接之时，人民缺食，验口赈借，秋成抵斗还官；二是孤贫无依之人，保勘是实，赈给食用，秋成不还；三是户起运远仓粮米，中途遭风失盗及抵仓纳欠者，验数借与送纳，秋成抵斗还官；四是开浚河道、修筑圩岸，人夫乏食者，量支食用，秋成不还；五是修盖仓廒，打造白粮船只，于积出附余米内支给买办，免科物料于民。所支米数秋成不还。其中，对孤贫无依之人的赈济与对修仓与修运粮船的费用的支付两项巨大的开支皆不在周忱起初的设想中。而且，其中还区别了几种要偿还或不要偿还的原则：其中修水利与修仓、造船皆属公共事业上的支出，支用济农仓的储粮是不用归还的；另外，孤贫无依的社会困难群体，是无力偿还的，也不用偿还。除此之外，支用了济农仓粮的缺粮农民，无论是因为青黄不接的原因，还是因为遭风失盗的原因，从济农仓中支取的粮食都是要如数归还的。根据这个“赈放则例”，可知济农仓的社会救济的基本原则，只是部分地作为救荒的仓贮而存在，而更重要的功能是要调节社会生产组织与农民生活状态的正常运行，防止社会贫富分化的加重，并为公共事业建设提供费用。

济农仓和预备仓的区别在于它的存粮主要来源不同。预备仓粮主要源于地方政府征收的税粮。“劝借则例”规定：一是每岁秋成之际，将商税等项及盘点过库藏布疋照依时价收籴；二是年米贱之时，各里中中人户，每户量与劝借一石。上户不拘石数，愿出折价者，官收籴米上仓；三是粮长、粮头收运人户，秋粮送纳之外，若有附余加耗，俱仰送仓；四是粮里人等有犯迟错斗殴等项，情轻者量其轻重罚米上仓等，济农仓粮则主要来自商税、向民间募集、运送秋粮入国库的加耗以及民间打架斗殴的罚米。

济农仓的管理较为严格，一般要置“文卷”“廒经簿”及“循环簿”，确切地记录仓内各种收支，以备核查。“稽考则例”规定：一是府县及该仓每年各置文卷一宗，俱自当年九月初一日起至次年八月三十日止。将一年旧管新收开除实在数目明白结数，立案附卷，仍将一年人户原借该还粮米分豁已还未还总数，立案付与下年卷首，以凭查取。二是府县谷置廒经簿一扇，循环簿一扇，八月三十日该仓具手明白注销。关于管理人员的选择，要求择县官之廉公有威与民之贤者，掌其账籍，司其出纳。关于敛散时间和顺序，每以春夏之交散之。先下户，次中户。敛则必于冬而足。又令各仓皆置城隍神祠以儆其人之或怠惰而萌盗心者。此外，济农仓若为屋若干楹，所储米若干石，典守者之名氏与其条约之详则，例之碑阴，而诸县皆地载焉，使互有考也。

济农仓在赈灾活动中起到过非常良好的作用。宣德八年（1433 年），江南夏旱，米价翔贵，有诏令赈恤，而苏州饥民 40 余万户，凡 130 余万口，尽发所储，不足赡，田里多饿殍者。宣德九年（1434 年），江南再遇大旱，苏州大发济农仓之米以赈贷，而民不知饥，皆大喜。有的平民在逃过饥荒一劫之后，对知府况钟说："往者岁丰，民犹有窘于衣食，迫于债负，不能保其妻子者。今遇凶歉乃得安生业，完骨肉，此天子之仁、巡抚大臣之惠、我公赞相之力也。今济农仓诚善矣，然巡抚大臣有时而还朝，我公亦有时而去，良法美意，惧其久而坏也。则民何赖焉。愿刻石以示后人，俾善继之，永勿坏。"但济农仓是周忱抚南畿时所创，"他人不能也"。因此，随着明中期以后经周忱改革的税制已难以维持，"此法向后渐弛，更名预备仓，割数区以隶焉，收贮与诸仓等"，济农仓逐渐为预备仓所取代。如华亭县，宣德时"巡抚侍郎周忱奏行平籴、劝分之令"，建济农仓，至正统时，"知府赵豫即其址建廒四十间"，定名"预备济农仓"，而"先是分建预备仓四所……至是俱废"。

三、常平仓

常平仓是一种在汉代就已有的官办备荒仓储，基本方法是在丰年谷贱之时，由官府出资籴谷；而在荒年谷贵之时，再平粜谷物，以平抑市场粮食价格。明初重视预备仓建设，常平仓只是在局部地区存在。如正统八年（1443 年）九月，广东南雄府就有"常平仓粮积久陈腐，陆续放支"的上奏。常平仓在成化、弘治年间得到了初步发展。成化十八年（1482 年）正月，朝廷"命南京粜常平仓粮。时岁饥，米价踊贵，而常平所储粮八万六千余石，南京户部请减价粜以济民，候秋成，平籴还仓"。弘治五年（1492 年）九月，"兵科给事中吴世忠言……常平宜因今日义仓之旧，更以常平之名，因民数之多寡以储粟，酌道里之远近以立仓，每县二三十里，各立常平仓一所，丰年而籴，委之富民，以计其数；凶年而粜，临之廉吏，以主其事。此皆救荒之急务也。户部复议谓，世宗言俱可行”。弘治十六年（1503 年）八月，巡抚江西都御史林俊上《请复常平疏》曰："预备之计，于民最急……今欲公私两便，惟有常平可复而已。"

嘉靖、万历年间，随着预备仓的衰败，常平仓在全国得以推广。《明会典》说："嘉靖六年（1527 年），合抚按二司督责有司设法多积米谷以备救荒，仍仿古人平粜常平之法，春间放赠贷民，秋成抵斗还官，不取其息。"万历时，金衢道守道张朝瑞上"建常平仓议"曰："今欲为生民长久计则常平仓断乎当复者，议令各属县于四乡水陆通达人烟辏集高阜去处，官为各立常平仓一所……此正兴复常平仓之一大机也。"在张朝瑞等人的大力倡导下，各地多有常平仓兴建。如乌程县"万历二十年（1592 年），分守道张朝瑞行县创建常平仓四座"。秀水县新设四镇常平仓，"岁丰则照价以入，岁俭则减价以出，民称便焉"。平湖县常平仓系"万历二十四年守道议建四所"。海宁州"常平仓，一在治城外……一在袁花。明万历二十三年，令周廷参建"。万历二十四年（1596 年），嘉兴府所属的嘉兴县、嘉善县、海盐县、平湖县、石门县、桐乡县等都有常平仓的兴建。万历三十六年（1608 年），任淮安知府的姚鋐在淮安府治另创常平仓，因为："见淮安所属，岁灾地荒，民竞末业。一遇春荒，米价腾踊，民苦艰食，徒仰给四方。又无仓谷出粜以平时价。虽有大军、东新二预备仓，以贮每岁赎锾、行牙稻石，然岁额二千五百石，尚不足以供孤贫狱囚月粮及岁时赈济贫生、饥民，并恩赏被火人户之用。卒遇凶荒，其将焉？"因而有动议："依故计，莫若官措粜本，创常平仓。秋成粟贱，照市价以公籴。春荒米贵，减时价以平粜。于利最捷，于法最便。救荒之策，莫有善于此者。"于是以阜积库贮各项公余节省银 1770 余两，作为常平仓籴本，"当此秋成趁贱籴买，如法贮仓。若遇春荒，因贵平粜，按济民艰"；并在大军仓旁另创仓廒，另扁其门，以贮此谷。同时，还制定有广积本、公时籴、平出粜、禁侵挪、昭永守 5 条仓约，形成了比较完善的常平仓运作制度。

明代常平仓粮的籴本，由社会捐输以及卖官、罪赎等收入构成。弘治年间，都御使林俊看到“蓄积寡而盗繁”的现象，乞敕省司招民输赀入粟，补散官及抵罪。情轻法重者，听人赎，为常平本。万历时，张朝瑞在《常平仓议》中提出每岁将道府州县所理罪犯抵赎，实将一半籴谷入仓。张朝瑞除了让罪犯输谷赎罪、查收籴买废寺田产外，还提出这样的建议：“又或民愿纳谷者，一如祖宗已行之法：一千五百石，请敕奖为义民；三百石以上，勒石题石；或如近日救荒之令，二百石以上给予冠带，五十石以上给予旌匾。”这是官府对于民众纳谷到常平仓给予的奖励。有一个不知姓名的官吏留下的一篇《请复常平疏》，针对江西常平仓籴本羞涩的状况，“特敕该部计议，奏行布政司绍纳义民官一千名，除问革官吏外，不拘本省别省，客商军民舍余老疾监生廪增附学吏典及子孙追荣父祖，各听纳银七十两者，授正七品；五十两者，正八品；四十两者，正九品；各散官二十两者冠带荣身。监生减十之三，廪膳减十之二，陆续填给，收完银两，分发各县，以资籴本。各该冠带虽不免其差役，亦用加之礼貌，毋妄点罚，毋轻差遣，使绝陵乐于顺从。其不愿冠带，愿立表义牌坊者，若出谷二百石，亦容盖竖不限不停，以补官乏”。

明代的常平仓在各地都没有得到足够的重视，常平仓储粮捉襟见肘，弊端丛生。屠隆在《荒政考》中批评道：“奈有司不肯着实举行，一切文移，虚应故事。当谷贱之时，不设法增价买籴，以致仓中空虚。稍有所积，一遇饥荒，则又受文法之牵制，畏上司之稽查，而不敢轻发以减价平粜。积于无用，闭为灰埃，仅仅以一纸教令劝民间之出粟，以为吾救荒之事毕矣。”地方官府一方面不肯出资买粮，另一方面仅有的一点储粮是为了应付上司的检查，所以荒年也不拿出来救济灾民。

明代常平仓的发展，并不是对预备仓等的取代，而是弥补预备仓救荒功能的不足，是和预备仓并行不悖的。如江浦县常平仓，在预备仓左，明巡按骆骎曾檄建。万历时江浦知县余枢还曾遇“岁荒，不待申允，豫发常平仓米，及时赈济”。淮安府创建常平仓后，常平仓和预备仓仓粮是分开储藏的，“不致与预备仓粮相杂混淆”。万历时钟化民说：“臣令各府州县查将库贮籴本银及堪动官银，秋收籴谷上仓以行常平之法。谷贱则增价以籴，谷贵则减价以粜。设遇灾荒，先发义仓，义仓不足，方发常平。不必求赈，在在皆赈恤之方；无俟发粟，年年有不费之惠。此前任抚按之所以行，今臣与抚按之所修举者也。”这又说明常平仓和义仓相互配合，对不同贫困程度的贫民共同发挥着赈济救荒的作用。

四、义仓

义仓始于隋朝开皇五年（公元585年），系采纳度支部尚书长孙平的建议而设置的。当时设立的义仓实际是当社而立，应该是后来社仓的源头。只不过，这种意义上的义仓设置不到十年，仓谷就被官绅地主侵吞殆尽。于是开皇十五年（公元595年），又将原来当社的义仓改置于州县管理，并规定按农民资产等级纳税，分上、中、下三等纳义仓谷存储。这就成了隋以后各朝义仓的滥觞。

明代义仓在永乐年间已经开始出现。如永乐二十一年（1423年），湖广大旱，饥馑相望，石首人程必达捐谷18000石赈活邑人。次岁大稔，蒙赈者来偿，勿受。复捐材木为仓，以备后赈，名曰义仓。其后，设义仓之议屡屡被倡导。洪熙元年（1425年）九月，四川按察司使陈琏言五事：明礼制、一风俗、修武备、慎刑罚、兴义仓。正统八年（1443年）五月，监察御史徐郁也上言设立义仓。泮州义仓在驿后，成化九年（1473年）判官俞益以兵民讼田籍废及自愿没官息，竟20余顷。岁租780余石，创储备赈名义仓。嘉靖时义仓得到大力提倡。嘉靖四年（1525年），“直隶庐州府知府龙诰，在任修理义仓，置买义田，行赈粜、赈贷、赈济之法，又条积蓄便民八事，户部复议”。嘉靖五年（1526年），“提督漕运都御史高友玑、巡按御史刘隅，奉旨会勘前庐州知府龙诰所陈备荒八议，条例以闻。一议仓制。每州县具设义仓一所，仿古常平仓之制，积谷以备赈给。一议籴本。措处银两，置买义田，又将污池鱼利、铺面赁直，通作籴本……上以诰建议能留意民瘼，令从诰见识”。这一时期所建义仓与历史上的义仓类似，多设于州县。义仓由官府管理而由富民捐谷建仓，官府的过多干预使义仓的运行和管理出现种种弊端。

嘉靖八年（1529年）三月，“命行义仓社会法。时兵部左侍郎王廷相言，迩来各省岁饥，民皆相食，发廪赈之犹苦不足，以备不豫故也。宜仿古义仓之法，但立之于州县，则穷乡下壤百里就粮，旬日待毙，非政之善者。惟宜贮之里社，一村之间，约二三百家为一会。每月一举社正，率属读高皇帝教民榜文，申以同盟之约，举众中善恶奖戒之。其社米第上中下户捐□多寡，各贮于仓，而推有德者为社长，能善事会计者副之。若遭荒岁，则计户而散。先下与中者，后及上户。上户则偿之，而免其下与中者。凡给贷，悉听于民。第令登记册籍，以备有司稽考。则既无编审之烦，又无分走之苦。且寓保甲以弭盗、乡约以敦俗之意，一法而三善具。章下，户部梁材言：‘昔人谓救荒无可策，臣谓义仓之法可以备荒，乞行各抚按官体量行之。’上亦谓廷相所奏有益小民，从之”。根据这个《义仓社会法》，明代义仓的建立是为了弥补预备仓的不足，要求建在里、社、村中间，每二三百户建一个义仓。义仓的储粮完全来自民间募集，义仓的管理也是由民间完成，其管理者由民众推举出社长和社副执行。散粮的原则是先赈下户与中户，再赈上户。而且上户领了赈粮还须偿还，而下户与中户不须偿还。义仓的收支还立有登记册籍，随时准备让“有司”审查。它最大的特点是将义仓与地方会社紧紧相连。义仓的里社化，实际上与社仓基本相同，故而有些史籍直接称之“社仓”。

嘉靖、万历年间，义仓有了很大发展。如乌程县义仓，于嘉靖八年、九年（1529年、1530年）由戴候新建，得米谷共535石。靖江县于嘉靖四十三年（1564年），知县王叔果复建义仓。在江都，历官南京光禄寺丞、迁御史、官至少卿的朱世贤，于万历初以病乞休，依其中表夏氏，家江都，恰逢“江邑罹水患”，所以“出千金建义仓备赈，人多德之”。万历十五年（1587年），“礼部复礼科给事中侯先春奏，历法当改，义仓当置……今山东诸省旱灾，宜令天下郡县广置义仓”。万历二十二年（1594年），“允南京御史林培请。着各抚按……每乡设义仓，分上、中、下三户，会立会长，仓立仓书，经纪其事，官为提衡。秋成敛之，青黄不接散之；越明年，薄息收之”。

明代义仓仓粮主要来自富家大室的捐输。万历时屠隆《荒政考》有

“兼义社之仓以待凶荒”之说：“愚意谓之义仓，乃尚义乐施之名。官吏尚义，则捐俸以买粮；富户尚义，则出赀以入粟。上以好义倡之，而风巨室大家，丰收而和乐，必如是而后可耳。常平以赈粜，义仓以赈济。有官既有减价平粜，则不必出令抑勒。而可以潜压下谷价。后有赈济，则与平粜参用并行。何荒不救？在粜则止许饥民之零籴，而不许贩户之顿买。在济则务自城郭之百姓，以遍乡村之极贫。如是，庶乎水旱有备，流亡可免矣。然而漏落伪冒重叠等弊，不可不严查而厘革也。”屠隆倡导官吏要带头捐俸，再配合朝廷倡导的尚义导向，让富家巨室为救灾拿出钱粮。屠隆又认为，义仓是与常平仓共同作用，对整个灾民群体实行赈济。义仓主要是针对极贫的饥民。尽管义仓也是比较完善的救荒仓贮制度，但也存在一些“漏落伪冒重叠等弊”。

明代义仓的管理，万历时钟化民在赈济河南时说：“臣令各府州县掌印官每堡各立义仓一所，不必新创房屋，以滋破费，即庵堂寺观就便设立。每仓择好义诚实有身家者一人为义正，二人为义副。每遇丰收之年，劝谕同堡人户，各从其愿，或出谷粟，或出米石，少者数斗，多者数石。置立簿籍，登记名数。至荒歉时各令领回食用。如未遇荒，今年所积，明年借出，加二还仓。义正副公同收放。此民间之粮，不入查盘，不许借用。出粟多者，照例给赏。义正副年久粟多，给予冠带，免其本身杂差。此其积贮于粒米狼戾之时，比之劝借于田园荒芜之后，难易殊矣！”钟化民主张利用庵堂寺观建义仓，不再新建仓房。义仓敛谷方式是在当地农民当中劝谕出谷粟，其原则是各从其愿。其数量是从数斗到数石不等。义仓储粮在正常年景中还可以借贷生息，利率二成。义仓的敛与散全部由义正和义副负责。为了鼓励义正和义副能为义仓的储谷尽可能多募集储粮，让储谷多的义仓的义正和义副得到精神上的首肯，给予冠带，还给予物质上的利益，免其杂差。

明代的义仓与社仓相类似，所以人们将之等同于社仓。但是，明代义仓不仅与常平仓不同，与社仓也稍有区别。在六安，万历时六安同知刘垓就创办了官倡绅办的义仓。义仓的资金来源不是取敛于民，而是刘垓捐所入俸及公币，措处若干金，购近郭良田若干顷，岁输租若干石实其中。“岁贮所入稻而外，有愿输稻者听其稻不上计于所司”，“令民自度其力，岁入所余者，籍而储之于官，而官又为之设策劝分”。在管理方式上是“籍民之富而有行谊者，司其出纳，而时其盖藏焉”；“惧牵制也，牵制则累官。许给不许借，惧追取也，追取则累民”，“而当官者，不得以私支取焉。约法三章立，而义备矣”。在赈济对象上，主要是：“首养士，养士之有行者，余则以周贫士，次养民。养民之好修者，余则以周贫民。”这说明刘垓创立的义仓，不同于常平仓和社仓，常平仓是官办官管，而刘垓建的义仓是官倡绅办。常平仓主要功能是平粜，而刘垓建的义仓主要是赈济贫苦士民。从经办程序来看也不同于社仓，社仓主要是通过有偿借贷来保持谷本的运转，而刘垓的义仓是“许给不许散”。另外，在明代，还有乡绅创办的宗族义仓。如明代桐城，“尝置义仓，输谷实之。又捐田七亩，岁入义仓，周宗族人贫者”。

明代义仓除备灾救荒外，对里社居民生活的各个方面，如贴助里长粮解田租之用、备礼存问孝子节妇与高年素行之人、乡约恭宣圣谕所用等，都有十分重要的作用。如浙江秀水县伏礼乡义仓，“五台陆公捐田三百一十亩，仿朱子社仓之法，建义仓于东禅寺中，岁收租米，除纳粮外专备贷赈贫民，贴助里长粮解等役，遇有义举亦酌量举行支用……一里中有孝子节妇，高年善行之人，约正副里老公同举报，动支贷赈田租备礼存问……一四时举行乡约恭宣圣谕所用茶果蔬馔，并本仓诸费及一应义举，皆取给于贷赈租中”。

五、社仓

社仓是民间储粮备荒的一种仓储形式，起源于南宋朱熹的创建。朱熹在设立社仓之初是采用借常平米为本，借放收息、逐年积累的办法。后来社仓多发展为由地方绅豪或普通民家自动捐纳的方式。其管理多由民间自行经营，官府只行使检查监督之责。社仓的存贮地点及管理体制与其他仓储形式相比具有许多优点：一是程序简便，欠岁灾年可以及时救济灾民，不必纠缠于繁杂的公文往来，易见成效；二是社仓仓本主要来源于民间，可以减轻国家在救灾方面的负担。因此，这种仓制为南宋以后各代所承继。

洪武以后，预备仓日渐衰败，地方上就有人法古社仓之意，着手建立社仓。永乐二十二年（1424年），王士锡知无为州，“念州之八乡旧有老人仓四，积谷数少，不足以周济，脱遇旱干水溢，则民乏食，遂与同寅佥议，以公币所积宝钞若干为籴本，劝富而好义者出谷平价籴之，得四万斛”。当时还没建仓的情况下，就遇到了宣德九年（1434年）的大旱，“民以饥告，量口给贷，赖以全活者不可胜计。邻近逋流来归者，亦沾其惠”。宣德十年（1435年），“东作方兴，贫无种者复给之，是岁大稔，争出息一分以偿”。所积益多，囤廪小不足以容，乃于正统元年（1436年）“相州治东，得高爽地仅十亩，无庐舍之迫、潦水之患。北及南各为屋五间，左右对峙，各加七廒，周缭以垣，复设门以启闭”。仓建成后，名之为利民仓。该仓谷本虽然有官股宝钞若干，但还是以“富而好义者出谷”为主。在运转方式上不是散给，而是有偿借贷，这符合社仓的特质。正统元年（1436年），顺天府推官徐郁，“乞令所在有司增设社仓，仍取宋儒朱熹之法，参酌时宜，定为规画，以时敛散。庶凶荒有备而无患。帝以其言甚切，命有司速行之”。成化九年（1473年），从都察院司务顾祥之请，允许山东“自今宜行朱文公社仓之法，编定上、中、下三等人户，每于丰年征收之余，劝令小户出粟五斗，中户一石，收贮官仓。如遇荒歉，足可赈济”。成化二十一年（1485年），从巡抚辽东左副都御史马文升之奏，令山东诸州县立社仓，以备赈济。弘治以后社仓逐渐发展起来，“劝谕得过之家，各出粟三五石作本，春放秋收而加二，息有余还本。不愿受者，旌其门。以乡约约正领支放，以保甲乡夫供看守。此则民司其出纳，官按其册籍，藏富于民，尤为便益”。如许州总社仓在州治西，弘治六年（1493年）知州邵宝建。临颍县总社仓在县治西南，弘治六年（1493年）建。翼城县社仓，弘治十三年（1500年）知府张文佐移檄属县知县张忠建置，其法甚善，邑人布政使王泰撰记曰翼城县社仓四……知县事张候忠所建也。

嘉靖年间是明代社仓兴建的鼎盛期。嘉靖八年（1529年）三月，从兵部侍郎王廷相言，“令各抚按设社仓，令民二三十家为一社。择家殷实而有行义者一人为社首，处事公平者一人为社正。年饥，上户不足者，量贷，稔岁还仓。中下户酌量振给，不还仓。有司造册，送抚按岁一察核。仓虚，罚社首出一岁之米”。嘉靖十四年（1535 年），“全州知州林元秩奏请，设立社仓”。嘉靖二十年（1541 年）十二月，“御史沈越请申饬社仓法，令有司急行整理，抚按以此为考成，吏部据此行黜陟，以备荒政。从之”。当时各地已普遍有社仓建置。如桂阳社仓，于嘉靖六年（1527 年），“知州戴禄乃分四十七里为四乡，各为社仓一座，每仓量贮义谷四百奇，仿文公崇安建阳之制，统之以社首，稽之以府令，择递年有行义者二人守之，但遇岁歉则从优处”。时人谓“知州戴禄社仓绰有条理”。沣州社仓有四：一州东津市，一州北顺林驿，一州西合口市，一州南清化驿，嘉靖八年（1529 年）同知王聘议创。南康县社仓，于嘉靖时，“仿隋制俾民于各社立仓。每岁收获之时，上户一石，中户七斗，下户四斗，大熟稍倍之，岁岁而积多。掌之以社长，正之以各社之有行谊者，或遇凶饥即发此谷赈济，县官岁稽其出入之数。其有慕义出谷稍多者，时一奖劝之。如此则不必文移往复之烦，而各乡皆可以自给矣”。万历时，社仓仍有很大的发展。如万历十五年（1587 年），“户部议：山西连岁荒旱，预备仓积谷甚少，其鬻粥赈济，率多取助于仓社，以此见社仓有益于民”。万历四十三年（1615 年），高捷出任淮安知府，在任上，“表旌义，建社仓，设官渡，平籴粜，修书院以课士子，善政多端”。高捷在《三仓二法议》中说：“已捐俸费等银，于李公祠、火星庙、元帝宫、三官殿四处，籴米四百石。其山阳县亦捐资置仓积贮。可望容通行合属，照弘治年间例输仓，本不足则以赎锾补之。务期大县三千石，中县二千石，小县一千石，府一万石。随时报闻，以备稽查。”高捷此次所建社仓，完全是按照弘治年间颁布的社仓条例进行操作的。通州也是在万历年间奉题准事例，于预备仓外立社仓 7 处，“令民间秋成之日，措粜稻谷积著其间，至明年青黄不接之际，有乏食穷民许令借支以救饥窘。至于婚不能娶、丧不能举者，许邻右开报动支给助，且不受上司盘查。惟佥报坊富民七人为社长，十四人为社副，二十八人为社杰，轮流看守，出陈易新，俟年终开送本州销算。其法固甚善也”。后因管理不善，漫不加意，所措之谷不知几何，穷民也未有借助，里胥社长因缘为奸，干没自润。崇祯十四年（1641 年），越中大饥，天乐乡尤其严重，乡绅祁彪佳募集了贷牛种之银，并以牛种之本息作社仓，“官物量取于二分，秋成日输本色入仓，贮之两都。以朱子法为推易，小歉蠲其息之半，大歉则尽蠲。岁岁而积之，天乐一乡，无难媲美开耀矣”。

明代社仓仓谷主要来源有本谷、义谷、罚谷、息谷四种。一是本谷。本社集社长社副社众会议，各量贫富家口为多寡，户分三等，等列三则。其输谷之法，每月一会，约定会期，上上户每会6斗，上中户每会5斗，上下户每会4斗，以次至中下户1斗，下户不与。对家道颇殷、绝无斗谷入仓者，即书某人名，加以“顽吝”二字，贴社仓内。二是义谷。社中富而好行其德者，于本谷外的自愿输谷，根据输谷多少给予记善、送匾，直至免除差徭，竖立牌坊等旌奖。嘉靖年间进士王圻议曰：今仿朱子社仓法，有司遇年丰时，查各集镇乡村大处，置一社仓，劝谕本处得过乡民，输借或3石、10石、20石，不拘多少，俱听其愿，不许逼迫。灾荒时，义仓或社仓的粮食不是无偿发放给穷民的，到了丰收年份，穷民所要偿还的不仅有谷本，而且每石还要加息谷三斗。待三四年后，所积息谷过其本者，仍将原劝借谷石，照数退还各主。如不愿领者，以出谷多寡行赏，或以尚义匾其门。正统三年（1438年）六月十日，明英宗遣行人卢懋赍以玺书，旌江西吉安府泰和县民萧襄为义民，因其出谷1200石做义廪。万历年间，陕西布政汪道亨《社仓议》曰：“凡社中富而好行其德者，能于本谷外，愿输二石入仓者，记善一次。四石者，记善二次。十石者，记大善一次。二十石者，记二大善。三十石者，记三大善，州县掌印官奖赏。输五十石以上者，该府暨州县送扁，书‘好义’二字。输百石以上者，本道送扁，书‘施仁’二字，照例给予冠带。输至二百石以上，旨准给冠带优礼，本道及两司送扁，书‘乐善’二字。其输四百石以上者，申请两院送扁，书‘积德’二字，给予冠带，仍优免杂泛差役，犯罪不许加刑。此外若输粟八百石以上者，申请两院照例奏请，竖坊表里。”汪道亨制定的荣誉奖励标准更加灵活，从2石到800石，皆有不同级别的荣誉奖励，更为广泛地调动富户输谷于社仓的积极性。三是罚谷。凡官司自理赎谷，除照旧入预备官仓外，其各社乡约怠玩、小事口诉等罚赎俱入社仓。汪道亨的《修举社仓事宜》也要求将罚谷纳入社仓：“其各社有乡约演礼不到、保甲直牌怠玩及一切违犯稍轻者，听约正、副处酌罚谷。其有本社小事口诉不平者，听约正、副量剖曲直罚谷，使之平息，以省赴告及株连干证之费；或赴告而自愿和息者，该有司酌量罚谷。输之该社，取具仓收免罪。情轻者，批约正、副查处量罚。”蔡懋德《修复社仓议》也曾要求：“金作赎刑，部文除大辟外，照例准赎，所括甚广。然恐开富室便门，而罪外批加刑责及例重情轻者，可量纳谷本社，从轻宥免也。”四是息谷。社谷出借一般在归还时要加收二分之息，以作社仓费用，余额悉充社仓做谷本。

明代社仓多设于乡村当社，实行官督民办。沈鲤《社仓条议》指出：“社仓虽听民间措置，有司并不干预抑勒，但事成之日，必须呈明上台。设有侵欺等弊或暗败公事者，许诸人直陈其奸，官司立行处分，务使惩一而警百，以杜乱法之萌可也。”但仓粮出自民间，其具体管理由社众自己负责。社谷社仓的管理者主要是选择本地齿行俱优、家道殷实、能服众者为之，官府只是不时行以稽查，其余出入，民自收掌。沈鲤《社仓条议》规定：“今拟各里先推举好善而公正、老诚而精敏者绅衿士民十余人，立为社正二人、社副四人，社直二人、社干八人。”崇祯年间，朱完天提出在乡村亟宜各立社仓，审实家温行笃者一人为社长管收放，又择一识字谨愿者为社书，二人俱免差徭。

从仓粮的散放来看，明代社仓实际上是多种方式并存，赈贷、赈粜、赈济、养恤多种方法并用。因其具有易于积谷、遍及乡村、自主性强、方便救济等诸多优点，故而成了明后期灾荒救济的重要力量。

第二章　水利

明代“水利曰转漕，曰灌田。岁储其金石、竹木、卷埽，以时修其闸坝、洪浅、堰圩、堤防，谨蓄泄以备旱潦，无使坏田庐、坟隧、禾稼。舟楫、硙碾者，不得与灌田争利，灌田者不得与转漕争利”，“役民必以农隙，不能至农隙，则僝功成之”。水利建设不仅是农业生产的一个重要组成部分，还是有效防治水旱灾害的重要工程措施。明人徐恪在

《地方五事疏》中说“兴水利以备旱荒”，“荒政非一端，水利为急”。明人潘潢亦在《覆积谷疏》中说“救荒不如讲水利”。

一、水利管理

（一）水利机构

至正十八年（1358年）二月，朱元璋任命秦淮翼水军元帅康茂才为都水营田使，管理农田水利事务。明朝建立后，工部下设营缮、虞衡、都水、屯田四司，郎中四人，员外郎二人，营缮司一人，都水司一人；主事八人，营缮司三人，屯田司一人，余各二人。所辖，营缮所，所正、所副、所丞各一人。龙江、清江二提举司，各提举一人。其中“都水典川泽、陂池、桥道、舟车、织造、券契、量衡之事”。

除工部之外，六部中户部、兵部也被派出专责主持重大工程或特殊使命。弘治二年（1489年）九月，黄河开封金龙门堵口，“命白昂为户部侍郎，修治河道。赐以特敕，令会山东、河南、北直隶三巡抚，自上源决口至运河，相机修筑”。弘治六年（1493年），以兵部尚书刘大夏为副都御史，治张秋决河。

“凡诸水要会，遣京朝官专理，以督有司。”永乐时，令漕运都督兼理河道。永乐九年（1411年），以工部尚书宋礼治河，此后兼或派侍郎或御史治河，逐渐形成派朝官任治河专任官吏的做法。成化七年（1471年），以王恕为总理河道，为黄河设立总理河道之始。隋唐以来的重要事务部门都水监逐渐被总督领导下的分司和道所取代。此外，各省巡抚、都御史及中央的御史、锦衣卫、太监也常派出巡视河道。

明代对于地方兴修水利，督责甚严。各布政使、知府、知州、知县，无不肩负管理一方水利事业的重任。黄河沿河各省巡抚以及以下地方官也都负有治河的职责。南方的海塘和长江防汛实行流域性质的分司驻守，但官员由州县派出，归省督统一调度，州县官府则按辖区范围承担劳工、物料组织。弘治八年（1495年）令浙江按察司管屯田官，带浙西七府水利，仍设主事，或郎中一员兼管，三年更代。正德九年（1514年），设郎中一员，专管苏松等府水利。正德十二年（1517年），遣都御史一员，专管苏松等七府水利。正德十六年（1521年），遣工部尚书一员巡抚应天等府地方，兴修苏松等七府水利，浙江管水利佥事，听其节制。仍设郎中二员于白茆吴淞江分理疏浚。嘉靖三年（1524年），罢苏松等府管水利郎中，仍行浙江管水利佥事带管。嘉靖四年（1525年），奏准贵州水利，委管屯田佥事带管。嘉靖六年（1527年），令巡抚官督同水利佥事，用心整理苏松水利，毋得虚应故事。嘉靖十三年（1534年），令各处按察司屯田官兼管水利。嘉靖四十五年（1566年），题准东南水利，不必专设御史，令浙江巡盐御史兼管。隆庆元年（1567年），题准四川水利茶法屯盐，并归一道。隆庆六年（1572年），敕以东南水利专责成巡抚。万历三年（1575年），令巡江御史督理江南水利。万历四年（1576年），添设淮安水利佥事一员，于河南按察司带衔。

明代运河在长江以北归中央管理，以南属地方管理。国家管理的地段实行分司驻地制。长江以北分为三段：通州至德州、德州至沛县、沛县至仪真瓜洲；各设都水分司，长官为都水郎中。“或以工部尚书、侍郎、侯伯、都督提督运河，自济宁分南北界。或差左右通政少卿，或都水司属分理。又遣监察御史、锦衣卫千户等官巡视，其沿运河之闸泉及徐州吕梁二洪，皆差官管理。或以御史，或以郎中，或以河南按察司官，后皆革去，而止设主事，三年一代。然俱为漕运之河，不为黄河也。唯总督河道大臣则兼理南北直隶、河南、山东等处黄河，亦以黄河之利害与运河关也。总督之名自成化、弘治间始，或以工部侍郎，或以都御史，常于济宁驻扎。其河南、山东二省巡抚都御史则玺书所载河道为重务。又二省各设按察司副使一员，专理河道。山东者则以曹濮兵备带管，其巡视南北运河御史亦以各巡盐御史兼之，不别差也。”成化十年（1474年），“令九漕河事悉听专掌官区处，他官不得侵越，凡所征桩草并折征银钱备河道之用者，毋得以别事擅支。凡府州县添设通判、判官、主簿、闸坝官专理河防，不许别委。凡府州县管河及闸坝官有犯，行巡河御史等官问理，别项上司不得径自提问”。明代河道官，在淮安府有府司、清军带管海口同知、山清河务同知，山阳县有知县、管河主簿二员、清江闸闸官、福兴闸闸官、板闸闸官（河泊带管）、高堰所大使，清河县有知县、管河典史、通济闸闸官；扬州府有府司、管河通判、瓜洲闸闸官，江都县有知县、管河主簿，仪真县有知县、管河典史、清江闸闸官，高邮州有知州、管河判官，宝应县有知县、管河主簿，淮安、大河、扬州、仪真、高邮等卫指挥。其中淮安府山清同知及扬州府管河通判，“固本司左右臂也，倚任实切。至高邮之判官，江都、宝应、山阳之主簿，清河、仪真之典史，高堰之大使，皆管河专官，浚浅修堤，四防二守，原其职掌”。弘治三年（1490年），“令各府州县管河宜带领家人专在该管去处管理河道，不许私回衙门营干他事”。

明代还加强了对水利管理的稽查。中央设有都察院，并按行政区划设立13道监察御史（明末增加为15道）。各道御史巡视范围与省同。中央都察院设左右都御史、左右副都御史、左右佥都御史；地方称某道御史。各道御史分别承担对本道地方政府的监察任务，还要分别承担中央各衙门不定期的监察任务。其中巡按以纠察地方官为职，称巡按御史。巡按之外，朝廷派遣朝臣以都御史、佥都御史衔到地方监管军民和财政，稽查巡视就包括了防洪、灌溉、漕运等水利建设事项。弘治年间，都御史丘鼐以都江堰灌渠上豪权势要多私建碾磨或开小渠引水，建议四川增加宪臣一员专门提督水利。弘治三年（1490年），提升刑部员外郎刘杲为四川按察司佥事，就专门监督水利事务。

加强对水利建设和管理的稽查，积极的方面是形成了国家管理的监督机制。但行政长官与监察官的矛盾和冲突是经常的，有时皇帝赋予行政官员以特权，使其独立事权而不必顾忌。万历年间，明神宗就授予总理河道潘季驯这种特权，“今待命尔前去督理河漕事务，将河道都御使暂行裁革，以其事专属于尔。其南北直隶、山东、河南地方有与河道相干者，就令各该巡抚官照地分管，俱听尔提督……如有违抗不服，及推诿误事者，文官五品以下，武官四品以下迳自提问；应奏请省，奏请定夺。其提督军务事宜，查照河道衙门原管行事”。

除水利建设和管理的稽查之外，明代还加强了对官员水利建设与管理绩效的考核，以作为官员升迁或黜罚的重要依据。正统二年（1437年）正月，即令天下有司秋成时，修筑圩岸，疏浚陂塘，以便农作，具疏缴报，俟考满以便黜陟。明代河道总督离任前，可以推荐一批河官。河工完成后，河道总督在奏报中推荐熟悉河务、勤勉能干的官员，使之受到封赏或优先补缺升迁。泰昌元年（1620年）冬，总河侍郎王佐言：“诸湖水柜已复，安山湖且复五十五里，诚可利漕。请以水柜之废兴为河官殿最。”此建言获得了明廷的批准。

（二）水利法规

明代非常重视水利防灾、减灾的制度建设，制定了农田水利法、防洪法、漕运管理法等一系列水利法律规章。洪武二年（1369年），明太祖亲自撰写《教民榜·均分水利》条目，规定：民间或有某水可以灌溉田苗，某水为害可以堤防，某河壅塞可以疏通。其当里老人会集踏着丈量，见数计较合用人工，并如何修筑、如何疏通，定夺计策，画图帖说，赴京来奏，以凭为民兴利除害。洪武二十六年（1393年），明太祖又谕令各地，凡是各处闸、坝、陂、池引水可灌田亩以利农民者，务要时常整理疏浚；如有河水横流泛滥，损坏房屋、田地、禾稼者，须要设法堤防止遏；或所司呈禀，或人民告诉，即便定夺奏闻。若隶各布政司者，照会各司直隶者札付各府州，或差官直抵处所踏勘，丈尺阔狭，度量用工多寡。若本处人民足完其事，就便差遣；倘有不敷，著令邻近县份，添足人力。所用木石等项，于官见有出处支用，或于附近山场采取，务在农隙之时兴工。如水患急于害民，其功可卒成者，随时修筑，以御其患。洪武二十七年（1394年），明太祖派遣国子生及人才到全国各地，督修水利，再次谕令：凡陂塘湖堰可潴畜以备旱暵、宜泄以防霖潦者，皆宜因其地势，修治之。

对于盗决河防，明代律典皆重罚治之。《大明律》规定：“凡盗决河防者，杖一百；盗决圩岸、陂塘者，杖八十。若毁害人家及漂失财物、淹没田禾，计物价重者，坐赃论。因而杀伤人者，各减斗杀伤罪一等。若故决河防者，杖一百，徒三年；故决圩岸、陂塘，减二等；漂失赃重者，准窃盗论；免刺，因而杀伤人者，以故杀伤论。”《大明律》还规定：“故决蜀山湖、安山积水湖堤岸，及用草卷阁闸板盗泄水利，得财物，该徒罪以上，并故决、盗决山东运河为首者，若系旗舍余丁民人俱发附近充军，系军调发边卫。”万历元年（1573年），“题准直隶徐、邳上下黄河经由去处，如有军民盗决、故决河防，干碍漕运，照例将为首者，民发附近卫所充军，军调边卫”。《比附条》：“内直隶徐州上下，凡系黄河经由去处，如有盗决，故决河防、干碍漕运者，悉照山东、河南事例，为首者，民发附近卫所充军，军调边方卫所。”

严禁失时或不修河防。《大明律》规定：“凡不修河防及修而失时者，提调官吏各笞五十；若毁害人家漂失财物者杖六十，因而致伤人命者杖八十。若不修圩岸及修而失时者，笞三十；因而淹没田禾者，笞五十。其暴水连雨损坏堤防，非人力所致者勿论。”

对堤防要慎防守。明律条规定：“徐邳运堤平时虽有管河官划地分管，但一遇伏秋水至，对河两岸势难遍历。每岁须先期会同徐州道选委能干官员协同管河官南北分守，无事则积土预备，水发则昼夜保护。但遇冲坍剥落去处，即便乘时帮补，应用桩草就于附近厂内取用。人夫不足，会同各该管河官随宜调倩。俱自五月上堤，九月回任，完日叙劳，呈请奖劝。”“徐邳一带俱系要害，每岁须严行该州掌印官动支庐凤协济夫银。雇募游夫五百名防守，伏秋自五月十五日起，至九月十五日止，每名日给银三分。分为二枝，每枝二百五十名，总管府同知、通判各领一枝。平时协同正夫帮培堤岸，水发不必驻定，在于分管地方往来巡逻。但遇紧急去处，相兼正夫昼夜防守，务保万全。”“高宝、邵伯诸湖险要各堤残缺单薄，一值伏水暴涨，风浪抛激，顷刻倾坍，须严督各该掌印管河官躬诣查勘，残缺者补葺，单薄者加帮，务令坚厚。每至伏秋，仍添委官员协同管河官昼夜防守。”“淮扬河堤浸漏，每因修筑不坚及奸民盗泄所致，顷尔不塞，渐至崩溃，动费千金，为害匪细。防微杜渐，惟在管河官时时加察耳！须严谕各该官员督率夫老常川补葺，若系奸民盗泄，即以故坏河防拏问。”

明代黄、淮、运关系复杂，为了保证漕运重地的防洪、漕运、灌溉秩序，明代还制定了漕运管理法。一是不准擅自强占或讨要人夫。规定：“凡闸坝洪浅夫各供其役，官员过者不得呼召牵船”；“凡运河一带，用强包揽闸夫、溜夫二名之上，捞浅铺夫三名之上，俱问罪。旗军发边卫，民并军丁人等发附近各充军揽当一名，不曾用强生事者，问罪枷号一个月发落。”隆庆五年（1571年），题准漕河一带自仪真至北通州俱有额设浅铺、浅夫，每年沿河兵备及管河郎中主事备细清查，照额编补，不时查点；责令专在地方筑堤、疏浅、拽船，事完照例采办桩草，违者参奏。二是严闸禁。自永乐、宣德、正统年间以来，对于沿运河各闸坝节次颁降圣旨，榜文禁约拳豪不许擅自开闭。“河口诸闸之设，先臣平江伯殊有深意。盖节宣有度，则外河之水不得突入，运河之水不得盈漕，非惟清江板闸一带堤岸易守，而宝应诸湖亦缓此一派急流矣。但启闭之法非严不可，如启通济闸则福、清二闸必不可启，启清江闸则福、通二闸必不可启，启福兴闸则清、通二闸必不可启。河水常平，船行自易。单日放进，双日放出。满漕方放，放后即闭。时将入伏，即于通济闸外填筑软坝，秋梢方启。悉照先年旧规与近日题准事例行之，其于河道关系不小也。”成化年间又下令，“凡闸惟进鲜船只随到随开，其余务待积水。若豪强逼胁擅开，走泄水利，及闸开不依帮次争斗者，听闸官将应问之人拿送管闸并巡河官处究问。因而阁坏船只，损失进贡官物，及漂流系官粮米并伤人者，各依律例从重问罪。干碍豪势，官员参奏究治。其闸内船已过，下闸已闭，积水已满，而闸官夫牌故意不开，勒取客船钱物者，亦治以罪”。

此外，在一些水纠纷矛盾比较突出的灌区，明代还形成了具有很强约束力的分水规则规约。在陕西汉中地区有山河堰灌区，总堰设有经历（总理），支渠有首事，分堰有堰长，小渠有小甲，形成了系统完善的灌溉管理系统。用水管理日臻完善，万历时全灌区分上、下两坝，定有轮灌制度。明代修建的广济渠引沁灌溉工程，沿渠分 24 堰，各堰轮灌的次序、时间及分水比例等，均有明确规定。明代陕西泾渠上有三限口，又称三限闸，位于泾阳县北 5 里，建于唐代，宋元明沿袭不改。北限为太白渠，引水入三原、栎阳、云阳三县；中限为中摆渠，引水灌高陵、三原、栎阳三县田；南限为南白渠，引水入泾阳县。明人在三限口水中置石人，刊字于其上，曰：“水到石人腰，限上不能浇；水到石人肘，限上开斗口。”这就是调配泾渠水资源的著名水则。

二、河道整治

明代许多江河水系因河道淤积或尾闾行水不畅，水患频发，灌溉失时。为此，明王朝重视河道系统的整治，在开浚河道和兴修堤防两个方面做了很多工作。

（一）开浚河道

在海河流域，为了减轻运河的洪水威胁，明王朝疏凿了不少减水河。永乐九年（1411 年），在卫河上开凿了德州四女寺减河。永乐十年（1412 年），开浚了哨马营减河。弘治三年（1490 年），开了沧州的捷地减河、兴济减河。除了上述减河外，明代还在滨海地区又疏浚了一些旧有河渠减泄洪水，如沿海一带的浮河、迎河、靳河、马颊河、土河、商河、徒骇河等都起过减河作用。万历年间，山东齐河县民人倪伦还组织当地群众，在徒骇河南开挖了一条支河，分泄当地沥水，减轻了水患威胁。后来人们为了纪念他的功绩，把这条河命名为倪伦河。

在黄河上游，明代在华州境内开浚了排潦渠。嘉靖三十四年（1555 年）关中大地震，地震造成了严重的地裂陷，同时出现河、渭泛溢，华山诸峪之水不能入渭以泄，遂在华州、华阴二城之北潴积成泊，淹没土地近万顷。华州、华阴百姓在州县官桑博、何祥的率领下，疏排积水，积潦以泄，被水之地得以复耕，华州、华阴百姓共享其利，故名该渠为“惠民渠”。在黄河中下游，由于时常决口，冲阻运道，所以治河以保漕运畅通为中心，或堵或疏。明代前期，为防止黄河向北冲毁运道，官府治河施以“北堵南分”的方针。景泰四年（1453 年）十月，佥都御史徐有贞主持治理黄河沙湾决口，徐有贞开广济渠长数百里，分杀黄河水势，引黄济运。“渠起张秋金堤之首，西南行九里而至于濮阳之泊，又九里而至于博陵之陂，又六里而至于寿张之沙河，又八里而至于东西影塘，又十五里而至于白岭之湾，又三里而至于李堆之涯。由李堆而上又二十里而至于竹口莲花之池，又三十里而至于大伾之潭，乃逾范暨濮。又上而西，凡数百里，经澶渊以接河沁。”同时，徐有贞还疏导了汶水、泗水，使流入运河。“又汇水澶濮之流，而纳诸泽”；疏浚北至临清，南至济宁之间的长达 450 里的运河。徐有贞开渠分水、引黄济运的工程措施，很有成效，“亦会黄河南流入淮，有贞乃克奏功”，“阿西、鄄东、曹南、郓北之区，出余波而资灌溉者，为顷百数十万，行旅既便，居民既安”。山东河患一度得以平息。弘治二年（1489 年）五月，黄河又在开封和金龙口决口，户部侍郎白昂受命治河，行“南北分治，而东南则以疏为主”的方针。白昂疏浚了南面各支泛道，往南分泄黄水。一是引中牟决河出荥泽之阳桥以达淮；二是浚宿州古汴河以入泗，又浚濉河自归德饮马池，经符离桥至宿迁以会漕河。又自东平北至兴济凿小河 12 道，入大清河和古黄河以入海。于是，“使河流入汴，汴入睢，睢入泗，泗入淮，以达海，水患稍宁”。白昂治河第二年，黄河又决金龙口，分数道冲决张秋运道。弘治六年（1493 年）二月，副都御史刘大夏主持治河，以通漕运。刘大夏沿袭了白昂的治河，北堵南疏。为了更好地堵上张秋运河决口，刘大夏总结教训，说：“黄陵冈在张秋之上，而荆隆等口又在黄陵冈溃决之源。筑塞固有缓急，然治水之法不可不先杀其势。”“是下流未可治，当治上流。”于是在决口上游，“浚仪封黄陵冈南贾鲁旧河四十余里，由曹出徐，以杀水势。又浚孙家渡口，别凿新河七十余里，导使南行，由中牟、颍川东入淮。又浚祥符四府营淤河，由陈留至归德分为二，一由宿迁小河口，一由亳州涡河，俱会于淮”。万历年间，潘季驯筑堤束水，蓄清刷黄，效果明显。但因忽视黄河上游泥沙来源治理，加之黄强淮弱，导致黄河下游河道淤垫，黄水倒灌清口，既妨碍漕运，又威胁祖陵安全。于是，分黄导淮之议起。万历二十三年（1595 年），杨一魁总理河道后，和礼科给事中张企程共同提出了“分杀黄流以纵淮，别疏海口以导黄”的建议。万历二十四年，杨一魁动员民夫 20 万人，于桃源开黄家坝新河，自黄家嘴起，东经清河，至安东（今江苏涟水）灌口，长 300 余里，分泄黄水入海，并辟清口沙 7 里，在高家堰上建武家墩、高良涧、周桥三闸，分泄淮水东经里下河地区入海。十月，河工全部完成。于是，“泗陵水患平，而淮、扬安矣”。

在黄河下游山东境内的大、小清河流域，明代进行过多次疏浚。小清河发源于山东历城的趵突泉，绕过华不注山，经章丘、邹平、长山、新城、高苑、博兴，沿途吸纳淯河（绣江）、漯河、孝妇河、乌河、淄河等河流，在乐安境内入海。该河属人工河道，最初由宋代刘豫组织开挖。其后，元代也有疏浚。入明以后，成化九年（1473 年），由山东巡抚牟俸和参政唐虞共同主持了小清河浚淤工程，旨在恢复刘豫所修故道，对上自历城下至乐安段的河道都进行了疏通，并设置了许多河闸，以备蓄泻之用，河闸之旁还开凿月河。在高苑境内还开通了支脉沟，以辅助小清河水量的调节，遇大水则开闸分流以杀其势，干旱时则予以关闭。在对小清河进行治理的同时，对大清河的治理工作也在进行。经过此次对两河的成功治理，两河皆得以全线畅通。而且水归故道后，还退出可耕田地数万顷。嘉靖十二年（1533 年），其时小清河自博兴以西至历城段河道及其支流清、漯、孝妇诸河皆决塞为害，时任山东巡抚袁宗儒遂主持小清河的修治。此次修治，仍以疏浚为主，共疏通自博兴至历城间的河道三百余里。同时，对沿岸地区支流也进行了治理。嘉靖二十三年（1544 年），因频发水患，山东巡抚端庭赦又委任青州府推官陈珪负责疏浚小清河，再次挑挖小清河道 40 里。

在淮河流域，由于黄河夺淮，黄、淮干流以及蔡河、双洎河、颍河、涡河等淮河支流流域，为黄水淤积，河流沟洫时常淤废无定，水系破碎，洪涝灾害甚巨。在淮河上游，正德四年（1509 年），河决杨家口，侍郎崔岩乃于祥符董盆口、宁陵五里堡各开地 40 里，接黄河故道，引水由凤阳达亳州。又浚孙家渡故道 10 余里，引水由朱仙镇至寿州而各入于淮。疏贾鲁旧河 40 余里，以杀水势。正德八年（1513 年），侍郎赵璜于荥泽东浚分水河，郑州西凿须水河，疏亳州河渠，自是水势渐杀，不为害。嘉靖二十三年（1544 年），新蔡知县见县境地势卑下，岁常患水，复开九沟，以达于港。疏浚洪河、汝河以注于淮，然后民多蓄积。扶沟知县李增开惠民支河，以分水势；知县赵辅见双洎河每岁泛滥，乃力为疏浚，民咸赖之。隆庆五年（1571 年），项城知县贾明远调集民众循阡陌，顺水之性而利导之，北自广阳坡，寻旧迹，开支河 40 余里，导阎家坡、范亭坡之水，汇支河以归于黄河故道，南之清净坡、郜家坡开新渠 50 余里，导韩刘、吴四桥之水以归于洪河。隆庆六年（1572 年），鹿邑知县王冠在偃王陂以东，至孤柳树、十字河诸所，创浚了 35 条沟渠。至万历元年（1573 年），亳州接开大沟，上自十字河，下至三丈口，长 48 里，阔 1.5 丈，深 5 尺，自是鹿邑县之积水得由亳州进入涡河，南达于淮，千里通流，水患顿息。万历三十二年

（1604年），鹿邑知县刘必达开浚沟渠，自试量集东南，至太和界，总计31900余步。因亳州接沟堙阻，乃改浚刺河沟至太和界，使鹿邑之水由刺河沟达颍河，不再由亳入涡。崇祯五年（1632年），鹿邑知县韩友范开浚城北沟渠，导水入黄河、清水河。又开城沟渠，导水入涡河、急三道河。万历四十四年（1616年），襄城县知县谭性教，周历四乡，相土宜，见东南地多卑下，教民开南北二渠，除水患，一方称便。

在淮河中游，成化年间，颍州同知刘节目睹黄河水道淤隔成湖的界沟湖以及湖之南三里的一小湖时常泛滥成灾的情形之后，两次督民开渠泄水，各夷高湮下，多成腴田。正德五年（1510年），疏浚贾鲁河与亳州河渠，以分消水势，并修筑长堤，阻止黄河南徙。正德十年（1515年），又疏浚亳州河渠，分杀黄河水势。嘉靖五年（1526年）八月，掌詹事府事礼部尚书吴一鹏给假展墓，回京路上，及渡淮以北，见田庐淹没，渺然巨浸，千有余里，乃请遣使体勘，蠲租贷粟，而于涡河堙塞等处，或疏故道，或开支河。当年十二月，巡按御史穆相针对吴一鹏建议，再次建言："兖南徐北，去东海不远，于此相逐地势，开一渠河，立以坝闸，设以守官，遇水发分流以杀其势，小水锁闸以截其流，庶几有所归，不为民患。且启闭有时，亦不妨碍运河通畅。"时提督漕运总兵官杨宏亦言：徐州上流，若归德小坝河、丁家道口河、亳州涡河、宿迁小河等处，俱有黄沁分流支派故道，宜于此开浚。或有捷路可辟，亦从其便，借此也可以分杀水势。隆庆年间，砀山知县戴伟凿城南新汇泽渠泄水，紧接着又有知县王廷卿开城南新渠泄水。隆庆中，太和知县刘玠疏浚15条沟道5个闸；万历末，知县曹司牧疏浚43条沟道。万历年间颍上县县令屠隆议开新河，以使颍水改道，未果而去。后来，县令何豸接着开浚新河，但没有成功。再后来县令孙应龙致力终其役，开浚新河长3里。

在淮河下游，因黄河夺淮使淮水、运河漫溢决口不断，逐渐淤浅了射阳湖，从而降低了射阳湖原有的调蓄水旱和通航的功能。万历七年（1579年），杨公一到盐城便倡开浚射阳湖之议。他的建议得到了督府凌云翼的首肯，也获得了上级财政的支持。于是，在万历九年（1581年）正月开工后，杨公主持开浚射阳湖工程，部署丁卒，口授方略。日乘小舟，栖泊洲渚；间披寒雪，冒暑曦，至身且病，犹强治事，不少逾息。因此，工程进展迅速，至是年八月即告竣工。对于此次疏浚的绩效，时人论道："湖既浚，水始湍驶，趋海如箭，即伏秋水发，亦且得所归，无泛溢患20年。蛟龙所窟宅之田，一朝而毕出，盐人咸把锄犁而耕。至秋，黄云蔽野，社鼓相闻。"万历十一年（1583年），李裕知泰州，见兴化、泰州久被水患，乃请开丁溪海口，以宣泄淤溪、秦潼、西溪、宁乡及东台何垛、串场河诸水。巡按以闻于朝，具如所请。自是水有所归，阡陌皆复，民甚赖之。

在长江上游，洪武二十三年（1390年），四川永宁宣慰使言：所辖水道有190个滩，江门就有82个大滩，皆被石塞。于是诏令景川侯曹震往疏之。在长江下游地区的安徽境内，东部的滁州、来安、全椒一带因在滁河、襄河的干支流两岸及其下游多分布有地势低洼的圩田、屯田，而滁河发源于庐州府旧梁县，曲折400里，趋江苏六合瓜埠口入江。其所受诸水在全椒有襄河，在滁州有清流河，沿河南岸为含山、和县、江浦、六合交错之地，众流辐辏集，不下百数，一遇淫潦，势难骤泄，往往以沿河圩田为壑，居民苦之。正统十四年（1449年），和州民言：州有姥下河上通麻、沣二湖，下接牛屯大河，长70里许，广8丈。又有张家沟连铜城闸，通大江，长减姥镇之半，广如之，灌溉降福等70余圩及南京诸卫屯田。近年河溃闸圮，率皆淤塞，请兴役疏浚，仍于姥镇丰山嘴叶公坡各建闸以备旱涝。从之。正德十五年（1520年），御史成英言：应天等卫屯田在江北滁州、和州、六合县境，地势低，屡为水败。从金城港抵河达乌江30余里，因旧迹浚之，则水势泄而屯田利，诏可。滁河水患比较严重，还在于河道迂曲狭窄，下泄不畅所。嘉靖五年（1526年），巡屯御史曹某建言，欲改从和县分水岭，由赭乐山前达大江。后遭和州知州易鸾的反对而未果。万历十一年（1583年），巡按直隶御史徐金星认为，江北屯田自庐州、滁州抵六合，延袤72圩。一遇山水暴发，淹没不救。而又查得旧开浦口黑水河20里，未完工程仅2里有余，建议拨军人开挖，只需要一个月就可完工，数万顷之沃壤因之可以免除水患。此议得到部复，如议。

在长江下游的江浙地区，洪武六年（1373年），调集松江、嘉兴两万民夫开上海胡家港，自海口至漕泾 1200 余丈，以通海船，并浚海盐澉浦。洪武二十五年（1392 年），凿溧阳银墅东坝河道，由十字港抵沙子河胭脂坝 4300 余丈，役夫 35.9 万人。建文四年（1402 年），又疏吴淞江。永乐元年（1403 年），因“浙西大水，有司治不效”，遂命户部尚书夏原吉主持治理。夏原吉用“掣淞入浏”法，由夏家浦导吴淞江入浏河，再出长江，以代替对吴淞江下游的疏浚整治。由于淤塞，在经过了半个世纪之后的天顺二年（1458 年），兼任应天巡抚的崔恭又重开吴淞江下游水道，并引吴淞水入黄浦江。弘治四年（1491 年）后，太湖地区连年大水，民多溺死。弘治七年（1494 年），工部左侍郎徐贯等主持疏浚水道。在太湖下游，徐贯首先将吴江长桥一带芦苇丛生的河段疏浚深阔，又疏浚吴淞江和大石、赵屯等浦，再开白茆港和白鱼洪、鲇鱼口等处，继开七浦、盐铁等塘。其次又将湖州、常州有关河道疏浚深通。当年十一月兴工，至弘治八年（1495 年）二月结束。正德十六年（1521 年）十月，巡抚李充嗣、工部郎中林文霈主持疏浚白茆河，新开江口至双庙段 3556 丈，又疏浚双庙至常熟县东仓，全长共 17391 丈，深 1.5 丈，宽 3.3 丈。次年四月完工。此后不几年，白茆河又严重淤积。嘉靖元年（1522 年），又疏浚吴淞江 6336 丈，以及其他工程。到了隆庆四年（1570 年），任应天府巡抚的海瑞主持修浚吴淞江，经过一个多月的时间告成，全长 80 里。接着他又以同样的办法，疏浚白茆河，去除了水患，并且开垦了吴淞江两岸熟地 10 余万亩。

在人工运河的整治方面，主要是南北大运河的开通和广西灵渠的修复。永乐九年（1411 年），调动民工 30 万开会通河（元时已淤塞不通）。由济宁至临清 385 里，南北大运河的重新畅通，既有利于漕运和商业往来，也有利于农田灌溉。景泰三年（1452 年），徐有贞以黄河决沙湾七载，前后治理皆无功，因至张秋相度水势，条陈三策，一置水门，一开支河，一浚运河。于是大集民夫，躬亲督率，治渠建闸，起张秋以接河、沁，为九堰以障河流之旁出不顺者；更筑大堰，楗以水门，时经一年半而工成，名其渠曰“广济”，闸曰“通源”。七年秋，山东大水，河堤多坏，唯徐有贞所筑如故。徐有贞乃修旧堤决口，自临清抵济宁，各置减水闸，水患悉平。

在南方广西有著名的灵渠，渠本秦时开凿，汉马援修葺，其后湮圮。洪武四年（1371 年），令修复兴安灵渠（今广西兴安县西 10 里），共修建 36 条陡渠，渠水发海阳山，灌田万顷。洪武二十九年（1396 年），又修兴安灵渠。时尚书唐铎以军兴至其地，请浚深广，通官舟以饷军，命御史严震直烧凿陡涧之石，饷道果通。此次修浚，因严震直欲广河流，撤去鱼鳞石，增高石埭，导致遇水泛涨，势无所泄，冲塘决岸，奔趋北渠；而南渠浅涩，行舟不通，田失灌溉。因此，在 9 年后的永乐二年（1404 年），又按旧制重修灵渠，将石埭即大小天平增高部分降低，并恢复原来鱼鳞石的砌筑，改作如旧，水患始息。永乐二十一年（1423 年）又修广西兴安县渠陡。成化二十一年（1485 年），湘江上游洪水暴涨，冲毁了灵渠的大小天平和南渠，于是当年冬由全州知州单渭主持对灵渠又进行了一次较大规模的整修，先从上游岸边至下游开挖一条导流渠接通南北渠，然后修筑上游围堰，把湘江上游的水引入导流渠，通过北渠排泄；再在铧咀北面和北渠口附近修筑下游围堰，使上、下围堰之间的水都从南渠排走。重修铧咀用大石砌筑，大小天平用石砌成鱼鳞式，做溢流面。此外是堤岸和陡门的维修。主体工程竣工后便将围堰拆除，填塞导流渠，恢复北渠。整修历时两年多，结果是舟舸交通，田畴均溉。万历十五年（1587 年），对灵渠又进行过整修。

（二）兴修堤防

在海河流域，明代修建了不少堤防和堵口工程。根据《行水金鉴》上的记载统计有 100 多项，其中一半以上集中在南、北运河上。永定河由于靠近皇城，并与漕运有关，因此治理也很频繁。嘉靖四十二年（1563 年），修筑石景山下永定河东岸堤防，筑城石堤长 1200 丈。大清河水系的唐河、易水等河所筑堤防，仅据有长度可查的，总长就达千里以上。

在黄河流域，洪武初年对黄河未进行较大规模的综合治理。洪武八年（1375 年），“诏河南参政安然集民夫三万余人”，堵塞了开封大黄寺堤决口。洪武十八年（1385 年），堵塞了开封东月堤决口。洪武二十五年（1392 年），“发河南开封等府民丁及安吉等十七卫军士”，修筑了阳武县堤防。洪武二十九年（1396 年），令修筑河南洛堤。明成祖朱棣即位以后，国力日渐充实，对黄河灾害的防御和堤防的修守逐渐加强。永乐二年（1404 年）五月，修河南府孟津县河堤；九月，修河南武陟县马曲堤岸。永乐三年（1405年）二月，河南布政司言河决马村堤，命本司官躬督民丁修治。永乐四年（1406 年）八月，修河南阳武县黄河堤岸。永乐七年（1409 年）正月，河南陈州卫言，河水冲决城垣 376 丈、护城堤岸 2000 余丈，请以军民兼修，得以批准。正统初年，黄河走开封北，经原武、阳武之地，去中牟稍远，民不罹于河患。正统十二年（1447 年），河徙汴之西南，由荥泽以入中牟境万胜镇、高家窝、滩头、韩庄以达淮泗。中牟县之东、北、西三方皆边于河，一遇秋潦灌岸，则散漫四溢，高原平野，渐为沮洳，民不可田；甚者穿城注民庐舍，百姓闭门以与水抗，曳踵负泥，卒无宁居。弘治二年（1489 年），黄河决开封、金龙口，白昂受命治水，堵塞黄河决口 36 处，筑武阳长堤，防止黄河北冲张秋；修鱼台、德州、吴桥等处古长堤，以捍水势。弘治五年（1492 年），河更故流，自孙家渡、杨桥镇而东，竟冲黄陵冈，决张秋以入于海。中牟之民稍免水患，然不利于漕运，山东、河南守臣以此事上闻于朝廷。明王朝命都御史刘大夏前往治水，复筑断黄陵冈。刘大夏确立北堵南分的治黄策略后，黄河北岸堤防系统开始形成。为了使黄河“恒南行故道，而下流张秋可无溃决之患”，刘大夏又在黄河北岸兴筑或接筑二道长堤，荆隆口之东西各 200 余里，黄陵冈之东西各 300 余里，直抵徐州。其中大名府长堤，“起胙城，历滑县、长垣、东明、曹州、曹县，抵虞城，凡三百六十余里”，名太行堤；西南荆隆等口的新堤“起于家店，历铜瓦厢、东桥，抵小宋集，凡百六十里”，筑起了阻挡黄河北流的屏障，大河“复归兰阳、考城，分流经徐州、归德、宿迁，南入运河，会淮水，东注于海”。此时，中牟县在县令郝公主持下，在中牟县东、北、西三面筑堤以障悍流，南则恃旧岗以为固。工程起自东五里堡、毛家港，北至滩头，南历冈头，以尽于十里铺。其为堤若干里，高余三丈，广则如之，土密筑坚，岸然墙立，旁植以柳。固堤卫堤之策无所不至，至是而黄陵冈之绪通就，水势南逼，而中牟县赖以无患。黄河河性多沙，经常淤垫漫溢冲决堤防。因此，潘季驯提出筑堤束水攻沙的主张，认为筑堤束水归槽之后，则沙随水刷，自难垫底。筑堤束水，以水攻沙，水不奔溢于两旁，则必直刷乎河底。但是单薄的堤防难以束黄水归槽，于是潘季驯又有创遥堤与缕堤并举之说，认为缕堤即近河滨束水太急，怒涛湍溜必致伤堤。遥堤离河颇远，或一里余或二三里。伏秋暴涨之时，难保水不至堤，然出岸之水必浅，既远且浅，其势必缓，缓则堤自易保。为保遥堤和缕堤安全，潘季驯又主张在易冲决堤段配合筑以减水坝，让异常暴涨之水则任其宣泄，少杀河伯之怒则堤可保。河坝面有石，水不能汕，故止减盈溢之水，水落则河身如故。纵使偶有一决，有遥堤以障其狂，有减水坝以杀其怒，筑后即成安流。嘉靖四十四年（1565 年），潘季驯首次出任总理河道，“开导上源，疏浚下流”。隆庆四年（1570 年），邳州河决，运道淤阻，潘季驯再次被任命为总河，率丁夫 5 万余人，堵塞了 11 个决口，挑浚匙头湾淤河 80 里，筑缕堤 3 万余丈，使河归正槽，并且提出要使黄河长治久安，必须“筑近堤以束河流，筑遥堤以防溃决”。不久，潘季驯被弹劾罢官。隆庆六年（1572 年）至万历二年（1574 年），万恭任总理河道，主持治理黄河。万恭在潘季驯二任总河所做工程基础上，主持修筑了徐州至宿迁小河口两岸缕堤共 370 里，整治修理了丰县、沛县一带的大堤。万恭麾下管堤副使章时鸾，主持修筑了黄河南岸缕堤自赵皮寨至虞城县凌家庄，长 230 里。这是明代在徐州以上黄河南岸第一次较大规模的堤工，正好截断了除孙家渡外前期往南分流的几个口道。万历六年（1578 年），黄河决崔镇（属今江苏泗阳）而北，淮水决高堰而东，淮扬一片泽国，漕运受阻。潘季驯在张居正支持下第三次出任河道总理，大刀阔斧地实施“筑堤束水，以水攻沙”，大筑高家堰，“蓄清刷黄”的治河方略，进行了大规模的堤防建设，筑归仁集堤 40 余里、柳浦湾堤东西 70 余里、塞崔镇等决口 130 处，筑徐州、睢宁、邳州、宿迁、桃源（今江苏泗阳）、清河（今江苏淮阴）两岸遥堤 56000 余丈，砀山、丰县大坝各一道，徐州、沛县、丰县、砀山缕堤 140 余里，淮扬间堤坝无不修筑。张居正去世后被反对派攻击，潘季驯因受到牵连而被削职为民。万历十六年（1588 年），在许多人竭力推荐下，潘季驯第四次出任河道总理。在三次治河基础上，潘季驯主持整治了郑州以下黄河两岸堤防，完善、制定了一系列堤防修守制度，提出并初步实践了淤滩固堤的措施。

在淮河流域，洪武初尉氏知县齐勉因双洎河大水为患，乃调集洧川、鄢陵二县民夫筑堤60余里，以防之。双洎河流经鄢陵县北时，该县有双洎河堤，绵亘于中牟、洧川、鄢陵之间，筑以防水。在沙河，洪武初年，郾城县典史孔秉忠见沙河水岁为患，率民筑堤40余里，其患遂息。万历二十一年（1593年），汝阳知县岳和声看到汝水泛涨时，百里之内，田晦室庐多被淹没，“乃力请留大司农金钱，筑堤于汝水东岸，逶迤五十里，广四丈，高倍之，自是远近无患”。嘉靖末年，河南归德等处大筑堤坊，而淮患益甚。万历元年至万历二年（1573—1574年）之间，漕运都御史王宗沐大兴工役，沿淮筑堤，几二百里，然随筑随坏。淮水污滩，河身随堤而高，其下泥沙深不可量，说明在沿淮筑堤难度非常大。万历四十二年（1614年），王世荫知霍邱，筑沣河堤，障水捍患，功垂不朽，于今利赖。在淮北的颍河两岸，崇祯元年（1628年）颍上县进士田用坤，逾年因疾病归居故乡，筑颍东南河堤，以息水患，人咸德之。在淮河下游，嘉靖三十二年（1553年），已开始兴筑高家堰。隆庆六年（1572年），漕抚王宗沐、知府陈文烛修淮安城西南40里的高家堰。明代较系统地、大规模地兴筑高家堰大堤，是万历六年（1578年）潘季驯主持进行的。当时兴修大堤长60余里，大坝断面顶宽3~9米，底宽9~50米，坝高4~5米。高堰一段为石工，其余还是土堤。南段越城至周桥地形较高的一段为天然溢洪道，没有筑堤。淮水下游故道，古原无堤，黄河夺淮后，河淮并流入海，不闻筑堤。明隆庆、万历间，始有堤工，淮口以下重在南岸。潘季驯修筑南堤时，河淮尚经淮安北门外，堤工亦仅至戴百户营而止。万历三年（1575年），石子璞知清河县，时县邑大水，子璞下车先筑围堤，以卫民居，次筑长堤，以捍民田。万历七年（1579年），史选任安东知县，时邑中大水，民构木以居。史选行水中，相度标志，筑土堤，高八尺余。嗣后，河复溢，安东治内独离水患。

在运河流域，淮扬段的东西地带，湖波浩渺，西有管家湖、白马湖、宝应湖、汜光湖、界首湖、高邮湖、邵伯湖等，东有射阳湖。运河西诸湖接纳濒淮的富陵湖、洪泽诸湖湖水和天长七十二涧水，由扬州五塘而达大江。历经唐宋整治，运河东西岸皆筑有大堤，并建有闸洞、石础、斗门数十座，以收蓄泄、航行之利。洪武二十八年（1395年），栢从贵建言：邑中水利，请筑塘岸40里，以备冲决。诏许调发淮安、扬州一带丁夫56000余人，令栢从贵董其役，期月而成。正德十二年（1517年）夏六月，宝应县运堤圮于水，水来漂没，溺其人民，荡覆庐舍数十里，坏官民舟亦数百艘。巡抚都大宪臧公疏于朝，亟请发内币治之。事下有司议，令发淮、扬军民筑土障阏，计用丁夫3500人，监工官自百户而下计25员，匠夫以名计者百，阅六月大工始就。隆庆时，担任宝应主簿管河的徐志高负责督修运河堤石工，凡是志高所督修的堤工，坚固密致，水不能啮，至今宛然如新。以至于隆庆《宝应县志》纂修者不得不感叹道，如果所有管河都同徐志高一样尽职尽责，可以永无堤决之患了。

在长江流域，最早出现的堤防是中游的荆江河段，即创建于东晋时期的“万城堤”。以后，堤段逐渐向下游发展。明代因分流穴口减少，水患愈重，对堤防工程更加重视。成化初，在黄潭堤段开始用块石砌护外坡，防止冲刷溃决。嘉靖中，堵塞郝穴口，加固新开堤。于是，荆江大堤从堆金台到拖茅埠连成一线，形成整体，长达124公里。隆庆二年（1568年），荆州知府赵贤不仅亲自督修江陵、监利等六县江堤，而且还创立了堤甲法。堤甲法规定：“每千丈堤设一名堤老，五百丈设一名堤长，百丈设一名堤甲和十名堤夫。”当时，仅监利管辖堤防庞公渡东西两岸江堤，共设堤长80人，按每一堤长辖堤甲5人和堤夫50人计算，共有堤甲400人，堤夫4400人。这些专官专人的职责是夏秋防御，冬春补修，岁以为常，对堤防管理起到一定作用。自明初开始，在今武汉市区开始筑堤。正德年间开始在城区沿江段筑驳岸。明代后期，今武汉三镇江、汉沿岸基本形成堤防系统。位于湖北黄梅、广济两县境内的长江北岸筑有黄广大堤，长87公里。永乐二年（1404年），修建黄梅、广济江堤，堤线上起广济盘塘，经武穴、龙坪、蔡山至孔龙镇，沿驿路堤达清江镇（小池镇东），经段窑而与同仁、马华堤相连，到永乐四年（1406年）竣工。

在长江下游的皖江段，无为及和县境内有无为大堤，堤上起无为县合兴，下至和县黄山寺，长 125 公里，是庐州、巢县、和州、含山四邑之屏蔽。无为、和县一带宋代筑圩垦殖，明代堤工渐多。明初大兴水利，江滨浮涨，日就垦辟，遂于沿江 200 余里筑长堤，以捍御江潮。其中就有正德年间修筑的胥家坝，后被坍入江中。此后百余年间，无为外筑堤防，内筑圩岸，旱涝有备，田土尽成沃壤。但至嘉靖、隆庆以后，江中沙洲丛生，逼江主流北趋，无为滨江坍江严重。于是嘉靖间州守郑淳典在屯台筑长堤十数里，潮患顿息，称之为“郑公坝”。万历十六年（1588年），无为知州陈应龙目睹境内自土桥河青山圩，受江水冲突，民多筑堤为圩，大小共有 360 多座圩。盛夏江涨，内合黄、白二湖，则水势汹涌，膏壤俱虑沉没，于鲫鱼口筑堤 5200 余丈，外捍江潮，后人乃得因势增补，水患以息，是为“陈公坝”，即一坝。万历四十一年（1613 年），知州孙慈因一坝将坍，起夫兴筑二坝，自青山圩至韩官圩，计 5700 余丈。万历四十五年（1617 年），州守陈鸣鹤因二坝将坍，又起夫 11200 名补筑三坝。在下游的江苏段，洪武二十三年（1390 年），调派民夫 25 万人，修筑崇明、海门决堤 23900 余丈。永乐二年（1404 年）十一月，诏发民夫修筑泰兴沿江圩岸，东至新河，西尽丹阳界，长 6650 丈，高 1.5 丈。永乐七年（1409 年），圩岸复沦于江者达 3900 余丈。十二月，遣官相度修筑如旧。成化十七年（1481 年），任扬州府同知的李绂见泰兴濒江，田庐岁为风潮冲蚀，就筑长堤捍之，民以获耕。嘉靖十二年（1533 年），县令朱蓖增筑，自庙湾港至过船港，计 7630 丈，田赖以卫，由是濒江 80 里之田，赖以无虞。

在珠江流域，地处黔、郁两江相汇的河谷地带桂平县厚禄里，成化年间在思味村东南修筑了长 390 余丈、高 2 丈多的思味堤，捍卫农田 8000 多亩。又在寻贵村北、西、东三面修筑了长 760 丈、底阔 3 丈、面阔 8 尺、高 1.5 丈的寻贵堤，捍卫农田 3000 余亩。位于桂江、平乐江（今恭城河）、修江（今荔浦河）三江交汇处的平乐府，汛期常遭江洪冲激。万历年间，在城北一带修筑了一道长 85 丈、阔 6 丈、高 2.5 丈的龙头堤，并在堤外修筑了 3 个湖塘，以削减江流水势，有效地保护了府城一带大片农田和民居的安全。地处三江关键的梧州府，万历年间在城南筑护城回澜堤，周 2 里余，绕城如带。

三、城市防洪

明代城市防洪工程，主要包括修城开壕、筑堤防洪、迁建新城等。

（一）修城开壕

明代开封屡遭黄河冲决的威胁，故修筑城墙予以挡洪。天顺五年（1461年）七月，河决开封土城，筑砖城御之。不过，此次修的砖城效果并不理想，越三日，砖城亦溃，水深丈余。周王后宫及官民乘筏以避，城中死者无算。

古泗州城，在今江苏盱眙县城的北面，未沉没之前，与盱眙城隔淮相望。这里地势低洼，易受淮河洪水威胁。为了防御淮河洪水，宋代在河东西两岸各建一座坚固的城墙，并增筑外堤，形成两道防洪屏障。明初，把东、西二城合而为一，把土城改为砖石结构。这时城的规模为："周长为九里三十步，高二丈五尺；除有五座城门外，还有由闸门控制的水门，以备排水。"明后期，由于实行"束水攻沙""蓄清刷黄"的方针，洪泽水位抬高，泗州城城根经常浸泡水中，石墙基础逐渐毁坏，护城河水位高于城内，水门无法开启，不能排除城中积水，城东、西、北门均已不通，只剩南门可以勉强出入。崇祯年间，洪水灌入城内，只能在城墙上凿洞放水。放水的方法只能用水车往外车水。清康熙十九年（1680年），泗州城被洪泽湖水淹没。

明代许多城市都开浚有护城壕，以泄水防洪。广州城于洪武十三年（1380年）进行了扩建，将宋元时期的中、东、西三城连合为一，并辟东北麓以广之，拓北城800余丈。明初在扩城的同时，重新开浚壕周2356.5丈，改南壕旧水闸为石筑，广仅六尺许，竖铁柱两重，以严防御，舟楫自是不复通，但却有城防和纳潮排水的作用。嘉靖五年（1526年），为使壕渠排水沟通畅达珠江，遂把原来各自入江的西壕、南壕、清水壕浚深扩宽并且连通，使四壕汇而为一，由东水关至西水关入珠江，成为明老城南的护城壕。嘉靖四十三年（1564年），向南扩筑新城后，又成为横贯新老城之间的内壕。北城扩建后，北面一些壕池已围入城内，且多已淤涸缩窄，泄洪能力大为降低。每逢暴雨季节，白云山山洪暴发，铜关往往排泄山洪不及，常使城内东北一带泛滥成灾。为了防止山洪入侵，成化三年（1467年），总督韩雍主持开凿新东壕防洪工程，在小北门外凿断朱紫岗，开挖东壕265丈，深1.6丈，把文溪水在东北城外向东斜向引入东壕，堵塞了原文溪在小北门的穿城月洞，使其不再流经城内。围入城内原有北面西东走向的壕渠，则仍穿过铜关入城外东壕。由于疏导白云山洪水通过城外东壕由大沙头入珠江，消除了城内东北一带的洪涝灾害。

（二）筑堤防洪

在淮河上游的河南郾城，嘉靖时沙河已近逼城余岸仅尺许，为策者谓宜筑石岸以御其冲，或开新河以移其流。嘉靖三十六年（1557年），武建邦任郾城知县后，认为前两种说法都是费巨而时迁；城西南故因逼河而多危，移筑则财约力省而事易集。武建邦移筑防洪堤的建议得到了上级批准，工讫而果便于事。至万历二十一年（1593年），沙河复大涨，啮西门瓮城。时夏之臣任知县，集众议，则持改河、退城二说。而古城民胡绵力言改河不便，退城为宜。夏之臣未能决。万历二十三年（1595年），仕周为知县，第二年便支持胡绵的建议，以请退修西门20步。遂平县有新河，在县东7里。万历四十七年（1619年）夏，知县胡来进见石洋之水直往东流，有不利于城东，因塞旧河口。又在吴家桥开1渠，广深各2丈，长3里余，南入沙河，人呼为玉带水。乾隆《遂平县志》作者却认为，但人知分石洋水势，而不知此河专受城西北坡湖诸水，遇岁多雨，众流趋注，河身不足容受，辄泛漫四溢，下游之地被浸不收，其为患已久。在汝阳县城，万历年间兵巡道黄炜因城西北隅时受水患，捐50金修建黄公堤，迄今为永赖。

安徽大别山区有霍山县城，位于淠河沿岸。淠河发源于大别山区，属淮河南岸最大的一条支流。霍山西南200里皆崇山盘错，淠河以一线穿其腹，无大陂广泽为之储。崖锁峡束，往复百折，至霍山县城附近，始趋平陆，势乃大逞。故每当霖雨连朝，则悬流直下，迅若建瓴，洪涛怒奔，莫可遏抑。于是，明代霍山县令陈中复、汤楠先后修建了霍山城拱辰门外沿河石堤，曩河水内扫，城垣屡遭冲刷，自甃石后，城保无恙。在淮河中游的凤阳县城，万历时因黄河南趋，洪泽湖水位上涨，淮河泛滥也愈趋严重，故于万历二十五年（1597年）至万历二十七年（1599年）筑凤阳段滨淮石堤共长310余丈，以捍淮水，全城赖以无恙。

淮河下游有安东（今江苏涟水县）县城，万历七年（1579年），邑大水，民构木居，乘筏入市。时任安东知县史选乃相度形势，筑土堤护县治，并改挑盐河，寓赈于工，全活甚众。明末，淮水暴涨，淮安城岌岌可危，庠生刘自靖倡议捐资筑堰以障之，三城赖以安堵。在淮扬运河沿岸，有宝应县城，万历七年（1579年），湖水暴溢，西风大作，南城角堤将决。刚到任的县令韩介出立堤上，集千人培以刚土，堤得不决。

在江西丰城县，成化五年（1469年），赣江大水猛涨，冲倒县城围堤多处。大灾以后，官府以修复工程大，决定将县治迁移到河西曲江去。县城及河东群众得知后，一致认为县治迁走后，赣江东堤必然要失修，河东地区今后涨水时势必成为水乡，于是纷纷反对迁移县治的决定。但是，官吏们对群众的呼声置若罔闻。搬迁决定行将实施，情况迫在眉睫。丰城县籍的御史李裕得知这个情况后，立即向皇帝上疏，要求撤销迁徙县治的决定。同时，他写信给江西巡抚，建议迁县治不如修堤，并请拨款资助。这些建议都得以采纳。随后，丰城县修建了沿江的石堤共计300多丈，河东得益，河西亦无妨，洪水灾害得以减轻。

（三）迁建新城

明代有些城市因地处河道决口附近，频遭决口威胁；而有的城市地势低洼，下游河道淤塞，多遭淹浸。即使采用护城堤防护也难以避开洪水的威胁，最后无奈之举便是寻找新址，迁建新城。

在山东曹州，城治因黄河夺淮的影响而"四徙"。大定八年（1168年），河决李固渡（今属河南省滑县），水溃曹州城，时知州赵安世徙州治于古乘氏县。大定二十七年（1187年），河决曹州、濮州间，迁曹州于北原（其址不详）。到洪武元年（1368年），河决曹州双河口，徙州治于安陵（今黄集乡安陵集）。次年河复决，复迁治于盘石镇（今曹县）。

《明史・河渠志》记载，洪武二十二年（1389 年），河没仪封，徙其治于白楼村；宣德三年（1428 年），因为河患，徙灵州千户所于城东；弘治二年（1489 年），河决开封及金龙口，入张秋运河，又决埽头五所入沁。郡邑多被害，汴梁尤甚，议者至请迁开封城以避其患。嘉靖五年（1526 年），黄河上流骤溢，东北到沛县庙道口，截运河，注鸡鸣台口，入昭阳湖。汶、泗南下之水从而东，而河之出飞云桥者漫而北，淤数十里，河水没丰县，徙治避之；万历十八年（1590 年），徐州水积城中逾年，众议迁城改河，未遂。天启四年（1624 年）六月，河决徐州魁山堤，东北灌州城，城中水深一丈三尺，徐民苦淹溺，议集资迁城。

《明史・地理志》记载，正德十一年（1516 年）九月十三日，黄河决，冲没城武（今山东成武县）县，至正德十四年（1519 年）五月，因河决改迁；单县旧县城原在新城南，正德十四年（1519 年）五月，因河决改迁。

此外，有些城市因遭河流直冲，水患不断，于是有导河改流以保护城市防洪安全之举。洧川县城在洧水沿岸，初洧水流南郭外，辄溃堤啮城，荡民室庐，岁役丁夫数千人，葺堤茭楗之费以不赀计。隆庆二年（1568 年），侯九臣任洧水知县，因买民田 70 余亩，凿渠 50 余丈，役民日数十人。民不知劳，再阅月而渠成，河流遂徙，自卢家口东南直下，不再侵袭南郭。岁省民财数百千缗，河亦安流，无横溢患。

四、农田灌溉

引水、蓄水灌溉乃农业防旱抗旱的重要举措。明代的农田灌溉，主要有引水灌溉、蓄水灌溉两种干旱防灾减灾方式。

（一）引水灌溉

引水灌溉，分渠灌和井灌、泉灌三种形式。渠灌主要开浚渠系以引河流、湖泊、池塘等地表水，以灌溉农田。井灌则须开凿水井，并利用桔槔等提水技术，人工浇灌或结合渠系灌溉农田。泉灌则需要有泉源，进而蓄灌，或者渠、泉并用进行灌溉。

在华北地区，嘉靖末年，山东淄川知县侯居良在任上相度水利，于邑南三里许般溪上流，筑石为堰，障水引流，绕东郭折而北下，经北门外西注汇入孝河，居民灌圃种树，呼为官坝。自是百年以来，井得甘泉，人饱菜蔬，利已惠及百姓。

沁水是黄河北岸的一条重要支流，丹水是沁水的支流。丹沁下游水利开发较早，是黄河流域古老灌区之一。明代对丹沁水利曾多次修治改建，使灌溉效益进一步扩大。明初，元代修建的广济渠引沁灌溉工程继续发挥作用。弘治六年（1493 年），根据河南参政朱瑄的建议，对广济渠首次进行整修，“随宜宣通，置闸启闭，由是田得灌溉”。由于广济渠下游渠道严重淤湮，以后又先后新开两条支渠，一曰利人河，一曰丰稔河。隆庆二年（1568 年）由怀庆府知府纪诫主持，对引沁水利工程普遍进行了一次大整修。在沁河水系浚治了广济渠（当时曾改名为通济河）及广惠南北渠。整修后的广济渠，长 150 余里，上宽 4 丈，深 2 丈，底宽 1 丈，灌田 5000 余顷，灌溉面积比元代增加了 2000 余顷。然而，因土口引水，“易淤，下流淹没，利不敌害，旋兴旋废”。万历二十八年（1600 年），河内县令袁应泰经过全面勘察之后，主张修建石口引水。于是，袁应泰会同济源县令史记言，发动两县上万民工，对引沁工程进行了一次大规模改建。施工的重点是开凿引沁渠口，“循枋口之上凿山为洞”。历经五年，至万历三十三年（1605 年）工程全部告竣，仍沿用广济渠名，但实际上是一条新开的渠。广济渠引水隧洞长 21 丈，底阔 1 丈 2 尺，高 1 丈，洞内设有两孔引水闸；干渠阔 8 丈，长 150 里，经济源、孟县、河内、温县、武陟至唐郭入于黄河，沿渠分 24 堰（支渠），依次灌溉田亩。万历年间，还在广济洞东凿成永利、利丰两座引水隧洞。永利渠规模次于广济渠，渠首结构大体相同。因地处山麓，施工较易，隧洞长仅 6 丈。万历二十八年（1600 年）初建时因隧洞底过高，引水不宏，万历四十七年（1619 年）又挖低洞底 3 尺，改善了引水条件。利丰渠“仍旧渠（即元代广济渠口），为河内民重浚”。万历四十四年（1616 年），河内令胡沾恩始将渠口改建成石洞，称利丰洞。下分利人、丰稔等支渠。在利丰洞东，又有大、小利渠，都是明口引沁水。大利渠为万历四十七年（1619 年）所开，溉田 160 余顷，小利渠仅有碾硙之利，灌溉作用不大。

在漳河、洹河流域，明代的引水灌溉已经远非昔比。漳河屡有变迁，泛滥频繁，官府和民众忙于防洪，无暇顾及灌溉之事。洹河水系的引水灌溉工程主要是万金渠。万历十四年（1586 年），彰德知府陈九仞主持重修万金渠，“建石闸，旁修石堰，突截河水，顺流入闸”，并疏治干支渠道。万历二十年（1592 年）及二十四年（1596 年）又先后修治两次，灌田面积有所增加。

在山西汾河干支流，明代修复了相当数量的引水灌溉工程。太原县有引水灌渠 21 条，赵城县在成化年间大力修浚引汾河的利泽渠。与此同时，汾河支流灌溉水源也有很大的开发，榆次县引汾河支流洞涡水、涧河等灌溉农田 1300 余顷，徐沟县于嘉靖年间开凿金水、嘉平、沙河等渠各浇地百顷以上，总计灌地 420 余顷。临汾县的平水渠，明代浚治后可灌地 360 余顷。该县在嘉靖、万历时修浚引涝河的渠道，灌溉多个村庄的土地。

在畿辅地区，张瀚指出，水利若兴，则荒地也将成为乐土。因此他主张：开垦荒田，要在尽心沟洫。夫水土不平，耕作难施，必先度地高下，寻水归宿，浚河以受沟渠之水，浚沟渠以受横潦之水，使其接续流通，而于最低洼处多开池塘以潴蓄之。夏潦之日，水归塘堰；亢旱之日，可资灌溉。由是高者麦，低者稻，平衍者则木棉、桑、枲，皆得随宜树艺。如此一来，则人无遗力，地无遗利，遍野皆衣食之资。明末大力倡导在北方地区兴修水利的徐贞明也称，北人不习水利，唯苦水害。其实水害之患，正由于水利不修之故。北方地区遍野皆可耕之田，唯水利不修，则旱潦无备。旱潦无备，则田里日荒。嘉靖、隆庆年间，黄河多次决溢，南北运道频频梗阻，朝野震动。为了扭转“军国大命，特依重于漕运”的被动局面，徐贞明、汪应蛟、左光斗等倡议并开种京畿地区水利营田。万历三年（1575 年）工科给事中徐贞明上书朝廷，倡议兴修畿辅水利，但朝廷以“役大费繁”而不果。次年，徐贞明著《潞水客谈》一书，全面透彻地阐述了兴办畿辅水利的战略意义、有利条件以及方略和措施。嗣后，顺天巡抚张国彦、副使顾养谦参照徐氏所议，于蓟州永平、丰润、玉田等地治水垦田，取得成效。于是，给事中王敬民乃向朝廷力举徐贞明。万历十三年（1585年）九月，授徐贞明为监察御史领垦田使，在永平招募南方人，督办京畿水利。至第二年三月，在永平已垦田39000余亩。同时，密云、平谷、三河、蓟州、遵化、丰润、玉田等县治水营田也有所发展。因垦田招致权势之家的反对，徐贞明被谗言而罢职，治水营田工程被"谕令停役"。万历三十年（1602年），保定巡抚都御史汪应蛟言："易水可溉金台，滹水可溉恒山，溏水可溉中山，滏水可溉襄国，漳水可溉邺下。而瀛海当众河下流，故号河中，视江南泽国不异。至于山下之泉，地中之水，所在皆有，宜各设坝建闸，通渠筑堤，高者自灌，下则车汲。用南方水田法，六郡之内，得水田数万顷，畿民从此饶，永无旱涝之患。不幸滨河有梗，亦可改折于南，取籴于北。此国家无穷利也。"汪应蛟的建言得到了朝廷批准，汪应蛟乃于天津葛沽、何家圈、双沟、白塘，令防海军丁屯种，人授田4亩，共种5000余亩，水稻2000亩，大获丰收。于是，又上言："垦地七千顷，岁可得谷二百余万石，此行之而效者也。"继汪应蛟之后，在天津经营屯垦的还有陈燮、左光斗和董应举、李继贞等人，其中以左光斗、董应举两人的成绩较为突出。万历三十五年（1607年）进士左光斗任御史，出理屯田，言："北人不知水利，一年而地荒，二年而民徙，三年而地与民尽矣。今欲使旱不为灾，涝不为害，惟有兴水利一法。"因条上三因十四议：曰因天之时，因地之利，因人之情；曰议浚川，议疏渠，议引流，议设坝，议建闸，议设陂，议相地，议筑塘，议招徕，议择人，议择将，议兵屯，议力田设科，议富民拜爵。左光斗的建议，得到朝廷的支持，诏悉允行。于是，天津到山海关一带水利大兴，北人始知艺稻。董应举负责经理天津至山海关一带的屯务。除了组织天津、葛沽一带的2000水陆兵士从事屯垦，"以所入充岁饷"外，还于天启二年（1622年）用官币购置民田12万余亩，利用荒地6万余亩，广募当时被安置在顺天、永平、河间、保定等府的13000多户辽东流民"浚渠筑防"，屯田垦殖。李继贞则于崇祯十二年（1639年）任天津巡抚，经营屯务，"白塘、葛沽数十里间，田大熟"。

在西北地区，著名的宁夏灌区，分中卫、河东、河西三个区域，是黄河上游水陆灌溉开发最早的一个地区。明代，东起辽东，西到陇西，在沿边地带，设了九个军事重镇，宁夏一地占了两个，即宁夏镇（镇治在今银川市）和固原镇（镇治在今固原县）。从军粮需要出发，明朝很重视这里的引水灌溉工程建设。洪武年间，修筑汉、唐旧渠，引水溉田，开垦屯田数万顷，兵食饶足。正统四年（1439 年）宁夏巡抚都御史金濂，以宁夏旧有五渠，而鸣沙洲七星、汉伯、石灰三渠已经淤塞，请浚之，“溉芜田千三百余顷”。弘治七年（1494 年），根据巡抚都御史王珣的建议，发卒疏浚了黄河西岸、贺兰山旁的一条渠道，长 300 余里，广 20 余丈，并于灵州金积山河口开了新渠，扩大了灌溉面积。至嘉靖年间，宁夏灌区已有大小干渠 18 条，溉田 156 万亩（参见表 5–1）。

表 5–1　嘉靖时期宁夏引黄灌区一览表

地区	序号	渠名	所在岸别	长度（公里）	灌溉面积（万亩）	支渠斗口（个）	附注
宁夏总镇	1	汉延	左	125.0	118.27	369	相当于今青铜峡河西灌区
	2	唐徕	左	200.0		808	
	3	铁渠	左				
灵州守御千户所	4	汉伯	右	47.5	7.30		相当于今青铜峡河东灌区
	5	秦家	右	37.5	9.00		
中卫	6	蜘蛛	左	29.0	3.00		相当于今卫宁灌区
	7	中渠	左	18.0	1.20		
	8	白渠	左	21.0	1.70		
	9	胜水	左	42.5	1.50		
	10	石空	左	36.5	1.70		
	11	枣园	左	17.5	0.90		
	12	羚羊角	右	24.0	0.40		
	13	羚羊店	右	22.5	2.60		
	14	夹河	右	13.5	1.40		
	15	七星	右	21.5	2.10		
	16	贴渠	右	24.0	2.20		
	17	柳青	右	17.5	2.84		
鸣沙州	18	石灰	左				在今卫宁灌区
总计				757.5	156.11		

资料来源：本表据《宁夏水利史志专辑》（四）改制。水利水电科学研究院《中国水利史稿》编写组：《中国水利史稿》（下册），北京：水利电力出版社，1989 年，第 181 页。

隆庆、万历年间，在宁夏佥事汪文辉和罗凤翱的先后主持下，对汉延、唐徕两渠的进水木闸进行改建。经过前后6年的施工，改建石闸工程全部告竣，并设减水闸10座。后又依此样式对河东汉、秦两坝“筑以石”，并“于渠外疏大渠一道，北达鸳鸯诸湖”。万历四十年（1612年），傅朝宇对中卫通济渠引水工程进行了扩建，从张恩堡西南三道湖开口引水绕堡，东流至高家嘴子入河，延长旧渠40里，灌田2420亩。由于不断整修、改建和扩建，宁夏灌区始终保持着良好的灌溉效益，中卫地区当时就有美利、白渠、七星、柳青、石灰登13条著名引黄干渠，灌溉21.54万亩农田（不含石灰渠灌田数字）。

明代甘肃张掖黑河水系农田水利发展很快，武威和张掖农田灌溉面积已经分别达到27729顷和11749顷。仅张掖一地就有引水灌渠110条之多，虽时有旱情不雨，也能使年岁丰登，故而在明代张掖就有“塞上江南”和“金张掖”之美誉。兰州以西的溥惠渠，大约兴修于明中前期。明以前流经此区的黄河及其支流阿干河尚未被利用，黄河因岸峻，东西两川田亩，水不能上，阿干河则是傍城直泻黄河东去。明代始于阿干河旁开凿三条引水渠，其一自龙尾山麓经关王庙下，入灌东川田圃；其二自东部入注东、西、南三面隍堑，以固城垣；其三自高崖子经古峰寺下，入灌两川田圃。入灌东西两川的引水渠，因中途的沙砾渠段，常发生渠崩水泄。在正德十四年（1519年），又对此进行了彻底整治。凡渗漏渠段，皆以木质渡槽铺接。整个工程共用渡槽92节。改造后的渠道，官民称便，利泽广远，遂名之为“溥惠渠”。兰州西面7里的黄峪沟水、20里的金沟水、50里的西柳沟水、西南6里的笋萝沟水、东面30里的东柳沟水，都兴修了引水渠以“见资灌溉”，总计各渠共溉田300余顷。在黄河支流漓水谷地的河州城西，老鸦山口水自土门关口至九眼泉有故渠遗迹。成化十九年（1483年），守备唐永因故渠开坝150里，灌田地1000顷。为建立灌溉秩序，唐永编次人户，轮流引水入田灌溉。从此，田间水道周流不息，民咸以为利。迄后年久失修，隆庆四年（1570年），参将张翼、知州聂守中主持疏浚之，上下开渠110里，渠岸植树2000余株。万历二十年（1592年），知州耿德章复浚之。万历三十年（1602年），知州陈文焯又整修此渠，并相势新开长渠一道，自焦家湾至九眼泉长 30 里，以保证灌溉田亩。渭河流域的巩昌府属陇西县境内，明代修有引渭三渠。头渠自府城西 15 里引渭水至下中川再入渭，浇圃转 15 里；二渠自教场西头引渭水至下川再入渭，浇圃转磨 15 里；三渠自岳家墩引渭水至城东角入渭，浇圃转磨约 5 里。万历年间，陇西县还修筑了一条长 20 里的“永济渠”，导引科羊水入城，不但解决了城厢内外的饮水问题，而且还可灌田 12 顷。渭河谷地的宁远县（今武山县），万历年间新任宁远知县邹浩整治疏浚县境旧有渠道 20 条，增开新渠 7 条，使宁远县境无处不有渠道，增强了人们抵抗灾害的能力。在西宁卫所，明代有渠道 20 余条，“引流灌田，民资其利”。在平凉河谷，成化二十一年（1485 年）在平凉、泾川间修建了利民灌区，开凿大小渠 62 道，引泾水及其支流，灌田 3000 余顷。

明代关中地区开渠引灌也很普遍，主要有两项大的引水灌溉工程，即引泾水的广惠渠和引渭水的通济渠。洪武八年（1375 年）和洪武三十一年（1398 年）由耿炳文主持对引泾工程进行了两次维修，筑“泾阳洪渠堰”，“浚渠十万三千余丈”。永乐三年（1405 年）、宣德二年（1427 年）和天顺五年（1461 年）又多次修治。成化年间，由都御史项忠建议，改凿引泾渠口。“自旧渠上，并石山开凿一里余，就谷口上流引泾入渠”。这项工程须穿越大、小龙山，施工甚为困难。前后经过成化元年、四年、十二年、十七年（1465 年、1468 年、1476 年、1481 年）4 次施工，至成化十八年（1482 年）才全部告竣。工程北起泾水上源龙潭左侧渠口，南接元代开凿的王御史渠，共长 1 里 3 分，宽 1 丈，底宽 8 尺。施工中采用了火焚水淬凿石、米汁油灰灌缝防渗，洞中架槽疏泉、凿竖井通风透光出土等方法。改建后的引泾工程取名为“广惠渠”，灌溉泾阳、三原、高陵、醴泉、临潼五县 8000 余顷农田。广惠渠因渠口直入泾河，渠岸离河太近，每遇夏秋洪水暴发，渠口常常淤塞，渠道常常崩塌。正德十一年（1516 年），由陕西巡抚萧翀主持重新改凿引泾渠口，“凿山为直渠，上接新渠（指王御史渠），直泝广惠，下入丰利。渠广一丈二尺，袤四十二丈，深二丈四尺”。施工于正德十一年四月，告竣于正德十二年（1517 年）五月。改凿后的引泾水渠取名通济渠。由于广惠渠口已至仲山谷口的深腹，两岸全系陡壁，无法再向上开凿渠口。因此，改凿的通济渠口位于王御史渠口和丰利渠口之间，是为广惠渠口引入的一种辅助和补充。正德以后，明代对泾渠仍有多次修治，但再没有新开引泾渠口。

在渭河流域，明代还兴修了两项较大的引渭灌溉工程。一是成化年间，陕西参政谢绶"引渭水自宝鸡阎家营北作堰，开渠达岐、郿，北至扶风、武功，迄于三江口（即漆水河）"，又引斜谷、大振谷水入渠。干渠东西长达 210 里，灌田 1116 顷，亦取名为通济渠。二是弘治时修治的利民渠，从凤翔县高嘴头开渠，引渭水支流千河至虢镇，绵亘 40 里，灌田 110 余顷。

此外，在关中地区还有各州县修治的小型引水灌溉工程。在关中西部的凤翔府境，成化年间由陕西参政谢绶于秦岭北麓的斜谷口、大振谷口、大白峡等处主持开凿了四条水渠，分别导引各谷口的山水以溉田。据云四渠共溉田 500 余顷。郿县境内的孔公渠，导引斜水，创开于金朝，至景泰二年（1451 年）又复开浚。渠水不仅浇灌田禾，还供县邑百姓汲饮。西安府境东偏的华州境内有西溪、东溪、北溪、教坊、清湫诸水，皆有灌溉之利。州东 15 里的罗文渠，引小敷谷水以溉田。华阴县在明初洪武年间，有乡贤郭良者，弃官归里，结庐敷谷，率领民人凿渠引流，以溉田亩。县东 25 里的磨渠，引水自磨谷，灌定城、公庄田近百顷；县东 20 里的灵应渠，渠系很发达，小支渠有 36 条之多，溉田 50 余顷。西安府境北偏的耀州境内有沮、漆水之上皆多引水堰渠。永乐年间，州判华子范疏浚故通城渠于沮水，且改原来仅为浇灌邑中竹木花草之渠水为溉田之用。成化年间，知州邓真又于漆水上开凿漆水、退滩二渠，以浇灌州城东南负郭之田。嘉靖年间，知州李廷宝又沿沮水开甘家渠，以灌寺沟崖上、崖下田。值得一提的是富平县引水灌溉工程建设。明代富平县新修和经过整修的灌溉渠道多达 29 个，皆源引自漆沮水而集中分布在河之两岸。其中位于漆沮东岸者，自北向南依次有判官、文昌、永济、通镇、自在、永兴、新、顺阳、石水、永润、阳九、寇莱公十二渠；位于漆沮水西岸者，自北向南又依次为堰武、中白马、小白马、白马、永兴（又一永兴渠）、洞子、永寿、长泽、金定九渠。由于漆沮水至富平县南境又趋东南流向，故直城、怀德、顺城、普济、顺阳

（又一顺阳渠）、薛家、孙家、朝阳八渠又分别位于河之南北两岸。上述诸渠少则浇灌三五里，多则浇灌二三十里，润泽田禾，地力因之大增。

陕西汉中地区属汉江水系，水利发达，历史悠久，以山河堰灌区最为著名。山河堰以汉水支流褒水为水源，共有三堰。迄明代，山河第一堰已不复存在。山河第二堰坐落在褒城县（今褒城镇）东南褒水上，引水干渠百余里，有支渠分水堰 48 座，万历年间可灌田 44823 亩。

在河南南阳唐河、白河流域，洪武时邓州知州孔显对其管辖区内的渠堰普遍加以修治，并设堰长、渠子等专职管理，史称是时“灌溉稻稑，遍于四境”。宣德七年（1432 年），知州寇义等主持修治了邓州黑龙、塘堵两堰，使六门陂、钳卢陂两大工程的灌溉效益部分得以恢复。同时，知州陈正伦又修治了马渡堰、聚宝堰，“军民俱获水利”。

在淮河流域，颍州之田土皆平原旷野，率多洿下，不能皆近河湾，必随地有沟以达于河，然后所谓湖、塘、陂、堰者于天时无雨则可由沟以畜，而田可施灌溉之功。所谓河湾涧者，于天时有雨则可由沟以泄，而地可无淹没之苦，生民斯享收成之利。即是说开渠兼有泄洪和灌溉的双重作用。在河南中牟县，知县陈幼学以县境有大泽积水，占膏腴地 20 余里，乃疏为河者五十七，为渠者百三十九，俱引水入清河，民大获利。在郏县，嘉靖二十八年（1549 年），熊凤仪开惠民渠，引汝水为渠，东周城壕，复自便耕门南入于汝；万历二十一年（1593 年），叶侯自薛店南引汝水为渠；万历四十五年（1617 年），王侯引扈涧水为渠，周城壕。万历四十三年（1615 年），宝丰县亢旱。知县任宠捐募开渠，引水，灌田兴利。在淮北，颍州同知刘节开界沟小河泄水灌田，还有太和县令刘玠亦开五道沟引沙河水灌溉民田。嘉靖年间，蒙城县境内就开有 22 条水渠，颍州及其所属颍上、太和两县亦开浚有 31 条沟洫。这些河渠沟洫，兼有宣泄河湾洪水和引水灌溉之利。

在西南地区的四川、云南等省，灌溉渠系建设也富有成效。洪武九年（1376 年），谕令修彭州都江堰。正德年间（1506—1521 年），都江堰灌区各县的堰数为 471 座，而到天启年间（1621—1627 年），都江堰灌区各县的堰数为 608 座，100 多年间增加了 100 多座（见表 5-2）。堰的增多，就是渠道的增多和灌溉面积的扩大。

表 5-2　正德和天启年间都江堰灌区各县堰数表（单位：座）

灌区州县	正德年间（1506—1521 年）	天启年间（1621—1627 年）	灌区州县	正德年间（1506—1521 年）	天启年间（1621—1627 年）
成都	58	121	崇宁	16	16
华阳	23	15	郫县	23	24
双流	48	48	灌县	28	20
温江	36	45	崇庆	74	71
新繁	23	36	新津	32	40
金堂	85	62	汉州	（缺）	54
新都	25	56	共计	471	608

资料来源：水利水电科学研究院《中国水利史稿》编写组:《中国水利史稿》（下册），北京：水利电力出版社，1989 年，第 99 页。

云南滇池地区的水利在西汉末年已开始开发。至明代，滇池的土堰陆续改为石闸。景泰五年（1454 年），调集 8 万多人改建南坝闸，可溉田几十万亩。弘治十五年（1502 年），浚治滇池海口水道，参加施工的军民约 2 万人。万历四十六年至四十八年（1618—1620 年），松华坝改建石闸，动员“匠作田夫五万七千余”，耗资 887 两白银。昆明城西 30 里的龙院村西，虽距滇池不甚远，但地势高仰，“以故池水不可逆行而仰灌，村之负山而田者，无论衍阳，即旬日不雨，土脉辄龟裂，岁辄不登”。村西 36 里之白石崖，“泉可引而东以灌，然横山墙立于前，岸然峭阻”。为了解决龙院村西大片农田的灌溉用水，隆庆四年至六年（1570—1572 年），由布政使陈善主持开凿横山水洞，洞高 5 尺，广 2 尺，长 55 丈。同时环绕白石崖凿引泉小渠 22 道，蜿蜒萦行 4183 丈，“广盈尺，深愈咫”。渠道汇集山泉，再经横山水洞，能灌溉附近农田 45000 多亩。在滇西坝区，明代还出现了一种独特的叫“地龙”的输水形式。地龙有“地下滤水层道”和“闷龙”（或称“埋阴简”）两种类型。地龙口一般选择在村庄内，供人畜饮用，兼作灌溉；或者选择在田边、河埂脚，专供农田灌溉用水。太花乡安景村地龙和果子园村地龙皆为明代所建。在滇东地区的南盘江上游干流河段上，有一叫“天生坝”的拦河坝，利用天生坝自然大跌水处的 4 丈多落差为基础，修筑了一座拦河干砌石坝，开挖东西两条渠道分流灌田。天生坝，在交河上流瀑布三叠，明天启年间总兵杨禄开东西二渠，东流微弱，至大觉寺而竭；西流则蜿蜒 20 余里。城南北三乡八伍二铺田亩咸资灌溉，阖州水利莫广于此。云南还有汤池渠，创建于洪武二十九年（1396 年）。镇守云南的西平侯沐春为了解决宜良坝子军民屯田的防洪和灌溉，派出 15000 名屯军在阳宗海北端开凿一条大渠即汤池渠，通入大城江（即摆依河下段），把湖水导入铁池河（南盘江），流袤 36 里，阔 1.2 丈；并向南开挖渠道，引水灌宜良坝子农田。六年后，滇东发生旱灾，其他地方忧旱，独宜良水利不竭。嘉靖年间，临元佥事道文衡重修汤池渠的同时，在大城江下游的江头村处修建了一座拦河低坝，筑堤障水南流，由江头村开渠圳至宜良县城下 70 余里，筑输水涵洞 72 口，溉军民田 200 余顷，后人称之为“文公渠”或“文公堤”。隆庆年间，宜良知县文嘉谟还一度重修了文公渠。

在江南山地丘陵地带，当地居民则利用山地自然坡度引河水自流灌溉或凿渠灌溉。在安庆府，河渠灌溉最为出名的要属“桐渠”。“桐渠”系人工开凿的旨在引桐溪水进行农田灌溉的一段河渠。桐溪水，位于桐城县北郭外，水源自龙眠、华屋诸山，南绕龙河资福寺等处，汇于练潭，至枞阳入江。永乐年间，桐城知县胡俨以西南地高水少，旱辄无收，相桐溪水可引，因凿渠，绕县治而出，复分为二，流入西南溉田百余顷。岁久浸淤，后知县陈勉按视，复浚深广，各加 2 尺。万历年间，胡若思任桐城县令时，又凿渠引桐溪水溉西郊民田数十顷，民至今利之，名曰“桐渠”。胡若思所凿之“桐渠”，就是桐溪水由观音崖下，沿山分支流出西南溉田的这一段。在潜山县的尧年乡，因地势高亢，有 5 万余亩农田，小旱辄不收。潜山县丞宋信率其民凿河 30 余里，引吴塘水溉之，乃岁有秋。在广德州属建平县西南 25 里有苏大溪，东接三峡水，西通小湖蒲，当地人引之，溉田可数百顷，民甚赖之。在徽州，休宁县五城水出婺源五岭及颜公山，二水合，流于龙湾溪口，沿途引灌农田 4000 余顷；南当水出休宁南当山，东流 150 里，沿河两岸引灌农田 32 顷。祁门县赤溪水出鱼亭山，引灌农田 42 余顷；大共水出大共山，溉田 5 余顷；卢溪水出梅南山，溉田 80 余顷；大北港水出历山，溉田

17 余顷。

在南方的珠江流域，位于广西府（今泸西县城）西 2 公里泸源洞，即南盘江支流泸川的伏流河段至岩洞出露处，有一永惠坝，系万历二十二年（1594 年）知府陈忠主持兴修。坝长 100 余丈，阔 5.8 丈，高 4.2 丈，两边有闸，坝的两岸开挖了东西两条输水渠道，东开一道达于府城鼋甸，西开一道达于石洞村，再开两道子河，以便汛期排泄洪水。因年久失修，秋夏水泛，桑田成海。崇祯十四年（1641 年），知府高梁楷主持重修永惠坝，改筑为石坝、石堤，扩建输水渠道，东河渠约修 1200 丈达鼋甸村，灌田 2250 亩；西河约修 2900 丈，直达格路河，灌田 5173 亩，并重新开挖和疏通两道子河，分为八字水以杀其势，故水得所归，不复有冲阻之患，被誉为“溉田千顷，实一郡衣食之源”。

北方民人还普遍使用井灌，以发展农业生产。京师真定府于明嘉靖年间由官府贷款于民凿井抗旱。明末徐光启认为，“近年，中州抚院，督民凿井灌田”，“近河南及真定诸府大作井以灌田，旱年甚获其利，宜广推行之也”。顾炎武在《天下郡国利病书》中亦说，河南地区仿古井田之制，每田百亩，四隅及中各穿一井。每井可灌田 20 亩，四围筑以长沟，深阔各丈余，旱则掣井之田灌田，潦则放田之水以入沟。在山东，崇祯年间连续多年大旱，山东按察使蔡懋德“教民凿井，引水灌田”。在山东平原县，知县刘思诚在干旱之年劝民掘井 4000 余口，禾苗得以沾溉。山西介休知县史记事于万历二十七年（1599 年）“于无渠处，教民穿井”，规定贫民无力凿井者，每凿一井，贷谷五斗。当时全县共凿灌溉水井 1300 余口。此后，井灌逐步向晋西南推开，至明末清初，山西“井利甲于诸省”，成为华北井灌最发达的地区。陕西富平县在嘉靖八年（1529 年）由知县杨时泰教民桔槔，改变“邑田故不井”的状况。渭南县城东关北的北崖下有多处泉水，引以灌溉，居民又利用地下水较浅的条件，凿井灌溉。所谓“又间穿井，井只一丈，可用桔槔取水溉田”，则是一种泉灌与井灌的结合。

泉灌在北方规模总体不大，但在陕西、山西及太行山东麓的京师真定府（今正定）、顺德府邢台县、河南卫辉府辉县等一些富有泉源的地方，往往将泉灌和渠灌相结合。陕西古泾渠一直就有泉水在内，泾渠上源，就是泾、泉并用。陕西岐山县城南 25 里有珍珠泉，西北 15 里有润德泉，二泉之水翻涌，皆有水渠引水入田中。宝鸡县境的潘溪、高泉、暖泉诸水均收灌溉之利。陕西郿县境内泉水众多，县东 1 里的一湾泉、30 里的槐芽泉、40 里的柿林泉、60 里的龙舞泉，县东北 10 里的清远泉，县北 1 里的崖下泉，县西 5 里的红崖泉、6 里的五眼泉，县西南 10 里的观音泉、11 里的碗泉，皆引以灌溉。华州蒲城县位于渭水以北，地势稍高，引灌工程主要靠泉水。县境较出名的有漫泉、浩泉、常乐、平路、白马、温汤六泉，明代皆引渠流注入田，以发挥灌溉效益。陕西乾州东 10 里有沙沟泉，州属武功县北 15 里有良沟泉，县南 5 里有浒西溪，俱引资溉田。陕西咸阳县有马跑泉、双泉、东泉头、中泉头、西泉头五泉，兴平县有马嵬、板桥二泉，俱属引灌溉田泉。

明代山西境内的泉水也是能用来灌溉的，而自太原而南，其泉灌田最多利民久者，莫若晋祠之泉。自平阳西南，其泉溉田最多利民久者，莫若龙池之泉。自绛州以北，其泉灌田最多利民久者，又莫若鼓堆之泉。山西太原西南 50 里外的晋祠，其南有难老、善应二泉，大旱不涸，隆冬不冻，导为晋水，储为晋泽，乘高而下，分流南北，均注入汾，用来灌溉田亩，获益甚大。明代晋祠水量的分配有严格规定，做到消除争端，均民之利。

太行山麓的顺德府邢台县、真定府一带，引泉灌溉也有相当规模。邢台西北就有活泉、野狐泉和百泉等泉水。万历三十六年（1608 年），真定知府郭勉浚大鸣、小鸣泉四十余穴，溉田千顷。邢台达活、野狐二泉流为牛尾河，百泉流为澧河，建 21 闸 2 堤，灌田 500 余顷。据《顺德府志》记载，到明末，又增开渠道，达到 64 条，引邢台西北诸泉灌溉稻田，溉田面积扩大到了 1000 多顷。在真定县（今正定）西 15 里至 20 里处，分布着大鸣泉、小鸣泉、周泉、韩泉等数十眼泉水，其中“大者如车轮”。这些泉水分别汇流成西韩河及周汉河，当地民人曾经进行多次疏浚，利用泉水灌溉稻田。在真定、平山等县，据顾祖禹《读史方舆纪要》记载，平山县西 25 里有河西泉，平地涌出，灌田数百顷。在真定县也有过“掘地成河”的情况。而太行山东麓藁城的牧道沟，平山的滹滹水等都是靠泉水补给的，这些都被当作灌溉水源。

河南北部太行山东麓一带，著名的泉源甚多，以卫辉府辉县的百泉最负盛名。百泉位于辉县城西北3.5公里处，因泉通百道而闻名。嘉靖年间，在百泉上自上而下修建了马家桥上闸、马家桥下闸、张家湾闸、稻田所闸及裴家闸，既免除了汛期洪水泛溢之害，又调节了用水量，便于发展稻作农业，“自是而邑之荒芜辟，水利兴，地无沮洳之患”。

在南方，山泉或径直引入水田，或蓄积而成大小陂池，用来种稻，功力较省。在闽、浙、两广、云、贵、川等地随处可见蓄贮涌泉溉稻田的景象。在珠江中游，广西临桂县城西的光明山下，有地下水涌出为泉，修筑陂渠引流，其水潴为于家庄渠，灌田数百顷。该县琴潭山下又有琴潭水，亦为地下河出露成潭，四时不涸，水流淙淙如琴声，因名，溉田数千亩。南宁府有著名的董泉，泉自山涧石隙中涌出，乡民围堰筑渠引灌农田甚多。位于云南河阳县（今澄江县）城西7里蟠龙冈石岩下，隆庆五年（1571年）知府徐可久开三河，引泉南入于湖，又凿上中下三龙沟引泉东流灌郭西南田，达于城内可以行舟。万历间知府程子侃重修，阖邑水利，此泉居其大丰。

（二）蓄水灌溉

在山地丘陵地区，蓄水灌溉工程主要是陂、塘、堰、坝、堨等形式。陂即野池，塘犹堰。陂必有塘，故陂和塘常连称。而单独称的塘，一般指水塘。徐光启《农政全书》中说，塘系因地形坳下，用之潴蓄水潦。或修筑圳堰，以备灌溉田亩。大凡陆地平田，别无溪涧井泉以溉田者，救旱之法，非塘不可；是故，江淮之间，在在有之。堰、坝是一种较低的能挡水、溢流的水利工程，横截河中，用以抬高水位，以便引水灌溉。堨即是堰。徽州多山，山中多田，田势既因山以高，高而雨水不常得，故民每有旱暵之忧。幸而两崖之间有河，其水可以溉田。然源上而流下，不啻若高屋之建瓴，难以拦蓄灌溉。乃创障蓄之法，筑堨（即堰，当地人把“堰”说成“堨”）蓄灌。此法极善，而其利且多。

在淮河上游，宣德九年（1434年），河南汝州知州孙贵至则相地宜，均水利，高阜之坂，下湿之隰，皆亲教民荷畚锸作坊庸，以备旱涝，又择堰长主之。如聚宝等陂塘渠堰，皆孙贵所修，利田赖以成者数千百顷。在淮河中游，颍州有土陂在州南90里，土民筑陂障老军屯、栗林坡诸水，以溉黄花坡西之田；温家堰在州南70里，土民筑堰以畜土陂下流之水，溉黄丘店西之田；土堰湾在州南160里龙顷湾东，汝水落，则湾中皆膏腴，土民筑堰壅五汊沟泉水以溉湾田，为利甚溥；椒陂塘在州南60里，广10余顷，溉田万亩；清陂塘在州西南160里，塘自西至东20里，南北可七八里，系洪武二十五年（1392年）颍州判官游坨修筑，民利之。安舟塘，在州南100里，延袤几六七里，环绕安舟岗东北，转挽以溉土田，民利甚溥。成化十三年（1477年）塘坏几乎不能灌田，同知刘节给饷督民筑之。怀远县有郭陂塘，位于县治南25里，周围40里。受凤阳诸山水，经上盘塘入境，流归下盘塘，西入郭陂塘。两盘塘之间筑有龙王坝，坝南有沟设闸，设有东西12石门，以备蓄泄；有塘总、塘长司其启闭，灌溉田地达数千亩。由于年久失修，闸门毁坏，龙王坝亦毁，水利失宜，于是万历三十二年（1604年）知县王存敬委县丞许武城督修，凡围堰水门悉皆坚实，旱涝不惊，民得安业。定远县的陂塘建设也颇为可观。嘉靖四年（1525年）到任的定远知县刘德辉，当农隙之时，设塘坝长，鼓率使水人众，共修理了305座塘坝。至于难耕的低洼之处，又作陂塘数面，灌溉咸足，因致富庶。

淮河中游寿州境内的芍陂（又称安丰塘），自楚相孙叔敖创始以后，历代皆有修筑。永乐年间，户部尚书邝埜曾督夫2万修浚。永乐十一年（1413年）八月，因潦水坏寿州安丰塘堤岸，命趁农隙修之；次年九月，复修凤阳安丰塘水门16座及牛角坝至新仓铺倾塌堤岸13500余丈。成化元年（1465年）守备凤阳的白玉，尝修复芍陂兴水。成化二年（1466年），再次修复安丰塘。成化十九年（1483年），巡按御史魏璋委任指挥戈都修治芍陂，修堤堰，浚其上流，疏其水门，甃石闸。正德十三年（1518年）为寿州同知的袁经，疏导芍陂水利，民便之。同时期的寿州知州王鏊也兴修芍陂水利。嘉靖间，寿州知州栗永禄对芍陂进行了修治，浚淤积，导上流，列堤而捍之。构官宇一所，杀水闸四，疏水门三十六，滚水桥一。经此修治后，一时浩渺迂回，波流万顷。启闭盈缩，各以其时，自此泽卤之地无歉岁。万历三年（1575年），寿州知州郑琉奉按院舒公命浚治芍陂，搜币粜谷，以工代赈，督夫挑河，筑堤坝，百日而功成。万历中，知寿州阎同宾，见“芍陂门闸芜秽，埂堤崩塌，滴水不蓄者已十有余年”，乃“理河筑埂，陂能注水，民享其利”。

在江淮丘陵地带，明代的张瀚出知庐州时，行阡陌间，相度地形，低洼处令开塘，高阜处令筑堤。遇雨堤可留止，满则泄于塘，塘中蓄潴，可以备旱。富者独力，贫者并力，委官督之，两年开浚甚多。这一督促民间开塘筑堤之措施，不仅灌溉有收，而且还获鱼鳖之利。在舒城，七门山来自孟潜。孟潜距两河之间，山脉东迤，为大陆广袤数十里，七门斜贯其中。七门山下溪侧有石洞如门者七处，筑有七门堰，又有乌羊、艚𧶊堰，是古代著名的水利灌溉工程。舒城三堰，历代一再重修，明洪武初年，许荣曾按地形修七门诸堰，劝重农桑，民赖以宁。弘治十六年（1503 年），舒城大旱，民人请于太守马汝砺，要求开浚久已不治的七门堰。马汝砺借助义官濮钝之的策划，征工发徒，疏土桥渠，以导其水之流，开侯家坝以顺其水之势。“不一月间，源泉混混，盈科而进，其余若堰、荡、陂、塘、沟咸以次而治。乃于三门荡立为水则，划以尺寸，使强者不得过取，弱者不至失望焉。故虽旱魃为虐，他邑则山川如涤，他邑则老焦宗神，此则莳栽耘耨，坐庆西成”。万历三年（1575 年），舒城知县姚时邻、主簿赵应卿对七门岭以至十丈等陂，进行系统修理，但“见高者平浅，深浸者复，泛滥者消除，淤填者浚沦，水由地中行，而岁见有秋”。

在安庆府，陂、塘、堰、坝甚多。洪武二十七年（1394 年），张敬先在桐城开挖有 10 塘、1 堰，洪武末，知县故俨又开 1 陂；同年，监生李顺在太湖开有清水等 5 塘、6 堰。洪武二十八年（1395 年），贺旭奉工部札子在怀宁开有 3 塘、1 堰、1 陂；同年，孙勉在宿松开有沙陂等 13 塘，监生姚敏在潜山开有 7 塘、22 堰、6 陂，并重修旧有吴塘、乌石 2 陂。望江，亦是挖塘以潴不足，洪武年间张文显、檀兴儿开有苏家等 26 塘、1 堰。在宿松，明代建文时的张景海，精水泉蓄泄法，治北潦草堰，溉田千余亩。成化七年（1471 年），宿松知县陈恪在访得当地父老之意见后，便令民于农事之隙，淤者浚之，圮者筑之，总成堤堰共六百有奇。以故水有蓄泄，而旱涝不得为患。潜山县陂塘以吴塘堰为代表。吴塘堰又名吴塘陂，坐落在今安徽省潜山县西 10 公里的潜水南岸，但到了明中叶，堰荒废已久，已经不能发挥应有的灌溉效益。嘉靖元年（1522年），安庆知府胡瓒宗奉巡抚李充嗣之命，重修吴塘、乌石二塘堰。他亲至吴塘相地宜，“乃筑于上流，佐尼山麓之石为渠，凡二百余尺，广十有六尺，深加广四之一；水入石渠，顺其性，安流徐行，以达于土沟，以灌于田，岁乃大熟。越二十年，潜水河变而高，陂渠尽废，仅存洞址”。万历二十九年（1601年），潜山知县于廷寀知百姓之急，唯渠坝最重，亲到上下吴塘间，迹所源流，审势察宜，定下了倚山为洞，令岸厚而河远，遮几可障狂澜而垂永久的施工方案。历经三月，成功改建了吴塘堰。此次改建吴塘堰，主要是倚山垒石为洞，伐山凿石，于凿石处置堰，带河阻山，避立为障。同时，又改建引水渠，水流沿山脊而行，不与石斗，置巨石，张水门而肩以木，视水大小，闭纵之；堤外又筑土堤，植树以固堤。自此之后，民赖其利。

江淮丘陵东部地区，天长县在明初洪武时期，就筑有高脊塘、万安塘等塘12面，以溉塘下之田，利近塘之民。永乐十一年（1413年）冬十月，又修天长县境的福胜、戚家庄二塘。南京应天府六合县境内有塘21面、坝1处，俱洪武二十八年（1395年）建筑，成化十年（1474年）典史万郁重修。江都县城西北15里有雷塘，有上、下塘之分。成化八年（1472年），侍郎王恕、郎中郭杲于上、下雷塘各造石闸一座，水础二座，以时蓄泄。各设塘长1名，塘夫40名。嘉靖十八年（1539年），巡抚都御史周全管、河都御史郭持平具旨府署督工修筑雷塘。江都县西35里有句城塘，水由乌塔沟东流入漕，长广共18里，佃为田计9700亩。成化八年（1472年），侍郎王恕、郎中郭昇增筑堤岸，造石闸水础，及塘长、塘夫，皆如雷塘。嘉靖十三年（1534年），督御史马乡增修大小减水闸二，又增设塘长1名，塘夫70名。正德十六年（1521年），巡抚督御史臧凤奏请修建五塘。嘉靖十八年（1539年），管河郎中毕鸾查修五塘。在如皋，因地高亢，介通、泰之间，形如釜底。运河带水建瓴而下，驶不复留。多仰泽天雨，稍衍期，桔槔悬而无用，焦土石田一望不毛。天启元年（1621年），知县李衷纯特勒民凿池蓄水，大约以百亩为率，凿池其中，广可十亩。田属一家，则一家独任；属数家，数家共任。于农隙时并力穿凿，七尺而止。池四周种竹树桑，兼以杂谷，无尺寸非利薮矣。且池可养鱼，而以池水灌田则加肥也。后之君子踵其辙而增修之，其为甘棠也。

在皖南山地，池州府贵池县属查村堰在城西南 150 里，受狮龙山泉及北山、西岩诸溪水，灌田 1300 余亩。洪武时，知府赵安巡行，见堰下田多，札老人查良才督其事，古沟淤浅者浚之，曲防者撤之。田分为上、中、下三段，灌则先下段，次中段，次上段，豪强专利者罚。岁赖以登。青阳县石堰在青阳县东 40 里北山桥下，当诸水会。正统年间，作石堰，兴废不常。正德初，邑民章佃始仿新安堰坝法，以薪代石，遇圮则修；又凿渠分流，以杀其势，茅田之民多赖以灌溉。在广德州，明初陈让同知广德州事时，就浚民塘 3000 亩，以利灌溉，民甚赖之。在徽州府，水利所恃唯在塘堨。洪武初，蔡美知绩溪县，见县城南田千余亩，旱则无获，乃召耆老相视水源，于上三里乳溪口筑堨凿渠，引水灌田，遂得常稔，民甚利之。另外，还有新田堨、荆堨、金竹堨、丰堨，皆在七都，系洪武元年（1368 年）洪庆仁所开，乡人德之，听其子孙取水灌溉，勿助工役，以示不忘。永丰新堨，洪武年间民人胡寿卿承檄开凿，溉田 3000 余亩。正统间，张魁知绩溪县，规划筑堨，灌田千余亩。天顺间，徽州知府龙晋开良堨，灌田 3000 余亩，利泽流于民。休宁县东南有兖山，有河自遂安而来，经过百余里而入浙江。此河至休宁县东南，其水甚急，而其河甚阔。其堨之筑始难为，筑成后也屡坏。里人汪志得好义而多才，乃向县府建言改筑程、齐二堨。县令信之，委任其为堨长。正统十三年（1448 年）之秋，乃率其众，籍于官，计田亩出财力。众人成齐堨，齐堨长 40 丈。天顺六年（1462 年）之秋，又伐石修筑程堨。天顺八年（1464 年）之冬，程堨修成，长 50 丈，广 3 丈。二堨既筑，凡溉田 50 顷，田率有秋，而其直倍常。

在长江中游的山区，万安县于洪武二十八年（1395 年）令郡县凡乡村耕种之所，修筑陂塘，旧有额者新之，新可为者筑之。县属三乡陂塘数达 617 处之多。鄱阳县丞周丛恭于洪武二十八年（1395 年）修复旧陂 14 所，同年遣官修筑信丰县女陂、袁屋陂、李庄陂等，共灌田 8600 亩等。据统计，江西陂塘在明代达数万之处。明代中后期，江西修复和新修的陂塘等蓄灌水利则更多。正德《建昌府志》载府属四县陂塘堰沟水窟共 455

处，其中南城县旧额226处，新增75处；南丰县旧额27处，新增39处；广昌县旧额22处，新增26处。安义县补筑陂塘71处，并重修台山堰，“疏圳五路”，灌田600余顷。据嘉靖《袁州府志》所载，嘉靖朝前期宜春知县陈宗虞增筑浚修陂塘194处；分宜知县陈鸽增筑陂堰58处；萍乡知县李洙修筑陂塘339处；万载知县李参新修陂塘44处。万历年间，玉山县丞章元绢主持修筑黄坂陂、拓陂等20余所；乐平知县金忠士主持修筑东源等8陂2塘；沅州府麻阳知县蔡心一“相地势筑陂堰40余所”。

在东南沿海的浙江、福建省山区，陂塘等蓄灌水利工程也获得很大的发展。在浙江省，洪武二十七年（1394年）、洪武二十八年（1395年）有兴修水利记录的共22个县，1053项水利工程。其中塘堰工程有848项，占工程总数的80%，分布在安吉、新城、昌化、临安、富阳、建德、寿昌、桐庐、分水、淳安、遂安、常山、临海、仙居、天台等多山丘的州县。工程大多由监生和人材主持建造，以常山县修建塘堰最多。洪武二十七年（1394年）差官行县遍历乡村，率民修浚289处陂塘，溉田475.31顷。福建省诏安县在洪武末因民钟生仔上奏要求兴修水利，派工部人材蒋金台督修溪东陂，溉田千余顷。福建邵武府建宁县，在嘉靖时新建陂8所，又修复4陂。万历三十八年（1610年），漳州府平和县知县李一凤主持增筑新陂16处，修补旧陂14处。

珠江上游黔南山区，明代修筑了一些分散的小型陂塘。珠江中游广西境内，以陂塘蓄引灌溉为主的农田水利广泛发展，明代中期仅桂东北和东南部26个州县的不完全统计，就有陂塘234座，灌溉面积37万亩。广东境内蓄水灌溉水利更具规模，天顺、成化年间张瑄任广东右布政使期间，修陂塘圩岸4600处。嘉靖年间，珠江下游广东境内广州、肇庆、惠州、南雄4个府属33县，修建水陂、山塘、坝闸496座，主要堤围150多条，灌溉面积500多万亩。粤北山区的保昌（今南雄县）、始兴县，明初修建了陂塘19座，灌溉农田数万亩。曲江县和乐昌县各建陂50处，乳源县建陂60处，仁化县建陂35处。在这期间，连州及阳山、连县也总共建陂塘23处。高州、雷州高亢地带的陂塘建设也相当普遍，高州府所属茂名、电白、信宜等县共筑陂23处，塘53口；雷州府所属海康、遂溪、徐闻三县共建陂19处，塘41口。

五、圩田防汛

明代滨江滨湖地区，因地势低洼，防洪和灌溉都很吃紧，当地人发展出蓄泄结合的水利系统，即在湖泊多水及河流三角洲地区，临水筑堤，将水与农田隔开，堤内密布灌排渠道，在堤下建闸，旱时开闸引水灌溉，涝时把堤内多余的水泄掉。这种蓄泄结合的水利系统，不同地区有不同的称法，江淮、江南称圩田或围田，两湖地区叫垸田或圩垸，珠江和韩江三角洲一带叫堤围或基围。

（一）圩田

圩田，据徐光启《农政全书》说是“筑土作围以绕田也”。盖江淮之间，地多薮泽，或濒水不时淹没，妨于耕种。其有力之家，度视地形，筑土作堤，环而不断，内容顷亩千百，皆为禾稼。后值诸将屯戍，因令兵众分工起土，方仿此制。故官民异属，复有圩田，谓垒为圩岸，捍护外水，与此相类，虽有水旱，皆可救御。凡一熟岁，不唯本境足食，又可赡及邻郡，实近古之上法。

圩田始于三国，宋代达到相当大的规模。明代圩田主要分布在长江下游的皖江地区和江南的太湖地区。圩田堤埂被洪水冲坏后，须及时修复，否则圩田大坏。在太湖圩区，因水灾严重，统治者对太湖水利的治理非常频繁。据武同举《江苏水利全书》粗略统计，明代兴办的工程有1000余起，主要是疏浚吴淞江、浏河等水道，兼及堰闸、海塘、堤岸的修筑。关于太湖圩田的修筑，永乐初年的夏原吉就非常重视。其法：常于春初遍及民夫，每圩先筑样墩一为式，高广各若干式，然后筑堤如之。其取土皆于附近之田。又督民以杵坚筑，务令牢固。宣德年间的巡抚周忱又征集民工在尚湖北面筑堤，阻止江水涌入，四周开渠道排泄湖水，开辟农田37000余亩。开垦为田的湖泊中，以芙蓉圩为最大。圩田纵横20多里，周围60余里，其中农田108000多亩。圩田修成后，曾在嘉靖四十年（1561年）、万历五年（1577年）、天启五年（1625年）因大水破圩，但都很快修复。成化十一年（1475年），巡抚毕亨应百姓之请，筑修了常熟县尚湖西北赵段的圩田岸。万历八年（1580年）张居正主政时期，曾经普修了苏州、松江二府的圩岸。

在皖江地区，正德五年（1510年），宁国府因大水，圩岸破荡殆尽。嘉靖八年（1529年）秋八月，府属宣城县山洪暴发，漂没民舍圩岸。为此，当地居民及时地进行抢修并加固圩岸。在庐州府，永乐三年（1405年）冬十月，修无为州周兴等乡及鹰扬卫乌江屯沿江圩岸。在安庆府，永乐元年（1403年）十一月，修安庆府潜山、怀宁二县圩岸。永乐四年（1406年）九月，修安庆府怀宁县斗潭河彭滩等处潦水所冲圩岸。在和州，永乐元年（1403年），和州吏目张良兴言：和州5万余顷农田为麻、沣二湖水淹没，乞自本州至含山界，增筑圩埂30余里，从之。同年八月，又修保大等圩岸。次年十一月，在桃花桥至含山县界，增筑圩埂30余里，以防水涝。在太平府，永乐十二年（1414年）五月，修当涂县慈湖等处濒江堤岸。正统六年（1441年）七月，因太平府芜湖县陶辛圩东埂边临山，河水深，不能填筑，于是在圩内别筑新埂，以备旱涝。宁国府在洪武时水利未修，旱潦继作，知府陈灌乃增筑圩岸。永乐四年（1406年）二月，修筑宁国府属宣城县境内19圩堤岸2900余丈。嘉靖四十年（1561年），宁国府大水漂没圩岸，知府方逢时发廪赈民，修筑诸圩，复其故。在广德州，所属建平县有桐汭、临湖二乡，地势低洼，圩田76座，计56388余亩。明中期州判官邢寰、邹守益相继修筑。嘉靖八年（1529年）秋大水，知县连鐄重修。

在庐州府，有著名的望江西圩水利工程。该圩位于望江县东北60里，迂周30余里，岸长3970余丈，阔10丈，高2丈；包含西湖、小陂、后湖。圩中田37000余亩。圩不知始于何人，入明以后，屡得修葺。永乐间望江知县马宾，其政绩最著者是筑西圩。西圩原有上、中、下三板闸，为木闸，通水出入易腐，而内外水涨，害禾病民。于是，弘治年间，圩民申诉官府，县府委教谕张夔等修葺之，并作二石闸，增筑堤岸，民始免患。嘉靖十三年（1534年），知县朱轼亦修葺之，后堤岸崩。嘉靖四十五年（1566年），知县蔡几修筑。万历十五年（1587年），安庆府推官张程重修之。万历十九年（1591年），洪水冲啮望江西圩堤岸，知县罗希益修筑。天启年间，西圩遇涝为灾，县令方懋德亲临圩堤，目击形势，始开闸泄水，下坂乃蒙利。

圩田防汛，既要外筑坝堤以资捍卫，又要内开闸堰以为出泄。所以，明代除了修复圩堤外，还修复了圩田的许多闸堰。无为州有黄金闸，距城75里，外滨大河，内环7流，地方30余里，有72圩、360冲汊，全赖此闸蓄泄。旱则开通以救田禾，涝则闭塞以堵江涨。此闸原为木闸，屡坏。正统年间，州守王仕锡令耆民季希文募资捐工，修造坚固，启闭以时，由是旱涝无患。州境还有高墩闸，距城东40里，系洪溪厂、淳安、小谢三圩出入水道，旧为土坝，隆庆年间改建石闸，三圩蓄泄始便，居民利之。大宝闸，又名叶家闸，距城南30里，嘉靖年间州守方来崇建，以资蓄泄。池州府铜陵县凤心闸、东门闸，俱嘉靖十九年（1540年）知府鲁仲魁重修。

和州铜城闸，在明代亦多次重修。明初因为比年兵兴，铜城为往来争战之场，闸毁而堰崩，向之沃土皆化为荒秽之区，而民告病。洪武元年（1368年），知州李相重建铜城闸，周回200里。此次修闸，闸高22尺，广18尺，长200余尺，两端叠石为台，并补筑东西堰。永乐二年（1404年）、洪熙八年（1432年）、正德十二年（1517年）、崇祯二年（1629年）都分别对铜城闸进行了修复或增修。崇祯间，和州水灾，民困不自给，州人马如融再次兴修铜城闸，为立法，置堰长十人，分直启闭。铜城闸上有闸以堵其冲，下有牛屯河以泄其涨，不仅保全了堰闸周围200里内72圩的安全和灌溉，而且使姥下镇以至乌江百里圩田免除了水患。

明代除了修复旧圩，还兴修了许多新圩。万历三年（1575年）二月，无为州属巢县知县李世隆经画贾塘，躬履其地，相地势水势之宜，而曲折以避其波涛搏击之处以建新圩。圩工计高七尺五寸，阔二丈五尺，长六千武。圩建成后，昔时荒烟沮洳之区，绵亘逶迤，视之若长河，往岁春涨冲啮、湖波泛溢、风涛震撼、溃决顷刻的状况也得以改变。和州戈义圩本是水滩荒地，隆庆四年（1570年）知州晋朝臣令民开垦。万历元年（1573年），和州知州康诰筑埂，丈量升科，士民赖之，因名“永康”。万历四十年（1612年）春三月，和州因滨江地带江潮涨溢，湍激荡析，遂成沮洳，不障不陂，弃为薮泽，于是大兴工役，修葺永丰圩，积岁，圩尽为沃壤。在滁州来安县，嘉靖四十五年（1566年），知县刘正亨请发仓稻1200石助工，修筑大雅圩等16圩，用夫20余万，筑埂23260.8丈。在宁国府，有一罗公圩，原本是废滩，嘉靖四十三年（1564年），庠生胡希瑗呈郡守罗汝芳发币金倡筑，推官李惟观督工修成。在下游的江苏境内，应天通判、治中庞嵩以江宁县葛仙、永丰二乡，频遭水患，居民止存7户，乃为治堤筑防，得田3600亩，立惠民庄四，召贫民佃之，流移尽复。

明代圩田也存在盲目开发的问题。和州麻湖，在州西30里，又名历阳湖，因明太祖曾避难于此，所以又叫龙驻湖。湖环周百余里，由姥下河达大江。明永乐年间，吏目张良兴为得开田之功，乃浚河泄水以涸之，筑堰成田，名曰麻湖圩，凡田31200余亩。至景泰二年（1451年），含山县令黄润玉经过一番治理，最终使之成为圩田。沣湖在州西15里，受麻湖水，由当利港入江。明永乐年间，与麻湖命运相同，被议置为田，得17500余亩。将麻湖、沣湖围垦成农田，但因地势平衍，水难骤泄，每逢雨潦，往往多淹没之患。应天府句容县赤山湖，原本溉田万顷，潦则港汊交错，宣泄畅流；旱则闸坝纵横，潴渟屯泽。但是明代因湖身淤垫，被辟为农田，据为庐舍。这种现象及其影响，已经被时人注意。正统年间，江南巡抚周忱就说：应天、镇江、太平、宁国诸府，原有石臼等湖，其中沟港，岁办渔课。其外平圩浅滩，听民牧放孳畜，采掘菱藕，不得种耕。是以每遇山溪泛涨，水有所泄，不为民患。近来富豪之家，将湖区浅滩筑成圩田，排遏湖水，每遇泛溢，害即及民，因此应当平毁这些圩田。到万历年间，又有人指出圩田与水争地的问题及其危害，认为圩与水争地，人民渐稠，垦艺渐博，圩之数日多，则居水之处日减，则其激而行也日悍。

（二）垸田

长江中游地区垸田在明代也有很大的发展，主要分布在汉江下游地区、洞庭湖及鄱阳湖地区。在汉江下游地区，湖广荆州府监利县乡民皆各自筑垸以居。明朝初期，以穴口已湮，乃筑大兴、赤射、新兴等20余垸，成化年间又筑黄示庙、龙潭、龟渊等一带诸堤。潜江县周广728里，皆为重湖地，民各自为垸，故南则淘湖牛埠；北则太平马倡，西则洑咸林，东则荷湖黄汉等几百余垸，俱环堤而居。五代时筑花封高氏堤，至明初修筑各垸堤塍。顾炎武又说：明兴江汉既平，民稍垦田修堤。沔居泽中，土惟涂泥，而竟陵云杜颇多高印之田，民渐芟剔，垦为阡陌，然江溢则没东南，汉溢则没西北，江汉并溢，则洞庭沔湖汇为巨壑。故民田必因高下修堤防障之，大者轮广数十里，小者十余里，谓之田垸，如是百余区，其不可堤者悉弃为芜莱。

长江中游两湖地区，据不完全统计，鄱阳湖地区明代修圩堤 250 余处。洞庭湖地区筑堤圩，明代有 100 多处。两湖地区的垸田在成化至正德这 50 多年间发展很快，新耕地数量大有增加，形成了垸田兴建以来的第一个高潮。

洞庭湖区地跨湘、鄂两省，临湖的有 17 个县。自洪武迄成化初，水患颇宁。其后佃民佔客，日益萃聚，闲田隙土，易于购致，稍稍垦辟，岁月寖久，因攘为业。又湖田未尝税亩，或田连数十里，而租不数斛，客民利之，多濒河为堤以自固，家富力强，则又增修之。自是客堤益高，主堤益卑。洞庭湖堤垸建设以洞庭湖的北部为早，主要分布在洞庭湖北部的华容、安乡、澧县和南部的沅江一带。其中以明初所修的华容 48 垸为最著名，华容诸垸中又以官垸、涛湖、安津、蔡田等 4 垸最为重要，周 40 余里，该县钱粮半出其内。

鄱阳湖区约有 1 万平方公里，包括湖口、星子、都昌、鄱阳、余干、进贤、南昌等县的滨湖地区。南昌、新建二县地处赣、抚尾间，水道如网，圩堤众多。弘治十二年（1499 年），筑南昌圩岸 64 处，新建圩岸 41 处。万历十四年（1586 年），筑南昌圩 138 处、新建圩 174 处，并修石堤、石枧、石闸；万历三十五年（1607 年）至万历三十六年（1608 年），新建县修圩 160 处，南昌县修圩 185 处，石枧 76 座，石闸 10 座。鄱阳县境的圩堤最早的是创修于唐代的东湖堤、马公堤、马塘。嘉靖三年（1524 年），修复东湖堤时，又筑石堤 30 里。湖区星子县著名的有紫阳堤、田公堤，系宋代修筑的石堤。明代对紫阳堤进行过多次修筑。万历二十一年（1593 年），对田公堤也进行过大修。

正是两湖地区垸田的开发，使得这个地区成了新的谷仓，明代中期以后就有了“湖广熟，天下足”的说法。

（三）堤围

珠江三角洲的堤围始修于宋代，明代共筑堤围 180 多条，总堤长 22 万多丈，比宋元两代筑堤总长多一倍以上。明代所筑堤围主要分布在西江干流三榕峡以下及其支流新兴江、粉洞水、高明河；北江干流飞来峡以下及其支流绥江、芦苞涌、西南涌等；西北绥交汇附近和思贤滘以下的三角洲中、西部；东江地区筑堤则较少。

西江县高要县景福大围是肇庆府首要的堤防，西起三榕峡，沿大鼎峡绕城而东抵羚羊峡，北接横跨旱峡的水矶堤。该围始于明初筑水矶堤、莲塘堤，明中叶相继增筑水基堤和修莲塘堤的下蒙基、谢家基，明末增筑附郭堤。羚羊峡下游北岸的丰福大围，地跨高要、四会两县，明永乐中筑，捍田 1000 余顷，并包围相近周围 10100 丈、捍田 800 余顷的横槎堤。思贤滘以上，北江支流绥江四会县境的仓丰围、隆伏围、大兴围（包括高路围）和三水县境的灶冈围等，各长数千丈，均为明代所筑。思贤滘以下河网地区，明代南海县筑堤最多，嘉靖年间已筑 42 处，共障田 6900 余顷。

明代筑堤围垦主要集中在沙坦浮露范围最广的番禺县市桥（今番禺区）南部、顺德县东南部、香山县北部和新会县东南部。东莞县西南部河口也有围垦。明代前期围垦大量集中在宋元以后已淤积成陆的老沙坦上，中后期从已成之沙扩展到新成之沙。新会县东南的外海、顺德县与香山县接壤的西海十八沙等，因种梢芦苇，加速了海坦的淤长。顺德县东南一带沙坦因植芦积土数千百顷，仅在桂洲青台步海、中叶沙等处与香山接壤之田五百顷。香山县最为突出，石岐以北无数沙洲淤积连成一大片，圈筑小围成田，把原来宽阔的石岐海变成一望无际的沙田。香山县加上南端磨刀门东侧的坦洲、金斗湾一带的围垦，终明之世耕地扩大接近一倍。据崇祯十五年（1642 年）统计，田地山塘面积从洪武二十四年（1391 年）的 3900 顷增至 7559 顷。在增加 3500 多顷的耕地中，圈筑海坦的沙田占了很大面积。据不完全统计，明代三角洲围垦面积达 10000 顷以上。

修成的堤围一般有泄水口、闸坝、涵窦等工程相配套，但夏秋洪水盛涨之时，往往冲决堤围或者淤塞泄水口，或者毁坏闸坝。宋代修的桑园围，就利用地势倾斜由高而下修筑，在下游段留下天然水口，任水流自由宣泄。但至元末明初，甘竹滩以下河床已淤成沙坦，每遇洪水暴发，阻塞难消，旁并泛滥，往往从倒流港逆灌而入。为消除倒灌之患，洪武二十九年（1396 年）兴建了桑园围堵塞倒流港水口工程。陈博民主持整个工程的修建，创造性地把装满石头的大船沉于港口，在水势渐杀的情况下，成功地把倒流港水口堵塞并合龙，于是由甘竹滩筑堤越天河抵横冈，络绎数十里。明代水闸、涵窦的修筑是堤围工程的重要组成部分，正统十四年（1449 年），浚南海潘涌堤岸，置水闸。万历年间，肇庆知府王泮创筑景福围中的跃龙窦闸，便是浚北港、导沥水，筑堤度梁，以时蓄泄。涵窦设闸，通于江，泄潦引潮，使数万亩低洼之田悉数变为膏腴。

明代在珠江三角洲筑堤和围垦的同时，还对围内土地进行了涝渍的综合治理，发展出了防洪、涝、潮等灾害的果基、桑基、蔗基鱼塘的生产经营方式。这种基和塘的结合体，即是把低洼积水地挖深扩筑为塘，将泥土覆盖在塘的周围堆砌成基（分隔鱼塘周围的土埂），结合筑堤将取土的洼坑筑成塘，或将一些已淤塞的河涌筑堤基成塘。据万历九年（1581 年）清丈纳税耕地数字统计，南海、顺德、番禺、新会、三水、高明、新安、东莞等县共有纳税鱼塘面积 16 万亩，其中最多的南海县是 48326 亩，其次为顺德县 40084 亩。若以基六塘四的比例估算，当时上述 8 县基塘面积约 40 万亩，其中南海、顺德各约为 10 万亩。最早形成以基塘生产为主的，有南顺桑园围内的南海县九江、沙头，顺德县龙山、龙江和鹤山县古劳大围内的坡山乡等。南海县九江乡在万历年间基塘面积已占全乡总耕地的百分之六七十，并且从弘治十四年（1501 年）开始承担官府对曲江两岸鱼埠的鱼苗经营专利，成为三角洲基塘区及各地所需鱼苗的供应基地。

六、防潮工程

明代苏北沿海是著名的盐产区，江南沿海则是粮食和赋税的重要出产区。兴修苏北捍海堰，发展江南海塘事业，成了沿海水利工程建设的头等大事。

（一）苏北范公堤

苏北捍海堰，为唐代大历年间（公元 766—779 年）淮南黜陟使李承（一作李承实，又作承式）始筑。起自楚州盐城，南抵海陵（即泰州），绵亘百余里，以捍海潮，灌屯田，时名“常丰堰”。宋天圣年间，范仲淹在江淮制置发运副使张纶和淮南转运使胡令仪的支持下，又对捍海堰进行了大规模的整修，史称“范公堤”。该堤北自刘庄附近与盐城县境唐旧堰相接，南延伸到东台富安一带，其崇如墉，障蔽潮汐，民灶两利。

范公堤在明代多次重修。洪武二十三年（1390 年）七月，风暴潮冲毁了捍海堰。海门知县以闻，调配苏州、松江、淮安、扬州四府人夫修筑。洪武二十九年（1396 年），盐城主簿蔡叔瑜重修了广惠础，同时又在县治北门外三里创建了大通础，即后来盐城的天妃闸。永乐九年（1411 年）十一月，平江伯陈瑄起淮安、扬州两府人夫 40 万修治之。景泰三年（1452 年），知府丘陵、同知张翔委守御千户冯祥、盐城县主簿袁敬重修。成化二年（1466 年）、成化七年（1471 年）两度海潮冲激，捍海堰复坏，共缺口 72 处，计 1180 余丈，余东、掘港等处亦有冲坏，民甚苦之。成化十三年（1477 年）秋，巡盐御史雍泰起沿海民夫、各场灶丁 4000 人修筑。弘治年间，都御史张敷华委县官陆本修。同一时期，海门知县萧绪也筑堤捍海，民甚赖之。正德七年（1512 年），巡盐御史刘绎行淮安、扬州二府及 30 盐场，起夫 6000 名修筑。嘉靖十七年（1538 年），县丞胡鳌重修。嘉靖十九年（1540 年）的潮灾造成万余人的死亡，因此，海门知县汪有执请修筑之。嘉靖二十四年（1545 年），御史齐东请照量起淮安、扬州二府人夫修筑堤堰，不唯民灶命脉可保无虞，而民田盐课亦有永赖。章下所司施行。

隆庆三年（1569 年），包柽芳迁至通州运司判官，时值海潮泛滥成灾，原因是范公堤年久失修，多处倾坍，柽芳行勘，以屡年修筑海堤，皆自新堤径接旧堤，以省费为上。各灶煎烧荡在堤外者十有七八。今自彭家口直接石港，迂 15 里，虽为费多，然有益于民。堤成，海民德之，为立祠，比于范仲淹，呼其堤曰“包公堤”。李仁安在隆庆年间（1567—1572年）担任兴化县令时，对范公堤河塘进行了全面整修，民患始息。

万历中，管大藩莅任掘港营守备，常筑堤海上，所费金钱以千计。海上得免漂涤之患。万历四年（1576年），知县杜善教请浚河建石础闸，河通，海潮涌至，坏闸伤田庐。万历八年（1580年），巡盐御史姜壁奏请筑塞，仍于石础南别置闸，以备潦。同年，王廷臣任掘港营守备，场南古堤坏，潮溢为患，力请部使增筑月堤，民获安枕。万历九年（1581年），徐九仲任拼茶场大使，时遇海潮泛滥，田禾被淹。徐九仲率众起夫督修范堤，以障海水，潮不得入，民获有秋。万历十一年（1583年），漕河尚书凌云翼委知县杨瑞云、运判宋子春大修，用币银42400余两，捍泄两得。万历十二年（1584年），御史蔡时鼎创建吕四新堤，长22里，东折向南江大河口6里许，西暨余东、余中场；同年，漕河尚书凌公云翼、巡按御史姚公士观、巡盐御史任公养心会题，委知县杨瑞云、运判宋子春大修范堤。万历十三年（1585年），胥遇任海防兵备道，初至，首问疾苦，知水患最困，即檄守令分勘下流，海口壅阏，则东濬三场，穿范堤，达苦水洋、牛湾河。比疏两河，从葫芦港、忧粮河达新丰市入海。上流湖水泛溢，则辟惠政桥，引趋芒稻河，南注于江。受期兴役，次第竣工，民赖其利。万历十五年（1587年），巡抚都御史杨一魁委盐城县令曹大咸修复，从庙湾沙浦头起，历盐城、兴化、泰州、如皋、通州，共长582里，沿堤土墩43座（土墩皆当要处，以便取土补缺），闸洞有8个。万历二十年（1592年），张钗任拼茶场大使。时淮、黄、海潮俱涨，地将为壑。张钗设方略，束薪苇卷，哨从上流投之，继筑以土百方捍御，得免胥溺。万历四十三年（1615年），巡盐御史谢正蒙巡行范堤，划地分工，对范公堤大加修复，起自吕四场，讫于庙湾场，共计800余里，易斥卤之乡尽为原隰，获确薄之地尽为耕获。崇祯四年（1631年）至崇祯六年（1633年），连续三年洪水冲决范堤，海防同知刘斌奉旨动支库金修建。

明代兴修范公堤，除了官府主持修建之外，盐商、士绅也积极参与范公堤的修筑。嘉靖年间，汾阳望族叶禹臣，其祖迁至邗上，遂定居扬州。叶禹臣曾携资到通州，督灶煮海，见通州之狼山东旧有的范公堤岁久圮坏，每飓风至，田庐尽没，且多死亡，而当时官民皆以工力浩瀚为忧。而叶禹臣独慨然修之，不数月，堤遂成。万历二十四年（1596年），大潮冲决余西场范堤160余丈，官为兴筑，决处皆成深潭，畚锸难施。原官洪洞主簿致仕回乡的陈大立，请于堤南就地形曲折增筑40余丈，工费不足时，率其族鸠资助之。崇祯初，曾为工部营缮所所丞的朱尚卿，因终母养而不仕，府县知其能，委修范公堤。堤成，厥功甚巨。

明代盐政部门还在两淮盐场建立了大量的避潮墩。避潮墩亦称救命墩，主要是因为大海东徙，草荡日扩，凡煎丁亭民刈草之处，每风潮骤起，陡高寻丈，樵者奔避不及，恒挈卷以去，因筑墩自救。至于官筑避潮墩的起始年代，多认为始于嘉靖十七年（1538年）运使郑漳请于御史吴悌，而创设避潮墩于各团，诸灶赖以复业。嘉靖十九年（1540年），巡盐御史焦涟增筑220余所避潮墩。官筑避潮墩，据嘉靖《两淮盐法志》记载，墩形如覆釜，围40丈，高2丈，容百余人；潮至则卤丁趋其上避之，民称便。

经明代对范公堤的多次增修，范公堤已经大大延长。宋代初建时，只有100多里长，元朝时还只有300里左右；到明朝，向东南伸展到启东的吕四，长达800里。范公堤在明代的防潮作用甚大，万历《通州志》就说：通之为灾，海居八九，虽天亦人也。借今范氏堤，岁增月培，横亘屹立，蚁封无隙。而潮水所从入，地高作堰，坝间设闸门，使潴泄随宜，弃上有备，虽值百六之数，必不尽成鱼鳖。

（二）江南海塘

江南海塘北起常熟，南至杭州，全长800余里，分江苏海塘、浙江海塘两大部分。江苏海塘大部分临江，小部分临海，所经之地有常熟、太仓、宝山、川沙、南汇、奉贤、松江、金山等县，长约500里。浙江海塘经平湖、海盐、海宁至杭州钱塘江口，长约300里。海塘工程起始于汉代，以后各代均有不同程度的发展。明时把局部海塘连成一线，变土质海塘为石质海塘。

明代南直隶松江、宝山、太仓等地的海塘经历了多次重修，累计近

30次。成化八年（1472年），松江知府白行中主持修筑了5万多丈土塘，基广4丈，面广2丈，高1.7丈，工程量很大。这次修的海塘，一直到清初还基本完好。崇祯七年（1634年），飓风大潮，知府方岳贡在松江华亭县创制石塘500余丈，这是江苏修建石塘之始。以后，各地不断将土塘改修成石塘。海塘塘面已由宋代斜直式改成阶梯式，用石料纵横叠砌。

在杭州湾南岸，明代修建了一批重要的防潮工程。洪武二十四年（1391年），修临海横山岭水闸，宁海、奉化海堤4300余丈，筑上虞海堤4000丈，改建石闸。嘉靖十六年（1537年），绍兴知府汤绍恩主持修建了三江闸，位于绍兴市东北三江口的海塘上，全闸28孔，长108米。三江闸是古代著名的挡潮排水闸，也是萧绍平原80万农田关键性的水利工程。

明代开始，钱塘江口的涌潮路线逐岁北移，主溜直趋浙西的海盐、平湖一带。地势低平的太湖流域，受到了严重的洪水威胁。太湖流域是当时全国经济最发达的地区，也是最重要的粮食基地，因此，人们特别重视浙西海塘的修建。据《海塘揽要》记载，浙江海塘的海盐、平湖地段明代共修筑21次。正是因为这一带的海塘最为重要，明朝在此修成最为坚固的石塘。洪武中，海盐县海啸，沦田1900余顷。盐民潘允济走阙下请筑，始创建石塘。永乐三年（1405年），赵居任筑。永乐九年（1411年），保定侯孟瑛筑。宣德四年（1429年），侍郎周忱筑。成化十二年（1476年），嘉兴府海连溢，仿照鄞县荆公塘陂陀坚砌，以杀潮势。成化十三年（1477年），海宁海堤决，重筑海塘。海宁海塘还制定了维护海塘的管理制度，规定设海塘夫150名，年储役银300两为修筑费。此外，还将塘段编立字号，设置塘长，使事有专责。

嘉靖二十一年（1542年），浙江水利佥事黄光升于海盐亲自主持建筑海塘三四百丈。黄光升设计的海塘是一种重型直立式石塘，由于这种海塘迎水面的条石逐层微微内收，一层压着一层，呈有规则的鱼鳞状，所以俗称“鱼鳞石塘”。嘉靖二十三年（1544年），黄清仿黄光升法，续筑海盐鱼鳞石塘750丈，因其牢固耐久，被称为“万年塘”。

鱼鳞石塘之所以牢固，就在于它是黄光升总结塘工的经验而创造的。黄光升认为，以往海塘的根本弱点有二：一是塘基浮浅不牢，二是塘身砌石结构松散。这两种情况，在遇到海潮大上时，声汩汩四通，浸所附之土，漱以入，涤以出，石如齿之疏豁，终拔尔。针对以上两个弱点，在海塘工程的基础和塘身结构上下功夫改进，在修筑海盐县海塘工程时，黄光升创建了五纵五横桩基鱼鳞石塘。鱼鳞石塘除了在石塘后面培土，完全继承旧塘外，在基础工程和塘身工程两个方面，质量都远比旧塘高。其具体结构，清代翟钧廉《海塘录》对黄光升的筑法有详细记载。为了打好基础，要求先清除浮沙，再打桩、夯实。为了加强塘身，要求条石的大小一致，长6尺，宽、厚各2尺。用纵横交错的方法砌筑，并自下向上逐层内收，砌成鱼鳞状的大堤，底宽4丈，顶宽8尺，高3.6丈。这种鱼鳞石塘确有许多优点，基础扎实，塘身浑然一体，又有消杀潮力的作用。

第三章　农事

人类在应对各种自然灾害的过程中认识了灾害与农业生产的相互关系，既看到了灾害会造成粮食歉收、饿殍遍野的状况，同时，也看到了可以通过改造和提升农业生产力本身来增强抗灾保收的能力。

明代农事防灾活动，主要包括农地改造、动力工具、耕作技术、救荒作物、防治虫害、水土保持、农候占验等方面。

一、农地改造

中国地域广大，有山地丘陵，有平原洼地，有河湖海涂，地形地貌复杂多样，开发新的抗旱防涝的土地以及改造和提高已有农地的旱涝保收能力，皆有很大的潜力。时至明代，出现了不少耐旱潦的新开农田类型，已有农田的抗旱涝方面的改良也取得新的进展。

（一）新开农田

明代除了垦殖荒地，增加耕地面积之外，还推广了前代已经出现的一些造田方法。这既扩大了土地利用，又提高了抗旱防涝、保收增产的能力。在滨湖以及靠近河川的地区，除围田、湖田以外，明时更有架田、柜田、涂田、砂田等新田。其中架田、柜田、涂田、砂田的抗旱防涝效果皆不错。明人徐光启说："架田亦名葑田，即以木缚为田坵，浮系水面，以葑泥附木架上，而种艺之。其木架田坵，随水高下浮泛，自不渰浸。"这样以木筏作田，不怕旱潦，种植黄穋谷，不过六七十日即可收获。在水乡无地处，不失为造田的好办法。柜田亦名坝田，即在江湖边旁择地四面封围起来，坚筑高峻，外水难入，内水则车之易涸；除种水稻外，亦可在高涸处种植各种旱作物。涂田系在滨海之地，潮水所淤沙泥积成的岛屿滩涂上造田，可筑堤或树立椿橛，以抵潮汛；田边开沟，以注雨潦，旱则灌溉。此种田地很肥沃，稼收比常田利可十倍。沙田，是南方江淮间沙淤之田，或滨大江，或峙中州，四围芦苇骈密，以护堤岸。其地常润泽，可保丰熟。普为塍埂，可种稻秫；间为聚落，可艺桑麻。

明代甘肃还出现了一种抗旱能力较强的砂田。砂田有旱砂田和水砂田之分。其建设程序,《甘肃通志稿》说：砂田，用河流石子铺地，厚三四寸，耕种时拨开砂石，种之于下，仍取砂石掩覆之；不虞抗旱，可获早熟，其利可五六十年。也就是先将土地深耕，施足底肥，耙平、墩实，然后在土面上铺粗砂和卵石或片石的混合体，砂石的厚度，旱砂田约 8~12 厘米，水砂田约 6~9 厘米。每铺一次可有效利用 30 年左右。石砂田老化可以重新起砂，铺砂，实行更新。

关于砂田的产生，还伴随着一个有趣的传说。相传有一年甘肃大旱，赤地千里，四野无青。一位老农外出寻找野菜度饥，在一块大青石的缝隙中意外地发现了几株碧绿、葱郁、生长健壮的麦苗。老人惊喜异常，急忙扒开乱石，只见下面的土壤滋润、潮湿。这一偶然的发现，使他悟出了一个道理，即压上石块可以保墒。第二年，他便依法仿效，果真长出了麦苗。以后又经过反复不断的探寻、改良，砂田这一特殊的土地利用方式便被创造了出来。

砂田是兼有增温、保墒、保土、压碱等综合效能的旱作技术，一经产生，就备受钟爱，沿用不衰，至今仍然是以兰州为中心的陇中地区（其他如青海、河西等地也有零星分布）人民主要的抗旱防旱耕作形式。兰州的果树、蔬菜，特别是有名的白兰瓜，生长在砂田的产量高、品质好。干旱的兰州，能享有“瓜果之城”的美称者，主要是砂田之功。

（二）农田改良

明代的农田改良，主要是盐碱地和冷浸田的改良。

（1）盐碱地改良。明代盐碱地改良技术主要有种稻洗盐、引水洗盐等。万历年间，保定巡抚汪应蛟在葛沽、白塘一带改良盐碱土，就是利用种稻洗盐的办法。据记载，当时垦田 5000 余亩，其中十分之四是稻田，当年亩收至四五石，比原来亩收不过一二斗，提高了几十倍。同一时期，宝坻知县袁黄利用沟洫条田的办法，在当地教民先种水稗后种水稻，改良盐土，也获得了成功。

明代对于开发水利、引水洗盐以改造滨海盐碱地，非常重视。明中期丘濬指出：大凡滨海之地，多咸卤，必得河水以荡涤之，然后可以成田。故为海田者，必筑堤岸以阑咸水之入，疏沟渠以导淡水之来，然后田可耕也。京东一带，其入海之水最大之处，无如直沽；然其直泻入海，灌溉不多。请于将尽之地，依《禹贡》逆河法，截断河流，横开长河一带，收其流而分其水。然后于沮洳尽处，筑为长堤，随处各为水门，以司启闭。外以截咸水，俾其不得入；内以泄淡水，俾其不至漫，如此则田成矣。凡有淡水入海所在，皆依此法行之，则沿海数千里无非良田。非独民资其食，而官亦赖其用。万历二十七年（1599 年）保定巡抚汪应蛟等在天津一带的盐碱地治理，可以说是一次很好的实践。他首先对拟垦的地点进行调查，然后穿渠灌水洗盐，垦田种稻，结果大获丰收。他在《海滨屯田疏》中说：天津葛沽一带，咸谓此地从来斥卤不耕种。臣窃以为此地无水则碱，得水则润，若以闽浙濒海治地之法行之，穿渠灌水，未必不可为稻田。至今春始买牛制器，开渠筑堤，一时并举。计葛沽、白塘二处耕种共 5000 余亩，内种稻 2000 亩。其粪多力勤者，亩收四五石。其余3000亩，或种藒豆，或种旱稻。藒豆得水灌溉，粪多者，亦亩收一二石。唯旱稻竟以碱立槁。大致与汪应蛟同时，宝坻县令袁黄也在治内率民采用开沟、排水和防潮等措施改造盐碱地。先种水稗后种水稻，也获得丰收。袁黄在其《宝坻劝农书》中写道：濒海之地，潮水往来，淤泥常积，有咸草丛生。此须挑沟筑岸，或竖立桩橛，以抵潮汛。其田形中间高，两边下。不及十数丈，即为小沟；百数丈即为中沟，千数丈即为大沟，以注水潦。此甜水、淡水也。其他初种水稗，斥卤既尽，渐可种稻。所谓"泻斥卤兮生稻粱"，非虚语也。袁黄这里记述了治盐碱时的具体做法，其中的技术措施显然比前人有很大的进步。

（2）冷浸田改良。明代陆容的《菽园杂记》记载了浙江新昌、嵊县用烤田利用冷浸田的办法。塖县有冷田，不宜早禾。夏至前后，始插秧。秧已成科，更不用水，任烈日暴，坼裂不恤也。至七月尽八月初得雨，则土苏烂而禾茂长。此时无雨，然后汲水灌之。若日暴未久，而得水太早，则稻科冷瘦，多不丛生。一般说来，冷浸田均属酸性土壤，土温较低，而且缺乏磷钾等元素，施用石灰、骨灰、草木灰等肥料，可以中和酸性，补充磷、钾等元素，还可以疏松土壤。熏土、烤田和冬季放水浸田，则可提高地温，改良土壤耕性。

二、动力工具

明代耕地已广泛使用畜力，灌溉排涝也多使用机械工具。但因旱涝等灾害，在耕畜遭受严重损失、影响生产时，人们不得不借以人力开展生产自救。在人力无法抗击严重的旱涝灾害时，人们往往又辅以各种省力省时的动力机械，开展抗旱排涝工作。

（一）人力耕架

在自然灾害来临时，耕畜损失比较大，畜力比较缺乏，这给开展生产自救带来极大的困难。为了解决畜力不足问题和提高使用人力的效能，唐代时人们就曾创造"人力耕架"（亦称"代耕架"或"耕架代牛”）以代替畜耕。这是一种人力牵引耕地机械，是动力的改变，至于犁的本身和原来使用的没有什么差异。

到明代成化时，“人力耕架”有了相当大的发展。成化二十一年（1485 年），李衍总督陕西时，由于连年旱灾，造成耕畜严重缺乏，农业生产无法进行。于是，取牛耕之耒耜，反观索玩，量为增损，易其机发，制成五种“木牛”，分别叫“坐犁”“推犁”“抬犁”“抗活”“肩犁”。这些犁可以适应山丘、水田和平地等不同的耕作条件，使用人力二三人，每日可耕地三四亩。经实践，这种“人力耕架”具有“工省，其机巧，用力且均，易于举止”的良好功效。

继李衍之后，嘉靖二十三年（1544 年），欧阳必进在郧阳府（今湖北郧县一带）为官时，当地发生牛瘟，农田无法耕翻。针对耕牛不足问题，欧阳必进组织能工巧匠，仿照唐王方翼遗制，造人耕之法，施关键，使人推之，省力而功倍。百姓赖之而不误农时。不过，李衍五种“木牛”的形制和欧阳必进的“人耕之法”都没有流传下来。所幸的是，明代王徵于天启七年（1627 年）撰有《代耕图说》（亦称《代耕架图说》），而且有附图，使我们从中得知“人力耕稼”（耕稼代牛）的形制和构造细节。参见图 5-1。

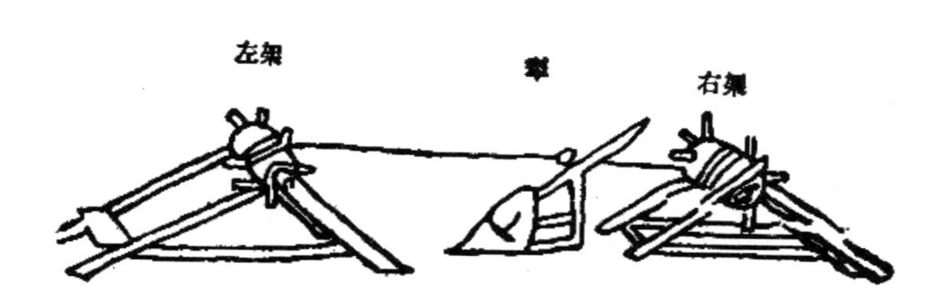

图 5-1　人力耕架

图片来源：梁家勉主编：《中国农业科学技术史稿》，北京：农业出版社，1989 年，第 466 页。

从《代耕图说》上看，“人力耕架”就是在田地的两头分别设立一个人字形的木架，每个木架各装一个辘轳，在辘轳中段缠以绳索，索中间结一小铁环；环与犁上曳钩，自如连脱。辘轳两头安上十字交叉的橛木，手扳橛木，犁自行动。三人合作，田地两头耕架各一人，交递相挽；

一人扶犁，使之一来一往。如此，一人一手之力，足抵两牛。因此，屈大均称它是“耕具之最善者”。

“木牛”和“人力耕架”应用的都是杠杆原理。欧阳必进所造的“关键”，“使人推之”，大概是立式辘轳。王徵的“人力耕架”是“坐而用力”，大概是卧式辘轳。这些“木牛”和“人力耕架”，从现代机械化角度来看，虽然显得简单而笨拙，但它在耕地机械史上毕竟是一大进步，而且解决了缺牛问题。使用人力耕地机械，要三人同时操作，人的体力消耗也较大，加上用途单一，造价又高，因此很难推广使用。然而在灾荒之年，却能解决耕畜不足的问题，是当时防灾减灾的重要动力工具。

（二）排灌工具

明代各地的排灌工具，有以人力为主的拔车、脚踏翻车，有以牛或驴等畜力为主的翻车，还有以水力、风力带动的筒车。顾炎武谈到江南苏州、松江地区的排灌工具时说：“灌田以水车，即古桔槔之制，而巧过之。凡一车用三人至六人，日灌田二十亩。有不用人而牛运者，其制如大樂，如车轮而大，周施牙以运轴而转之，力省而功倍。有并牛不用而以风转者，其制如牛车，施帆于轮，乘风旋转，田器之巧如是。然不可常用，大风亦败车。”可见明代各地的排灌工具皆有了一定的改进，其救潦抗旱能力显著提高。

（1）拔车。即是一种手摇水车，使用时双手各执一摇把，一推一拉，交互变动，即可将水提上数尺高度。《天工开物》云：其浅池、小浍，不载长车者，则数尺之车，一人两手疾转，竟日之功，可灌二亩而已。这种手摇水车，结构简单，轻便灵活，不单一人即可戽水，而且一人即可掮走，近水低田，最为适用。参见图5-2。

（2）翻车。亦称龙骨车，农家用之溉田。万历年间，淮安知府詹士龙曾劝垦荒田，制龙尾车教民灌输，以省桔槔之力。翻车之制，除了压栏木及列槛桩外，车身用板作槽，长可二丈，阔则不等，或四寸至七寸，高约一尺。槽中架行道板一条，比槽板两头俱短一尺，用置大小轮轴，同行道板上下通周以龙骨、板叶。其在上大轴两端，各带

图 5-2 拔车

图片来源：梁家勉主编:《中国农业科学技术史稿》，北京：农业出版社，1989 年，第 467 页。

拐木四茎，置于岸上木架之间。人凭架上踏动拐木，则龙骨、板随转，循环行道板刮水上岸。其起水之法，若岸高三丈有余，可用三车，中间小池倒水上之，足救三丈以上高旱之田。凡临水地段，皆可置用。参见图 5-3。

图 5-3 翻车

图片来源：梁家勉主编:《中国农业科学技术史稿》，北京：农业出版社，1989 年，第 467 页。

（3）水转翻车，其制与脚踏翻车俱同，但与流水岸边，掘一狭堑，置车于内，车之踏轴外端，做一竖轮。竖轮之旁，架木立轴，置二卧轮。其上轮适于车头竖轮辐支相间，乃擗水旁激，下轮既转，则上轮随拨车头竖轮，而翻车随转，倒水上岸。此是卧轮之制。若做立轴，当别置水激立轮，其轮辐置末，复做小轮。辐头稍阔，以拨车头竖轮。此乃立轮之法。参见图 5–4。

图 5–4 水转翻车

图片来源：[明] 徐光启著，石声汉校注：《农政全书校注》卷 17《水利·灌溉图谱》，第 426 页。

（4）筒车。据徐光启《农政全书》记载，筒车的基本结构为三部分：一是转动大轮，二是水筒，三是支架。大轮轴放在支架上，水筒固定在大轮外缘四周。大轮安装的高程必须满足两个基本条件，即轮的下缘应淹没水中，轮的上缘应高于河岸。这样才能保证既可以汲水，又能将水引入田中。为了保证水转筒车能正常、稳定地工作，还需要修筑附属导流工程。在岸上也要架设适当的水槽，则水激转轮，众筒兜水，次第倾于岸上所横水槽，谓之天池，以灌稻田。若水力稍缓，亦有木石制为陂栅，横约溪流，旁出激轮，又省功费。或遇水流狭处，但垒石敛水凑之，亦为便易。参见图 5–5。

明代筒车的使用还是比较普遍的。宋应星《天工开物》卷上《乃粒第一》说：凡河滨有制筒车者，堰陂障流，绕于车下，激轮使转，挽水

图 5-5 筒车

图片来源：[明] 徐光启，石声汉校注：《农政全书校注》卷 17《水利 · 灌溉图谱》，第 424 页。

入筒，一一倾于枧内，流入亩中。昼夜不息，百亩无忧。明代御史邢址在游安庆府潜山时，就曾见溪旁有轮著水左右，山雨溪涨，缚竹为筒，水驱轮转，筒自挽以灌田，无庸人力。福建山区民人也使用筒车提水灌溉。据嘉靖《邵武府志》记载，临溪之田，溉以溪车（即筒车），一车两轮，施横木；或编竹于轮端间，可一尺；系筒于木竹，穿轴于半崖之间；架槽崖上，下轮于溪，水激轮而轴自运；其筒下以汲水，上以倾于槽，达于畎浍。广东东江中上游地区的长宁（今新丰县）、永安（今紫金县）等县主要是做渠引灌，不借陂塘。明代杨元起于长宁沿溪做转水车取水上渠，其渠大小 50 余所。广西各地用水车提水灌溉在明代已经很普遍。明代龙瑄所作《平乐府》中有诗句："车筒昼夜翻江水，刀具春秋种石田。"

（5）高转筒车。其高以十丈为准，上下架木，各竖一轮。下轮半在水内，各轮直径可四尺。轮之一周，两旁高起，其中若槽，以受筒索。其索用竹，均排三股，通穿为一。随车长短，如环无端。索上相离五寸，俱置竹筒，筒长一尺。筒索之底，托以木牌，长亦如之。通线铁线缚定，随索列次，络于上下二轮。复于二轮筒索之间，架刳木平底行槽一，连上与二轮相平，以承筒索之重。或人踏，或牛拽，转上轮则筒索自下兜水，循槽至上轮，轮首覆水，空筒覆下，如此循环不已。日所得水，不减平地车戽。参见图 5-6。

图 5-6　高转筒车

图片来源：[明] 徐光启著，石声汉校注：《农政全书校注》卷 17《水利 · 灌溉图谱》，第 430 页。

（6）风力水车。利用风力提水，元代已见记载，任仁发的《水利问答》中讲到浙西治水工具时，已提到风车。这种风力水车，在明代已有很大的发展。洪武年间，浙江金华人童冀在《水车行》中描述过湖广永州府零陵县使用风力推动筒车的情况，说是“零陵水车风作轮，缘江夜响盘空云”。这种风车的车轮盘直径3丈，全靠风力转动，不用人力，一台风车可溉10家之田，效率相当高。因此，作者希望“但愿人常在家车在轴，不忧禾黍秋不熟”。在江淮地区，亦有使用风力水车的记载。徐光启在《天工开物》上卷《乃粒第一》中说：“扬郡以风帆数扇，俟风转车，风息则止。此车为救潦，欲去泽水，以便栽种，盖去水非取水也，不适济旱。”方以智《物理小识》亦载，淮安、扬州、海州三处，用风帆六幅，车水灌田者，淮、扬海堧皆为之。崇祯《松江府志·风俗》也载有“以风运”的水车。明代的郝壁曾咏道：“千曲水车力挽牛，甿田沃灌到真州。”风力水车以自然风力为动力，这是继利用畜力、水力以后，在农用动力上又一重大进步。

三、耕作技术

明代在对土地进行深耕和轮作、间作、套种，以及在冬耕冻土、开沟作畦、布局等方面，已形成了一套行之有效的较为成熟的耕作技术，通过这些耕作技术大大提高了农业生产的抗旱、防涝、治虫能力。

（一）深耕和轮耕

（1）深耕。农田深耕技术，明末《沈氏农书》曾把“耕翻施肥之法”，扼要地归纳为两点，一在垦倒极深，二在多下垫底。“垦”即庄稼收获后的首次用铁塔翻地；“倒”为再次耕翻，即复（转）耕。“垫底”即施基肥。深则肥气深入土中，徐徐讨力，且根派深远，苗干必壮实，可耐水旱。总的要求是深耕多肥，土肥融合。

（2）轮耕。明代轮耕技术也有很大进步。这里不得不提的是天启年间临淄知县耿荫楼为改变青州等地农民广种薄收的耕作习惯而大力推行的一种轮作方法——“亲田法”。这种轮作方法，具体内容是：将地偏爱偏重，一切俱偏，如人之有所私于彼，而比别人加倍相亲厚之意。有田100亩，除将80亩照常耕种外，拣出20亩，比那80亩件件偏它些，其耕种、耙耮、上粪俱加数倍。务要耙得土细如面，抟土块可以 8 日不干方妙。旱则用水浇灌，即无水亦胜似常地。遇丰岁，所收较那 80 亩定多数倍。即有旱涝，亦与 80 亩之丰收者一般。遇蝗虫生发，合家之人守此 20 亩之地，易于捕救，亦可免蝗。第二年，又拣 20 亩，照依前法，作为"亲田"。实行 5 年轮亲一遍，而百亩之田即使是碱薄之地，皆能养成膏腴之田。"亲田法"集精耕细作与粗放耕作于一身，实质上就是通过局部改良的办法，改变地广人稀、广种收微的状况，使个体农民达到抗灾保收的目的。

（二）冬耕冻土

冬耕冻土的耕作技术，在徐光启《农政全书》中有详细的记述：棉田秋耕为良，获稻后即用人耕。又不宜耙细，须大垡岸起，令其凝冱，来年冻释，土脉细润。这是指一年种一季的棉田而言。"人耕"即人工使用铁塔垦翻，秋天翻过，立茬越冬，经过冻晒，促进土壤风化，以达到"土脉细润"。

冬耕冻土的冻晒作业，具有消灭某些病菌害虫及其卵蛹等作用。这种冻晒技术要求比较严格，早在明末《沈氏农书·运田地法》中就说：垦地须在冬至之前，取其冬月严寒，风日冻晒。垦地、倒地，非天色极晴不可，若倒下不晒一日，即便逢雨，不如不倒为愈。至于刭地，尤要大晴。又说：古称"深耕易耨"切不可贪阴雨闲工，须晴明天气，二三层起深，春间倒二次，尤要老晴时节。头番倒，不必太细，只要稜层通晒，彻底翻身，合垙土倒好。总的要求是垦、倒、刭（中耕）等作业要在极晴天气进行，而且稜畦整齐，层次分明，翻起土块全能晒到。

（三）开沟作畦

开沟作畦，在江南对于"春花"生产和棉花及其他旱作物栽培是一项很重要的技术措施。徐光启《农政全书·谷部下》"麦"条说：南方种大、小麦，最忌水湿，每人一日只令锄六分，要极细，做垄如龟背。该书"木棉条"又说：棉田秋耕为良，清明节前做畦畛，土欲绝细，畦欲阔，沟欲深。种麦和种棉，作物不同，但对耕地的基本要求是一致的，都要求碎土极细，做成畦沟。这里所说的“垄”即“畦”，或称“畦畛”。“垄为龟背”即《耕心农话》所说的“畦背起脊如龟背然”。畦如龟背比以往平畦进了一步。龟背状中间稍稍凸起，排水性能良好，垄土易于保持干燥，也有利于作物根系的伸展。

开沟做畦具有排水防涝、通风透气的作用。开沟做畦的基本要求是畦要宽、沟要深，排水宜通畅。《农致全书》卷三十五说：余姚海堧之人，其为畦，广丈许，中高旁下，畦间有沟，深广各二三尺。沟深兼有积肥作用，秋叶落积沟中烂坏，冬则就沟中起生泥壅田。这种沟既排水，也积肥，一举数得。关于沟、畦的长度，各地或各时期的要求也不一样，有的认为畦长即与田块同长，有的则嫌畦过长，主张在较低处或有水流处截以腰沟。沟、畦的长度到底需要多少，这要根据实际情况，因地制宜裁定。

在稻麦轮作的两熟地区，人们在麦田开沟也积累了丰富的经验。流传已久的“冬至垦为金沟，大寒前垦为银沟，立春后垦为水沟”的农谚，就是对垦沟“时宜”的高度概括。《补农书》还进一步说道：种麦又有几善：垦沟、锹沟便于早，早则脱水而坨燥；力暇而沟深，沟益深，则土益厚；早则经霜雪而土疏，麦根深而胜壅，根益深，则苗益肥，收成必倍。做好畦沟，不仅有利于当季小麦的生长发育，而且也为下茬水稻生产创造了良好的条件。所以,《补农书》又说：坨燥、土疏、沟深，又为将来种稻之利。

（四）种植技巧

明代水稻的种植已经形成了一整套防灾技巧。明人宋应星就介绍了一些耕作中可能遇到的灾害，最主要的是预防水稻耕作中出现的六大灾害。第一灾的预防，就是将曝晒后的种子晾凉后，再放入仓库，否则会影响来年禾苗和稻穗；第二灾的预防，要求播种时，必须等风势稳定后再播种；第三灾的预防，就是要防止谷物成熟后被鸟雀啄食；第四灾的预防，就是秧苗必须压根，防止遇到风雨天秧苗的成活率低；第五灾的预防，是要求稻子抽穗以后，要更加注意防虫；第六灾的预防，就是稻子成熟的时候，要及时清理稻田腐烂的木头。这些水稻种植技巧，为农作物的生长提供了保障。

明代有些地区因受旱涝、低温冻害等灾害的影响，对已有的作物种植制度进行了顺时因地的调整，从而减轻了灾害对农业生产的影响程度。明末陈龙正编《几亭全书》记载了一种“冬月种谷法”。清末张起鹏著《区田篇》中附录有一段话：谷即北方带壳小米，倘应种小麦时，得雨过晚，麦不及种，可种冬谷，较麦仅晚熟二十余日。又说：此明末豫抚王子房荒岁试祷，遇异人传授，试之而验。可见，此法是明代北方人民为了克服因秋旱不能及时播种小麦的困难而创造的一种方法。“冬月种谷法”的具体播种程序是：冬至前一日拣谷种入瓮，麻布扎口，掘土穴，深四五尺；瓮倒置穴中，土封固，满十四日取出，大寒日种入熟地；春透苗生，较常谷早熟一月，约五月底、六月初即熟。盖受冬至子半元阳之气，虽种冰雪中亦生。至今，北京还有一些农民采用这种种谷法。

徐州一带，本是小麦的主要产区，很少种稻。但在嘉靖初年，由于连年水灾频发，麦多烂死不实，农民改种水稻，从而在当地出现了大面积的稻田。杭州湾沿岸的萧山、仁和、钱塘和海宁四县，种稻多选晚熟品种，且种植时间也比周围各县迟得多，原因就是这里地势低洼，常于春末夏初发生水灾；推迟种植，可以避开洪水的威胁。赣西北山地的宁州和武宁等地则与此正相反，因山高地寒，旱灾易于发生，故麦多于秋社前播种，水稻多于春社前下秧。还有苏州府的嘉定县，这里位于太湖平原的冈身地带，土壤沙瘠，适宜种棉花，不宜种水稻；但因这里雨水较多，经常发生水灾，抑制棉苗的正常生长，甚至造成棉苗大量死亡，所以当地农民并不专种棉花，而是实行水稻与棉花轮作。明末徐光启针对秋季棉花容易受风潮危害，甚至建议将棉地划出十分之一二来种番薯。

四、救荒作物

为了提高农业的抗灾能力，古代民人很少种植单一农作物的。所谓“种谷必杂五种，以备灾害”，即是这种农业生产习惯的真实写照。明代也不例外，多数地方都针对水旱情况的差异性，在选种主粮时，还因地制宜地杂种一些大麦、荞麦、豆类、谷子、高粱等耐旱耐饥作物。与此同时，一些适应性强、耐饥且能起救荒作用的玉米、番薯等新作物开始从海外传入，种植地域和种植面积逐渐扩大。

（一）传统救荒作物的种植

南稻北麦，是我国南北方农作物生长、社会生活差异的重要标志之一。通过改良和优选稻麦的品种、认识稻麦的特性，就可以提高稻麦的抗旱耐涝能力。宋应星《天工开物》就认为，“种性随水土而分”，即认为各种作物的品质可以随种植条件的变化而变化；又说“五谷不能自生，而生人生之”，即认为人们可以不断选育适合自己需要的作物品种。宋应星就说，南方的有些水稻在长期干旱的条件下，会变得较为耐旱，人们可以从中选育出能在山地种植的旱稻品种。

北方除了细粮小麦以外，也种些大麦、穬麦、青稞，实即一种，陕西人民专用来饲马，但在荒年亦供食用。此外尚有荞麦，在明代的北方平原地区种植也比较普遍。荞麦属麦后复种作物，一般立秋前后下种，八、九月收获。荞麦虽非麦类，但它生长期短，磨粉为食疗饥，救济荒年，很起作用，可以“佐二麦之歉”。

玉米、番薯传进之前，高粱、谷子、豆类等杂粮在北方占有重要地位，特别是土质瘠薄的地方和灾情较重的年份，这些杂粮更受重视。关于高粱，《食物本草》说：蜀黍北地种之，以备缺粮，余及牛马。而李时珍则说：蜀黍不甚经见，而今北方最多。这里说的“蜀黍”即高粱。高粱具有抗涝的特点，使其对其他作物很难生长的低洼易涝土地的开发具有了相当特殊的意义。因此，徐光启在其农学著作《农政全书》中说：“北方地不宜麦禾者，乃种蜀黍，尤宜下地。立秋后五日，虽水潦至一丈深，不能坏之；但立秋前水至即坏。故北土筑堤二三尺，以御暴水，但求潦防数日，即客水大至亦无害也。”在低洼积水之地较多的山东济宁、汶上两地，粮食作物即以麦和高粱为主。历城北部多水，所以高粱的种植也相当多。在鲁西、鲁北平原地区的其他地方，高粱的种植也甚为广泛。万历《沾化县志》记载该县高粱就有铁干燥、乱采毛、粘薥等11个品种。章丘县高粱也有糙秫薥、黏秫薥、饭秫药、麦黄秫薥、望天回、回回眼、野狐尾7个品种。

至于谷子，在北方自古以来一直占有优势，直到清朝，玉米才代替了一部分高粱和谷子的面积。据万历《青州府志·物产》中记载，青州府境内又有秫穇二种，亦谷属，最下品者。穇子品质虽差，但因"易生易茂"，且具有较强的抗涝性，能生水田中及下隰地，故山地丘陵区的贫民往往种之以备灾年。明末清初，青州、登州、莱州三府府志均将穇子列为当地物产的事实说明，穇子的种植在三府各地具有很大的普遍性。

明代豆类的地位也有所改变。由于所含养分较高，人体所需蛋白质、脂肪仍多仰赖于豆类，所以《天工开物》说：豆类皆充蔬以代谷。豆类除在大田、园圃专门种植外，还常被作为间作套种作物，夹种于桑树之下或田基之上。据《天工开物》记载，蚕豆自在两浙桑树之下，遍繁种之。襄汉上流，此豆甚多而贱，果腹之功，不啻黍稷也。又云：小豆盛种于江淮之间。穞豆，古者野生田间，今则北土盛种。大豆主要以黄豆和黑豆为主。黄豆全身是宝，用途广泛，其豆可食，可酱，可豉，可油，可腐；腐之滓可喂猪，荒年人亦可充饥；油之滓可粪地；萁可燃火。叶名藿，嫩时可为茹。更为重要的是，大豆耐旱且蝗不食，兼有"保岁""备荒"的作用。正因豆类有如此救荒功效，所以，当嘉靖七年（1528年）泗州知州劝农事时，以豌豆早熟、多收、耐陈而蝗不食之故，而教民广种豌豆，从而导致了泗州不再只艺禾为能事，也开始盛产黄、绿、青、黑诸豌豆。

（二）玉米和番薯的传入

（1）玉米。原产中美或南美洲。玉米传入我国的路线有三种说法：一说是从西班牙传到麦加，再由麦加经中亚细亚引种到我国的西北地区；二说是先由欧洲传到印度、缅甸等地，再由印、缅引种到我国西南地区；三说是先从欧洲传到菲律宾，后由葡萄牙人或在菲律宾等地经商的中国商人经海路传到中国。至于玉米传入我国的时间，缺乏具体的记载。玉米在我国的栽培，最早记载的是正德六年（1511年）《颍州志》。稍后的嘉靖三十九年（1560年）《平凉府志》也有记载：番麦，一曰西天麦，苗叶如蜀秫而肥短，末有穗如稻而非实。实如塔，如桐子大，生节间，花垂红绒在塔末，长五六寸。三月种，八月收。虽然此前已有正德六年

（1511 年）《颍州志》以及嘉靖三十四年（1555 年）河南《巩县志》对玉米名称的记载，但对玉米植物学形态的描述，却是以此为最早，可见至迟在 16 世纪中期，玉米已传入我国。

嘉靖后期到万历初年，即 16 世纪 50 年代到 70 年代间修纂的方志中记载“玉麦”的有河南《襄城县志》《巩县志》《温县志》和云南《大理府志》《云南通志》等。据考证，这些方志中所说的“玉麦”确指玉米。此外，《留青日札》亦说：御麦出于西番，旧名番麦，以其曾经进御，故名御麦。干叶类稷，花类稻穗。其苞如拳而长，其须如红绒；其实如芡实，大而莹白；花开于顶，实结于节，真异谷也。吾乡传得此种，多有种之者。《留青日札》的作者为杭州人田艺蘅，他的记载说明当时（16 世纪 70 年代）杭州已有玉米栽培，但引入的时间还不久，很可能是从云南或中原地区引入的。和《留青日札》同时期的《本草纲目》，设有“玉蜀黍”一条，具体记载了玉米的形态和性状，并附有插图。在山东地区，据万国鼎先生考证，至迟在万历十八年（1590 年）已有玉米的相关记载。山东新城地区在明末有可能也已引入了玉米。王象晋于万历、天启之际辞官定居在新城老家，家居期间，在长期的生产实践及参考多种古书的基础上编写了著作《二如亭群芳谱》，书中对玉米进行了详细的描述：干叶类似蜀黍而肥矮，亦似薏苡。苗高三四尺，六七月开花。穗苞如拳而长，须如红绒，粒如芡实，大而莹白。花开于须，实结于节。以其曾经进御，故名御麦。出西番，旧名番麦。味甘平，调中开胃。磨为面，蒸麦面者少加些须，则色白而开大。根茎煎汤，治小便淋漓砂石痛不可忍。

玉米适应性强，耐旱、耐寒、高产、耐饥，符合山区人民的要求，所以传入初期多在山区种植。明末贵州绥阳县知县毋扬祖在《利民条例》中说：平地居民只知种稻，山间民只知种秋禾、玉米、粱稗、菽豆、大麦等物。玉米的适应性很广，对土壤的要求不严，而且栽培管理比较简便，产量又高，因而被人们广泛种植以用来抗灾和救荒。明朝末年，玉米很快遍及河北、河南、陕西、甘肃、浙江、安徽、江苏、广东、广西、云南等 10 个省份。

（2）番薯。又名甘薯、红薯、地瓜、白薯、山芋等，原产美洲。宋元以前的文献中就屡见“甘薯”这一名词，但这些文献中所说的甘薯，是薯蓣科植物。现今所说的甘薯则是从美洲引进的旋花科植物。番薯被引种成功以后，因其形似原有的薯蓣科的甘薯，所以有些人便也把它称为“甘薯”。“番薯”“甘薯”两个名词长期混用，久而久之，“甘薯”这一名词反为新传入的旋花科的番薯所占用。

万历年间，番薯开始传入福建、广东沿海地区种植。关于番薯传入福建的问题，据周亮工《闽小记》记载，番薯于万历中闽人得之外国，瘠土沙砾之地皆可以种。初种于漳州，后来泉州、莆田也渐渐有了种植。这说明泉州种番薯早于莆田，漳州又早于泉州。估计漳州引种番薯当在16世纪70年代末或80年代初，也有可能更早一些。至于泉州引种番薯，据明人苏琰所撰的《朱蓣疏》说是在万历十一年（1583年）至万历十二年（1584年）间，有人把番薯由海上传至晋江。万历二十二年（1594年）至万历二十三年（1595年），泉州一带发生饥荒，他谷皆贵，唯蓣独稔，乡民活于蓣者十之七八。由是名曰朱蓣，其皮色紫，故曰朱。由于番薯在泉州发挥了救荒作用，所以受到人们的重视。

福州引种番薯，比泉州约晚十年，是由福建长乐县商人陈振龙从菲律宾带回来的。据《金薯传习录》记载，陈振龙在菲律宾经商，于万历二十一年（1593年）初夏从吕宋带回薯蔓，先在其家乡试种，次年由福建巡抚金学曾加以推广。还有一个传说，说是明神宗万历初年，福建商人陈振龙到菲律宾经商，看到了朱薯这种奇异的作物，当他知道朱薯“功同五谷、利益民生”时，就想将这种薯类引回国内。但是，当时吕宋政府对朱薯出口禁止甚严，即使是一条薯藤也不行。陈振龙为了弄到朱薯，便不惜花了大量的钱财，向私人买了几尺薯藤，并学会了“岛夷传种法”。随即便将薯藤藏在船中，带回国内，种在自家屋后纱帽池的空地上。从此，番薯便开始传播于各地，被广泛种植。清代乾隆时有位名叫施楠的文人，写过一首名叫《金薯咏》的诗，诗中有二句说“当年偲薯入闽中，纱帽池头普惠风”，讲的就是这个故事。

大致在福建从吕宋引种番薯的同时，广东也从越南引进了这一作物。据《东莞凤冈陈氏族谱·素纳公小传》记载：万历十年（1582年），有个名叫陈益的人，乘船到安南（越南），当地酋长以番薯招待。陈益感到番薯甘美异常，便想寻种回国。后来，他买通酋长的仆人，弄到番薯后，伺机带回国。酋长因其私带番薯，便派兵追捕。正好顺风，陈益已扬帆远行，兵丁追捕不及，陈益才幸免于难，安全地回到了广东。陈益先是将番薯植于花坞，继之在祖父墓右方土名小捷衙前买地35亩，雇工植薯。陈益卒于万历二十二年（1594年），遗嘱每年祭祀，必用番薯。

番薯引入广东种植，还有医生林怀兰从交趾（今越南）引种的说法。据清光绪《电白县志》记载，在广东吴川有位名叫林怀兰的人，善医术。一次去交趾游历，适逢边官守将得病，林怀兰将其治愈，守将因以荐治国王之女，不久便也恢复了健康。国王为了答谢林怀兰，便煮了番薯来招待，林怀兰要求吃生的，国王随即给了他生番薯。林怀兰吃了几口生番薯后，便留下一半，秘密地藏在衣袋中，急忙告别国王，启程回国。刚要过关，遭到了关将的盘问。林怀兰从实相告，并求关将私放他回国。当时交趾政府有规定：番薯严禁外传，谁将番薯传入中国，将判死罪。关将听后说：我食君禄，受王恩，私放您过关，是对国王不忠；但是先生治我病，有惠于我，我如不放先生过关，是对先生不义。说罢，便赴水自尽了。林怀兰得间便回到了广东，从此广东便有了番薯。

番薯引进以后，发展很快，首先在闽粤部分地区推广，并在救荒中起了一定作用。所以，徐光启说：闽广人赖以救饥，其利甚大。万历、天启之际，山东人王象晋辞官在其家乡新城亲自对甘薯进行栽培和试验，并在著作中对其大加推崇。与他约同一时期的谢肇淛在其著作中也对甘薯进行了介绍：闽中有番薯，似山药而肥白过之，种沙地中，易生而极繁衍。饥馑之岁，民多赖以全活。此物北方亦可种也。稍后，徐光启鉴于甘薯的耐旱耐饥优点，也大力提倡在全国范围内予以推广。在王象晋研究的基础上，徐光启结合自己的栽培试验，向朝廷上《甘薯疏》，详细列举了甘薯栽培、管理、收藏、育苗等方法，全面总结了甘薯的十三大利处，明确断言北方地区也可栽种，并在其后成书的《农政全书》中进行了更为深入的说明。

据《甘薯疏》记载，万历三十六年（1608年），长江下游旱灾，徐光启曾委托一位姓徐的人从福建把薯蔓插植在木桶中，春暖运到上海栽种。这是把番薯从福建引种到长江流域的最早记载。番薯从闽广引至长江流域的关键是种蔓或种薯的安全越冬问题。但徐光启曾反复三次向福建求种，说明他在冬季藏种上曾一再失败。《农政全书》介绍了五六种番薯藏种方法，说明徐光启认识到种薯的安全越冬是把番薯引种到长江流域的关键所在。

甘薯的适应性很强，耐旱、耐风雨、耐瘠，病虫害也较少，收成比较有把握，适宜山地、坡地和新垦地的栽培，不与稻、麦争地，在帮助人们度过饥荒方面发挥过重要作用。徐光启《农政全书·树艺·甘薯》中说：番薯栽种适宜高地，遇到天干旱，可以疏导河水汲取井水浇灌它。在位置低下的水乡，也有一些房屋苗圃周围高一些的地方，平时用来种蔬菜的，都用来种番薯，也可以挽救水灾带来的灾难。如果干旱年下雨，洪涝年水消退，已在七月中旬以后，这些田就来不及种五谷了。荞麦虽可以种植，但是收成较少并且对人的好处也没有多大。算一下只有剪薯藤栽种，才容易生长并且收成多一些。至于蝗蝻作害，草木都不会剩，是各种灾害中最为残酷的。况且蝗虫来势像风雨，吃完了草木就飞走，只有薯块根在地下，吃掉了薯叶却吃不到薯块根。即使茎叶都被蝗虫吃完，也还能发芽生长，并不妨碍收入。如果听到有蝗虫要来的消息，就多用一些劳动力，多挖土，全部盖住薯的根节枝干。蝗虫离开之后，甘薯生长就更快，这样蝗虫不能对它造成危害。因此农村人家，不能一年不种番薯，它确实是杂类植物中最好的，也是解救饥荒的第一食物。

五、防治虫害

明代在防治病虫害方面也有新的探索，并取得了一些成就。为了有效地消灭虫害，人们认真观察，对害虫的生活习性与生态变化都有一定认识。徐光启在《农政全书》中说：详其所自生，与其所自灭，可得殄绝之法矣。明代人正是在掌握了害虫的生活习性和生态变化规律之后，逐渐摸索出了一套较为有效的防治害虫办法。

（一）人工防治

（1）蝗虫防治。主要有掘卵、开沟陷杀、扑打捕杀三种方法。

掘卵法，就是掌握蝗虫产卵地点进行掘卵。徐光启《农政全书·备荒考》说：此种传生，一石可至千石，故冬月掘除，尤为急务。是时农力方闲，可以从容搜索。如嘉靖九年（1530年），山东莘县蝗灾，遗子太多。知县陈栋遂发动居民挖掘蝗子，每掘蝗子1斗，给谷1斗5升。通过此次行动，使境内蝗虫的数量得到了很好的控制，自是境内无蝗，民遂生养。

开沟陷杀法。据《农政全书·备荒考》记载："已成蝻子，跳跃行动，便须开沟捕打。其法：视蝻将到处，预掘长沟，深广各二尺。沟中相去丈许，即作一坑，以便埋掩。多集人众，不论老弱，悉要趋赴沿沟摆列。或持帚，或持扑打器具，或持锹锸。每五十人，用一人鸣锣其后。蝻闻金声，努力跳跃，或作或止，渐令近沟，临沟即大击不止。蝻虫惊入沟中，势如注水，众各致力，扫者自扫，扑者自扑，埋者自埋，至沟坑俱满而止。前村如此，后村复然。一邑如此，他邑复然，当净尽矣。"这是利用蝗虫还未长出翅膀，只能跳跃，不能迁飞的时机，发动群众，用开沟法捕杀蝗虫。

人力扑打捕杀法。即官府组织民众对蝗虫进行扑打捕杀。嘉靖时，山东章丘知县祝文冕特设捕蝗仓，内备谷若干。每逢蝗灾为害，即力倡居民捕杀，并按捕杀的数量赏给一定的谷米。因此，无论老幼，皆竭力捕蝗，民得食而蝗无孑遗矣。

（2）桑蟥防治。桑蟥是太湖地区严重食害芽叶的桑树害虫之一，所以明代很重视对桑蟥的人工防治。《沈氏农书》说捕杀桑蟥，首先用刮桑把刮除蟥卵。刮桑把用铁制成，长三寸，口阔一寸余，一端装二三尺长的木柄。冬春之际刮一次，清明前刮第二次，夏伏毕刮第三次。刮除蟥卵时，必须细心，否则一株桑树若遗留一颗桑蟥，经过辗转繁殖，将会损害很多桑叶。但是，蟥卵和桑树枝干的颜色近似，即使经过三次刮卵，也不能把蟥卵彻底刮净。因此，又要在六、七月间桑蟥盛发的时候捕杀两次。捕杀时必须细看细捉，很费工夫。《沈氏农书》强调必须抓紧时间，对劳动力做适当的安排，决不能因稻田工作忙就顾此失彼。对桑蟥，捕杀要早，捕杀要勤。

（二）技术防治

农业技术除虫法是指有意识地结合或调整农业栽培技术措施，以创造有利于农作物生长发育而不利于害虫繁殖的环境条件，从而达到避免或控制虫害的目的。

（1）注意深耕细耙。《农政全书·蚕桑广类·木棉》中记载：今请数翻耕。即不办，亦宜冬灌春耕，以实其田，杀其虫。

（2）选育抗虫良种及害虫不喜食的作物。《农政全书·备荒考》转引《王祯农书》言：蝗不食芋桑与水中菱芡。或言不食绿豆、豌豆、豇豆、大麻、苘麻、芝麻、薯蓣。凡此诸种，农家宜兼种，以备不虞。

（3）轮作倒茬。稻麦轮作，明时已普遍实行。棉花与小麦不能轮作，但人稠地狭，万不得已，亦可种大麦或裸麦，以粪壅力补之。稻棉适度轮作则可以抗御害虫。《农政全书·蚕桑广类·棉》载："凡高仰田，可棉可稻者，种棉二年，翻稻一年，即草根溃烂，土气肥厚，虫螟不生。多不得三年，过则生虫。"实行水稻与棉花的轮作倒茬，是因为两种作物的生活习性、易发生的害虫及农田生态环境相差很大，一种作物的害虫头年刚有发生，便改种了其他作物，铲除了原有害虫的生活环境，使虫害不易严重发生。《沈氏农书》中也有种芋年年换新地则不生虫害的记载。

（4）消灭杂草，减少虫源。《沈氏农书·运田地法》指出：一切损苗之虫，生子每在脚塍地摊之内。冬间铲削草根，另添新土，亦杀虫护苗之一法。很多害虫在杂草的枯叶上或草根上产子，因此冬季铲除杂草也是铲除虫源的一项有效措施。

（三）药物防治

（1）砒霜拌种。砒霜，又称砒石、信石，是一种含砷的剧毒化合物，由砒石烧制而成。长期以来，人们一般将它用于炼制白铜、配制火药、治疗疟疾和顽癣、毒杀家鼠等。但据宋应星《天工开物·燔石第十一》记载，砒有红、白两种，近草木皆死。晋地菽麦必用之拌种，驱田中黄鼠害。宁绍郡稻田，必用蘸秧根，则稻谷丰收。这说明时人已经出于经验，将砒石用于拌种子或蘸秧根，以预防庄稼的病虫害和鼠害。砒霜的这一新用途，是我国农业技术上的又一发明，它对于预防害虫、保证粮食产量有重要的作用。

（2）用硫黄末、雄黄末触杀害虫。据《农政全书·种植·种法》记载，凡治树中蠹虫，以硫黄研极细末，和河泥少许，令稠，遍塞蠹孔中。其孔多而细，即遍涂其枝干。虫触硫黄末、雄黄末即全部死去。

（3）利用植物油治虫。明代王象晋《群芳谱·谷谱·麦》载：种麦时须拣成实者，棉籽油拌过，则无虫害，而耐旱。

（四）生物防治

明人在长期的生产实践中，对生物间互相依存、互相制约的现象已有所认识，发现农业害虫是一些动物的天然食物，由此创造了农业害虫的生物防治方法。

（1）以虫治虫。明代广东人就以黄猄蚁防治柑橘害虫。《南方草木状》记载，晋代，在我国华南地区的柑橘园中，人们用黄猄蚁来防治柑橘的害虫。黄猄蚁颜色赤黄，体形稍大于普通的蚂蚁。黄猄蚁防蠹自晋代采用以后，由于其治虫效果好，以后便历代相传，至明代，仍是防治柑橘害虫的主要方法。明代的《种树书》上说：柑树为虫所食，取蚁窠于其上，则虫自去。明末清初广东番禺人屈大均在其所著的《广东新语》中记叙：广中蚁冬夏不绝。有黄赤大蚁，生木山中。其巢如螽（蜂）窠，大容数升。土人取大蚁饲之。种植家连窠买置树头。以藤竹引渡，使之树树相通。斯花果不为虫蚀。柑橘柠檬之树尤宜之。盖柑橘易蠹。其蠹化蝶。蝶胎子，还育树为孩虫，必务探去之，树乃不病。然人力尝不如大蚁。故场师有养花先养蚁之说。

（2）以青蛙治虫。青蛙有捕食田间害虫的本领，李时珍《本草纲目》记载：虾蟆在陂泽中，背有黑点，身小能跳，口接百虫。

（3）养禽除虫。明代霍韬说过，广东的香山、顺德、番禺、南海、新会、东莞之境，皆产一虫，曰蟛蜞，能食谷之芽，大为农害，唯鸭能啖焉。故天下之鸭，唯广南为盛，以有蟛蜞能食（豢）鸭也，亦以有鸭能啖蟛蜞，不能为农稻害也。明代还发明了养鸭治蝗技术，这是我国古代在生物防治技术上所取得的又一项重大成就。万历二十五年（1597年），福建商人陈经纶正在江南传授种植甘薯技术。此时闹起蝗灾，蝗虫啃食薯叶，为害甚烈。陈经纶在鹭鸟食蝗的启示下，用鸭子捕食蝗虫。陈经纶在其所著的《治蝗传习录·治蝗笔记》中，记载了他发明用家鸭治稻田蝗蝻的方法和发明的经过，说："侦蝗煞在何方，日则举烟，夜则放火为号，用夫数十人，挑鸭数十笼，八面环而唼之。"又说这样治蝗的效果是"一鸭较胜一夫"，"四十只鸭，可治四万之蝗"。遂教其土人群畜鸭雏，春夏之间随地放之，是年比方遂无蝗害。陈经纶的后人陈九振后来在南直隶芜湖地区遇到蝗灾，即放家鸭除治，效果也很明显。

六、水土保持

明代人对森林保持水土的作用还是有相当认识的。阎绳芳在面对汾水支流昌源河的浊流变化时，在其所著的《镇河楼记》中以祁县昌源河流域为例，认为正德前，林木茂盛，民寡薪采，虽大雨时行，由于森林拦蓄水源，故从未发生水患；嘉靖时，大兴土木，森林砍伐无余，暴雨时洪流冲决无阻，造成了严重的水土流失，河道迁徙，农作物很少收获。明末清初的顾炎武在《天下郡国利病书》中亦说："流溪地方（今广东从化流溪河），深山绵亘，林木翳茂，居民以为润水山场，二百年斧斤不入。至万历年间，有奸民戚元勋等召集异方无赖烧炭市利，烟焰冲天，在在有之，不数年间，群山尽赭。结果是山木既尽，无以缩水，溪源渐涸，田里多荒。"稍后的屈大均也指出：西宁（今广东郁南）稻田所以美，以其多水，多水由于多林木之故。凡水生于木，有木之所，其水为木所引，则溪涧长流。这深刻地阐明了森林涵养水源的道理。屈大均还进一步指出："川竭由于山童。林木畅茂，斯可以言水利。"

森林植被具有涵养水源、保持水土和防治水旱灾害的作用，反之，毁林往往会造成水土流失、河道淤塞、水旱灾害频发的严重恶果。是故，明代官府和民间多采取了禁山、护林、植树等措施，以保持水土、防风护沙，减少水旱灾害的发生。

（一）森林保护

明代在政府机构工部中设虞衡司，上苑监里设良牧、蕃育、林衡、嘉蔬四署，以保护自然环境。虞衡典山泽、采捕、陶冶之事，凡诸陵山麓不得入斧斤、开窑冶、置墓圹。凡帝王、圣贤、忠义、名山、岳镇、陵墓、祠庙有功德于民者，禁樵牧。这就规定了虞衡官吏的主要职责，是掌管山林湖泽的采捕和烧陶冶炼之事，凡是皇帝陵墓所在的山麓，不准砍伐树木，不准烧窑，葬坟墓。凡是帝王圣贤，忠义、祠庙所在的名山、岳镇、陵墓，不准砍柴放火。上林苑的监正，则掌管苑囿、园地、牧畜、种树之事。有规定：凡禽兽、草木、蔬果以时经理其养地，栽地培育栽种；凡苑地，东至白河、西至西山、南至武清、北至居庸关、西南至浑河并禁围猎。

明代还立法保护森林，并对毁林行为予以严厉的惩处。洪武三十年（1397 年）五月重新颁布的《大明律》明确规定：凡毁伐树木稼穑者计赃准盗论。永乐十年（1412 年），明成祖朱棣曾饬谕临洮大小官员军民人等，不许侵占、骚扰寺院田地、山场、园林。若有不遵朕命，必罚无赦。宣德初年，又以边木可拒敌骑，且边军不宜他役，诏免采伐，即是出于军事防护的目的，封禁了北方边防线上的森林。正统七年（1442 年）八月，明英宗下令河州卫派军民扩修弘化寺，并敕谕河州、西宁等卫官员军民人等曰：今以黑城子厂房地赐大慈法王释迦也失盖造佛寺，赐名弘化。颁敕护持本寺田地、山场、园林、财产、孳畜之类，所有官军人等，不准侵占骚扰侮慢。若非本寺原有田地、山场等项，亦不许因而侵占扰害。军民敢有不遵命者，必论之以法。弘治十三年（1500 年），明廷下令：大同、山西、宣府、延绥、宁夏、辽东、蓟州、紫荆、密云等处分守、守备、备御并府州县官员，禁约该管旗军民人等，不许擅将应禁林木砍伐贩卖。违者问发南方烟瘴卫所充军。若前项官员有犯，文官革职为民，武官革职。差镇守并副差等官，有犯指实参奏，其经过关隘河道，守把官军容情纵放者，究问治罪。

明代也非常重视以立碑示禁的形式加强对林木的保护。这种护林碑，主要由朝廷、地方官以及民众所立。雁门关外的朔州市八岔口，发现有一通嘉靖二十八年（1549 年）《雁门关·圣旨》碑。碑座高 1.6 米、宽 1 米，阴刻，楷体，约 700 字。碑文上方刻有“圣旨”2 字，碑题“雁门关”3 个大字。碑文大意是雁门、宁武等 18 隘口，一切禁山地土退草还林。民人安住，应该征粮查册处分。禁山事例责成提调官来巡视禁缉砍伐林木事宜，今后一应人等敢有擅入禁山，砍伐林木，耕垦地土，参将守备等官便擒拿解道问，发南方烟瘴地面充军。各官容事，一体论罪。这是一通最具权威性的保护明代长城沿线、雁门关一带军事防护林的圣旨护林碑。

地方官府所立的护林碑，各地多有发现。仅在云南省，据不完全统计，发现有 107 通，其中明代 277 年间共有林业碑文 9 通，即洪武 2 通，永乐 1 通，嘉靖 4 通，万历 2 通。其他如四川通江县杨柏乡杀牛坪，有永乐十七年（1419 年）官府立的护林碑，云：严禁偷窃，如有砍伐，撤示众牌，执公呈官。嘉靖年间，徽州府祁门县知县桂天祥就向全县民众发布了护林告示，并镌刻于石碑，俾乡民咸知而永垂久远。碑文中称：本县山多田少，民间日用咸赖山木。小民佃户烧山以便种植，烈焰四溃，举数十年蓄积之利，一旦烈儿女焚之。及鸣于官，只得失火轻罪。山林深阻，虽旦旦伐木于昼，而人不知。日肆偷盗于其间，不觉其木乏竦且尽也。甚至仇家妬害，故烧混砍，多方以戕共生，民之坐穷也。职此故也，本县勤加都率，荒山僻谷尽令栽养木苗，复加禁止。失火者，枷号痛惩；盗木者，计赃重论，或计其家资量其给偿。而民生有赖矣。隆庆年间，福建石狮灵秀山立有《晋江县告示碑》。万历二十七年（1599 年），广东肇庆七星岩明总督两广军门戴凤歧题的“津梁无禁，岩石勿伐”，保护对象虽为岩石，但实际上也包括了七星岩上的树木。万历二十八年（1600 年），广东清江市清城镇飞来寺禅堂后的明锦衣卫指挥使陶虞臣题的“岩泉偕乐，薪木勿伤”石刻，也是兼有护林之意。

万历三十六年（1608 年），陕西延安府在甘泉县两岔乡灵掌寺立有护林碑，碑首刻有篆体“松柏碑记”4 个字。碑文记载了灵掌寺前的松柏大树自唐宋以来栽培，苍松劲柏，挺然凌霄，栽培已久，岂宜砍伐？警示人们务要虔心看守、保护当地山林，禁止滥砍滥伐的行为，若但有本县权豪人等欲来采打，指名呈府以凭重究。同时，明确指出如若违反禁约，将会受到严厉惩处。万历四十六年（1618 年），泉州府在安海镇灵源山灵源寺山门东立有《泉州府告示》碑，文曰："泉州府为给禁示杜害事。"据吴选状告称："义父吴乡官有祖坟二首，一葬在灵源寺西，东至路，西至路，南至□□□，北至洞仔；一坐在灵源寺西牛岭山，东至路，西至山脊处，南至龚宅山，北至岭，界限明白，植荫数千。近被附近居民乘父宦游，累肆侵剪，愚民视为利薮，公行旦旦之斧斤。奸民惩□□图冥冥之风水，痛深水火，害切肤身，恳乞给示严禁等情到府。看得坟茔树木乃系远荫风水，附近居民乘机累肆侵剪，情甚可恨。本当查究，姑记出示严禁，为此示仰附近居民人等知悉：凡系吴乡官坟茔界内草木生枯，不许擅行侵伐，亦不许纵放牛羊践害。如有不遵，许社首及墓客指名呈报告提究罪枷号示惩，决不轻贷。须至示者，右仰如悉。万历肆拾陆年正月二十二日给。仰该地方社首常川张挂晓谕。"崇祯年间，福建泰宁县垆峰山有县府立的封山护林碑一通。

明代官府还立有一种保护山体龙脉的禁山碑，十分有利于育林护林以及保持水土。万历七年（1579 年），福建漳州龙溪县蔡中丞与郡丞沈植为严禁民众开掘环漳州城的风水龙脉天宝山，立石示禁，碑文如下：漳郡之山来自天宝，至望高突起，再伏而起为诸峰，又数起伏衍为平原，而郡治在焉。望高山后一线，实漳郡来龙之正脉也。向年开掘有禁，遮阴有树，迩来禁驰民顽，日断月削，凹为坑堑。适与郡丞二思沈公谭及之，公慨然曰："是可视弗禁耶？"爰出教："山麓有仍开掘者，罪无赦。"及斥羡金，募工役，观凹之广狭加填筑焉，不旬日而冈平如故。先是龙溪尹继川、范侯力赞其事。事既竣，于是请纪之石，以垂勿坏。

万历二十六年（1598 年），福建永安县府立有禁止开矿破坏山体碑。经永安县官方示禁，永安邑人萧时中撰文，禁止随意在山上开采铁矿、冶炼矿石，破坏地脉，影响民生。碑文曰："自邑有铁贡额，射利者每籍以滋蠹，不知额有常数，启有常所，即所以冶。缘数以贡，孰□不宜，且公移云，毋毁坟墓，毋坏田畴，重民计也。今射利者不念，惟私是遑，察其可入始焉，啖之以细，乘其间隙，遂号召丁夫，锄夷其葬蹉，践蹂其植穗，挖损疆土，所经为墟。兹者莲花山之东为邑治主脉，其小干自白水漈过行，散为二十八都东西洋、北坑、北峡、虎溪、洪坑、黄狮坑、黄村等乡。前畲屏风山等处，为庐舍千烟，为民数万计。昔曾经兴造者欲沿此挖冶矿，以数乡民噪止。今春冶场又欲图为启取，乡众合议，集里老陈永福等连佥赴县控愬。君侯乃单车至其地觇之，果属有干地脉，愬牒不虚，禁永不许启取。于是福等谓中熟知地宜，共征一言为记，以志侯至仁覃被八乡民庶草木命脉于深长也。万历戊戌乡民陈永福等立石。”

陕南山区汉阴县有冈从治北五里天生桥过峡处，路通一线，犹如桥梁，迤延横结一冈，绵亘四里，形若卧龙，故谓之卧龙冈。万历初年，居民开种，不唯有害形胜，且值霖雨，淤泥壅塞城壕。前令袁公禁耕，李公复立禁耕碑于北门下。这里讲的禁耕不仅是为了保护形胜，更重要的是为了防止水土流失。

明代民间个人、家族、乡约组织也十分重视对集体山林、风水林、祖坟林的保护，制定护林规约，并得到官府的支持，或张贴告示，或立碑示禁。福建华安县草坂乡有明代村民陈晓山立的护林碑：“艮为山，艮为山，☶。”“☶”为八卦中的图形，据后人考证，“☶”与“艮为山”“艮为山”组合，表示人们应爱护山林的意思。洪武二十年（1387年），湖广靖州直隶州绥宁县关峡苗族乡家族立有《关峡护林碑》，文曰：“事因此处水口山，乃系吾地一带来龙去脉之所，阴阳故宅之源，如人咽喉，至关甚重。其地紧要，先人立有封禁碑模，屡被毁伤，情出莫奈。为培禁古树，保卫地方众人六畜安宁，特勒石封禁，永垂后人。”可见当地苗民对风水术十分笃信，且一代一代加以总结、积累、传承下来。

在徽州地区，为了一个共同目的（或御敌卫乡，或劝善惩恶广教化厚风俗，或保护山林，或应付差徭等），依地缘关系或血缘关系组织起来的乡约组织比较发达，其中保护森林便是乡约组织的重要职能之一。祁门县《善和乡志》记载：洪武、永乐年间，六都善和乡程氏诸公酷信风水之说。在溪面茅田降，众人出钱买下高地栽莳竹木，开造风水，荫护一乡；并订立券约，以图永久。至明弘治年间时，又重立议约，并要求各家爱护四周山水，培植竹木，以为庇荫。如有犯约者，必并力讼于官而重罚之。载瞻载顾，勿剪勿伐，保全风水，以为千百世之悠悠之业。

有些契约虽然只是租赁双方权利义务的规定，但在实际生活中对山林生态保护还是起到了一定的积极作用。《歙县许恩裕等租山批》中明确注明：于上蓄有松杉杂木荫庇风水，系身等监守兴养小树，并纠察一切爬柴、砍树、挖根、削皮、放牧驴牛牲畜作践之人。其山递年秋尽，开山取柴一次。由于山主及承租者对林木利益的重视，加强对山地林木的看护，不许砍伐小树，以及定时合理采取柴薪，这些措施都客观上保护了森林资源得到合理利用，不致乱砍滥伐，造成生态破坏和资源浪费。嘉靖二十六年（1547 年），祁门三四都侯潭、桃墅、灵山口、楚溪、柯岭等地村民成立护林乡约组织，制定了护林议约合同，并联名具状报县批准，张贴于人众较多的地方，使人人知晓，从而达到保护林木的目的。祁门县六都善和里程氏宗族，在嘉靖二十六年（1547 年）众议订立《合山文书》说："各处山场甚广，原为各房混业，实蓄弊端。近来不惟人繁力怠，抑且短竞长争，日惟不足。况所产渐微，而祸萌寖长。因而众议：除曾摽分各业外，但系窦山公名下承业、买业、佃业各处山场，尽行归众，合一兴养，以备众用。"以嘉靖二十七年（1548 年）正月初一为始，俱系众业，毋许占悕。隆庆六年（1572 年）制定的祁门二十都文堂《陈氏乡约》，则对山场所经营的林木，做了详细的保护规定：本都远近山场栽植松杉竹木，毋许盗砍盗卖。诸凡樵采人止取杂木。如违，鸣众惩治。

明代一些地方的合众或合乡所立的护林碑也比较常见。福建邵武市和平镇有明代护林碑，上有《合市公白》：不许盗砍松杉竹木地柴、挖笋，违者鸣官究治。嘉靖七年（1528 年），福建长汀县百丈村合众乡姓同立护林碑，云："盗伐松杉木、春冬两笋，公罚猪肉伍拾斤。拿获者不敢得钱卖放饶情，即通报，众人赏铜钱五百文正。"天启七年（1627 年）十一月，山西灵石石膏山立有《禁约告示碑》："迩来有等规利棍徒，串通住持僧人，往往盗伐，亵神藐法，深为可恨，合行禁约。"也就是严禁放火烧荒，毁伤、盗窃树木。崇祯元年（1628 年），福建浦城县石濠村的"合乡禁约"碑，其文曰："合众人等买到水口山片土，名黄源岭头，禁约人等不许蓦入登山偷盗柴木取石破坏水口。若有捉拿看见，重罚好银壹两合乡散众。如有顽者经官告理，决无虚言。吾为树木水口石泥庇荫壹乡风水人财两旺，永远昌隆。陈周黄范廖何同立。大明崇祯元年拾壹月隆启明六子茂观永晋。”

（二）植树造林

除了保护森林植被外，明代的植树造林也很有成就。明代植树造林，主要有种植经济林、军事防护林、水利防护林、防风林、道路防护林、风水林等。

明初，官府为着恢复农业生产，规定各地农户必须种植一定数量的桑、枣等经济林。元至正二十五年（1365 年），朱元璋下令：“凡农民田五亩至十亩者，栽桑、麻、木棉各半亩。十亩以上者，倍之。其田多者，率以是为差。有司亲临督劝惰，不如令者有罚。不种桑使出绢一匹，不种麻及木棉使出麻布、棉布各一匹。”洪武二十五年（1392 年），明太祖诏令：“凤阳、滁州、庐州、和州等处民户种桑、枣、柿各二百株。”洪武二十七年（1394 年），朱元璋命地方官督民种植桑枣，且授以种植之法，又令益种棉花。“率蠲其税，岁终具数以闻”。并谕令工部行文，教天下百姓务要多栽桑、枣，“每一里种二亩，每一百户内共出人力挑运柴草，以之烧地，耕过再烧。耕烧三遍下种，待秧高三尺，然后分载，每五尺润一垄；每一户初年二百株，次年四百株，三年六百株。栽植过数目，造册回奏。违者全家发遣充军”。

为鼓励农民多栽植桑、枣、麻、柿等经济林，明代官府还在赋税征收方面予以优惠。起初规定：“麻亩征八两，木棉亩四两，栽桑以四年起科。”至洪武二十六年（1393 年），则规定以后栽种的桑、枣和果树“俱不起科”。

一些地方官吏也积极劝民栽桑养蚕，采取了鼓励植树造林的政策。万历三十一年（1603 年），镇番县教授彭相，倡率在学生员每人植树 20 棵，栽柳 50 株。定例：“活有十之七八者，赏银二钱；十之四五者，赏银一钱；十之三四者，赏银六分；十之一二者，无赏无罚；皆活者赏银三钱，皆死者罚银三钱。是故生员栽植，不敢敷衍塞责焉。”

明代官府还采取了以种树代刑罚的做法，十分有益于环境的绿化和水土的保持。永乐十一年（1413年），有规定：“犯罪情节轻者，如无力以钞赎罪者，可发天寿山种树赎罪。”宣德二年（1427年）又做了补充规定：“发天寿山种树赎罪者，死罪终身；徙流者各按年限；杖，五百株；笞，一百株。”

为防御蒙古族的侵袭，明朝对种植和保护边林也颇为关注。丘濬在《驭外蕃、守边固圉之略上》一文中指出：“以樵薪之故而翦其蒙翳，以营造之故而伐其障蔽，以游畋之故而废其险隘等破坏边界森林做法，极为有害。”丘濬接着指出：今京师近边塞所恃以为险固者，内而太行山西来一带重冈连阜，外而浑蔚等州高山峻岭蹊径狭隘，林木茂密，以限骑突。但是，不知何人始于何时，乃以薪炭之故，营缮之用，伐木取材，折杖为薪，烧柴为炭，致使木植日稀，蹊径日通，险隘日夷。这种情况颇令人担忧。一旦发生战事时，将无以扼拒敌人的骑兵。从生长和输出平衡的角度出发，丘濬认识到，木生山林，岁岁取之无有已时，苟生之者不继，则取之者尽矣。为解决当时存在的严重问题，丘濬提出：请于边关一带，东起山海以次而西，于其近边内地，随其地之广狭险易，沿山种树。一以备柴炭之用，一以为边塞之蔽，一以限敌人之驰骑，一以为官军之伏地。每山阜之侧，平衍之地，随其地势高下，曲折种植榆柳，或三五十里，或七八十里。丘濬还详细地考虑了植树的劳力来源。认为可让犯人种树赎罪；还可官府出价，让百姓承包，保种保活。为了保护植树成果，还要求经常巡视、守卫，严惩破坏者。此外，为确保成效，他还提倡在京师推广以煤代柴，减轻对木柴需求的压力。

在有些水土流失比较严重的地方，地方官也采取了退耕还林的做法，鼓励业主多蓄植林木。鄂西北山区上津县本为湖广襄阳府属县，成化间改隶新设之郧阳府。据清同治《郧西县志》记载：“津邑东山，近城一带旧有水道，宽广称之。近城东山，颇为高广，一经涨涌，水势甚大。先是山有林木，及时疏浚，居民安堵。其后因民图利，陆续开垦，锄种麦黍。骤雨淋冲，则石泥滚壅，年复一年，失于浚导，以税（致）漫没，为害匪细。为此，知县胡岗令业主冯激等各自歇荒，多蓄树木以供致（税）粮，是亦弭患塞源之要也。”当时划定的歇荒山地范围是：

东至大岭，南至坡根，北至铁炉沟、圆岭，西至泰山庙、永长大沟。歇荒山地的业主则有冯激、冯邦相、张福受、陈禄魁、冯经、杜魁时等六人，时间在嘉靖十五年（1536年）三月。

明代地方官还重视水利工程防护林的兴建。甘肃镇番县谢广恩称：按镇地河渠，无不为沙砾所拥，植之以被，则沙可以固，水可以流；反则裸呈原隰，一经冬春风扬沙积，平衍旷荡，直如垢堆无圻。是以历朝历任莫不以植树插柳为要务。耆老云：树是河之骨，草为渠之筋。斯言信乎哉！

明代河患频仍，人们对营造黄河大堤的堤岸防护林相当重视。据《河水金鉴》记载，嘉靖十四年（1535年），刘天和出任总理河道，在他的主持下，四个月内沿河堤栽树280万株。刘天和在总结前人经验的基础上，系统地提出营造堤岸林的“治河六柳”措施，即卧柳、低柳、编柳、深柳、漫柳、高柳等六种护堤柳的栽植方法。“卧柳即春初修堤时，每上土一层，在堤身的内外各横铺如线或指头粗的柳枝一层，间距一尺，自堤根直栽至堤顶；低柳即在春初，先用引锥在堤上打孔，自堤根到堤顶纵横间距一尺许，栽二尺多长如线、如指头粗的柳橛，出土二寸。编柳即在近河数里紧要之处，用长四尺如鸡蛋粗的柳橛，先从堤根密栽一层，间距六七寸；出土一尺许，再用二尺多长的小柳卧栽一层，外留二三寸；用柳条按编篱法，将柳条编高五寸，内用土筑实填平，再卧栽小柳一层，用柳条编篱五寸，内用土筑实填平。如此二次，即与先栽出土一尺的柳橛相平。这时可退四五寸，如法打橛编柳，如堤高一丈，则依此栽十层，即与堤顶相平。以上三法，均为固堤护岸。深柳即在近河及河势将冲之处，先用长四尺、八尺、一丈二尺不等的铁裹引橛，以次钉穴俾深；然后将劲直带梢柳枝，连皮栽入，每株间距五尺，出土二三尺以上，用稀泥灌满穴内，勿使动摇。这样按河势缓急，多者栽十余层，少则四五层，一旦河水冲啮，即可起到防御作用。漫柳即凡坡水漫流之处，难以筑堤，可沿河密栽低小柽柳，俗名随河柳，不怕漫淹。每遇水涨既退，缓溜落淤，随淤随长。数年之后，不借人力，自成巨堤。高柳即于堤内外，用高大柳桩栽植成活。以上六法，并不是每段堤同时使用，而是根据各堤的实际情况而择之。柳树极易成活，根系发达，拦泥留沙效果好。沿黄河堤岸栽种柳树，确实是固堤护岸、防止水土崩塌流失的有效方法。

在风沙的海岛，明代人注重营建防风林。理学名宦林希元于嘉靖三年（1524 年）任南京大理寺寺正时，回原籍寄寓岳母家（现厦门市翔安区大嶝街道田墘村），发现该岛受风、旱、沙三害轮番袭击，群众生产和生活困难。林希元立志要为岛上居民排忧解难，亲自环岛察看地形，优选树种，发动群众在坪边至大墓边的海岸线种植黄连木。现尚存一条一里多长的防风林带，古树苍老遒劲，杆粗叶绿，仍起到削弱风沙危害的作用。

明代一些地方也非常流行种植行道树，既可防护道路，又可遮蔽行人。四川剑阁川陕古道上有很多古柏，就是明代所植。《剑州志》载："自剑门南至阆州，西至梓潼三百余里，明正德时知州李碧，以石砌路，两旁植柏数十万株。"在福建，据弘治四年（1491 年）《八闽通志》记载，景泰年间，邑民唐常于棉岭夹道植木千余株，人赖以荫。正统年间，乡民吴广在蜈蚣岭夹道植松千余株，以便行人憩息。成化十二年（1476 年），邑民丁质在闽西上杭县石冷羊岭植松数百株，以荫行人。

明代一些地方的家族、寺院更重视风水林、功德林的兴建。万木林是福建建瓯县西部一处面积为 110 公顷的中亚热带阔叶林。这块林地在元末明初是建安龙津里（今建瓯县房道乡）杨福兴（号达卿，1305—1378 年）的私有林。杨福兴是当地的富户，荒年时以工代赈，凡给他种树的，酬以粮食，使树木不断增加。后来杨氏家族作为风水林加以保护，成为林相复杂、树种组成繁多的一片常绿阔叶林。其中有不少珍贵物种，如闽鄂山茶（长瓣短柱茶）和黄樟等。1957 年和 1980 年被林业部和福建省列为自然保护区。

道士和僧人也常种植风水林、功德林木护卫寺院。嘉靖三年（1524 年）《紫霄崖兴建记》碑称，道士汪养素于齐云山华林坞骆驼峰，栽松竹，种果树数千株。隆庆元年（1567 年），别传和尚带领僧徒在四川峨眉山的白龙洞附近，按《法华经》的字数，一字一株，种植 69777 株桢楠，周广 2 里，称为"功德林"。

七、农候占验

农候占验是指农业气象预报技术，即对未来的天气、气候条件及其对农业影响的判断或预测。占或占卜有预测的意思，验即应验。气象条件是农业生产不可脱离的自然环境，对农业生产过程、产量、品质都有极大的影响。在古代农业生产技术水平不高、抗灾能力不强的情况下，基本上是靠天吃饭。风调雨顺会带来农业丰产，而气候异常，灾害频繁常导致农业歉收，经济破产。因此，自古以来，人们就非常重视对未来天气、气候及其对农业生产影响的探索，以期及早采取措施加以防范。明代农业生产领域，也流行着农候占验的禳灾习俗。

明代的农事占候，据徐光启《农政全书·占候》记载，春天应当暖和，如果变得寒冷，那么必定多雨，谚语说“春寒多雨水”。春天有二十四番花信风，梅花风打头，楝花风打尾的说法。正月十五这一天晴，那么春水少。所以有民谚：“上元无雨多春旱，清明无雨少黄梅；夏至无云三伏热，重阳无雨一冬晴。”二月间最不宜夜间下雨，若二月十二日晚上天晴，即使本月雨水多，也无关紧要。若有十夜以上下雨，乡人就会叫苦了。三月里清明这一天，午前晴，早蚕熟；午后晴，晚蚕熟。清明这一天，最好是晴天。谚语说：“清明晒得杨柳枯，十只粪缸九只浮。”若是清明寒食节前后，有水而浑，就是高低田谷物大熟、四季风调雨顺的征兆。谷雨这天下雨，则本年鱼增收。谷雨前一两天早上起霜，必大旱。这天若下雨，那么鱼长得好，雨水多；但大小麦变红腐烂，不可食用。

四月中旬看鱼散子，占测今年的雨水情况。梅子黄时，在水边的草上，看鱼散子的位置高低，占测就可以知道雨水的多少。立夏这一天，看日晕，有晕雨水就多。谚语说：“一番晕，添一番湖塘。”四月初八晚上下雨，对麦子不利。谚语说：“二麦不怕神共鬼，只怕四月八夜雨。”大抵立夏后，多夜雨，往往使麦子受损。

五月初一雨，占测大水，初二日雨占测干旱。民谚有说：“一日落雨，人食百草。”“一日晴，一年丰；一日雨，一年歉。”芒种这一天，宜晴；打雷不好。谚语说："梅裹雷，低田拆舍回。"是说低矮的田地全要被淹没，房屋也不起作用。或说"声多及震响反旱"。立梅那天早上下雨，称作迎梅雨，一种说法是天必干旱。因此，有谚语："雨打梅头，无水饮牛。雨打梅额，河底开坼。"冬青花占水旱，谚语说："黄梅雨未过，冬青花未破。冬青花已开，黄梅雨不来。"黄梅时节寒冷，井底都要枯干。端午节这天下雨，来年收成一定好。

六月初一一场雨，夜夜风潮到立秋。六月盖夹被，田里不生米。六月西风吹遍草，八月无风秕子稻。处暑雨不通，白露枉相逢。三伏中大热，冬必多雨雪。知了蝉叫稻生芒。初三这天下雨，那么秋后稻谷很难晒干。谚语说："六月初三晴，山条尽枯零。"又说："六月初三一阵雨，夜夜风潮到立秋。"小暑这天下雨，叫黄梅颠倒转，雨水足。东南风和成块的白云聚起，到半月后就有舶棹风来临，雨水退却变得干旱。如果不起南风，那就没有舶棹风，雨水始终不能退却。谚语说："舶棹风云起，旱魃精空欢喜。仰面看青天，头巾落在麻坼里。"六月里如果天气凉冷，就多雨大水，淹没田地是无疑。谚语说："秋前生虫，损一茎，发一茎；秋后生虫，损了一茎，无了一茎。"是说虫害胜过盗贼。

七月，立秋那天若天晴，万物都很少成熟，小雨最吉利；下大雨，要伤禾苗。八月早禾怕北风，晚禾怕南风。朔日晴，冬天干旱。十月，立冬这天晴，那么这一冬都多是晴天；若下雨，那么这一冬都多雨，还多阴寒冷。立冬这天刮西北风，那么来年天旱且热；这天晴，冬天必很冷。立冬前多霜，来年一定干旱；立冬后多霜，晚秋作物好。十一月，这一个月内若是多雨雪，那么冬天及来年春天米价低；若是打雷，来年春天的米一定贵。冬至以前米价涨了，那么冬至后米价必跌；若是价格很低，那么冬至后米价必高。因而有谚话："冬至前，米价长，贫儿爱长养；冬至前，米价落，贫儿转萧索。"若有雾，来年天旱。因而有谚语："风雨来，春少水。"十二月，月里有雾，来年雨水丰足；有风雨，来年六七月间会发大水。十二月里有雾，无水作酒库；有雾，则半个月内都干旱，十月里五天有雾。结冰后水位下降，来年必干旱；结冰后水位上涨，名叫长水冰，雨水足；若冰结得坚厚，来年雨水多。

附　录

附录一　人物

宋　礼（1361—1422 年）　字大本，河南永宁（今洛宁）人。洪武中，以国子生擢山西按察司佥事，左迁户部主事。建文初，荐授陕西按察佥事，复坐事左迁刑部员外郎。成祖即位，命署礼部事，以敏练擢礼部侍郎。永乐二年（1404 年）拜工部尚书。永乐九年（1411 年）命宋礼及刑部侍郎金纯、都督周长开会通河。“宋礼以会通之源，必资汶水。乃用汶上老人白英策，筑堽城及戴村坝，横亘五里，遏汶流，使无南入洸而北归海。汇诸泉之水，尽出汶上，至南旺，中分之为二道，南流接徐、沛者十之四，北流达临清者十之六。南旺地势高，决其水，南北皆注，所谓水脊也。因相地置闸，以时蓄泄。自分水北至临清，地降九十尺，置闸十有七，而达于卫；南至沽头，地降百十有六尺，置闸二十有一，而达于淮。凡发山东及徐州、应天、镇江民三十万，蠲租一百一十万石有奇，二十旬而工成。明年，以御史许堪言卫河水患，命礼往经画。礼请自魏家湾开支河二，泄水入土河，复自德州西北开支河一，泄水入旧黄河，使至海丰大沽河入海。帝命俟秋成后为之。”永乐二十年（1422 年）七月卒于官。

陈　瑄（1365—1433 年）　字彦纯，合肥人。洪武间，屡从征西南，累功迁四川行都司都指挥同知。建文末，迁右军都督佥事。成祖即位，封平江伯。永乐元年（1403 年），充总兵官，总督海运，输粟四十九万余石，建百万仓于直沽，并建城于天津卫（今天津）。永乐九年（1411 年），“因海门至盐城沿海一百三十里海溢堤圮，率四十万卒筑治之，为捍潮堤万八千余丈。后改掌漕运，重视改善河道”。永乐十三年（1415 年），用故老言，“自淮安城西管家湖，凿渠二十里，为清江浦，导湖水入淮，筑四闸以时宣泄。又缘湖十里筑堤引舟，由是漕舟直达于河，省费不訾。其后复浚徐州至济宁河。又以吕梁洪险恶，于西别凿一渠，置二闸。蓄水通漕。又筑沛县刁阳湖、济宁南旺湖长堤。开泰州白塔河通大江。又筑高邮湖堤，于堤内凿渠四十里，避风涛之险。又自淮至临清，相水势置闸四十有七，作常盈仓四十区于淮上，及徐州、临清、通州皆置仓，便转输。虑漕舟胶浅，自淮至通州置舍五百六十八，舍置卒，导舟避浅。复缘河堤凿井树木，以便行人。凡所规画，精密宏远，身理漕河者三十年，多有建树”。宣德八年（1433年）十月卒于官，年六十有九。

夏原吉（1366—1430年） 字维喆，湘阴人，原籍德兴。以乡荐入太学，选入禁中书制诰，擢户部主事，处之悉有条理，尚书郁新甚重之。建文初，擢户部右侍郎。明年充采访使，巡福建。久之，移驻蕲州。成祖即位，转左侍郎、尚书。浙西大水，有司治不效。永乐元年（1403年），“请循禹三江入海故迹，浚吴淞下流，上接太湖，而度地为闸，以时蓄泄。从之。役十余万人，事竣，还京师，言水虽由故道入海，而支流未尽疏泄，非经久计。次年正月，复行浚白茆塘、刘家河、大黄浦。九月工毕，水泄，苏、松农田大利”。永乐三年（1405年）夏，“浙西大饥，率俞士吉、袁复及左通政赵居任往振，发粟三十万石，给牛种。有请召民佃水退淤田益赋者，驰疏止之”。著有《谦谦斋集》四十卷、《夏忠靖集》六卷。

周　忱（1380—1453年） 字恂如，江西吉水人。永乐二年（1404年）进士，选庶吉士。自请进文渊阁，参与修《永乐大典》等。授刑部主事，进员外郎。虽有经世才，但在官场浮沉20多年，未得升迁。永乐二十二年（1424年）迁越府长史。宣德五年（1430年）九月，以天下财赋多不理，而江南为甚，苏州一郡积逋至800万石。经大学士杨荣推荐，迁为工部右侍郎，巡抚江南诸府，总督税粮。宣德七年（1432年），江南大稔，创设济农仓，振贷之外，岁有余羡。凡纲运、风漂、盗夺者，皆借给于此；秋成，抵数还官。其修圩、筑岸、开河、浚湖所支口粮，不责偿。耕者借贷，必验中下事力及田多寡给之，秋与粮并赋，凶岁再振。其奸顽不偿者，后不复给。定为条约以闻。又常诣松江相视水利，见嘉定、上海间，沿江生茂草，多淤流，乃浚其上流，使昆山、顾浦诸所水，迅流驶下，壅遂尽涤。其因灾荒请蠲贷，及所陈他利病无算，小者用便宜行之，无所顾虑。自此，江南数大郡，小民不知凶荒，两税未尝逋负。诸府余米，数多至不可校，公私饶足，施及外郡。景泰初，江北大饥，都御史王竑从其言贷米3万石。后因财政改革触动当地豪强利益，受劾而罢官。然自是户部括所积余米为公赋，储备萧然。其后吴大饥，道殣相望，课逋如故矣。民益思其善举，建生祠祀之。景泰四年（1453年）十月卒。

陈　镒（1386—1453年）　字有戒，吴县（今江苏苏州市）人。永乐十年（1412年）中进士，授御史，迁湖广副使，历山东、浙江等地，政绩卓著。英宗即位后，升为右副都御史，镇守陕西。到任后，见北方饥民逃荒乞讨，就上疏免其赋税劳役，劝他们回乡耕种。又向英宗奏言：陕西历年用兵，百姓苦于供应粮草，请求豁免。得到朝廷允准。正统二年（1437年），巡视延绥（治所在今陕西绥德）及宁夏边境。后所辖的六府有灾情，当即开仓救济。又在边境动员军民开荒种地，使塞内外都有粮草储备。正统九年（1444年），秦中遭灾荒，请示朝廷减税十分之四，其余部分米布兼收。又向朝廷建议制定输粟赎罪法。正统十四年（1449年），以左都御史按行通州（故治在今四川省达县），所到各地都有政绩，而关中更为卓著。景泰二年（1451年），陕西遭大灾荒，饥民万余人，父老上书朝廷“愿得陈公活我”。于是诏往赈之，所活无算。召还，进左都御史，掌都察院事，加太保，赐玉带。景泰四年（1453年）秋，因病致仕，不久去世，年六十八。关中郡邑悉祠之。著有《玉机微义》及《介庵集》六卷。

徐有贞（1407—1472年）　字元玉，初名珵，吴县（今江苏苏州市）人。宣德八年（1433年）进士。选庶吉士，授编修。景泰三年（1452年）迁右谕德。河决沙湾七载，前后治者皆无功。经廷臣推荐，为左佥都御史，往治之。至张秋，相度水势，条上三策：一置水门，一开支河，一浚运河。议既定，督漕都御史王竑以漕渠淤浅滞运艘，请急塞决口。其据理反驳，奏言："临清河浅，旧矣，非因决口未塞也。漕臣但知塞决口为急，不知秋冬虽塞，来春必复决，徒劳无益。臣不敢邀近功。"诏从其言。于是大集民夫，躬亲督率，治渠建闸，起张秋以接河、沁。河流之旁出不顺者，为九堰障之。更筑大堰，楗以水门，阅五百五十五日而工成。名其渠曰"广济"，闸曰"通源"。事竣，召还，佐院事。帝厚劳之。复出巡视漕河，奏言免济宁十三州县河夫所负官马及其他杂办。景泰七年（1456 年）秋，山东大水，河堤多坏，乃修旧堤决口，自临清抵济宁，各置减水闸，水患悉平。还朝，帝召见，奖劳有加，进左副都御史。著有《武功集》五卷。

崔　恭（1409—1479 年）　字克让，别号敬斋，顺德府广宗县（今邢台市广宗县）苏村人。正统元年（1436 年）中进士。初授户部陕西司主事，历任莱州知府、湖广右布政使、江西左布政使、南直隶巡抚、吏部左侍郎、吏部尚书、南京吏部尚书、参赞南京守备机务等职。任莱州知府期间，逢正统十三年（1448 年）莱州大旱，蝗虫成灾，乃亲自督民捕灭，并发 60 万石粮食赈济灾民。同时，劝富民出粟赈灾，奏免所属胶州、即墨逃户遗下粮草，全活甚众。天顺二年（1458 年），升都察院右副都御史，代李秉巡抚苏、松诸府，恢复了被李秉废除的原巡抚周忱所创"平米法"等制度。后又与都督徐恭动用军夫 6 万余人，开挖仪真、瓜洲漕河。劝说盐商富民捐米若干石，每军日给米 1 升。工程完毕，余米 2000 石，即以之赈济扬州饥民，全活甚多。又建议挖常镇运河，以避江险。又看到吴淞江湮塞 80 余年，舟行屡遭江险，按其地形情况，从昆山夏界口到上海白鹤江，又自白鹤江至嘉定卞家渡，迄庄家泾，开挖河道 14200 余丈。从此，吴淞江下游水流畅通，河运无阻。接着又疏浚浦汇塘、新泾诸河道共四千丈。还开挖曹家沟南抵新场 3 万余丈，其次又疏浚了六磊塘诸水皆入黄浦江。民赖其利，因呼曹家沟为"都堂浦"。成化十五年（1479 年）卒于家。

王　竑（1413—1488 年）　字公度，号休庵，陕西河州（今甘肃临夏）人。正统四年（1439 年）登进士，正统十一年（1446 年）授户科给事中。景泰四年（1453 年）正月“以灾伤叠见，方春盛寒。上皇帝建言修省，求直言。先是，凤阳、淮安、徐州大水，道殣相望。乃上疏奏报，不待报，即开仓赈之。至是，山东、河南饥民就食者纷至，廪不能给。惟徐州广运仓有余积，又欲尽发之。典守中官惮其威名，不得已从之。事后自劾专擅罪，因言：‘广运所储仅支三月，请令死罪以下，得于被灾所入粟自赎。’朝廷复命侍郎邹干赍帑金驰赴，听其使用。王竑乃躬自巡行散赈，不足，则令沿淮上下商舟，量大小出米，全活百八十五万余人。劝富民出米二十五万余石，给饥民五十五万七千家。赋牛种七万四千余，复业者五千五百家，他境流移安辑者万六百余家。病者给药，死者具槥；所鬻子女赎还之，归者予道里费。人忘其饥，颂声大作。初帝闻淮、凤饥，忧甚。及得竑发广运自劾疏，喜曰：‘贤哉都御史，活我民矣。’尚书金濂、大学士陈循等皆称竑功”。天顺六年（1462 年）春，复令督漕抚淮、扬。天顺八年（1464 年）任兵部尚书，次年致仕归。居家二十年，弘治元年（1488 年）十二月卒，年七十六。正德间，赠太子少保。淮人立祠祀之。

项　忠（1421—1502 年）　字荩臣，嘉兴（今浙江嘉兴市）人。正统七年（1442 年）中进士，授刑部主事，升员外郎。景泰中，由郎中提升为广东副使。天顺初年，任陕西巡察使。天顺七年（1463 年）因陕西连年遭灾，命令开仓，以 180 万石粮食救济灾民，并奏请免陕西税粮 91 万石。后升为右副都御史，巡抚陕西。当时西安水质多碱不能饮用，项忠组织人力开龙首渠及皂河，引水进城。又疏浚泾阳郑、白二渠，灌溉泾阳、三原、醴泉、高陵、临潼五县田地 7 万多顷。成化六年（1470 年），李原率流民再次起义，众至百万。受命总督军务，与湖广总兵李震共同率兵镇压，下令驱逐流民出荆、襄，流民在途中多罹疫死。后迁兵部尚书，因劾权阉汪直被诬，斥为民。及汪直败，复官。后致仕家居，病死。

白　昂（1435—1503 年）　字廷仪，武进马杭乡人。明天顺元年（1457 年）进士，授礼部给事中。任应天府丞时，讨平海贼刘通。后任兵部侍郎、户部侍郎。主持修筑从阳武至封邱、祥符、兰阳几县的长堤以防水，并引导黄河水从中牟决口处至尉氏，下颍川，经涂山，汇合淮水入海。整修汴堤，疏浚古睢河，筑萧县、徐集等口。又从鱼台经德川至吴桥古河堤，从东牟至兴济开凿 12 条小河，引水入大清河至古黄河而入海。在每条海口筑石堰以调节水位。在高邮社湖堤东开复河 50 里以保障船只安全航行。复河西岸垒石为复堤，人称“白公堤”。又筑高邮堤，自杭家闸至张家镇共 30 里。此后漕河上下数十年无大患。弘治四年（1491 年）任都御史。弘治六年（1493 年）任刑部尚书，其后加太子少保、太子太保衔。弘治十三年（1500 年），赐太子太傅衔致仕。弘治十六年（1503 年）去世，赠太保，谥“康敏”。

刘大夏（1436—1516 年） 字时雍，号东山，湖广华容（今属湖南）人。天顺八年（1464 年）举进士，改庶吉士。成化初，馆试当留，自请试吏。乃除职方主事，再迁郎中。弘治二年（1489 年）服阕，迁广东右布政使。弘治六年（1493 年）春，河决张秋戴家庙，掣漕河与汶水合而北行。经吏部尚书王恕等推荐，擢为右副都御史往治。一到张秋，见河流湍悍，决口阔 90 余丈，乃曰：“是下流未可治，当治上流。”于是即决口西南开越河 3 里许，使粮运可济，乃浚仪封黄陵冈南贾鲁旧河 40 余里，由曹出徐，以杀水势。又浚孙家渡口，别凿新河 70 余里，导使南行，由中牟、颍川东入淮。又浚祥符四府营淤河，由陈留至归德分为二：一由宿迁小河口，一由亳涡河，俱汇于淮。然后沿张秋两岸，东西筑台，立表贯索，联巨舰穴而窒之，实以土。至决口，去窒沉舰，压以大埽，且合且决，随决随筑，连昼夜不息。决既塞，缭以石堤，隐若长虹。十二月，筑塞张秋决口功乃成。帝遣行人赍羊酒往劳之，改张秋名为安平镇。弘治八年（1495 年）正月，“又筑塞黄陵冈及荆隆等口七处。诸口既塞，于是上流河势复归兰阳、考城，分流经徐州、归德、宿迁，南入运河，会淮水，东注于海，南流故道以复。而大名府之长堤，起胙城，历滑县、长垣、东明、曹州、曹县抵虞城，凡三百六十里。其西南荆隆等口新堤起于家店，历铜瓦厢、东桥抵小宋集，凡百六十里。大小二堤相翼，而石坝俱培筑坚厚，溃决之患于是息矣”。其秋，召还京，任左副都御史，历户部左侍郎、兵部尚书。后致仕归里，卒年八十一岁。

唐　龙（1477—1546 年） 字虞佐，号渔石，浙江兰溪人。正德三年（1508 年）进士，授山东郯城知县。后起为御史，出巡云南。升任陕西提学副使，调山西按察使。又召入北京为太仆寺卿。嘉靖七年（1528 年）任右佥都御史，总督漕运兼巡抚凤阳等府。上书罢止了淮西民户代养官马、种牛的制度；废除寿州、正阳关的榷税；蠲免了通州、泰州的虚报田赋和漕卒的船料钱。这些措施便民良多。于是召入京师任左副都御史。又调任吏部左侍郎、右侍郎。嘉靖十一年（1532 年），陕西闹饥荒，蒙古吉囊、俺答二部，拥众临边，从河套入陕西为患，延绥告急。时唐龙任兵部尚书，总制三边军务兼理赈济，赍币金 30 万以行，即奏行救灾 14 事，又用总兵官王效、梁震击退入侵诸部。后累任刑、吏部尚书，加太子少保、太子太保。为官清正，注意民间疾苦，民颂其德。著有《黔南集》等。

刘天和（1496—1546 年） 字养和，号松石，湖广麻城（今属湖北省）人。正德三年（1508 年）进士，授南京礼部主事。出按陕西。嘉靖初，擢山西提学副使，累迁南京太常少卿，以右佥都御史督甘肃屯政。改抚陕西，进右副都御史兼陕西巡抚，总管河道水利工程。嘉靖十三年（1534 年），黄河南徙，历济、徐皆旁溢。“四月初一，以故官总理河道。疏汴河，自朱仙镇至沛飞云桥，杀其下流。疏山东七十二泉，自凫、尼诸山达南旺河，浚其下流。役夫二万，不三月讫工。加工部右侍郎。因筑高家堰，凤阳、泗州一带水患严重。嘉靖十四年，用总河都御史刘天和言，筑堤卫陵，而高堰方固，淮畅流出清口，凤、泗之患弭。故事，河南八府岁役民治河，不赴役者人出银三两。天和因岁饥，请尽蠲旁河受役者课，远河未役者半之。诏可。”著有《问水集》六卷。

林希元（1481—1565 年） 字懋贞，号次崖，福建同安县人。正德十三年（1518 年）举进士，官授南京大理寺左寺评事。执法不阿中贵，决疑谳十余事，不可尽述。皆人所不敢为，而公独任之，声称籍甚，至留都有铁汉之谣。世宗登基后，锐意新政，下诏求言，上疏《新政八要》，被认为是深切时弊，但言官以是切恨。不久，与御史谭鲁有了过节，谪泗州判官。适江北大饥，民父子相食，盗贼蜂起，亲自参与组织了当地的救荒事业，“先赈济，次招抚，次斩捕，凡赈过饥民三千四百口，抚过饥民四百五十口，捕过抚而复叛饥民六十口，而盗始大靖”。并上《荒政丛言疏》，详细陈述赈灾办法，得皇帝嘉许，颁行天下。后历官北大理寺副、广东盐屯佥事、钦州知州、海北道兵备佥事。嘉靖二十年（1541 年），遭夏言陷害而被罢官归里。居家期间，逢同安连年旱灾，乃为民请命，连上三书请太守发银赈济，还亲自传授方法，参与施赈。终于家，年八十五。著有《荒政丛言》《太极图解》《春秋质疑》《读史疑断》《训蒙四言》《考古异文》《宋绳尺论表策》等。

汤绍恩（生卒年不详） 字汝承，号笃斋，安岳（今属四川）人。嘉靖五年（1526 年）进士。先后任户部郎中、德安知府、绍兴知府、山东右布政使等职。嘉靖十四年（1535 年）出任绍兴知府期间，“兴学宫，设社学，缓刑罚，抚恤贫弱，族表节孝，民情大和。尤以主持修建三江闸这座大型挡潮排水闸工程而闻名于世。山阴、会稽、萧山三邑之水，汇三江口入海，潮汐日至，拥沙积如丘陵。遇霪潦则水阻，沙不能骤泄，良田尽成巨浸，当事者不得已决塘以泄之。塘决则忧旱，岁苦修筑。绍恩遍行水道，至三江口，见两山对峙，喜曰：‘此下必有石根，余其于此建闸乎？’募善水者探之，果有石脉横亘两山间，遂兴工。先投以铁石，继以笼盛甃屑沉之。工未半，潮冲荡不能就，怨讟烦兴。绍恩不为动，祷于海神，潮不至者累日，工遂竣。修五十余寻，为闸二十有八，以应列宿。于内为备闸三，曰经溇，曰撞塘，曰平水，以防大闸之溃。闸外筑石堤四百余丈扼潮，始不为闸患。刻水则石间，俾后人相水势以时启闭。自是，三邑方数百里间无水患矣。士民德之，立庙闸左，岁时奉祀不绝。后致仕归，年九十七而卒。”

潘季驯（1521—1595 年） 字时良，湖州乌程（今浙江湖州）人。

嘉靖二十九年（1550年）进士，初授九江推官，后升江西道监察御史、河南道监察御史。嘉靖三十八年（1559年）巡按广东，行均平里甲法，斥抑豪强。嘉靖四十四年（1565年），升大理寺少卿，冬任右佥都御史总理河道协助工部尚书朱衡治河。次年同朱衡开南阳新运河，主张利用旧道。丁母忧，去职。隆庆四年（1570年）冬，复任总河，次年大治邳州一带决河。因运船失事，罢职。万历四年（1576年）任江西巡抚。后两年以右都御史兼工部右侍郎总理河道，又改总理河漕。查勘黄河后，提出治理黄、淮、运的规划，并得到朝廷的批准，两年后河工完成。此次治河主要堵决口，筑堤防，建减水闸坝，浚运河，修高家堰，实行“束水攻沙”的理论获得成功。万历九年（1581年），升南京兵部尚书，万历十一年（1583年）任刑部尚书加太子少保，次年因诉张居正之冤被罢官。万历十六年（1588年），第四次出任总河。万历十九年（1591年）因淮河大水，泗州祖陵被浸及，次年罢官，仍上书申述其治河观点和经验。万历二十三年（1595年），病故，年七十五。其独创束水冲沙法，提出“以河治河，以水攻沙”的治河方策，对后世的治黄思想有深刻影响。著有《宸断大工录》《两河管见》《河防一览》《留余堂集》等。

俞汝为（1538—1608年） 字毅夫，号新宇，松江（今属上海）华亭人。隆庆五年（1571年）成为进士，初授德化（今属江西九江）县令。主持修筑一条长达3800丈的堤坝，建起一座具有旱涝调节功能的水利工程，当地人称为“俞公堤”。后官寿阳（今山西寿阳）、建德（今属浙江），再擢山东佥事。遭排挤后，又任沁阳州（今山西沁县）知州，兴学校，赈饥荒，抚流移，修文中子祠，创州志，政绩多可纪。著有《荒政要览》十卷、《南京兵部车驾司职掌》八卷、《事类异名》六卷、《长水塔院纪》六卷等。

钟化民（？—1596年） 字维新，别号文陆，浙江仁和人。万历八年（1580年）进士，授惠安（今福建惠安）知县。不久移知乐平（今山西乐平）。升为御史，出视陕西茶马。在巡按山东时，正好遇上饥荒，请蠲赈先发后闻。擢仪制郎中，后升任光禄丞。万历二十二年（1594

年），河南大饥，人相食，命兼河南道御史往赈。“不两月，巡历各州县，所至止食厂粥，禁供给，不坐公署。”为救济灾荒，稳定社会秩序，他采取了如下措施：“恤贫宗，惠寒士，煮粥哺垂毙，给贫窘，归流移，医疾疫，收埋遗骸，赎妻孥，散贼营，兴工作，置学田，蠲钱粮，省刑讼，释淹禁，严举劾，劝尚义，禁闭籴，止复议，绝迎送，抑供亿，省舆从，给牛种，劝农桑，课纺绩，修常平，设义仓，申乡保，饬礼教。”“活饥民四千七百四十五万六千七百八十有奇。”既竣，绘图以进。帝嘉之，褒誉者再。擢太常少卿。万历二十四年（1596年），任右佥都御史巡抚河南，讨平矿盗，镇压农民起义。《明史》评价钟化民多智计，居官勤厉，所至有声。遍历八府，延父老问疾苦。劳瘁卒官，士民相率颂于朝。著有《赈豫纪略》《读易钞》《体仁图说》《日省录》《经济日钞》《亲民类编》等。

周孔教（1548—1613年） 字明行，一字宗尼，号怀鲁，江西临川人。万历八年（1580年）登进士，官至右副都御史。在巡抚江南时，适逢特大水灾，淫霖为虐，巨浸稽天，阡陌沦为江湖，室庐荡为苴梗。连城跨邑横目为鱼所在。周孔教认为，穷民当恤，不则阽危；乱民当以法绳之，不则滋蔓。于是让官府缓催科，简刑狱，谨储蓄，平市价，以时巡察民之饥馑流离者。同时，遣官四出贸谷于他方，劝谕士民举义助赈以差次行奖；设粥厂哺糜，募工修筑之法，凡二十余事。救灾取得了很好的效果，在周孔教调离苏州的时候，吴之士大夫若吏民三老争挽留。著有《周中丞疏稿》《救荒事宜》。

徐光启（1562—1633年） 字子先，号玄扈，上海人。博学强识，治学范围包括数学、天文、历法、地理、水利、火器制造等许多方面。万历三十二年（1604年）间，举进士。崇祯三年（1630年），疏陈垦田、水利、救荒、盐法等拯时急务，擢礼部尚书。崇祯五年（1632年），以礼部尚书兼东阁大学士入参机务。崇祯六年（1633年），兼任文渊阁大学士。主持编译《崇祯历书》，译著《几何原本》（前六卷），与熊三拔合译《泰西水法》。著有《农政全书》《甘薯疏》《除蝗疏》等。《农政全书》中有大量论述救荒的内容。《甘薯疏》总结了甘薯有抗灾、高产、稳产的性能，是我国自吕宋引种甘薯后第一篇关于甘薯的论著。《除蝗疏》完整地记述了对蝗虫生活史的认识，并提出了治蝗的办法。

祁彪佳（1602—1645 年） 字虎子，又字幼文、弘吉，号世培，别号远山堂主人，山阴（今浙江绍兴）人。天启元年（1621 年）进士，曾任苏松府巡按。著有《远山堂曲品》《远山堂剧品》《越中园亭记》《救荒全书》《祁忠敏公日记》《寓山注》《里居越言》《祁彪佳集》等。其中《救荒全书》（稿本题为十八卷，实为十七卷）约始于崇祯十三年（1640 年）三月，止于十四年（1641 年）九月。其时，因浙省“自庚辰告歉，至辛巳正月，雪十日不止，人情汹汹，抢夺群起”，祁氏应府县当事之请，以荒政自任，“虚礼下士，感物以诚”，“所行和籴法、分籴法、设粥厂法、给米法，无不尽善”；“又念饥荒遍海内，救之者或有心无术，反扰民”，故赈饥之余，遍览群书以及名臣奏议、邸报等有关救荒者，辑纂成书，至崇祯十四年（1641 年）八月初大体告竣。其后至十一月起补赴任，续有增补。清顺治二年（1645 年）六月殉明前，祁彪佳曾嘱咐后人：“我所著述，可藏之深山。今年书稿，要紧者可一一录之。《救荒全书》系数年心思，于世有益，俟平宁之日，方可刻行。”但此后 190 余年间，其著作湮没不彰，直至清道光十二年（1832 年）左右，同邑杜煦、杜春生兄弟“延访故家”，得祁氏《越中园亭记》《寓山注》《救荒全书》等，编成《祁忠惠公遗集》，于道光十五年（1835 年）刊行于世。

张 陛（生卒年不详） 字登子，浙江山阴人。崇祯年间，江阴大饥，张陛与母亲一起，卖掉家中财产，买了千余石的米用于当地的赈灾，救活万余人。张陛因此获内阁撰文中书的官职。清顺治时，补镇江推官。有一次，遇到一些湖寇起事，清军即将屠城，张陛跪在烈日下哀请，终于使清军放弃了屠城的计划，使一城人得以平安。后得到广东巡抚李瑞吾的信任，视四会县（今广东四会县）事。不久，又调博罗（今广东博罗县）。康熙年间，张陛任延平（今属福建）同知，不久又到邵武府（今属福建）任事，并死在任上。著有《救荒事宜》，书前有明末山阴人刘宗周所撰“引文”，其中说：“吾乡有救荒之议，人情颇在观望，间即有好行其德者，亦沾沾耳。独登子成其母若大父芝翁先生志，尽发其家廪，施及一城，不数日而遍。”刘宗周较为详细地记载了张陛及其家人救荒的过程，又说“然吾不喜先生以一身活满城百姓，而实喜先生以一人操挽回风尚之权”，对张陛的救荒给予了高度的评价。

附录二　书目

《救荒本草》，洪武十一年（1378年）建藩开封的周王朱橚著，是一部记载食用野生植物的专书，编缀尤以食用植物为主。全书分两卷，共记述植物414种，其中近三分之二为以前的本草书所未载。所记植物多来自作者对实验植物园的直接观察，不做烦琐考证，而以植物学术语抓住植物的一些主要特征，如花基数、叶脉、花序等。记述一种植物，即附一插图，图录准确、可靠。书中还记载了一些新颖的消除食用植物毒性的方法，如用豆叶与有毒植物商陆同蒸以消其毒性，以及用细土与煮熟的植物体同浸，然后再淘洗以除去白屈菜中有毒物质等。此书不仅在救荒方面起了重要作用，而且由于开创了野生食用植物的研究，在国内外产生了深远的影响。明代李时珍在其所著《本草纲目》中，引用了其中的材料，吸收了它描述植物的先进方法。

《救荒活民补遗书》，为明英宗正统年间南直隶江阴人朱熊（字维吉）编撰，是一部集宋元以及明代前期救荒思想与技术之大成的荒政文献。在《千顷堂书目》中，著录有朱维吉《救荒活民补遗》三卷。此书现在还有三种版本存世，一是清华大学图书馆藏明常在刻本，名为《救荒活民补遗》（三卷）；一是南京图书馆藏明万历四十年（1612年）陕西布政司刻本，名为《重刊救荒活民补遗》（二卷）；一是北京大学图书馆和曲阜师范大学图书馆藏明万历四十五年（1617年）姚思仁刻本，名为《活民书》(三卷)、《补遗》(一卷)。以上三种版本皆注明是宋董煟撰，元张光大增，明朱熊补遗。全书分为上、中、下三卷，上卷抄录了元代以前的《救荒活民书》中的内容，将《救荒活民书》中“煟曰”改为“董氏曰”，并在其后加上“补遗曰”一段文字，表达作者自己对救荒的理解以及古代荒政得失的评价；中卷罗列了历史上各种救荒事例，开篇是“田赐救灾”，末篇为“鄱阳赈救法”，讲李珏救荒一事；下卷先是“救荒杂说”，抄录张光大《救荒活民类要》一书的内容，然后再记载元明两代的荒政诏令与奏议，上自至元二十三年(1286年)，下迄正统六年(1441年)。清代《四库全书总目》对此书有公允的评价，认为该书取宋从政郎董煟原书而益以有明恤赈制诏及前代好施获福事迹，其立意不为不善，然序典故备录经典、重农之语则迂而不切，杂载诸史赈恤之文则繁而鲜要，皆不免剿袭，陈言无裨实政；至于盛陈福报，尤涉于有为而为，盖乡里劝施之格言，而非经国之硕画；二氏因果之绪论，而非儒者之正理也。

《三吴水利论》，为伍余福所作的水利专著。伍余福，字君求，更字畴中，吴县人。正德十二年(1517年)进士，授长垣(今河南省)知县，迁工部主事，升兵部郎中。此书现存《金声玉振集》本、借月山房本。全书共一卷，分八篇，一论五堰，二论九阳江，三论夹苎千，四论荆溪，五论百渎，六论七十三溇，七论长桥百洞，八论震泽，都是吴中水利要害。

《荒政丛言》，为明代正德、嘉靖年间福建晋江人林希元所作，是一部作者从自己亲身的实践中提炼出来的救荒著作。在《千顷堂书目》中有著录，《明史·艺文志》以及其后的《墨海金壶》和《守山阁》丛书皆有收录。现存《林次涯先生文集》有辽宁省图书馆藏清乾隆十八年(1753年)陈胪声诒燕堂刻本。在这部18卷的文集中，上疏占了4卷，其中的第一卷有一篇《荒政丛言疏》。《荒政丛言疏》与《荒政丛言》只是一些细微的区别，基本内容是一样的。全书依作者总结的六纲次序编写，分别是二难、三便、六急、三权、六禁、三戒。其中每一纲中又分为几个目，“二难”即指“得人难”和“审户难”；“三便”指“极贫之民便赈米”“次贫之民便赈钱”“稍贫之民便转贷”；“六急”指“垂死贫民急粥”“疾病贫民急医药”“病起贫民急汤米”“既死贫民急募瘗”“遗弃小儿急收养”和“轻重系囚急宽恤”；“三权”指“借官钱以籴粜者”“兴工役以助赈者”“借牛种以通变者”；“六禁”指“禁侵渔者”“禁攘盗者”“禁闭籴者”“禁抑价者”“禁宰牛者”和“禁度僧道者”；“三戒”指“戒迟缓者”“戒拘文者”“戒遣使者”。以上每一纲作为一节，而每一目作为一个具体问题讨论。其写作方式，是将作者救荒思想以及个人的救荒经验加上朝廷的救荒制度与措施和古代的救荒历史糅合到一起，浑然成篇，对后世救荒有着重要影响。

《问水集》，为明代嘉靖年间总河刘天和所著。嘉靖十三年（1534年），刘天和出任河道总督，前后仅两年，在嘉靖十五年（1536年）离任时将其治河过程中所上奏议辑而成此书。此书在明代已有两种刻本，即嘉靖十五年（1536年）刻本和《金声玉振集》本。清代依据浙江郑大节家藏本收入《四库全书总目提要》中。民国时收入《中国水利珍本丛书》第一辑，据存素堂抄本及影抄明刻本校印。《四库全书存目丛书》有收录，系国家图书馆藏明刻本。全书共六卷。卷一通论黄河和运河。黄河部分有《统论黄河迁徙不常之由》《古今治河异同》《治河之要》《堤防之制》《疏浚之制》《工役之制》《植柳六法》等；运河部分有《统论建置规制》，即专论白河、卫河、泣河（运河水源）、闸河等各段运河修筑事宜。卷二为运河续编，计有《徐吕二洪》《淮扬诸湖》《闸河诸湖》《诸泉》《治河始末》。此外，尚有《修复汶漕记》《重建卫河减水闸碑记》，主要谈论运河水源问题。卷三为奏议，主要为《河道迁改分流疏》《修浚运河第一疏》《修浚运河第二疏》三篇。卷四为关于曹、单境内筑堤和河道管理方面的奏议。卷五仅一篇近万字的《治河功成举幼疏》，主要论述治运的工程、费用、工役等。卷六有《预处黄河水患疏》等奏议，其中有两奏议是关于保护泗州祖陵、凤阳皇陵的修筑土堤坝工程；最后附有刘天和于嘉靖十四年（1535年）所刻《黄河图说》，对明正统、成化、弘治以及嘉靖年间黄河泛道均有标注。全书深刻反映了刘天和通过总结传统的治河方法和技术，通过亲身的治河实践经验，比较明确地提出了自己的河工理论和方法，在对河性的认识和某些治河方法上有其独到之处，对我们今天研究明代中期治理黄运河理论的变迁十分重要。

《三吴水利录》，归有光编著，是一部明代研究太湖水利的文献。书成于嘉靖四十二年（1563年）。全书共四卷，前三卷辑录郏亶、郏乔、苏轼、单锷、周文英、金藻等有关三吴水利的论著七篇。后一卷为自作《水利论》两篇、《三江图》和《松江下三江口图》。作者以为防治太湖水灾，应全力治理吴淞江。其立论虽有可议之处，但因亲居安亭，当吴淞江下游（亦即今上海市内的苏州河），所论形势、脉络，颇为详明，足资研究太湖水利者参考。

《治水筌蹄》，为明代江西南昌人万恭（字肃卿，别号两溪）在隆庆末万历初任总理河道期间所作的一部治河理论著作。明刻本分上、下两卷。全书分条叙述，共148条，不列目，不分篇章。内容分为黄、运河工的修缮、防护和管理制度、漕运管理等制度，黄河河道、治河理论、运河河道等方面。其中关于黄、运防修的论述所占比重大，约近一半的篇幅。运河河道及漕运管理均以会通、淮南二河为主。在治黄方面，着重提出了“束水攻沙”的理论：“水之为性也，专则急，分则慢。而河之为势也，急则通，缓则淤。”主张因势利导地修筑堤防，束狭河床，借河水之力冲刷泥沙入海。这是治河理论的重大发展。在治运方面，总结出一套因地制宜的疏浚、整治和管理措施。如会通河水源缺乏，各闸应按时启闭，其中许多规定和水量调节方法创始于万恭，并为后人效法。对运河的疏浚亦有许多积极建议，提出改变筑坝兴工的旧历，在九月兴工，十月竣事，不妨农事。还创制在南旺筑坝，方便了疏浚和航运。在漕运管理制度方面，提出“八因”“三策”。书的篇末论治河不能拘泥古法，应因时而导。此书资料丰富，论述切合实际，对后来的黄、运治理有很大影响。潘季驯的《河防一览》曾继承和发展了其主要经验和论证。

《潞水客谈》，为明代江西贵溪县人徐贞明所撰，是一部讨论畿辅水利发展的专著。此外，徐贞明还撰有《水利图》《西北水利书》等著作。万历三年（1575年），向朝廷进奏了《请亟修水利以预储蓄疏》，提出了兴修西北水利以解决京畿及北方地区的粮食供应从而缓解东南漕粮压力的建议，但被工部尚书郭朝宾以“水田劳民”为由驳回，并最终搁置。十二月，因受到御史傅应祯案的牵连，被贬为太平府（今广西崇左）知事。赴任途中，梳理前述建议，于是就在行至通州潞河（即今白河、北运河）时，“终以前议可行，乃著《潞水客谈》以毕其说”。万历四年（1576年）秋，书成。此书现存版本主要有两种：一种是万历四年（1576年）的初刊本，《四库全书存目丛书》有收录；另一种是万历十二年（1584年）张元忭的重刊本，《畿辅河道水利丛书》有收录。全书不分卷，以舟上宾主问答的形式，进一步阐述其在万历三年（1575年）所上奏疏的水利思想，开篇即开门见山地提出了“当今经国，其大且急，孰有过于西北水利者乎”的观点，认为当时的执政者应当明白，兴修西北水利，发展北方经济，是经国之大计、急务。然后，以大量的篇幅论证了兴修西北水利的必要性和可行性。最后提出了兴修西北水利的实施方案、步骤和具体措施，主张采用利水之法进行疏导，将民垦和军垦相结合，由近及远，即自京东而畿甸，由畿甸而西北，达到“一岁开其始，十年究其成，万世席其利”的效果。书中还提出了水土保持治河新理论：“当先于水之源，源分则流微而易御，田渐成则水渐杀，水无泛溢之虞，田无冲激之患矣！”并以明以北运河的治理为例进行了具体说明。此书刊行后，得到时人和后人很高的评价。明代徐光启认为兴西北水利之议，“徐孺东先生《潞水客谈》备矣”。清代著名学者赵诚夫认为终明代良策无有逾此者。朱云锦更是认为自宋以来论畿辅水利的著作中，只有《潞水客谈》最为“详核切实”。

《荒政考》，为明万历年间浙江鄞县人屠隆所撰，是一部专门记载救荒方法的著作。《明史·艺文志》《千顷堂书目》皆无著录，但《墨海金壶》《守山阁》丛书皆有收录。屠隆于万历五年（1577年）举进士，历任颍上（今安徽颍上）、青浦（今属上海）知县，迁礼部主事。后被刑部主事俞显卿诬陷而遭罢黜，归隐鄞县故里。“值海国岁侵，百姓艰食，流离之状，所不忍言”，“乃参古人之成法，顺南北之土风，察民病之缓急，酌时势之变通，作《荒政考》，以告当世，以贻后来。维司牧者留意焉”。全书篇幅不长，章节体，每章节列有标题，总共30节，涉及备荒、蠲免、赈济、发展生产和安置饥民等荒政内容。每一个具体条目先说明采取某种方法救荒的必要性，再引用历史上这种方法的例证。如对于“蠲岁租之额以苏民困”一条，先论曰：“岁荒民饥，救死不赡，奚暇完租？不惟饥荒之恤，而迫日而征之民，力必不支，不填沟中，则起而为盗。”接着，列举历史上诸多灾蠲事例，内容十分详尽。少数条目在找不到足够的历史依据情况下，则直接阐明自己的主张。如在二十一条“时奏荒之疏以急上闻”，屠隆强调天子端座九重，不能遍知天下事，所以报灾要百姓急须告灾于有司，有司急须申灾于抚按，抚按急须奏灾于朝廷，一连用了几个“急”字，说明救灾的急迫性。又说万一报迟，则上人易以起疑，而救灾又恐无及，此伊谁之咎乎？用正反两个方面的利弊权衡来说明报灾要及时的道理。作者自己对此书评价甚高，在书后论道：“凡此三十条者，皆救荒之要策，经效之良方。余考证古今，间参己见，不略不迂，颇得肯启。夫余藿食者，睹记时事，有慨于中，蒿目而视，焦吻而谈，余则过矣。当事者采而行之，天下之福也。”

《荒政议》，署名为周孔教撰，陈龙正纂。此书卷首有“陈龙正曰”，介绍了成书过程：“《荒政议》者，万历间周中丞孔教抚苏时所颁行也。其条款甚备，其文告甚繁，古今救荒之事无弗撮载于此矣。遍观古方者，此卷不过其类摘也；未遍观古方者，此卷乃其大通也。然提纲皆本于林希元，而其间损益，则亦因乎时地。希元既发其纲，曰‘丛言’，意当时规条，亦复详具，顾今不得见。而孔教所设之规条，见存原文冗甚，业删其半，读之尚须移时，亦特为一卷。”《千顷堂书目》《明史·艺文志》皆无著录，《墨海金壶》《守山阁》丛书皆有收录。《丛书集成初编》据《墨海金壶》翻印出这部书。全书有一个总纲：救荒有六先，曰先示谕，先请蠲，先处费，先择人，先编保甲，先查贫户；有八宜，曰次贫之民宜赈粜，极贫之民宜赈济，远地之民宜赈银，垂死之民宜赈粥，疾病之民宜救药，罪系之民宜哀矜，既死之民宜募瘗，务农之民宜贷种；有四权，曰奖尚义之人，绥四境之内，兴聚贫之工，除入粟之罪；有五禁，曰禁侵欺，禁寇盗，禁抑价，禁溺女，禁宰牛；有三戒，曰戒后时，戒拘文，戒忘备；其纲有五，其目二十有六。此书也用古代的事例来说明问题，只是所用的古代事例比较少，所记内容应当是经过实践检验的救荒方法，是一部有较高可信度的研究明代荒政的重要文献。

《救荒事宜》，有二：一为明代江西临川人周孔教所作的荒政著作。《四库全书》存目有收录，《四库全书存目丛书》中所用的版本是吉林大学图书馆藏明万历时刻《周中丞疏稿》中附的《救荒事宜》一书。全书共分二卷，是周孔教"官应天巡抚时以三吴被水而作"。"分目二十三条，附议三条，大旨不出周官荒政之意。盖当时所颁条教，而其属官为之刊行也。"书中的几条"续附议"或"又续附议"，是此书体例上独具特色的地方。附议内容极其丰富，主旨是对每一款条目所讨论的内容进行补充说明。正文侧重说明救荒的具体做法，而附议则重在说明为何要这样做。一为明代浙江山阴人张陛所撰的荒政著作。《四库全书》存目、《学海类编》丛书、《丛书集成初编》中皆有收录。现在的《四库全书存目丛书》所选用的版本是涵芬楼影印清道光十一年（1831年）六安晁氏木活字《学海类编》本。全书正文分为十个部分，每一部分立有一个标题，专门介绍一种有关救荒的具体的方法，有"聚米法""踏勘法""优恤法""分别法""散米法""核实法""渐及法""激劝法""平粜法""协力法"等，所有的内容都围绕着一个赈灾的中心，不时地用历史上的经验来解释提出的方法。此书最大的特点，是站在一个平民的角度去审视官赈的弊政和建议官府的救荒举措。

《河防一览》，为明代潘季驯所作的一部治理黄河的重要理论著作。成书于万历十八年（1590年），共14卷。卷一载嘉靖、隆庆、万历三朝皇帝给潘季驯的敕谕5道，并附《祖陵图说》《皇陵图说》《两河全图说》。卷二"河议辨惑"，阐述各种治河议论及作者主张。卷三列举淮南、淮北、山东、河南、北直隶的河防险要。卷四载筑堤、塞决、护堤等修守事宜。卷五为河源、河决考。卷六载稽证古今治河的文献9篇。卷七至卷十二为往来公文。卷十三、十四载陈堂、尹谨、王世拘、常居敬等人的治河奏疏。全书系统阐明了作者提出的“以堤束水，以水攻沙”“借淮之清，以刷河之浊”的治河主张，认为“束水攻沙”关键在于堤防的巩固。堤可分为四种：遥堤用以阻拦水流；缕堤靠近河岸，以约束河流，促使河水冲刷河床；月堤位于水流过激处，防止水流直溃缕堤而发生溃决；格堤用以防止洪水顺堤而流，危及堤防。这种治河理论改变了过去靠人力挑浚作为解决黄河泥沙淤积的方法，依靠水的自然力冲刷积沙，开辟了治河新途径。此书后广为刊印，对明代以后的黄河治理也产生了重要影响。

《赈豫纪略》，署名作者为明代万历年间浙江仁和人钟化民，但书中提到钟化民，几乎处处都用“公”字表示对其尊称，表明此书可能非钟化民所作。另据清代荒政专家俞森在该书卷首的按语，提到钟化民时亦对其尊称为“公”，疑此书有可能是俞森根据钟化民留下的某些材料，经过删削取舍编定而成。《明史》《千顷堂书目》皆无著录此书，现存的《赈豫纪略》被收入《墨海》《守山阁》丛书，后又收入《丛书集成初编》中。全书设有“多立厂”“慎司厂”“慎散银”“严举劾”“劝尚义”“禁闭籴”“散盗”“捐钱粮”“禁刑讼”“释淹禁”“兴挑濬”“急赈救”“赎饥民”“收遗骸”“搜节义”“种农桑”“置学田”“教礼让”等十八个条目。每一条目皆叙述钟化民在河南救灾的真实做法，既不介绍历史上的救荒经验，也不言及同时期其他地区和其他人的救荒。在书后，载有一篇《救荒图说》，并说有十八图，“公以进呈，今不能载，只载其说”。《救荒图说》亦分为若干小节，每一节也有一个标题，如“恩赈遣官”“宫闱发帑”“首恤贫宗”“加惠寒士”“粥哺垂亡”“金赒窘迫”“医疗疾疫”“钱送流移”“赎还妻奴”“分给牛种”“解散盗贼”“劝务农桑”“劝课纺绩”“民设义仓”“官修常平”“礼教维风”“乡保善俗”“复命天朝”等。其中有“微臣钟化民”之语，可以确信《救荒图说》系钟化民本人的作品。此书的特点是钟化民在告诉别人，“我是如何救荒的”；或者说是俞森在告诉别人，“钟化民是如何救荒的”。

《荒政要览》，为明代松江（今属上海）华亭人俞汝为所作的一部荒政著作，约成书于万历三十五年（1607 年）。《千顷堂书目》《明史·艺文志》皆有著录，《四库全书》无收录，但今人修的《续修四库全书》有收入。上海图书馆藏有此书的万历三十五年刻本。全书共 10 卷：卷一诏谕，卷二奏议，卷三总论，卷四平日预备之要，卷五水旱扞御之要，卷六饥馑拯救之要，卷七荒后宽恤之要，卷八遇荒得失之鉴，卷九备荒树艺，卷十救荒本草。其中卷四至卷十又分为若干细目。此书不仅较明代其他荒政文献篇幅要大得多，而且将救灾与救荒两个概念区分开来论述，这是中国古代荒政文献中一个创举。此外，第九卷与第十卷介绍各种可食用植物的种植和可食用野菜的特性，属于一种值得重视的生物救荒法。

《煮粥条议》，为明代松江（今属上海市）华亭人陈继儒（字仲醇）所作，是一部记述万历三十七年（1609 年）苏州岁荒煮赈情况的荒政著作。《千顷堂书目》《明史·艺文志》皆未著录，而现存的《丛书集成初编》本是明末清初的丛书《学海类编》中保存的版本翻印。全书内容简略，只有数百字的篇幅。设有 14 个条目，每一条目不用标题，只议一事。而大多数条目只用一句话，高度概括赈粥某个环节的具体做法。如最后一条议煮粥所用的灶具：煮粥须用砖灶，一则耐久，一则少灰尘。此书的特点是没有将历史上的救荒事例予以罗织，也没有详细说明各种做法的具体理由。书后有一个“附录周抚院讳孔教救荒条谕”，有近千言，比正文还长。整个条谕包括周孔教任苏州巡抚时期，实行的通商救荒、劝输粮米、兴修水利、发放赈济等措施，属于周孔教个人的救荒主张，为后人完整地保存了一份明代万历年间的救荒文件。

《荒箸略》，为明代海盐人刘世教（字少彝）所作的荒政著作。全书共一卷，《千顷堂书目》中有著录。《盐邑志林》《墨海金壶》《守山阁》等丛书皆有收录。《丛书集成初编》据《盐邑志林》本排印了这部书。其卷首篇“荒箸略纪事”云：“万历戊申夏四月九日，麦秋甫至，雨昼夜不止，凡四十有五日而后霁，于是江以南靡非壑矣。农人无所举趾，众人嗷嗷，旦暮莫能必其命，辄不自量，忘欲借前箸筹之。而藿食者之谋鄙，曾亡当于千虑之一。又性不能甘前，踌躇亡适与语者，第以敝帚故，灾木而存之。是岁六月既望，平原刘世教识。”万历戊申年为万历三十六年（1608年），此年江南地区发生了严重水灾，是为此书创作的背景。全书的章节，曰蠲，曰赈，曰粜，曰贾，曰禁。赈之事八，蠲以下并一，凡十有二篇。此书的特点是较明代其他荒政著作更重视赈灾，也不一味地迷信明代以前的荒政，集中讨论了明代救荒问题。

《东吴水利考》，为明代王圻所作，是一部记述东吴水利的专著。成书于万历四十三年（1615年），天启间由王氏后人刊行。今《四库全书存目丛书》所收为北京图书馆藏明刻本。全书共10卷，论述了太湖地区的水利问题，尤详于苏州府、松江府、常州府、镇江府四府。卷一、卷二为东吴七郡水利总说，目次为东吴七郡水利总图说、七郡水利四至考略、江海总图说、沿海泄水港口图说、海溢并筑塘考略、太湖港溇泄水图说、太湖考略、受水湖浦漾荡考、大江泄水港浦图说、兰江考、溧阳五堰考、土冈堰闸考。卷三至卷九分述苏松常镇各府及其属县水利，卷七附有吴淞江图考。第十卷为历代水利集议。胡应台序中评价此书："其于水，有端有委，有脉有派；其为图，有总有分；其论用功，有缓有急，有宜因有宜创；其溯前人之施功，有得有失，有永有不永，尺尺寸寸如指掌。"

《农政全书》，为明代农学家徐光启所撰的一部中国古代农学集大成之作。天启二年（1622年），徐光启告病返乡。他不顾年事已高，在农田中试种各种农作物，收集农业试验信息。同时又开始收集资料，整理古书，撰写自己的著作。崇祯元年（1628年），徐光启官复原职，此时的农书写作已初具规模，但由于上任后忙于负责修订历书，农书的最后定稿工作无暇顾及，直到死于任上。以后这部农书便由他的门人陈子龙等人负责修订，并于崇祯十二年（1639年）刻版付印，定名为《农政全书》。全书分为12目，共60卷，50余万字。12目中包括农本3卷、田制2卷、农事6卷、水利9卷、农器4卷、树艺6卷、蚕桑4卷、蚕桑广类2卷、种植4卷、牧养1卷、制造1卷、荒政18卷。其中“荒政”一目约占全书篇幅的三分之一，包括作者辑录的备荒及救荒制度与措施等内容，分为《备荒总论》《野菜谱》和《救荒本草》，附有草木野菜可资充饥的植物 414 种。这些内容是对明代以及明代以前救荒思想与救荒制度的总结，其中很多内容为其他救荒文献中所未载。

《吴中水利全书》，为明代浙江东阳人张国维所纂，是一部内容丰富的综合水文水利著作。约成书于崇祯七年（1634 年）至十三年（1640 年）。全书共 4 卷，首卷绘有苏州、松江、常州、镇江 4 府及所属 17 县的水利、水道、水口、水港图 53 幅，其余各卷详细记述了吴中的水源、水脉、水名及水道流程长度，并辑有历代治理吴中水利的诏敕、奏章、状疏、案牍和有关论说、序记以及诗歌、歌谣等资料。在编排体例上，继承了我国图经和地方志图文并茂的优良传统，所绘图幅之多之精，则为一般方志所不及。

《救荒策会》，为明代浙江嘉善人陈龙正所著。约成书于崇祯十五年（1642 年）。《千顷堂书目》《明史·艺文志》皆无著录，《四库全书》存目中有收入，《中国古籍善本书目》著录了此书。现存唯一的版本是上海图书馆藏明崇祯十五年（1642 年）洁梁堂刻本，现今《四库全书存目丛书》据此版本影印。全书共分为七卷，内容多是在董煟的《救荒活民书》、张光大的《救荒活民类要》以及朱熊的《救荒活民补遗》基础上增删而成。全书最有价值的部分有两处。一是书中的第七卷。此卷皆嘉善所行之事，或禀于官，或行于家，或共行于同志，亦有议而未及行者，力不从心。其中涉及的救荒方法有“建丐房议”，即主张为乞丐们建房，提供一个栖身之所，这一条是对以前救荒学说的一个发展。二是书中不时出现的“论曰”引出的一段文字，对古往今来的某种救荒政令和措施加以评价。《四库全书总目》对此书有一个公允的评价：宋董煟辑古今《救荒活民书》三卷，元张光大续之，明朱熊复加补缀；龙正是编，则合三家之言，删其繁复而附以崇祯庚辰、辛巳嘉善救荒之事。其斥朱熊之书杂成诡异之事，持论颇正，然大旨不出董煟书也。龙正喜谈经世之术，此亦其一。

《瘟疫论》，为明末姑苏洞庭（今江苏吴县人）吴有性（字又可）所作，是中国第一部传染病治疗专著。崇祯十四年（1641 年），山东、河南、京师、浙江等地瘟疫流行，死者甚众。诸多医家用传统伤寒疗法治疗瘟疫，效果不好。吴有性对瘟疫潜心研究，不但治好了许多疫病患者，而且于崇祯十五年（1642 年）将治疗瘟疫的经验加以总结，著成《瘟疫论》。全书共分为 2 卷。卷一共 50 篇，主要讨论瘟疫的病因、病症以及治疗。卷二有 30 篇，辨别瘟疫与各种传染病在症状与治疗上的区别。此书将瘟疫与其他热性病区别开来，突破了前人成说。书中指出“戾气”是瘟疫主要病因，而戾气是通过呼吸传染而致病。同时，还提出人的抵抗力的重要性，认为只要抵抗力强，则虽接触传染，也未必会发病。此外，还提出瘟疫传染途径有“天受”，即空气传染；又有“传染”，即接触传染。这些有关传染病的病源、病因以及流行等内容的论述都很科学，为中医温病学说起到了奠基作用。

参考文献

经部类

[1]（明）丘濬:《大学衍义补》，北京：京华出版社，1999年。

史部类

[1]（明）朱元璋:《御制大诰》,《续修四库全书》本。

[2]（明）朱元璋:《大诰续编》,《续修四库全书》本。

[3]（明）朱元璋:《大诰三编》,《续修四库全书》本。

[4]《明实录》，台北：台湾“中央研究院”历史语言研究所校印，1962年。

[5]《崇祯记闻录·崇祯长编·崇祯实录》（合订本）,《台湾文献史料丛刊》本。

[6]（明）刘惟谦等:《大明律》,《四库全书存目丛书》本。

[7]（明）李东阳等:《明会典》，正德六年（1511年）重校，由司礼监刻印颁行,《四库全书》本。

[8]（明）申时行等:《明会典》，万历四年（1576年）重修，万历十五年（1587年）刊行,《续修四库全书》本。

[9]（明）陈子龙等:《明经世文编》，北京：中华书局，1962年。

[10]（明）王圻:《续文献通考》,《续修四库全书》本。

[11]（明）徐学聚:《国朝典汇》,《中国史学丛书》本。

[12]（明）吕坤:《实政录》,《续修四库全书》本。

[13]（明）周孔教:《周中丞疏稿·江南疏稿》,《四库全书存目丛书》本。

[14]（明）周起元:《周忠愍奏疏》,《四库全书》本。

[15]（明）张卤:《嘉靖疏抄》，万历年间刊本。

[16]（明）马文升:《马端肃公奏议》，清初刻本。

[17]（明）赵世卿:《司农奏议》,《续修四库全书》本。

[18]（明）计六奇:《明季北略》，北京：中华书局，1984年。

[19]（明）张萱:《西园闻见录》,《续修四库全书》本。

[20]（明）朱熊:《救荒活民补遗书》,《四库全书存目丛书》本。
[21]（明）林希元:《荒政丛言》,《丛书集成初编》本。
[22]（明）屠隆:《荒政考》,《丛书集成初编》本。
[23]（明）陈继儒:《煮粥条议》,《丛书集成初编》本。
[24]（明）周孔教:《救荒事宜》,《四库全书存目丛书》本。
[25]（明）俞汝为:《荒政要览》,《续修四库全书》本。
[26]（明）刘世教:《荒箸略》,《丛书集成初编》本。
[27]（明）钟化民:《赈豫纪略》,《丛书集成初编》本。
[28]（明）周孔教:《荒政议》,《丛书集成初编》本。
[29]（明）陈龙正:《救荒策会》,《四库全书存目丛书》本。
[30]（明）张陛:《救荒事宜》,《丛书集成初编》本。
[31]（明）何淳之:《荒政汇编》，李文海、夏明方主编《中国荒政全书》本。
[32]（明）毕自严:《灾祲窾议》，明万历清福堂刻本。
[33]（明）潘游龙:《救荒》,《四库禁毁书丛刊》本。
[34]（明）陈仁锡:《荒政考》，李文海、夏明方主编《中国荒政全书》本。
[35]（明）王世荫:《赈纪》，李文海、夏明方、朱浒主编《中国荒政书集成》本。
[36]（明）何出光:《曲沃荒政》，李文海、夏明方、朱浒主编《中国荒政书集成》本。
[37]（明）祁彪佳:《救荒全书》，李文海、夏明方、朱浒主编《中国荒政书集成》本。
[38]（明）谈迁:《国榷》，北京：中华书局，1958 年。
[39]（明）顾炎武:《天下郡国利病书》,《四库善本丛书初编》本。
[40]（明）潘季驯:《河防一览》，明万历十九年（1591 年）刊本。
[41]（明）朱国盛纂,［明］徐标续纂:《南河志》,《续修四库全书》本。
[42]（清）康基田:《晋乘搜略》，清嘉庆十六年（1811 年）刻本。
[43]（清）翟钧廉:《海塘录》,《四库全书》本。
[44]（清）龙文彬:《明会要》，北京：中华书局，1956 年。
[45]（清）张廷玉等:《明史》，北京：中华书局，1974 年。
[46]（清）嵇璜、曹仁虎等:《钦定续文献通考》,《四库全书》本。
[47]（清）陈梦雷编纂、蒋廷锡校订:《古今图书集成》，北京：中华书局、巴蜀书社，1985 年。
[48]（清）陆曾禹:《钦定康济录》，李文海、夏明方主编《中国荒政全书》本。

[49]（清）谢树森、谢广恩等编撰，李玉寿校订:《镇番遗事历鉴》，香港：香港天马图书有限公司，2000年。
[50]（明）李贤等:《明一统志》,《四库全书》本。
[51] 成化《中都志》,《四库全书存目丛书》本。
[52] 弘治《温州府志》，明弘治十六年（1503年）刻本。
[53] 弘治《徽州府志》,《四库全书存目丛书》本。
[54] 弘治《休宁志》,《北京图书馆古籍珍本丛刊》本。
[55] 正德《建昌府志》,《天一阁藏明代方志选刊》本。
[56] 正德《安庆府志》,《四库全书存目丛书》本。
[57] 正德《松江府志》，明正德四年（1509年）刊本。
[58] 正德《颍州志》,《天一阁藏明代方志选刊》本。
[59] 正德《莘县志》,《天一阁馆藏明代方志丛刊》本。
[60] 正德《金山卫志》，清乾隆嘉庆间抄本。
[61] 嘉靖《湖广图经志书》，北京：书目文献出版社，1991年。
[62] 嘉靖《两淮盐法志》,《四库全书存目丛书》本。
[63] 嘉靖《广西通志》，明嘉靖十年（1531年）刊本（传抄本）。
[64] 嘉靖《宁夏新志》,《宁夏珍稀方志丛刊》本。
[65] 嘉靖《陕西通志》，明嘉靖二十一年（1542年）刻本。
[66] 嘉靖《广东通志》，广东省地方史志办公室1997年影印本。
[67] 嘉靖《南畿志》,《中国方志丛书》本。
[68] 嘉靖《惠州府志》,《日本藏中国罕见地方志丛刊》本。
[69] 嘉靖《宁波府志》，明嘉靖三十九年（1560年）刊本。
[70] 嘉靖《嘉兴府图记》，明嘉靖二十八年（1549年）刊本。
[71] 嘉靖《池州府志》，1962年上海古籍书店影印天一阁明嘉靖二十四年（1545年）刻本。
[72] 嘉靖《袁州府志》,《天一阁藏明代方志选刊续编》本。
[73] 嘉靖《宁国府志》，明嘉靖十五年（1536年）黎晨校刻本。
[74] 嘉靖《青州府志》,《天一阁藏明代方志选刊》本。
[75] 嘉靖《徽州府志》,《北京图书馆古籍珍本丛刊》本。
[76] 嘉靖《衡州府志》,《天一阁藏明代方志选刊》本。
[77] 嘉靖《惟扬志》,《四库全书存目丛书》本。
[78] 嘉靖《徐州志》,《中国史学丛书》本。

[79] 嘉靖《耀州志》,《天一阁藏明代方志选刊续编》本。
[80] 嘉靖《和州志》,《稀见中国地方志汇刊》本。
[81] 嘉靖《寿州志》,《天一阁藏明代方志选刊》本。
[82] 嘉靖《通州志》,《天一阁藏明代方志选刊续编》本。
[83] 嘉靖《宿州志》,《天一阁藏明代方志选刊》本。
[84] 嘉靖《颍州志》，传抄明嘉靖十五年（1536年）刻本。
[85] 嘉靖《许州志》,《天一阁藏明代方志选刊》本。
[86] 嘉靖《海宁县志》，清光绪二十四年（1898年）重刊本。
[87] 嘉靖《萧山县志》,《天一阁藏明代方志选刊续编》本。
[88] 嘉靖《重修如皋县志》,《天一阁藏明代方志选刊续编》本。
[89] 嘉靖《尉氏县志》,《天一阁藏明代方志选刊》本。
[90] 嘉靖《六合县志》,《天一阁藏明代方志选刊续编》本。
[91] 嘉靖《宁德县志》，福建人民出版社2015年据嘉靖版点校本。
[92] 嘉靖《海门县志集》,《天一阁藏明代方志选刊》本。
[93] 嘉靖《仁和县志》,《天一阁藏明代方志选刊》本。
[94] 嘉靖《海盐县志》，西泠印社出版社2014年《海盐县珍稀古籍丛刊》本。
[95] 嘉靖《鲁山县志》,《天一阁藏明代方志选刊》本。
[96] 嘉靖《皇明天长志》,《天一阁藏明代方志选刊》本。
[97] 嘉靖《定远县志》,《四库全书存目丛书》本。
[98] 嘉靖《建平县志》,《天一阁藏明代方志选刊》本。
[99] 嘉靖《鄢陵志》,《天一阁藏明代方志选刊》本。
[100] 嘉靖《翼城县志》,《天一阁藏明代方志选刊续编》本。
[101] 嘉靖《南康县志》,《天一阁藏明代方志选刊续编》本。
[102] 嘉靖《武宁县志》,《天一阁藏明代方志选刊续编》本。
[103] 嘉靖《章丘县志》,《天一阁藏明代方志选刊续编》本。
[104] 嘉靖《临山卫志》，明嘉靖四十三年（1564年）纂民国三年（1914年）木活字印本。
[105] 隆庆《岳州府志》,《天一阁藏明代方志选刊》本。
[106] 隆庆《华州志》，明隆庆六年（1572年）修光绪重刊本。
[107] 隆庆《赵州志》,《天一阁藏明代方志选刊》本。
[108] 隆庆《宝应县志》,《天一阁藏明代方志选刊续编》本。
[109] 隆庆《仪真县志》,《天一阁藏明代方志选刊》本。

[110] 万历《陕西通志》，明万历三十九年（1611年）刊本。
[111] 万历《山西通志》，明万历三十年（1602年）修崇祯二年（1629年）刊本。
[112] 万历《黔记》，明万历三十六年（1608年）刻本。
[113] 万历《鄘志》，明万历间刻清顺治增刻顺治康熙间递修本。
[114] 万历《杭州府志》，北京：中华书局，2005年。
[115] 万历《淮安府志》，《天一阁藏明代方志选刊续编》本。
[116] 万历《兖州府志》，《天一阁馆藏明代方志丛刊》本。
[117] 万历《兴化府志》，明万历三年（1575年）刻本。
[118] 万历《绍兴府志》，2012年宁波出版社点校本。
[119] 万历《宁国府志》，明嘉靖十五年（1536年）黎晨校刻本。
[120] 万历《莱州府志》，明万历三十二年（1604年）刻本。
[121] 万历《常州府志》，明万历四十六年（1618年）刻本。
[122] 万历《和州志》，《稀见中国地方志汇刊》本。
[123] 万历《重修六安州志》，《稀见中国地方志汇刊》本。
[124] 万历《琼州府志》，明万历年间刻本。
[125] 万历《通州志》，《四库全书存目丛书》本。
[126] 万历《华阴县志》，明万历四十二年（1614年）刻本。
[127] 万历《续朝邑县志》，清康熙五十一年（1712年）王兆鳌刻本。
[128] 万历《江浦县志》，《天一阁藏明代方志选刊续编》本。
[129] 万历《上虞县志》，明万历三十四年（1606年）刻本。
[130] 万历《沾化县志》，明万历四十七年（1619年）刻本。
[131] 万历《富平县志》，明万历甲申（1584年）刻本。
[132] 万历《秀水县志》，明万历二十四年（1596年）修民国十四年（1925年）铅字重刊本。
[133] 万历《兴化县志》，《中国方志丛书》本。
[134] 万历《钱塘县志》，明万历三十七年（1609年）修光绪十九年（1893年）武林丁氏刻陶浚宣署本。
[135] 万历《云间据目钞》，民国十七年（1928年）铅印本。
[136] 万历《望江县志》，《稀见中国地方志汇刊》本。
[137] 万历《盐城县志》，《中国方志丛书》本。
[138] 万历《江都县志》，《四库全书存目丛书》本。
[139] 天启《滇志》，云南教育出版社1991年点校本。

[140] 天启《同州志》，明天启五年（1625年）刻本。
[141] 天启《平湖县志》,《天一阁藏明代方志选刊续编》本。
[142] 天启《海盐县图经》，浙江古籍出版社2009年点校本。
[143] 天启《渭南县志》，明代天启元年刻本。
[144] 崇祯《历乘》，明崇祯六年（1633年）刻本。
[145] 崇祯《泰州志》,《四库全书存目丛书》本。
[146] 崇祯《太仓州志》，明崇祯十五年（1642年）刻本。
[147] 崇祯《乌程县志》，明崇祯十年（1637年）刻本。
[148] 崇祯《海昌外志》，明崇祯二年（1629年）纂清顺治四年（1647年）增补康熙雍正间抄本。
[149] 崇祯《东莞志》，手抄本。
[150]（明）邵潜:《州乘资》，明弘光元年（1645年）刻本。
[151] 顺治《延庆州志》，清顺治十年（1653年）刊刻本。
[152] 顺治《光州志》,《日本藏中国罕见地方志丛刊》本。
[153] 顺治《中牟县志》，清顺治十六年（1659年）刊本。
[154] 顺治《招远县志》，清顺治十七年（1660年）刻本。
[155] 顺治《登州府志》，清顺治十七年（1660年）刻本。
[156] 顺治《扶风县志》，清顺治十八年（1661年）刻本。
[157] 顺治《平阳府志》，清顺治二年（1645年）修钤万历四十三年（1615年）本。
[158] 顺治《商水县志》，据清顺治十六年（1659年）刻本。
[159] 顺治《滑县志》，清顺治十一年（1654年）刊本。
[160] 康熙《两淮盐法志》,《中国史学丛书》本。
[161] 康熙《浙江通志》，清康熙二十三年（1684年）刻本。
[162] 康熙《山西通志》，清康熙三十一年（1692年）刻本。
[163] 康熙《陕西通志》，据清康熙六—七年（1667—1668年）刻本复印。
[164] 康熙《济南府志》,《山东省历代方志集成》本。
[165] 康熙《杭州府志》，据清康熙二十五年（1686年）复印。
[166] 康熙《扬州府志》,《四库全书存目丛书》本。
[167] 康熙《嘉兴府志》，清康熙二十一年（1682年）刻本。
[168] 康熙《开封府志》，清康熙三十四年（1695年）刻本。
[169] 康熙《建宁府志》，据清康熙三十二年（1693年）刻本复印。
[170] 康熙《安庆府志》，1961年安庆古旧书店借安庆市图书馆藏书复制本。

[171] 康熙《岳州府志》，清康熙二十四年（1685年）刻本。
[172] 康熙《儋州志》，清康熙四十三年（1704年）刊本。
[173] 康熙《万州志》，清康熙十八年（1679年）刊本。
[174] 康熙《通州志》，清康熙三十六年（1697年）刊本。
[175] 康熙《靖江县志》,《中国方志丛书》本。
[176] 康熙《萧山县志》，清康熙十一年（1672年）刊本。
[177] 康熙《望江县志》,《稀见中国地方志汇刊》本。
[178] 康熙《怀柔县志》，清康熙六十年（1721年）刻本。
[179] 康熙《咸宁县志》，清康熙七年（1668年）刊本。
[180] 康熙《琼山县志》，清康熙二十六年（1687年）抄本。
[181] 康熙《琼山县志》，清康熙四十七年（1708年）刊本。
[182] 康熙《文昌县志》，清康熙五十七年（1718年）刊本。
[183] 康熙《澄迈县志》，清康熙十一年（1672年）刊本。
[184] 康熙《定安县志》，清康熙二十五年（1686年）旧抄本。
[185] 康熙《会稽县志》，清康熙二十二年（1683年）辑本。
[186] 康熙《巢县志》，巢湖市图书馆据清康熙十二年（1673年）复印本。
[187] 康熙《含山县志》,《中国地方志集成》本。
[188] 康熙《泰兴县志》，抄本。
[189] 康熙《宁陵县志》，清光绪十九年（1893年）汪钧泽刻本。
[190] 康熙《汝阳县志》，清康熙二十九年（1690年）刻本。
[191] 康熙《桐城县志》,《中国地方志集成》本。
[192] 雍正《浙江通志》,《四库全书》本。
[193] 雍正《合肥县志》,《稀见中国地方志汇刊》本。
[194] 雍正《舒城县志》,《稀见中国地方志汇刊》本。
[195] 雍正《怀远县志》,《稀见中国地方志汇刊》本。
[196] 雍正《云南通志》,《四库全书》本。
[197] 雍正《陕西通志》，清雍正十三年（1735年）初刻本。
[198] 雍正《湖广通志》,《四库全书》本。
[199] 雍正《泽州府志》，清雍正十三年（1735年）刻本。
[200] 乾隆《江南通志》，江苏广陵书社有限公司2010年版。
[201] 乾隆《福建通志》，清乾隆二年（1737年）刻本。
[202] 乾隆《甘肃新通志》,《中国地方志集成》本。

[203] 乾隆《杭州府志》，清乾隆四十九年（1784 年）序刻本。
[204] 乾隆《淮安府志》,《续修四库全书》本。
[205] 乾隆《大同府志》,《中国地方志集成》本。
[206] 乾隆《顺德府志》,《中国地方志集成》本。
[207] 乾隆《正定府志》,《中国地方志集成》本。
[208] 乾隆《泉州府志》，清同治庚午（1870 年）重刻本。
[209] 乾隆《华亭府志》，清乾隆五十六年（1791 年）刊本。
[210] 乾隆《漳州府志》，清乾隆十一年（1746 年）补刻本。
[211] 乾隆《陈州府志》，清乾隆十二年（1747 年）刻本。
[212] 乾隆《无为州志》，1960 年合肥古旧书店据原刊本影印本。
[213] 乾隆《延庆州志》，清乾隆七年（1742 年）刊本。
[214] 乾隆《历阳典录》,《中国方志丛书》本。
[215] 乾隆《和州志》，民国十一年（1922 年）刻《章氏遗书》本。
[216] 乾隆《海宁县志》，清乾隆三十年（1765 年）刊本。
[217] 乾隆《金山县志》，清乾隆十六年（1751 年）刊民国十八年（1929 年）重印本。
[218] 乾隆《崇明县志》，乾隆年间刻本。
[219] 乾隆《望江县志》,《中国地方志集成》本。
[220] 乾隆《江都县志》,《中国方志丛书》本。
[221] 乾隆《盐城县志》，1960 年油印本。
[222] 乾隆《东明县志》,《中国方志丛书》本。
[223] 乾隆《霍山县志》,《稀见中国地方志汇刊》本。
[224] 乾隆《偃师县志》，清乾隆五十三年（1788 年）刊本。
[225] 乾隆《吴江县志》，清乾隆十二年（1747 年）修、石印重印本。
[226] 乾隆《华岳志》，清乾隆二十七年（1762 年）刊本。
[227] 乾隆《蒲州府志》，清乾隆十九年（1754 年）刊本。
[228] 乾隆《晋江县志》，民国铅印本。
[229] 乾隆《会同县志》，清乾隆三十八年(1773 年）刊本。
[230] 乾隆《海澄县志》，清乾隆二十七年（1762 年）刊本。
[231] 乾隆《长泰县志》，清乾隆十三年（1748 年）修民国二十年（1931 年）重刊本。
[232] 乾隆《诸城县志》，清乾隆二十九年（1764 年）刊本。
[233] 乾隆《遂平县志》，清乾隆二十四年（1759 年）刻本。

[234] 乾隆《襄城县志》，清乾隆十一年（1746年）刻本。
[235] 乾隆《龙溪县志》，清乾隆二十七年（1762年）修光绪二十五年（1899年）补刊本。
[236] 嘉庆《广西通志》，清嘉庆五年（1800年）辑光绪十七年（1891年）补刊本。
[237] 嘉庆《嘉兴府志》，清嘉庆六年（1801年）刻本。
[238] 嘉庆《重修扬州府志》，清嘉庆十五年（1810年）刻本。
[239] 嘉庆《庐州府志》,《中国地方志集成》本。
[240] 嘉庆《汝宁府志》，清嘉庆元年（1796年）刊印本。
[241] 嘉庆《重刊江宁府志》,《中国方志丛书》本。
[242] 嘉庆《松江府志》，清嘉庆二十二年（1817年）松江府学刻本。
[243] 嘉庆《两淮盐法志》,《四库全书存目丛书》本。
[244] 嘉庆《广陵事略》,《续修四库全书》本。
[245] 嘉庆《无为州志》,《中国地方志集成》本。
[246] 嘉庆《高邮州志》,《中国方志丛书》本。
[247] 嘉庆《海州直隶州志》，清嘉庆十六年(1811年)刻本。
[248] 嘉庆《直隶太仓州志》，清嘉庆七年（1802年）刻本。
[249] 嘉庆《如皋县志》,《中国方志丛书》本。
[250] 嘉庆《怀远县志》,《中国地方志集成》本。
[251] 嘉庆《东台县志》,《中国方志丛书》本。
[252] 嘉庆《舒城县志》,《中国地方志集成》本。
[253] 嘉庆《嘉善县志》，清嘉庆五年（1800年）刻本。
[254] 嘉庆《嘉兴县志》，清嘉庆六年（1801年）刻本。
[255] 道光《福建通志》，清道光修同治十年（1871年）正谊书院刻本。
[256] 道光《广东通志》,《中国地方志集成》本。
[257] 道光《遵义府志》，清道光二十一年（1841年）刊本。
[258] 道光《崇川咫闻录》，清道光十年（1830年）刻本。
[259] 道光《泰州志》，清道光七年（1827年）刻本。
[260] 道光《重修宝应县志》,《中国方志丛书》本。
[261] 道光《宿松县志》，清道光八年（1828年）刻本。
[262] 道光《阜阳县志》,《中国地方志集成》本。
[263] 道光《巢县志》,《中国地方志集成》本。

[264] 道光《南宫县志》，清道光十一年（1831 年）刊本。
[265] 道光《续修桐城县志》,《中国地方志集成》本。
[266] 道光《来安县志》,《中国地方志集成》本。
[267] 道光《宝丰县志》，郑州：中州古籍出版社，1989 年。
[268] 咸丰《滨州志》,《中国方志丛书》本。
[269] 咸丰《重修兴化县志》,《中国方志丛书》本。
[270] 咸丰《海安县志》，扬州古旧书店 1962 年据咸丰乙卯（1855 年）石麟画馆原稿本复印本。
[271] 同治《饶州府志》，清同治十一年（1872 年）刊本。
[272] 同治《六安州志》,《中国地方志集成》本。
[273] 同治《颍上县志》,《中国地方志集成》本。
[274] 同治《榆次县志》,《中国地方志集成》本。
[275] 同治《郏县志》，清同治四年（1865 年）刻本。
[276] 同治《霍邱县志》,《中国地方志集成》本。
[277] 同治《黄县志》，清同治十年（1871 年）刊本。
[278] 同治《重修山阳县志》,《中国方志丛书》本。
[279] 光绪《山西通志》，1990 年中华书局点校本。
[280] 光绪《安徽通志》，清光绪四年（1878 年）刻本。
[281] 光绪《云南通志》，清光绪二十年（1894 年）刻本。
[282] 光绪《嘉兴府志》，清光绪五年（1879 年）鸳湖书院刻本。
[283] 光绪《顺天府志》,《中国地方志集成》本。
[284] 光绪《续修庐州府志》,《中国方志丛书》本。
[285] 光绪《增修登州府志》,《中国地方志集成》本。
[286] 光绪《通州直隶州志》,《中国方志丛书》本。
[287] 光绪《滁州志》,《中国地方志集成》本。
[288] 光绪《寿州志》,《中国地方志集成》本。
[289] 光绪《直隶和州志》,《中国地方志集成》本。
[290] 光绪《泗虹合志》,《中国地方志集成》本。
[291] 光绪《盱眙县志稿》,《中国方志丛书》本。
[292] 光绪《重修金山县志》，清光绪四年（1878 年）刊本。
[293] 光绪《青浦县志》，清光绪五年（1879 年）刊本。
[294] 光绪《靖江县志》,《中国方志丛书》本。

[295] 光绪《盐城县志》，清光绪二十一年（1895年）刻本。
[296] 光绪《六合县志》，清光绪六年（1880年）修光绪十年刻本。
[297] 光绪《临高县志》，清光绪十八年（1892年）刊本。
[298] 光绪《霍山县志》,《中国地方志集成》本。
[299] 光绪《桐乡县志》,《中国方志丛书》本。
[300] 光绪《重修奉贤县志》，清光绪四年（1878年）刊本。
[301] 光绪《南汇县志》，清光绪五年（1879年）刻民国十六年（1927年）重印本。
[302] 光绪《嘉定县志》，清光绪六年（1880年）重修尊经阁藏版。
[303] 光绪《慈溪县志》，清光绪二十五年（1899年）刊本。
[304] 光绪《宝山县志》，清光绪八年（1882年）刊本。
[305] 光绪《扶沟县志》，清光绪十九年（1893年）大程书院刻本。
[306] 光绪《鹿邑县志》，清光绪二十二年（1896年）刊本。
[307] 光绪《安东县志》,《中国方志丛书》本。
[308] 光绪《泰兴县志》，清光绪十二年（1886年）刻本。
[309] 光绪《续纂句容县志》，清光绪三十年（1904年）刊本。
[310] 光绪《川沙厅志》，清光绪五年（1879年）刊本。
[311] 宣统《山东通志》，济南：齐鲁书社，2014年。
[312] 宣统《宁陵县志》，郑州：中州古籍出版社，1989年。
[313]（清）夏尚忠:《芍陂纪事》，1975年石印光绪三年（1877年）本。
[314]（清）檀萃:《滇海虞衡志》，民国初年云南图书馆重校刻本。
[315] 民国《续修陕西通志稿》，民国二十三年(1934年)铅印本。
[316] 民国《海宁州志稿》，民国十一年（1922年）排印本。
[317] 民国《阜宁县新志》,《中国方志丛书》本。
[318] 民国《全椒县志》,《中国地方志集成》本。
[319] 民国《泗阳县志》,《中国地方志集成》本。
[320] 民国《宝应县志》,《中国方志丛书》本。
[321] 民国《怀宁县志》,《中国地方志集成》本。
[322] 民国《宿松县志》,《中国地方志集成》本。
[323] 民国《新校天津卫志》,《中国方志丛书》本。
[324] 民国《无棣县志》，民国十五年（1926年）刊本。
[325] 民国《川沙县志》，民国二十五年（1936年）铅印本。
[326] 民国《光山县志约稿》,《中国方志丛书》本。

[327] 民国《余杭县志》，民国八年（1919 年）重刊本。
[328] 民国《鄄城县记》，民国二十三年（1934 年）刻本。
[329] 民国《太和县志》,《中国地方志集成》本。
[330] 民国《太湖县志》,《中国地方志集成》本。
[331] 民国《潜山县志》,《中国地方志集成》本。
[332] 武同举:《淮系年表》，民国十七年（1928 年）油印本。

子部类

[1]（明）徐光启:《农政全书》，上海：上海古籍出版社，1979 年。
[2]（明）徐光启，石声汉校注:《农政全书校注》，台北：明文书局，1981 年。
[3]（明）宋应星:《天工开物》，香港：中华书局香港分局，1978 年。
[4]（明）张岱:《夜航船》，成都：四川文艺出版社，2005 年。
[5]（明）张瀚:《松窗梦语》，北京：中华书局，1985 年。
[6]（明）王士性:《广志绎》，清康熙十五年（1676 年）刊本。
[7]（明）余继登:《典故纪闻》，北京：中华书局，1981 年。
[8]（明）朱国祯:《涌幢小品》，明天启二年（1622 年）自刻本。
[9]（明）郎瑛:《七修类稿》,《中华野史》本。
[10]（明）张尔岐:《蒿庵闲话》,《丛书集成初编》本。
[11]（明）金日升:《颂天胪笔》，明崇祯二年（1629 年）刊本。
[12]（明）焦竑:《玉堂丛语》，北京：中华书局，1981 年。
[13]（明）方以智:《物理小识》，上海：上海科学技术出版社，1985 年。
[14]（明）王象晋纂辑，伊钦恒诠释:《群芳谱诠释》，北京：农业出版社，1985 年。
[15]（明）谢肇淛:《五杂组》，上海：上海书店出版社，2001 年。
[16]（明）陈经纶:《治蝗传习录》，福建图书馆藏乾隆四十一年（1776 年）升尺堂刊刻本。
[17]（清）钱思元:《吴门补乘》，清嘉庆二十五年（1820 年）刻本。
[18]（清）屈大均:《广东新语》，北京：中华书局，1985 年。
[19]（清）袁枚:《随园随笔》，江苏广陵古籍刻印社，1991 年。
[20]（清）花村看行侍者:《花村谈往》,《丛书集成续编》本。
[21]（清）张履祥辑补，陈恒力点校:《沈氏农书》，北京：中华书局，1956 年。

集部类

[1]（明）陈龙正:《几亭全书》,《四库禁毁书丛刊》本。

[2]（明）陈应芳:《敬止集》,《文渊阁四库全书》本。
[3]（明）钱士升:《赐余堂集》,《四库禁毁书丛刊》本。
[4]（明）祁彪佳:《祁彪佳集》，北京：中华书局，1960年。
[5]（明）宗臣：《宗子相文集》，明嘉靖三十九年（1560年）刊本。
[6]（明）赵时春:《赵浚谷文集》，明万历八年（1580年）周鉴刻本。
[7]（明）邢侗:《来禽馆集》，清康熙十九年（1680年）郑雍重修印本。
[8]（清）朱书:《朱书集》，1994年黄山书社点校本。
[9]（清）钱谦益著，钱曾笺注、钱钟联标校:《牧斋学集》，上海：上海古籍出版社，1985年。
[10]（清）戴名世:《戴名世集》，王树民编校，北京：中华书局，1986年。
[11]（清）孙应鳌:《孙淮海先生督学文集》，清光绪九年（1883年）刻本。
[12]（清）金门诏:《金东山文集》，清乾隆间刻本。
[13]（清）汪少云:《埋忧集》，广益书局，1911年。

今人灾害资料汇编类

[1] 李国祥、杨昶主编:《明实录类纂·自然灾异卷》，武汉：武汉出版社，1993年。
[2] 张波、冯风等编:《中国农业自然灾害史料集》，西安：陕西科学技术出版社，1994年。
[3] 广西壮族自治区第二图书馆编辑:《广西自然灾害史料》，广西壮族自治区第二图书馆，1978年。
[4] 穆恒洲主编:《吉林省旧志资料类编 自然灾害篇》，长春：吉林文史出版社，1985年。
[5] 骆承政主编:《中国历史大洪水调查资料汇编》，北京：中国书店，2006年。
[6] 水利部长江水利委员会等编:《四川两千年洪灾史料汇编》，北京：文物出版社，1993年。
[7] 安徽省水利勘测设计院编:《安徽省水旱灾害史料整理分析》，1981年。
[8] 宝鸡市水利志编辑室:《宝鸡市水旱灾害史料（公元前780年—1985年6月）》，内部发行，1985年。
[9] 谢毓寿、蔡美彪主编:《中国地震历史资料汇编》(1~5卷)，北京：科学出版社，1983年。
[10] 地震考古组编:《北京地区历史地震资料年表长编》，北京市地震地质会战办公室，1977年。

[11] 福建省地震历史资料组编:《福建省地震历史资料汇编》，1979年。
[12] 河南省地震局、河南省博物馆编:《河南地震历史资料》，郑州：河南人民出版社，1980年。
[13] 江西省地震办公室编:《江西地震历史资料》，南昌：江西人民出版社，1982年。
[14] 宁夏回族自治区地震局编:《宁夏回族自治区地震历史资料汇编》，北京：地震出版社，1988年。
[15] 云南省地震局编:《云南省地震资料汇编》，北京：地震出版社，1988年。
[16] 国家地震局兰州地震研究所编:《甘肃省地震资料汇编》，北京：地震出版社，1989年。
[17] 张秀梅主编:《河北省地震资料汇编》，北京：地震出版社，1990年。
[18] 覃子建等编:《贵州地震历史资料汇编》，贵阳：贵州科技出版社，1991年。
[19] 山西省地震局编:《山西省地震历史资料汇编》，北京：地震出版社，1991年。
[20] 吴戈:《东北地震史料辑览》，1992年。
[21] 陆人骥:《中国历代灾害性海潮史料》，北京：海洋出版社，1984年。
[22] 黄彰健编著:《明代律例汇编》，台湾"中央研究院"历史语言研究所，1994年。
[23]《明清徽州社会经济资料汇编》第一辑，北京：中国社会科学出版社，1990年。
[24] 胡焬编:《福建林业史料》(一)，1988年，油印本。
[25] 曹腾騑编:《广东摩崖石刻》，广州：广东人民出版社，1998年。
[26] 粘良图选注:《晋江碑刻选》，厦门：厦门大学出版社，2002年。

今人专著类

[1] 邓云特:《中国救荒史》，商务印书馆，1937年版，1998年重印。
[2]《海河史简编》编写组:《海河史简编》，北京：水利电力出版社，1977年。
[3] 唐锡仁:《中国地震史话》，北京：科学出版社，1978年。
[4] 赵传集:《山东历代自然灾害志》(初稿)，第二分册：干旱，山东省农科院情报资料室，1978年。
[5] 竺可桢:《中国历史上气候之变迁》,《竺可桢文集》，北京：科学出版社，1979年。
[6] 沈百先、章光彩等:《中华水利史》，台北：台湾商务印书馆，1979年。
[7] 长江流域规划办公室:《长江水利史略》，北京：水利电力出版社，1979年。
[8] 杨迈里:《福建省气候历史记载初步整理》，中国科学院南京地理研究所，

1982 年。
[9] 湖南省地震局编:《湖南地震史》，长沙：湖南科学技术出版社，1982 年。
[10] 广西地震局历史地震小组编:《广西地震志》，南宁：广西人民出版社，1982 年。
[11] 顾功叙:《中国地震目录》，北京：科学出版社，1983 年。
[12] 万国鼎:《五谷史话》，见中国历史小丛书合订本《古代经济专题史话》，北京：中华书局，1983 年。
[13] 水利部黄河水利委员会《黄河水利史述要》编写组:《黄河水利史述要》，北京：水利电力出版社，1984 年。
[14] 孟正夫:《中国消防简史》，北京：群众出版社，1984 年。
[15] 陈高傭等:《中国历代天灾人祸表》，上海：上海书店，1986 年。
[16] 地震局地球物理研究所、复旦大学中国历史地理研究所编辑:《明时期中国历史地震图集》，北京：地图出版社，1986 年。
[17] 广东省地震局、国家地震局地质研究所、国家地震局地球物理研究所：《琼北地震区划图说明书》，1986 年。
[18] 张含英:《明清治河概论》，北京：水利电力出版社，1986 年。
[19] 郭增建、马宗晋主编:《中国特大地震研究》(一)，北京：地震出版社，1988 年。
[20] 水利水电科学研究院《中国水利史稿》编写组:《中国水利史稿》(下册)，北京：水利电力出版社，1989 年。
[21] 胡明思、骆承政主编:《中国历史大洪水》(下卷)，北京：中国书店，1989 年。
[22] 熊达成、郭涛编著:《中国水利科学技术史概论》，成都：成都科技大学出版社，1989 年。
[23] 曹贯一:《中国农业经济史》，北京：中国社会科学出版社，1989 年。
[24] 梁家勉主编:《中国农业科学技术史稿》，北京：农业出版社，1989 年。
[25] 陕西省地方志编纂委员会主编:《陕西省志·地震志》，北京：地震出版社，1989 年。
[26] 丰城县志编纂委员会:《丰城县志》，上海：上海人民出版社，1989 年。
[27] 水利部治淮委员会《淮河水利简史》编写组编著.《淮河水利简史》，北京：水利电力出版社，1990 年。
[28] 汪家伦、张芳:《中国农田水利史》，北京：农业出版社，1990 年。

[29] 珠江水利委员会:《珠江水利简史》，北京：水利电力出版社，1990年。
[30] 陈昌洁主编:《松毛虫综合管理》，北京：中国林业出版社，1990年。
[31] 朱学西:《中国古代著名水利工程》，天津：天津教育出版社，1991年。
[32] 郭郛等:《中国飞蝗生物学》，济南：山东科学技术出版社，1991年。
[33] 闵宗殿、纪曙春:《中国农业文明史话》，北京：中国广播电视出版社，1991年。
[34] 甘肃省地方史志编纂委员会、甘肃省地震志编纂委员会编纂:《甘肃省志》，兰州：甘肃人民出版社，1991年。
[35]《监利堤防志》编纂委员会:《监利堤防志》，武汉：湖北人民出版社，1991年。
[36]《菏泽市水利志》编纂委员会编:《菏泽市水利志》，济南：济南出版社，1991年。
[37] 阎万英、尹英华:《中国农业发展史》，天津：天津科学技术出版社，1992年。
[38] 时振梁主编:《中国地震考察（公元前466年—1900年）》，北京：地震出版社，1992年。
[39] 梁必骐主编:《广东的自然灾害》，广州：广东人民出版社，1993年。
[40]《福建森林》编辑委员会编著:《福建森林》，北京：中国林业出版社，1993年。
[41] 汪前进:《中国明代科技史》，北京：人民出版社，1994年。
[42] 高秉伦、魏光兴主编:《山东省主要自然灾害及减灾对策》，北京：地震出版社，1994年。
[43] 罗桂环、舒俭民:《中国历史时期的人口变迁与环境保护》，北京：冶金工业出版社，1995年。
[44] 天津市地方志编修委员会编著:《天津通志·地震志》，天津：天津社会科学院出版社，1995年。
[45] 湖南省地方志编纂委员会编:《湖南省志》，北京：气象出版社，1995年。
[46] 骆承政、乐嘉祥主编:《中国大洪水——灾害性洪水述要》，北京：中国书店，1996年。
[47] 黄世瑞:《中国古代科学技术史纲：农学卷》，沈阳：辽宁教育出版社，1996年。
[48] 王俊麟:《中国农业经济发展史》，北京：中国农业出版社，1996年。
[49] 淮河水利委员会编:《中国江河防洪丛书：淮河卷》，北京：中国水利水电出版社，1996年。
[50] 甘肃水旱灾害编委会编:《甘肃水旱灾害》，郑州：黄河水利出版社，1996年。

[51] 山东省水利厅水旱灾害编委会:《山东水旱灾害》，郑州：黄河水利出版社，1996年。
[52] 黄河流域及西北片水旱灾害编委会:《黄河流域水旱灾害》，郑州：黄河水利出版社，1996年。
[53] 山西省水利厅水旱灾害编委会:《山西水旱灾害》，郑州：黄河水利出版社，1996年。
[54] 牛平汉编著:《明代政区沿革综表》，北京：中国地图出版社，1997年。
[55] 国家防汛抗旱总指挥部办公室、水利部南京水文水资源研究所:《中国水旱灾害》，北京：中国水利水电出版社，1997年。
[56] 邹逸麟主编:《黄淮海平原历史地理》，合肥：安徽教育出版社，1997年。
[57] 高文学主编:《中国自然灾害史（总论）》，北京：地震出版社，1997年。
[58] 尹钧科、于德源等:《北京历史自然灾害研究》，北京：中国环境科学出版社，1997年。
[59] 雷梦水等编:《中华竹枝词》，北京：北京古籍出版社，1997年。
[60] 张剑光:《三千年疫情》，南昌：江西高校出版社，1998年。
[61] 王社教:《苏皖浙赣地区明代农业地理研究》，西安：陕西师范大学出版社，1999年。
[62] 河南省水利厅水旱灾害专著编辑委员会:《河南水旱灾害》，郑州：黄河水利出版社，1999年。
[63] 高建国:《中国减灾史话》，郑州：大象出版社，1999年。
[64] 魏光兴、孙昭民主编:《山东自然灾害史》，北京：地震出版社，2000年。
[65] 梧州市地方志编纂委员会编:《梧州市志》（综合卷），南宁：广西人民出版社，2000年。
[66] 范天平编注:《豫西水碑钩沉》，西安：陕西人民出版社，2001年。
[67] 内蒙古通志馆:《内蒙古〈十通〉·内蒙古自然灾害通志》，呼和浩特：内蒙古人民出版社，2001年。
[68] 王双怀:《明代华南农业地理研究》，北京：中华书局，2002年。
[69] 蓝勇:《中国历史地理学》，北京：高等教育出版社，2002年。
[70] 宋正海等编:《中国古代自然灾异群发期》，合肥：安徽教育出版社，2002年。
[71] 宋正海等:《中国古代自然灾异动态分析》，合肥：安徽教育出版社，2002年。
[72] 王俊、王善序主编:《长江流域水旱灾害》，北京：中国水利水电出版社，2002年。

[73] 史辅成、易元俊等:《黄河历史洪水调查、考证和研究》，郑州：黄河水利出版社，2002年。
[74]《江西省地震志》编纂委员会编:《江西省地震志》，北京：方志出版社，2003年。
[75] 王伟凯:《海河干流史研究》，天津：天津人民出版社，2003年。
[76] 赵玉田:《明代北方的灾荒与农业开发》，长春：吉林人民出版社，2003年。
[77] 余新忠、赵献海、张笑川等:《瘟疫下的社会拯救——中国近世重大疫情与社会反应研究》，北京：中国书店，2004年。
[78] 李令福:《关中水利开发与环境》，北京：人民出版社，2004年。
[79] 骆承政主编:《中国历史大洪水调查资料汇编》，北京：中国书店，2006年。
[80] 张崇旺:《明清时期江淮地区的自然灾害与社会经济》，福州：福建人民出版社，2006年。
[81] 成淑君:《明代山东农业开发研究》，济南：齐鲁书社，2006年。
[82] 中国水利水电科学研究院水利史研究室编:《历史的探索与研究——水利史研究文集》，郑州：黄河水利出版社，2006年。
[83] 罗宁主编:《中国气象灾害大典·贵州卷》，北京：气象出版社，2006年。
[84] 王胜利、后德俊:《长江流域的科学技术》，武汉：湖北教育出版社，2007年。
[85] 杨年珠主编:《中国气象灾害大典·广西卷》，北京：气象出版社，2007年。
[86] 张建民:《明清长江流域山区资源开发与环境演变——以秦岭—大巴山区为中心》，武汉：武汉大学出版社，2007年。
[87] 周致元:《明代荒政文献研究》，合肥：安徽大学出版社，2007年。
[88] 厦门市水利局编:《厦门水利志》，北京：方志出版社，2007年。
[89] 沈建国主编:《中国气象灾害大典·内蒙古卷》，北京：气象出版社，2008年。
[90] 章义和:《中国蝗灾史》，合肥：安徽人民出版社，2008年。
[91] 朱建宏:《金华水旱灾害志》，北京：中国水利水电出版社，2009年。
[92] 震泽镇、吴江市档案局:《震泽镇志续稿》，扬州：广陵书社，2009年。
[93] 邱云飞、孙良玉:《中国灾害通史·明代卷》，郑州：郑州大学出版社，2009年。
[94] 原廷宏、冯希杰等:《一五五六年华县特大地震》，北京：地震出版社，2010年。
[95] 鞠明库:《灾害与明代政治》，北京：中国社会科学出版社，2011年。
[96] 王世华、李琳琦主编:《安徽通史5：明代卷》，合肥：安徽人民出版社，

2011 年。
[97] 郝平:《大地震与明清山西乡村社会变迁》，北京：人民出版社，2014 年。
[98] 张崇旺:《淮河流域水生态环境变迁与水事纠纷研究（1127—1949）》（上、下），天津：天津古籍出版社，2015 年。

今人论文类

[1] 杨再新:《剑阁古柏》,《中国林业》1981 年第 6 期。
[2] 李凤岐等:《陇中砂田之探讨》,《中国农史》1982 年第 1 期。
[3] 杨宝霖:《我国引进番薯的最早之人和引种番薯的最早之地》,《农业考古》1982 年第 2 期。
[4] 蒋祖缘:《明代广东的农田水利建设和对农业发展的作用》,《学术研究》1986 年第 1 期。
[5] 古开弼:《我国古代人工防护林探源》,《农业考古》1986 年第 2 期。
[6] 张浩良:《通江古树集萃》,《森林与人类》1988 年第 6 期。
[7] 张国雄:《江汉平原垸田的特征及其在明清时期的发展演变》,《农业考古》1989 年第 1~2 期。
[8] 张瑞曾:《从古代立碑护林谈起》,《陕西林业》1990 年第 5 期。
[9] 倪根金:《历代植树奖惩浅说》,《历史大观园》1990 年第 9 期。
[10] 张建民:《明清长江中游山区的灌溉水利》,《中国农史》1993 年第 2 期。
[11] 杨德盛:《寺僧植树造林史话》,《历史大观园》1994 年第 9 期。
[12] 冯焱:《历史上水旱灾害及其影响》,《海河水利》1995 年第 5 期。
[13] 张芳:《明清东南山区的灌溉水利》,《中国农史》1996 年第 1 期。
[14] 张昭:《滇西独特的明代水利工程——“地龙”》,《东南文化》1996 年第 3 期。
[15] 倪根金:《明清护林碑知见录》,《农业考古》1996 年第 3 期。
[16] 梅莉、晏昌贵:《关于明代传染病的初步考察》,《湖北大学学报》1996 年第 5 期。
[17] 曹树基:《鼠疫流行与华北社会的变迁（1580—1644 年）》,《历史研究》1997 年第 1 期。
[18] 桂慕文:《中国古代自然灾害史概说》,《中国农史》1997 年第 3 期。
[19] 吕卓民:《明代西北黄土高原地区的水利建设》,《中国农史》1998 年第 2 期。
[20] 闵宗殿:《〈明史·五行志·蝗蝻〉校补》,《中国农史》1998 年第 4 期。
[21] 李荣高:《云南明清和民国时期林业碑刻探述》,《农业考古》2002 年第 1 期。
[22] 谭徐明:《近 500 年我国特大旱灾的研究》,《防灾减灾工程学报》2003 年

第 2 期。

[23] 王玉兴:《中国古代疫情年表(二)》,《天津中医学院学报》2003 年第 4 期。

[24] 龚胜生:《中国疫灾的时空分布变迁规律》,《地理学报》2003 年第 6 期。

[25] 潘清:《明代江南水利治理述论》,《殷都学刊》2004 年第 4 期。

[26] 倪根金:《中国传统护林碑刻的演进及在环境史研究上的价值》,《农业考古》2006 年第 4 期。

[27] 何满红:《明清山西护林碑初探》,《文史月刊》2007 年第 1 期。

[28] 谢湜:《"利及邻封"——明清豫北的灌溉水利开发和县际关系》,《清史研究》2007 年第 2 期。

[29] 徐起浩:《1605 年琼州大地震陆陷成海和可能的海啸》,《海洋学报》2007 年第 3 期。

[30] 袁婵、李莉、李飞:《明清时期徽州涉林契约文书刍探》,《北京林业大学学报》(社会科学版)2010 年第 2 期。

[31] 关传友:《徽州地区的风水林》,《寻根》2011 年第 2 期。

[32] 王坤:《绥宁县历代护林碑刻调查》,《原生态民族文化学刊》2011 年第 4 期。

[33] 王坤:《护林碑刻的分类及其功能透析——基于绥宁县护林碑刻的考察》,《湖南农业大学学报(社会科学版)》2011 年第 6 期。

[34] 李雪慧、高寿仙:《明代徭役优免类型概说》,《故宫学刊》2013 年刊。

[35] 方志远:《"冠带荣身"与明代国家动员——以正统至天顺年间赈灾助饷为中心》,《中国社会科学》2013 年第 12 期。

[36] 周魁一:《明代建立飞马报汛制度》,《中国地学大事典》,济南:山东科学技术出版社,1992 年。

[37] 宁国志:《昌平历史上森林的兴衰》,政协北京市昌平区委员会编:《昌平文史资料》第 3 辑,2003 年。

[38] 商传:《从蠲赈到减赋——明政府灾害政策转变的三个个案》,赫治清:《中国古代灾害史研究》,北京:中国社会科学出版社,2007 年。

[39] 田培栋:《明代关中地区农业经济试探》,田培栋:《明代社会经济史研究》,北京:燕山出版社,2008 年。

[40] 关传友:《徽州地区林业习惯法的护林制度》,王思明、沈志忠主编:《中国农业文化遗产保护研究》,北京:中国农业科学技术出版社,2012 年。

编后记

中国地域广大，各种自然灾害频发，留下来的灾害与荒政文献十分丰富。遗憾的是，迄今为止还没有一部专门记述自然灾害以及救灾、防灾减灾等方面的中国灾害通志之类的集成性著作。现在,《中国灾害志》丛书出版项目的实施，可谓很有必要，且正当其时。《中国灾害志》丛书是国家减灾委员会办公室、中国社会出版社等单位牵头组织实施，由国家出版基金管理办公室批准资助出版的国家“十二五”规划重点图书出版项目。

《中国灾害志》丛书分设有断代卷、省（自治区、直辖市）分卷、县市分卷等多种,《中国灾害志·明代卷》便是断代卷中的一种。《中国灾害志·断代卷·明代卷》由安徽大学张崇旺教授主编。在灾害志总编纂委员会指导下，张崇旺提出了全志编纂大纲，报经灾害志总编纂委员会最终审定。全志撰述工作分工如下：张崇旺：第一编概述；第三编灾情第一章至第七章；第四编救灾第一章官赈三、官赈事例以及第二章民赈；第五编防灾第二章水利和第三章农事；附录一人物之宋礼、陈瑄、夏原吉、陈镒、徐有贞、崔恭、王竑、项忠、白昂、刘大夏、唐龙、刘天和、汤绍恩、祁彪佳；附录二书目之《三吴水利论》《问水集》《三吴水利录》《治水筌蹄》《潞水客谈》《河防一览》《东吴水利考》《吴中水利全书》《瘟疫论》；编后记。张崇旺、周致元：第二编大事记；第四编救灾第一章官赈一、官赈机构二、官赈制度四、官赈之弊；第五编防灾第一章仓储；附录一人物之周忱、林希元、潘季驯、俞汝为、钟化民、周孔教、徐光启、张陛；附录二书目之《救荒本草》《救荒活民补遗书》《荒政丛言》《荒政考》《荒政议》《救荒事宜》《赈豫纪略》《荒政要览》

《煮粥条议》《荒箸略》《农政全书》《救荒策会》。周致元提供了官赈、仓储以及部分大事记、附录之人物及书目的初稿，张崇旺根据灾害志总编纂委员会所提意见及志书体例要求，做了大量的删减、资料补充、改写工作。全志的统稿工作由张崇旺负责完成。

灾害的历史和人类的历史一样久远。人类在饱受灾害折磨的同时，也一直与灾害进行着顽强的抗争。一部中华文明史，实际上就是一部中华民族同自然灾害不断抗争的历史。但在大自然面前，人类的力量毕竟是弱小的，以致在科技昌明的今天，人类仍无法彻底摆脱灾害的侵扰。就在本志行将完成初稿之时，2016 年 3 月 31 日河北省秦皇岛市祖山突发山火，4 月 9 日河北省秦皇岛市昌黎县十里铺乡西山场村突发山火，4 月 11 日辽宁省本溪市境内的小松沟突发山火。此类自然灾害报道，频繁见于报端。在本志修改定稿之时，民政部、国家减灾委办公室于2017年1月初发布了2016年全国自然灾害基本情况。经核定，2016年，我国自然灾害以洪涝、台风、风雹和地质灾害为主，旱灾、地震、低温冷冻、雪灾和森林火灾等灾害也均有不同程度发生。各类自然灾害共造成全国近 1.9 亿人次受灾，1432 人因灾死亡，274 人失踪，1608 人因灾住院治疗，910.1 万人次紧急转移安置，353.8 万人次需紧急生活救助；52.1 万间房屋倒塌，334 万间不同程度损坏；农作物受灾面积 2622 万公顷，其中绝收 290 万公顷；直接经济损失 5032.9 亿元。其中，洪涝和地质灾害灾情与“十二五”时期均值相比明显偏重，紧急转移安置人口和直接经济损失均为最高值。河北、湖北、安徽、江西等省灾情突出。风雹灾害灾情与“十二五”时期均值相比明显偏重，直接经济损失为最高值，倒损房屋数量为次高值。江苏、山西、新疆重大风雹灾害过程灾情突出。特别是 6 月 23 日江苏盐城龙卷风冰雹特大灾害造成重大人员伤亡。台风灾害灾情与“十二五”时期均值相比略偏轻，但因灾死亡失踪人口偏多（仅次于 2013 年），其中福建省灾情相对突出。第 1 号台风“尼伯特”是 1949 年以来登陆我国的最强首个台风，闽江支流梅溪闽清站发生超历史洪水，造成 85 人因灾死亡、20 人失踪；第 14 号台风“莫兰蒂”为 2016 年登陆我国大陆地区的最强台风，也是 1949 年以来登陆闽南的最强台风，造成 38 人因灾死亡、6 人失踪。频繁而严重的灾害，实际上是在向当今的人们发出阵阵警告：灾害随时都有可能发生，人们应该对灾害史研究给予更多的关注，从中汲取宝贵的经验教训和有益的启示，为现实的防灾、减灾服务！我们在编修本志时，一直在朝着这一方向努力，也希望能达到这一目的。

本志的编纂与出版离不开众多单位和灾害史专家学者的大力支持与帮助。国家减灾委办公室、中国社会出版社等单位为本志的编纂和出版提供了坚实的保障。《中国灾害志》丛书总编辑委员会、《中国灾害志》丛书专家委员会、中国灾害志编纂委员会制定和出台了《〈中国灾害志〉行文规范》《〈中国灾害志〉编写手册》等编志规范和要求，为本志的编纂提供了理论和技术指导。为确保中国灾害志各断代卷的顺利、高质量出版，国家减灾委办公室、中国社会出版社等单位还专门成立了由灾害史方面的著名学者组成的《中国灾害志·断代卷》编辑委员会。2014年1月4日至5日，断代卷编辑委员会在北京召开《中国灾害志·断代卷》研讨会，就各卷三级标题以及编写“志”的要求、规范等问题展开研讨。2014年11月14日，断代卷编辑委员会召开《中国灾害志·断代卷》主编会议，集中研讨了各卷编写过程中的问题，明确各卷编写的进度。2015年8月16日至19日，断代卷编辑委员会在山西大学召开《中国灾害志·断代卷》初稿研讨会，对各卷初稿以及编写要求、规范等问题进行讨论，就各卷编写大纲以及编写体例达成了共识。会后，《中国灾害志·断代卷》编辑委员会很快整理下发了《〈中国灾害志·断代卷〉编纂中应注意的几个问题》，对各断代志的编纂体例、文字叙述风格、各部分的编纂要求以及表格、时间、地点、数据的处理等问题，作出详细的统一规定，使得本志的编纂有了更为具体的基本遵循。在《中国灾害志·断代卷》编辑委员会召开的几次研讨会期间，中国地震局高建国研究员、中国人民大学夏明方教授、陕西师范大学卜风贤教授、郑州大学高凯教授、山西大学郝平教授和石涛教授、中国海洋大学蔡勤禹教授、中国人民大学朱浒教授、兰州大学么振华副教授等诸位灾害史专家，为本志的编纂提供了一些建设性的思路和建议。在此谨向所有关心、支持本志编纂的单位以及各位专家学者，表示崇高的敬意和真诚的感谢。本志的编纂还参考了学界有关明代自然灾害与荒政建设的研究成果，限于体例和篇幅，在志中不能一一注明。在这里，对他们的辛勤付出一并表示感谢。

由于修志经验不足，且水平有限，志书难免还存在一些错漏失当之处，还祈请广大读者批评指正。

张宗旺

2018年8月25日于安徽大学

图书在版编目（CIP）数据

中国灾害志·断代卷·明代卷 / 高建国，夏明方主编；张崇旺本卷主编 . -- 北京：中国社会出版社，2018.12

ISBN 978-7-5087-6090-2

Ⅰ. ①中… Ⅱ. ①高… ②夏… ③张… Ⅲ. ①自然灾害－历史－中国－明代 Ⅳ. ① X432-09

中国版本图书馆 CIP 数据核字（2019）第 001179 号

书　　名：中国灾害志·断代卷·明代卷
编　　者：《中国灾害志》编纂委员会
断代卷主编：高建国　夏明方
本卷主编：张崇旺

出 版 人：浦善新
终 审 人：李　浩
责任编辑：杨春岩　王秀梅

出版发行：中国社会出版社　　邮政编码：100032
通联方式：北京市西城区二龙路甲 33 号
电　　话：编辑部：（010）58124829
　　　　　邮购部：（010）58124829
　　　　　销售部：（010）58124845
　　　　　传　真：（010）58124829
网　　址：www.shcbs.com.cn
　　　　　shcbs.mca.gov.cn
经　　销：各地新华书店

中国社会出版社天猫旗舰店

印刷装订：河北鸿祥信彩印刷有限公司
开　　本：170mm × 240mm　1/16
印　　张：27.75
字　　数：385 千字
版　　次：2019 年 4 月第 1 版
印　　次：2019 年 4 月第 1 次印刷
定　　价：198.00 元

中国社会出版社微信公众号